Diana Maak

Sprachliche Merkmale des fachlichen Inputs im Fachunterricht Biologie

DaZ-Forschung

Deutsch als Zweitsprache, Mehrsprachigkeit
und Migration

Herausgegeben von
Bernt Ahrenholz
Christine Dimroth
Beate Lütke
Martina Rost-Roth

Band 14

Diana Maak

Sprachliche Merkmale des fachlichen Inputs im Fachunterricht Biologie

Eine konzeptorientierte Analyse
der Enkodierung von Bewegung

DE GRUYTER

Inauguraldissertation zur Erreichung des Doktorgrades Dr. phil.;
eingereicht an der Friedrich-Schiller-Universität Jena im Oktober 2014

ISBN 978-3-11-068498-8
e-ISBN (PDF) 978-3-11-052191-7
e-ISBN (EPUB) 978-3-11-051985-3
ISSN 2192-371X

Library of Congress Cataloging-in-Publication Data
A CIP catalog record for this book has been applied for at the Library of Congress.

Bibliografische Information der Deutschen Nationalbibliothek
Die Deutsche Nationalbibliothek verzeichnet diese Publikation in der Deutschen
Nationalbibliografie; detaillierte bibliografische Daten sind im Internet über
http://dnb.dnb.de abrufbar.

© 2019 Walter de Gruyter GmbH, Berlin/Boston
Dieser Band ist text- und seitenidentisch mit der 2018 erschienenen
gebundenen Ausgabe.
Druck und Bindung: CPI books GmbH, Leck
♾ Gedruckt auf säurefreiem Papier
Printed in Germany

www.degruyter.com

Danksagung

Den langen Weg, den diese Dissertation für mich bedeutet hat, konnte ich nicht alleine gehen.

Erstens braucht es Menschen, die es einem ermöglichen, – gut vorbereitet – auf die Reise zu gehen: Ohne ausreichende Wegzehrung und geeignete Ausstattung wird der Weg beschwerlich und länger als nötig; man bedenke all die furchtbaren Blasen, die man sich bei falschem Schuhwerk läuft. Einmal auf dem Weg muss man einen eigenen Rhythmus finden. Ist der einmal gefunden, geht es sich gut und zügig. Trotzdem braucht man – insbesondere auf unbekanntem Terrain – immer wieder Hilfe, um den rechten Weg zu finden. Auf so langen Wegen bleibt auch das Stolpern und Stürzen nicht aus. Ohne eine helfende Hand, die einem wieder aufhilft oder ein Pflaster bereithält, wäre ein Vorankommen nur schwer oder gar nicht möglich. Hier und da liegen denn auch Hindernisse wie umgefallene Bäume im – da ist man dankbar, wenn man diese nicht alleine aus dem Weg schaffen muss. Auf Dauer kann eine so lange Reise einsam und so beschwerlich werden, dass man jemanden braucht, der mal ein Stück des Weges mitläuft oder einen gar stützt. Wichtig ist, dass man nicht vergisst, ab und an eine Pause zu machen, sonst läuft man Gefahr vor Erreichen des Ziels aufzugeben. Von unschätzbarem Wert sind da offene Gasthäuser und gastfreundliche Wirte, die einen einkehren und verschnaufen lassen – und bei denen man vielleicht sogar einmal anschreiben darf, da insbesondere zum Ende der Reise hin das Kapital schwindet. Fast ebenso wichtig wie das Verschnaufen ist aber, dass man sich wieder auf den Weg macht oder auf denselben geschickt wird, denn sonst richtet man sich häuslich ein und erreicht nie das Ziel. Nicht zu unterschätzen sind schließlich die Zuschauer, die hier und da am Wegesrand stehen und einen anfeuern.

Am Ende dieses beschwerlichen Weges angekommen möchte ich danke sagen. Danke vor allem meinen beiden Betreuern, Bernt Ahrenholz und Jan Engberg, die mich nicht nur gut auf den Weg gebracht haben, sondern auch stets unterstützt und unterwegs immer wieder auf den richtigen Kurs und zum Weiterlaufen gebracht haben. Ohne die Bereitschaft der Klasse 03081 und ihrer Lehrkraft 03081L01, sich videographieren zu lassen, hätte ich eines der wichtigsten Etappenziele nicht erreichen können. Ihnen gilt also mein herzlichster Dank für das geduldige Ertragen von Kameras, Audioaufnahmegeräten, Forscherinnen und den vielen Fragen dieser.

Liebe Britta Winzer-Kiontke, ohne deine Pflaster, Gehhilfen und Durchhalteparolen sowie die vielen guten Gespräche hätte ich das Ziel wohl kaum erreicht. Ähnlich unterstützend war Julia Ricart Brede stets an meiner Seite. Und

https://doi.org/10.1515/9783110521917-005

auch Sebastian Born, Isabel Fuchs, Sophie Geithner, Tobias Hallensleben, Inga Harren, Anne Herrmann, Britta Hövelbrinks, Frederike Schmidt, Regina Werner und Wolfgang Zippel danke ich für ihre helfenden Hände sowie für teils aufreibende, aber stets hilfreiche Gespräche und Rückmeldungen. Isabel Fuchs und Dagmar Böttcher gilt mein Dank ferner für die genaue Durchsicht des Reiseberichts. Bente Moesgaard Jørgensen und Ib Jørgensen schließlich danke ich für ihre bedingungslose Gastfreundschaft und Louise für die vielen Fleißbienchen, die meinen Weg versüßt haben und Emmi für die treue Begleitung. Meiner Familie schließlich danke ich für das Vertrauen und geduldige Warten auf mich am Ziel.

Inhaltsverzeichnis

Abkürzungsverzeichnis

Abkürzung	Erläuterungen
0108b und 0108d	Kürzel für Schulklassen aus dem Fach-DaZ-Projekt (Schule 01)
03081	Kürzel für Schulklasse aus dem Fach-DaZ-Projekt (8. Klasse einer Gesamtschule, Schule 03 im Projekt)
03081L01	Personencode für Lehrerin der Schulklasse 03081
03081S01 bis 03081S25	Personencodes für die SchülerInnen der Schulklasse 03081
03081V02 bis 03081V05	Abkürzungen für die vier videographieren Unterrichtseinheiten (V02, V03, V04 und V05 – jeweils zwei Stunden à 45 Minuten)
DaZ	Deutsch als Zweitsprache
Fach-DaZ-Projekt	Forschungsprojekt Fachunterricht und Deutsch als Zweitsprache
MFI	Mündlicher fachlicher Input
SFI	Schriftlicher fachlicher Input
S_201_1_01, S_210_1_03	Zehnstellige Laufnummer für Beispiele, die eine eineindeutige Zuordnung zur Fundstelle in den Daten in MAXQDA ermöglicht; S steht für Schulbuch
TB1_V02_01	Zehnstellige Laufnummer für Beispiele, die eine eineindeutige Zuordnung zur Fundstelle in den Daten in MAXQDA ermöglicht; TB steht für Tafelbild
U_V02_L_01, U_V03_S_01 U_V05_K_01	Zehnstellige Laufnummer für Beispiele, die eine eineindeutige Zuordnung zur Fundstelle in den Daten in MAXQDA ermöglicht; U steht für Unterricht; L steht für Lehrperson, S für SchülerIn und K für Ko-Konstruktion

1 Einleitung

wo kommt das blut HER?
(03081L01 in V04, Zeile 688f.)

Es ist die vornehmliche Aufgabe der Institution Schule, gesellschaftliches Wissen der jeweils nächsten Generation zugänglich zu machen (Ehlich 2012: 331). SchülerInnen werden demgemäß im Unterricht mit zahlreichen fachlichen Inhalten konfrontiert. Da Wissen weitgehend versprachlicht ist (Ehlich & Rehbein 1983: 8), werden ihnen diese in der Regel im Medium Sprache – z.B. in Form von Schulbuchtexten oder Lehrervorträgen – präsentiert. In diesem Zusammenhang stellt der versprachlichte fachliche Input einen wesentlichen Teil des Lehr-/ Lernangebotes dar, das SchülerInnen gemacht wird. Auch wenn Unterricht lediglich Teil eines komplexen Bedingungsgefüges ist und zahlreiche Faktoren darauf Einfluss nehmen, ob und wie Lehr-/Lernangebote von SchülerInnen auch genutzt werden (können) (Helmke 2012: 69ff.), ist unterrichtlicher Input doch eine grundlegende Voraussetzung dafür, dass (Sprach-)Lernen überhaupt erfolgen kann (Klein 1992: 53ff.). Im besten Fall ermöglicht es der versprachlichte fachliche Input den SchülerInnen zu verstehen, dass Blut mit Hilfe von Herz und Blutgefäßen in einem endlosen und geschlossenen Kreislauf durch den menschlichen Körper transportiert wird. Daher wird hier die Frage gestellt, wie fachliche Inhalte, die im Unterricht zu präsentieren sind, versprachlicht werden.

Somit ist ein Ziel der Arbeit, einen Beitrag zur aktuellen Diskussion um Sprache im Unterricht aller Fächer zu leisten (vgl. z.B. Becker-Mrotzek et al. 2013; Ahrenholz 2010a). Spätestens seit den Ergebnissen größerer Schulleistungsstudien wie PISA (Klieme et al. 2010; OECD 2007), DESI (Klieme et al. 2008), TIMSS (Bos et al. 2008) und IGLU (Bos et al. 2007) wird diskutiert, ob Sprache ein oder gar „der" Schlüssel zum Bildungserfolg im deutschen Schulsystem ist (vgl. z.B. Abteilung für Wirtschafts- und Sozialpolitik der Friedrich-Ebert-Stiftung 2010). Im aktuellen Diskurs werden Forderungen nach einer verstärkten Berücksichtigung sprachwissenschaftlicher Grundlagen, aber auch sprachbezogener Didaktik in der LehrerInnenbildung in allen Fächern formuliert – dies geschieht vor allem mit Blick auf SchülerInnen aus einem so genannten „bildungsfernen" Elternhaus sowie SchülerInnen mit Deutsch als Zweitsprache (vgl. z.B. Winters-Ohle et al. 2012; Vollmer & Thürmann 2010; Benholz, Kniffka & Winters-Ohle 2010). So sollten alle LehrerInnen in der Lage sein, sowohl das fachliche als auch das sprachliche Lernen ihrer SchülerInnen zu unterstützen, wobei Fachliches und Sprachliches häufig einander bedingen.

https://doi.org/10.1515/9783110521917-011

Um aber fachbezogen sprachlich zu bilden, muss zunächst geklärt werden, welche Spezifika die sprachlichen Formen der Wissensvermittlung in der Schule kennzeichnen und in welchem Verhältnis sie zu den fachlichen Inhalten stehen. Dazu will die vorliegende Arbeit einen Beitrag leisten. Es wird gefragt, mit welchen versprachlichten fachlichen Inputtypen SchülerInnen konfrontiert werden, wodurch diese gekennzeichnet sind und in welcher Weise sie angemessen untersucht werden können.

Die Bearbeitung dieser Fragen erfolgt anhand einer siebenstündigen Unterrichtseinheit zum Thema „Blut und Blutkreislauf" im Biologieunterricht einer achten Klasse. Mit Ehlich & Rehbein (1983: 12) gesprochen will die vorliegende Fallanalyse sich nicht auf das schlechthin spezifische Einzelphänomen beschränken, sondern Exemplarisches an der einzelnen Erscheinung herausarbeiten. Es ist jeweils Zufälliges systematisch von wesentlichen Kennzeichen abzugrenzen, die dem Phänomen den Status des Exemplarischen verleihen. Vornehmliches Ziel der Arbeit ist es hierbei, stets die enge Verknüpfung von Inhalt und Sprache im Blick zu behalten. Weiterhin verfolgt die Arbeit das Ziel, gewissermaßen explorativ Möglichkeiten der Methoden- und Datentriangulation sowie auch der Datenanalyse im Zusammenhang mit der Untersuchung sprachlichen und fachlichen Lernens in der Institution Schule auszuloten. Dies kann (methodisch) eine Orientierung für zukünftige – idealerweise umfassender angelegte – Projekte bieten.

Die Arbeit gliedert sich in sechs Kapitel. Im Anschluss an die Einleitung erfolgt im Kapitel 2 *Wissensvermittlung in der Schule* eine sukzessive Eingrenzung des Untersuchungsgegenstandes, indem erstens Unterricht als Angebot von versprachlichtem fachlichen Input vorgestellt und auf schriftliche wie mündliche Inputtypen im Allgemeinen eingegangen wird. Daran anschließend wird aufgearbeitet, was konkreter unter sprachlichen Formen der Wissensvermittlung in der Institution Schule zu verstehen ist, wobei aktuell gängige Termini wie Bildungs- und Schulsprache aufgegriffen und diskutiert werden. Es stellt sich hierbei die Frage nach Möglichkeiten der Erforschung von Bildungssprache. Folglich werden diverse methodische Ansätze vorgestellt und deren Vor- und Nachteile diskutiert. Aus den Ausführungen wird die Hypothese abgeleitet, dass ein funktionaler Ansatz, im vorliegenden Fall der konzeptorientierte Ansatz nach von Stutterheim & Klein (1987), zur Untersuchung der sprachlichen Formen der Wissensvermittlung in der Schule geeignet ist. Aus diesem Grund – und da es für das Unterrichtsthema „Blut und Blutkreislauf" von Bedeutung ist – wird ein Konzept, das der Bewegung, umfassend modelliert und ein entsprechendes Analyseraster als Grundlage zur Untersuchung der empirischen Daten erarbeitet. Es schließt sich die Darstellung der Sachinhalte des Unterrichtsthemas an, für das mittels einer Lehrplananalyse auch die Relevanz für den Unterricht in der Schule belegt wird. Mit der Formulierung von Hypothesen zu den Charakteristika der Enkodierung von Bewegung als Teil des Unterrichtsthemas „Blut und Blutkreislauf" schließt das Kapitel ab.

Kapitel 3 beinhaltet die Vorstellung von *Methode und Datenbasis* der Arbeit. Zu dessen Beginn werden die Forschungsfragen und das Forschungsdesign beschrieben. Da das vorliegende Dissertationsvorhaben im Rahmen des Projektes „Fachunterricht und Deutsch als Zweitsprache" (kurz Fach-DaZ, vgl. Ahrenholz 2013) verortet ist, wird das Forschungsdesign in Verbindung zu diesem gesetzt. Im Anschluss daran folgt die Erläuterung von Datenerhebung, -aufbereitung und -analyse. Im Fokus stehen dabei die videographische Erhebung von vier Doppelstunden Unterricht und die Aufbereitung der so gewonnenen Daten mittels Transkription. Die Analyse der Hauptdaten erfolgt in zwei Schritten: erstens die Auswahl der zu analysierenden Einheiten und zweitens die Kodierung dieser mittels eines Kategoriensystems. Neben den videographischen Daten finden zudem weitere Daten für die Auswertung und Interpretation der Ergebnisse Berücksichtigung. Es handelt sich dabei um sprachbiographische Fragebögen und Sprachtests zur Erfassung der allgemeinen sprachlichen Kompetenz, welche von den SchülerInnen bearbeitet wurden, sowie um qualitative Leitfaden-gestützte Interviews.

Die *Vorstellung der Analyseergebnisse* erfolgt in Kapitel 4 und gliedert sich in die Beschreibung der Stichprobe sowie in die Darstellung und Diskussion der Ergebnisse. Die Stichprobenbeschreibung bezieht sich auf zwei Dimensionen: Einerseits auf die an der Untersuchung teilnehmenden Personen. So werden die SchülerInnen sowie auch die Lehrerin 03081L01 der untersuchten Klasse 03081 vorgestellt, SchülerInnen u.a. mit Blick auf deren Multikulturalität und Mehrsprachigkeit. Andererseits stellt die Stichprobenbeschreibung die videographierten Unterrichtsstunden zusammenfassend dar. Schließlich werden die Resultate der konzeptorientierten Analyse vorgestellt. Dies erfolgt in einem ersten Schritt getrennt nach schriftlichem und mündlichem Input. Zum schriftlichen fachlichen Input (SFI) zählen hierbei das im Unterricht verwendete Schulbuch und entstandene Tafelanschriebe. Der mündliche fachliche Input (MFI) beinhaltet konzept-relevante Äußerungen der Lehrerin und SchülerInnen im Verlauf der Unterrichtseinheit. Daran anschließend erfolgt eine Gegenüberstellung der Ergebnisse für SFI und MFI.

Da die vorliegende Arbeit explorativ Möglichkeiten der Methoden- und Datentriangulation sowie einen in diesem Kontext noch nicht erprobten konzeptorientierten Analyseansatz verfolgt, umfasst Kapitel 5 eine eingehende *Methodendiskussion*. Ziel dieser ist es, Schwächen und Stärken der ausgewählten

Vorgehensweise bei der Untersuchung herauszuarbeiten, kritisch zu reflektieren und Handlungsempfehlungen für zukünftige Studien abzuleiten. Im abschließenden Kapitel 6 *Ausblick* werden die aus den Ergebnissen ableitbaren Forschungsdesiderata zusammenfassend dargestellt.

2 Wissensvermittlung in der Schule

Im Folgenden werden die theoretischen Grundlagen dargestellt, aus deren Bearbeitung sich die konkreten Forschungsfragen ableiten. Unter 2.1 wird in einer ersten Annäherung die sprachliche wie fachliche Wissensvermittlung in der Schule fokussiert. Es folgt in 2.2 eine Diskussion, was konkret darunter zu verstehen ist, wobei im derzeitigen deutschsprachigen Diskurs vornehmlich die Begriffe Bildungs- und Schulsprache Verwendung finden. Ziel der Arbeit ist es, sprachliche Formen der Wissensvermittlung zu analysieren. Daher schließt sich in 2.3 die Darstellung des konzeptorientierten Ansatzes nach Klein & von Stutterheim an, der als theoretischer Rahmen für die Analyse dient. Ausgewählt und umfassend modelliert wird das Konzept Bewegung. Da sprachliche und fachliche Aspekte einander bedingen und dies in der Untersuchung berücksichtigt werden soll, spielt das ausgewählte Unterrichtsthema eine wichtige Rolle. So wird in 2.4 auch auf inhaltliche Kernaspekte sowie curriculare Vorgaben des behandelten Unterrichtsthemas „Das menschliche Kreislaufsystem" eingegangen.

2.1 Unterricht als Angebot von versprachlichtem fachlichen Input

Im vorliegenden Kapitel wird der Unterricht als Faktorenkomplex dargestellt und herausgearbeitet, welche Schwerpunkte vorliegende Arbeit diesbezüglich setzt. Dabei dient das Angebot-Nutzungs-Modell von Helmke (2012) als Grundlage. Demzufolge ist Unterricht ein Angebot, von dem nicht direkt auf dessen Wirkung bzw. Lehr-/Lernertrag zu schließen ist, da weitere Faktoren den Lehr-/Lernprozess maßgeblich mit beeinflussen (vgl. 2.1.1). Der Untersuchungsgegenstand betrifft einen Teilaspekt von Unterricht – den versprachlichte fachliche Input, dessen Vorstellung und Charakterisierung in 2.1.2 erfolgt, indem auf mediale wie auch konzeptionelle Schriftlichkeit und Mündlichkeit im Allgemeinen eingegangen wird. 2.1.3 umfasst die Auseinandersetzung mit schriftlichen und 2.1.4 mit mündlichen Inputtypen, die im Rahmen der Arbeit untersucht werden. Hierbei steht zunächst eine allgemeine Charakterisierung im Vordergrund, die in Kapitel 3 in der Darstellung der Analysemethoden noch zu spezifizieren ist.

https://doi.org/10.1515/9783110521917-015

2.1.1 Unterricht als Angebot

Eine einfache isolierte und invariant gültige Abhängigkeit zwischen Kriterien des Unterrichtserfolgs und Merkmalen des Unterrichts gibt es nicht (Weinert 1989, Auszug abgedruckt in Helmke 2012: 69f.). Folglich kann nicht vom (Unterrichts-)Angebot direkt auf die Wirkungen geschlossen werden und ein einfaches Prozess-Produkt-Modell kann der komplexen Beziehung zwischen Lehr-/Lernangebot, Lehr-/Lernprozess und Lehr-/Lernertrag nicht gerecht werden (Helmke 2012: 69f.). Dem soll das Angebot-Nutzungs-Modell von Helmke Rechnung tragen, indem es „Faktoren der Unterrichtsqualität in ein umfassenderes Modell der Wirkungsweise und Zielkriterien des Unterrichts zu integrieren" (Helmke 2012: 70) sucht und einen „kompakten Überblick über die wichtigsten Variablenbündel zur Erklärung des Lernerfolgs" (Helmke 2012: 72, Auszug aus Meyer & Terhart 2007: 62f.) liefert. Die Leistung des Modells liegt vornehmlich in dessen empirischer Absicherung. Aufgrund dessen soll es im Folgenden als Grundlage zur Verortung des Erkenntnisinteresses der vorliegenden Arbeit dienen.

Das Angebot-Nutzungs-Modell ist in Abbildung 1 dargestellt. Unter Angebot versteht Helmke den Unterricht selbst, wobei entscheidende Wirkfaktoren die fachübergreifende wie fachspezifische Prozessqualität sowie die Qualität des Lehr-/Lern-Materials darstellen. Angebote können sowohl LehrerInnen als auch SchülerInnen machen (Helmke 2012: 74ff.). Angebot ist also nicht ausschließlich mit dem Input der Lehrkraft gleichzusetzen. Schülerseitige Angebote können geplant als „lehrerloser Unterricht" und informell erfolgen (Helmke 2012: 76). Helmke fasst auch Fehler von SchülerInnen als Angebot an LehrerInnen auf, die Hinweise auf das Überdenken und Verbessern von Inhalten und Methode liefern können (Helmke 2012: 72, Auszug aus Meyer & Terhart 2007: 62f.). Die Nutzung des Angebots erfolgt im Rahmen von Lernaktivitäten, wobei hierunter die aktive Lernzeit im Unterricht und außerschulische Lernaktivitäten zu verstehen sind.

Neben dem Angebot und dessen Nutzung spielen folgende Aspekt-Blöcke eine wesentliche Rolle dafür, ob Unterrichtsangebote zu einem Lehr-/Lernertrag führen:
– Lehrperson(en)
– Familie der SchülerInnen
– Lernpotenzial der SchülerInnen
– Kontext, wie z.B. die Klassenzusammensetzung
– Wirkungen

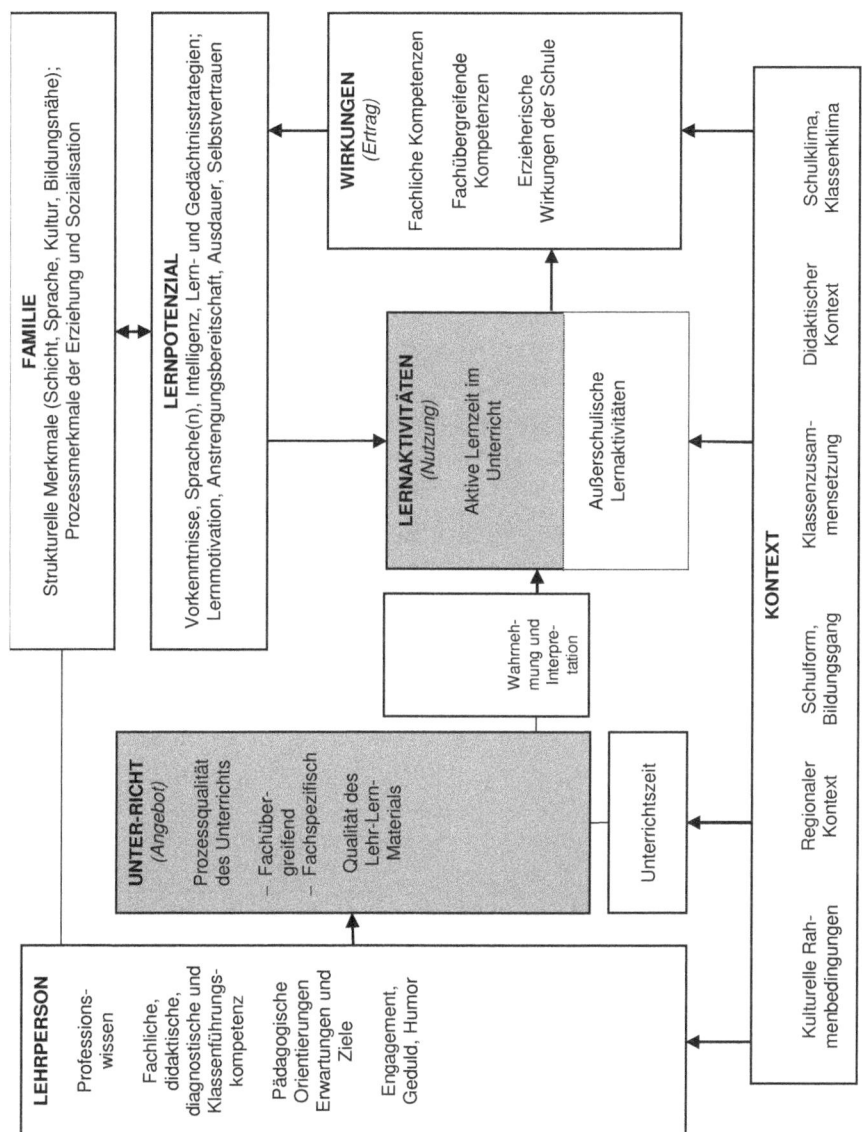

Abb. 1: Angebot-Nutzungs-Modell der Wirkungsweise von Unterricht (nach Helmke 2012: 71; leicht angepasst)

Die Wirksamkeit von Unterricht hängt von zwei wesentlichen Mediationsprozessen auf Schülerseite ab (Helmke 2012: 71):

1. Inwieweit werden Erwartungen von LehrerInnen und unterrichtliche Maßnahmen von SchülerInnen entsprechend wahrgenommen und interpretiert?
2. Welche Auswirkungen haben Wahrnehmung und Interpretation auf moti-
   vationale, emotionale und volitionale[1] Prozesse auf SchülerInnenseite?

Das Ergebnis dieser beiden Mediationsprozesse bestimmt maßgeblich die sich
anschließenden Lernaktivitäten der SchülerInnen (Helmke 2012: 71f.). Zur Veranschaulichung sollen exemplarisch ausgewählte Wirkzusammenhänge dargestellt werden (Helmke 2012: 71ff.): Ob SchülerInnen erfolgreich lernen bzw. sie
in der Lage sind, das unterrichtliche Angebot zu nutzen, hängt entscheidend
von ihren Lernvoraussetzungen ab. Hierzu zählen z.B. die Intelligenz, das Vorkenntnisniveau, das Verfügen über Lernstrategien und das Fähigkeitsselbst-
konzept. Lernvoraussetzungen auf individueller Ebene spielen wiederum im
Rahmen des Kontexts für die Klassenzusammensetzung eine wichtige Rolle. So
bestimmt das mittlere Fähigkeits- und Vorkenntnisniveau einer Schulklasse
wesentlich den Unterrichtserfolg: „Eine ungünstige Klassenzusammensetzung
setzt der Qualität des Unterrichts ebenso Grenzen, wie umgekehrt eine günstige
Klassenzusammensetzung die Unterrichtsqualität und -effektivität fördern
kann." (Helmke 2012: 85).

Kernaussage von Helmke ist folglich, dass sich, bezogen auf unterrichtliche
Qualitätsmerkmale, vielfältige komplexe Faktoren in einem Bedingungsgefüge
vereinen und simple kausale Zusammenhänge in der Regel nicht identifizierbar
sind. Doch auch im komplexen Angebots-Nutzungs-Modell von Helmke verliert
der Unterricht nicht an Bedeutung. So weist er auf die hervorragende Rolle von
Unterricht als „Kerngeschäft der Schule" (Helmke 2012: 76) hin. Für eine adä-
quate Wirkungsforschung ist es neben der Erforschung anderer Faktoren uner-
lässlich, das tatsächliche Angebot eingehend zu analysieren und zu beschreiben. Denn nur so können begründete Wirkungshypothesen aufgestellt und
geprüft werden. Die vorliegende Untersuchung will daher einen Beitrag zur
Beschreibung der Beschaffenheit von Unterrichtsangeboten leisten. Bezüglich
des konkreten Untersuchungsgegenstandes ist eine weitere Eingrenzung notwendig, die im Laufe der folgenden Teilkapitel sukzessive erfolgen wird, in der
Abbildung des Angebot-Nutzungs-Modells aber bereits durch die Schattierung
der Blöcke Unterricht und Lernaktivitäten im Unterricht angedeutet wird.

Ein wesentlicher Teil von Unterricht und Angebot stellt der fachliche Input
dar. Nicht-fachlich wären in diesem Zusammenhang z.B. organisatorische und

---

[1] Volitionale stellen auf den Willen bezogene Prozesse dar (Helmke 2012: 71).

disziplinarische Aspekte. Wird gemeinsam über die Organisation des nächsten Wandertages gesprochen, so handelt es sich dabei nicht um fachlichen Input. Ein wesentlicher Teil des fachlichen Inputs wird versprachlicht, wie z.B. Neumann unterstreicht (Neumann 1998: 81). Nicht-versprachlichter fachlicher Input tritt z.B. in Form von Abbildungen oder von Experimenten auf. Tatsächlich ist davon auszugehen, dass solche Situationen verhältnismäßig selten auftreten und ihnen versprachlichter fachlicher Input vorausgeht oder nachfolgt. Ferner wird nicht-versprachlichter fachlicher Input auch von versprachlichtem Input begleitet, z.B. wenn im Fall von Abbildungen Beschriftungen ergänzt sind oder im Unterricht Hinweise von der Lehrkraft dazu gegeben werden.

Eine Auseinandersetzung mit Input als relevante Größe im Lernprozess erfolgt auch in der Fremd- und Zweitspracherwerbsforschung. Hier wird unter Input das gesamte mündlich und/oder schriftlich zur Verfügung stehende Sprachmaterial verstanden, das LernerInnen zugänglich ist (Aguado 2010a: 132). Es gibt verschiedene Möglichkeiten des Inputs, z.B. stellt Interaktion eine solche dar (Gass 2003: 241). Gass (2003: 226) sieht Input als die offensichtlichste notwendige Voraussetzung für (Sprach-)Lernen an.[2] Im Sinne von Helmke wird zwischen Input und Intake unterschieden. Intake beinhaltet dabei Aspekte, Elemente und Strukturen des Inputs, auf welche Lernende ihre Aufmerksamkeit[3] richten und welche sie für ihren Spracherwerb nutzbar machen (Aguado 2010b: 133). Er entspricht damit im Modell von Helmke der Wahrnehmung und Interpretation sowie Nutzung des unterrichtlichen Angebots, ist aber nicht gleichzusetzen mit dem Ertrag des Lehrens und Lernens, da jeweils nur ein Teil des Intakes zu Lehr-/Lernertrag führt. Abbildung 2 verdeutlicht noch einmal im Überblick den Zusammenhang, ohne dass die Größe der einzelnen Ellipsen hier Hinweise auf tatsächliche Anteile gibt.

Unterricht wird demnach als Angebot angesehen. Ein Teil dieses Angebotes stellt der fachliche Input dar. Ein Teil dessen stellt wiederum der versprachlichte fachliche Input – hier als Schriftlicher fachlicher Input (im Folgenden SFI) und Mündlicher fachlicher Input (im Folgenden MFI) bezeichnet – dar. Diesen

---

2 Neben Input wird auch die Rolle von Output und Interaktion für das Sprachlernen eingehend diskutiert und erforscht (vgl. z.B. Output-Hypothese von Swain und Interaktions-Hypothese von Long; weitere Ausführungen diesbezüglich finden sich in Gass 2003 und Edmondson & House 2000).

3 Zwar muss Aufmerksamkeit nicht in jedem Fall als notwendige Voraussetzung für Lernen angesehen werden – z.B. wird auch beiläufig gelernt, Apeltauer bezeichnet dies als inzidentelles Lernen (Apeltauer 2010). Dies wird an dieser Stelle nicht weiter diskutiert, da der Intake nicht untersucht wird.

zu untersuchen bildet das Erkenntnisinteresse der vorliegenden Arbeit (angezeigt auch durch die Grauschattierung in Abbildung 1 und Abbildung 2). Im
Fokus steht dabei derjenige Input, der im schulischen Lernprozess möglichst
allen SchülerInnen zugänglich ist. Dies schließt z.B. häusliche Internetrecher-
chen, aber auch Kommunikationsprozesse in Kleingruppen aus. Dabei ist stets
zu berücksichtigen, dass im Sinne des Angebot-Nutzungs-Modells dieses Angebot in der Regel nicht in seiner Gänze genutzt wird und schließlich lediglich ein
Teil des Angebotes zu Lehr-/Lernerträge führt.

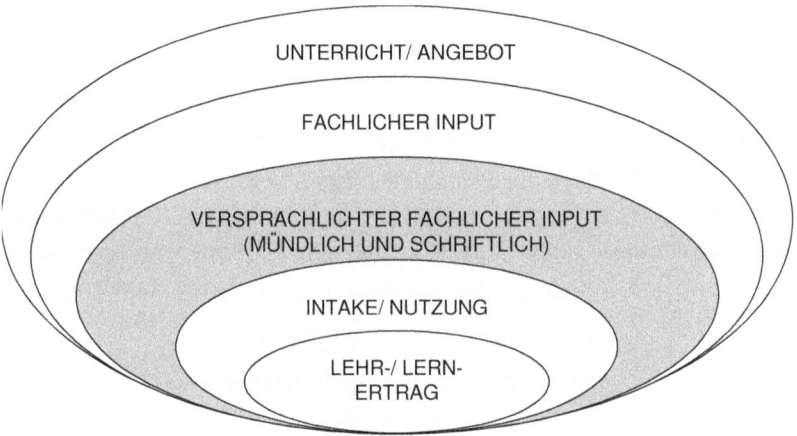

Abb. 2: Von Angebot zum Lehr-/Lernertrag

Im nächsten Teilkapitel wird auf die konzeptionelle und mediale Unterscheidung von Schriftlichkeit und Mündlichkeit eingegangen, da die Unterscheidung
in SFI und MFI näher beschrieben werden soll und somit weiter eingegrenzt
werden kann, welche Formen des Inputs in der vorliegenden Arbeit Berücksichtigung finden sollen.

2.1.2 Schriftlichkeit und Mündlichkeit

Mit Blick auf die Termini Schriftlichkeit und Mündlichkeit werden in der wissenschaftlichen Literatur zwei Dimensionen unterschieden: die mediale und die

konzeptionelle. Diese Unterscheidung geht auf Söll (1985) zurück.[4] Sie wurde von Koch & Oesterreicher (1994, 1985) aufgenommen und maßgeblich erweitert. Hinsichtlich des Mediums sind der phonische und graphische Kode (Koch & Oesterreicher 1985: 17) zu unterscheiden. Im ersten Fall ist die Übertragung von Schallwellen gemeint, im zweiten Fall meint dies die Übertragung mittels Schriftzeichen (Kniffka & Siebert-Ott 2007: 18). Mündliche Kommunikation ist dementsprechend mit Fiehler als „Verständigung zwischen mindestens zwei Parteien durch verbale mündliche Kommunikation, körperliche Kommunikation und/oder Kommunikation auf der Grundlage visueller Wahrnehmungen und Inferenzen" (Fiehler 2012: 26) zu verstehen. Gesprochene Sprache schließt neben verbalsprachlichen Anteilen auch alle bedeutungstragenden stimmlichen und prosodischen Erscheinungen ein und ist folglich multimodal, indem das Gesprochene, körperliche Entäußerungen und auf visueller Wahrnehmung und Schlüssen basierende Informationen zusammenwirken. In ihrer Multimodalität besteht denn auch ein grundlegender Unterschied zu schriftlichen Texten, da textbasierte Verständigung weitgehend verbal ist und visuell erfolgt (Fiehler 2012: 26f.). Schriftlichkeit und Mündlichkeit werden in unterschiedlichen Domänen und mit unterschiedlichen Funktionen verwendet. Fiehler sieht die zentrale Funktionalität von Mündlichkeit in der *„interaktiven Bewältigung aktueller Situationen"* (2012: 27), wobei zentrale Funktion hierbei die unmittelbare wechselseitige Beeinflussung und Steuerung und die Vermittlung von Wissen sei (Fiehler 2012: 27). Geschriebene Sprache enthebt sprachliche Handlungen ihrer Flüchtigkeit und dient daher der *„raum-zeitlichen Distribution und Tradierung von Texten"* (Fiehler 2012: 27). Mündliche Kommunikation ist stark situations- und kontextspezifisch. Sie unterliegt einer weniger starken Normierung als schriftliche Kommunikation, nicht zuletzt auch dadurch, dass sie individuell stark variiert (Fiehler 2012: 26ff.). Daraus ergibt sich die Forderung, bei der Analyse mündlicher Kommunikation nicht unreflektiert Beschreibungskategorien etwa aus dem Bereich der Grammatik aus der schriftlichen Kommunikation zu übernehmen und im Sinne eines „written language bias" geschriebene Sprache und deren Regeln als Normalfall anzusehen (Fiehler 2012: 36, 42). So sind zum Beispiel Formulierungsprobleme bei der Versprachlichung im Rahmen mündlicher Verständigung unvermeidbar und normal (Fiehler 2012: 46).

Grenzt man Schriftlichkeit und Mündlichkeit mit Blick auf ihre Konzeption voneinander ab, wird man der Tatsache gerecht, dass Texte – medial mündliche

---

4 Raible (1994) zeigt, dass Sölls Ausführungen, auf die sich Koch/Oesterreicher (1994, 1985) wesentlich beziehen, bereits in Arbeiten von Humboldt und Bühler angelegt sind.

wie auch schriftliche – sehr unterschiedliche Charakteristika mit Blick auf ihre Formalität aufweisen. Als Beispiel kann der Vergleich von geplantem und un- ungeplantem, eher ergebnisoffenem Tafelanschrieb dienen. Schreibt eine Leh- rerin Merksätze mit zunächst noch zu ergänzenden Lücken an die Tafel an (z.B. *Der Blutkreislauf wird aus den Blutgefäßen, den ____, den ____ und den ____ gebildet*)[5], dann macht sie klare Vorgaben zum Thema und dessen Entwicklung – es sind die Lücken zu ergänzen. Es handelt es sich um einen medial wie auch konzeptionell schriftlichen Text. Ein unvorbereiteter Tafelanschrieb kann z.B. entstehen, wenn SchülerInnen ein Assoziogramm zum Thema Blut gemeinsam an der Tafel erarbeiten, das heißt selbstständig Begriffe und Wortgruppen wie z.B. *wird braun wenns trocknet* und *schmeckt nach Rost*[6] ergänzen. Die Beispiele wären zwar medial noch immer als schriftlich, jedoch konzeptionell als eher mündlich einzustufen.

Tab. 1: Sprache der Nähe und Sprache der Distanz (nach Koch &Oesterreicher 1994, 1985)

KONZEPTION

GESPROCHEN/ SPRACHE DER NÄHE	↔	GESCHRIEBEN/ SPRACHE DER DISTANZ
– Dialog		– Monolog
– Freier Sprecherwechsel		– Kein Sprecherwechsel
– Vertrautheit der Partner		– Fremdheit der Partner
– Face-to-face-Interaktion		– Räumliche und zeitliche Trennung
– Freie Themenentwicklung		– Festes Thema
– Keine Öffentlichkeit		– Völlige Öffentlichkeit
– Spontaneität		– Reflektierbarkeit
– Starkes Beteiligt sein		– Geringes Beteiligt sein
– Situationsverschränkung		– Situationsentbindung
– Affektivität		– ‚Objektivität'

Koch und Oesterreicher (1985: 19ff.) ordnen dem konzeptionellen Pol ‚gespro- chen' den Begriff „Sprache der Nähe" und dem konzeptionellen Pol ‚geschrie- ben' den Begriff „Sprache der Distanz" zu. Die Sprache der Nähe ist vornehm- lich dialogisch und durch Vertrautheit der Kommunikationspartner gekennzeichnet, die spontan aufeinander reagieren und frei Themen entwi- ckeln. Ihre starke, affektive Beteiligung kann sich z.B. in Kraftausdrücken zei-

---

5 Das Beispiel stammt aus den eigenen Daten (vgl.4.1.3 für weitere Hinweise)
6 Die Beispiele stammen aus den eigenen Daten (vgl. 4.1.3 für weitere Hinweise).

gen. Die Sprache der Distanz stellt den Gegenpol zu dieser Sprache der Nähe dar, wie Tabelle 1 zeigt.

Entsprechend der Unterscheidung von Medium und Konzeption ergeben sich stark vereinfacht, da die konzeptuelle Dimension ein Kontinuum darstellt, folgende Kombinationen, für die jeweils in Klammern Beispiele gegeben werden:

1 Medial schriftlich, konzeptionell schriftlich (gedruckte Verwaltungsvorschrift)
2 Medial schriftlich, konzeptionell mündlich (Chat, SMS und Mail an Freunde)
3 Medial mündlich, konzeptionell schriftlich, (ein wissenschaftlicher Vortrag)
4 Medial mündlich, konzeptionell mündlich (vertrautes Gespräch mit Freunden)

Die Auflistung deutet bereits an, dass diese vereinfachte Darstellung Grenzen aufweist. Mit Blick auf die Unterrichts- und Sprachrealität und die oben angeführten Tafelanschriebe zeigt sich zum Beispiel, dass sowohl der geplante, konzeptionell schriftliche Tafelanschrieb als auch der ungeplante, ergebnisoffene und konzeptionell eher mündliche Tafelanschrieb begleitet wird durch mündliche Interaktion und Verständigung über den jeweiligen Anschrieb. Im ersten Fall wird über die Füllung der Lücken diskutiert und im zweiten Fall erklären die SchülerInnen ihre Anschriebe. Mündlichkeit und Schriftlichkeit – medial wie auch konzeptionell – gehen hier folglich Hand in Hand bzw. unterschiedliche Modi und Grade von ‚Nähe' und ‚Distanz' interagieren zur Erstellung von medial schriftlichen Texten. So beginnt der oben erwähnte geplante Tafelanschrieb monologisch, jedoch situationsverschränkt (Biologieunterricht zum Thema Blutkreislauf) und ohne raum-zeitlich Trennung, dafür aber ohne Sprecherwechsel, indem er für alle SchülerInnen sichtbar angeschrieben und damit präsentiert wird. Daraufhin erfolgt ein Dialog in einer face-to-face-Interaktion ohne Themenentwicklung bzw. -wechsel und bedingt spontan, insofern als der Lehr-/Lerngegenstand des Unterrichts festgelegt ist und als solcher von allen beteiligten AkteurInnen geteilt wird. Die Spontaneität wird zusätzlich dadurch eingeschränkt, dass die LehrerIn für den Tafelanschrieb im Rahmen der Unterrichtsplanung das (Lehr-/Lern-)Ziel festgelegt und zumindest im Geiste vorformuliert hat (vgl. auch Ausführungen zum Lehrervortrag mit verteilten Rollen in 2.1.4.1). So ist mit Wellenreuther festzuhalten, dass Unterricht eine „Abfolge von schriftlichen und mündlichen Texten oder Äußerungen, die mehr oder weniger kohärent aufeinander bezogen sind" (Wellenreuther 2005: 223) darstellt.

Das Modell von Koch & Oesterreicher wurde entsprechend insbesondere mit Blick auf die kategoriale Klassifizierung kritisiert (vgl. z.b. Spitzmüller 2005; Kleinberger & Spiegel 2006; Hennig 2010).[7] Dennoch stellt die Gliederung nach Medialität und Konzeption eine erste wichtige, wenn auch nicht hinreichende Annäherung an die Systematisierung von Texten und Textsorten dar. Zu analysierende Texte müssen in ihrer Spezifizität im Einzelfall mit Blick auf Verwendungsdomäne, Funktion, Medium und Konzeption eingehender charakterisiert werden.

Zur Differenzierung des zu untersuchenden Inputs wird als Unterscheidungskriterium die Medialität verwendet, da dies eine klare Abgrenzung von SFI und MFI ermöglicht. Es wird in Teilkapitel 2.1.3 auf den SFI und in Teilkapitel 2.1.4 auf den MFI eingegangen. Es werden ausschließlich solche domänen- und funktionsspezifische Inputtypen berücksichtigt, die der sprachlichen Vermittlung fachlicher Inhalte im Unterricht dienen. Mit Blick auf die empirischen Daten (vgl. 4.1.3), die aus dem Biologieunterricht stammen, werden solche Inputtypen charakterisiert, die auch Gegenstand der Analyse sind. Sie sind in Tabelle 2 nach ihrer Medialität gegliedert.

Tab. 2: Untersuchte Inputtypen

MEDIUM	
Graphischer Kode	Phonischer Kode
2.1.3.1 Das Schulbuch	2.1.4.1 Lehrervortrag, Lehrervortrag mit verteil-
2.1.3.2 Der Tafelanschrieb	ten Rollen und Lehrgespräch
	2.1.4.2 Schülerpräsentation

Unter SFI werden das Schulbuch (2.1.3.1) und der Tafelanschrieb (2.1.3.2) subsummiert.[8] Unter dem MFI werden der Lehrervortrag und das Lehrgespräch (2.1.4.1) sowie die Schülerpräsentation (2.1.4.2) verstanden und thematisiert. Diese Inputtypen werden im Folgenden charakterisiert, indem sie definiert, ihre wesentlichen Funktionen beschrieben und auf relevante Forschungsarbeiten bzw. -erkenntnisse eingegangen wird. Eine Spezifizierung mit Blick auf die

---

7 Als kritisch ist zudem anzusehen, dass die Betrachtung Opposition von Schriftlichkeit und Mündlichkeit häufig zu einer Wertung führt, wobei Mündlichkeit einfach und primitiv sei, Schriftlichkeit hingegen Kennzeichen der modernen zivilisierten westlichen Welt (vgl. Ausführungen in Raible 1994).

8 Weitere mögliche Inputtypen wären z.B. Arbeitsblätter und Overhead-Folien.

empirischen Daten der vorliegenden Untersuchung erfolgt in Kapitel 3 und schließlich im Rahmen der Ergebnisdarstellung. Aufgrund der thematischen und fachlichen Verortung des Untersuchungsgegenstandes im Biologieunterricht beziehen sich die Ausführungen vornehmlich auf den naturwissenschaftlichen Unterricht.

2.1.3 Schriftlicher fachlicher Input (SFI)

2.1.3.1 Das Schulbuch

Im Folgenden wird das Schulbuch[9] als eine für den Fachunterricht wesentliche Quelle schriftlichen Inputs thematisiert. Wiater unterscheidet nach Laubig, Peters & Weinbrenner ferner definitorisch zwischen Schulbuch im engeren und im weiteren Sinn:

> Unter einem Schulbuch versteht man im engeren Sinne ein überwiegend für den Unterricht verfasstes Lehr-, Lern- und Arbeitsmittel in Buch- oder Broschüreform und Loseblattsammlungen, sofern sie einen systematischen Aufbau des Jahresstoffes enthalten; in einem weiteren Sinne zählen zum Schulbuch auch Werke mit bloß zusammengestelltem Inhalt wie Lesebücher, Liederbücher, Atlanten und Formelsammlungen.
>
> (Laubig, Peters & Weinbrenner 1986: 7, zitiert
> nach Wiater 2005: 43)

Im Rahmen der vorliegenden Arbeit werden Schulbücher im engeren Sinne definiert. Folgend wird auf die Funktionen und Aufgaben von Schulbüchern und auf wesentliche Forschungserkenntnisse, die für die vorliegende Arbeit relevant sind, eingegangen.

2.1.3.1.1 Funktionen und Aufgaben des Schulbuchs

Die Aufgaben und Funktionen des Schulbuchs lassen sich wie in Abbildung 3 dargestellt, drei Ebenen zuordnen: erstens der gesellschaftlichen Ebene, zweitens der Unterrichtsebene und drittens der individuellen Eben, wobei diese nach LehrerInnen und SchülerInnen noch einmal differenziert wird.

---

9 Im Rahmen der Arbeit wird ausschließlich der Terminus Schulbuch verwendet, zur Diskussion der Termini Lehrwerk, Lehrbuch und Lehr-/Lernmaterialien vgl. Winzer-Kiontke (2016: 124ff., hier mit Fokus auf Fremdsprachenunterricht).

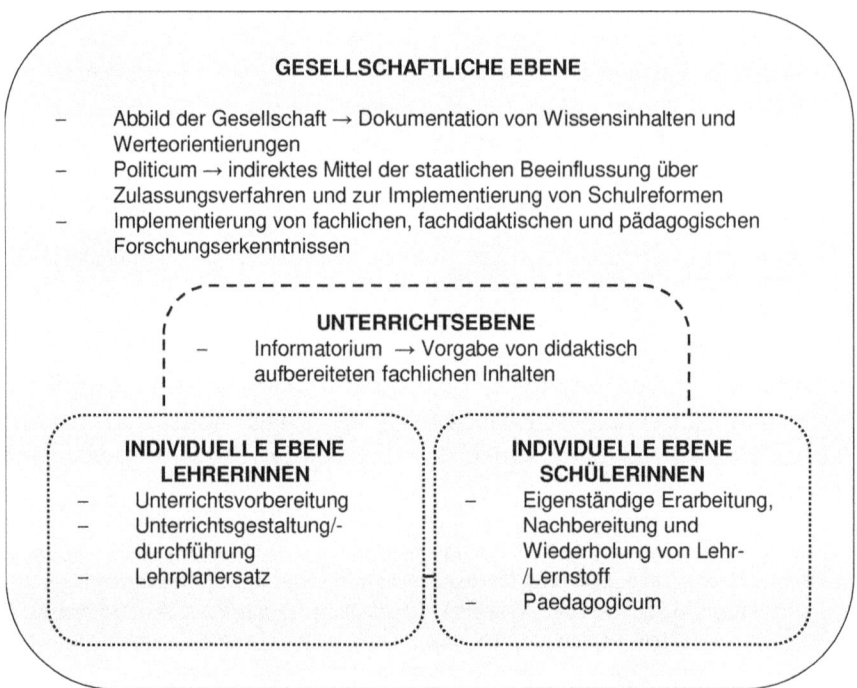

Abb. 3: Aufgaben und Funktionen des Schulbuchs; eigene Darstellung

Kahlert sieht eine der wichtigsten Funktionen von Schulbüchern darin, dass diese „das kulturelle Selbstverständnis einer Gesellschaft" (Kahlert 2010: 42) abbilden. Dabei repräsentieren sie das zu lernende Wissen ebenso wie gesellschaftliche Werte und Normen (Kahlert 2010: 42). Höhne spricht vom Schulbuch als „gesellschaftlichem Beobachtungsmedium", mit welchem die soziale Wirklichkeit beschrieben wird (Höhne 2005: 75). Es dokumentiert demnach Wissensinhalte und Werteorientierungen einer Gesellschaft sowie auch deren Wandel über die Zeit und machen diese (über-)regional und (inter-)national transparent. Allerdings fungiert das Schulbuch auf gesellschaftlicher Ebene aufgrund der Tatsache, dass es die von den Kultusministerien erarbeiteten Lehrpläne zum „Leben erweckt" (Heinze 2005: 9f., bezugnehmend auf Kuhn & Rathmeyer 1977: 9) und wegen des Zulassungsverfahrens[10] dabei gleichzeitig als „indirektes

---

[10] Für nähere Informationen zur Schulbuchzulassung siehe z.B. Wendt (2010) und Wiater (2003a: 12f.).

Mittel der staatlichen Beeinflussung des Schulwesens" (Wiater 2003a: 13; vgl. auch Heinze 2005). Das Zulassungsverfahren stellt folglich sicher, dass Lerninhalte im Sinne der staatlichen Verfassung normiert sind (Wiater 2003a: 14; siehe auch Matthes & Heinze 2005). Stein (2003: 25) bezeichnet das Schulbuch in diesem Sinn als Politicum. Somit ist hinsichtlich der Darstellung von gesellschaftlichen Wissensinhalten und Werteorientierungen eine gewisse Relativierung vorzunehmen. Auf gesellschaftlicher Ebene stellt eine weitere Funktion von Schulbüchern die Implementierung von fachlichen, fachdidaktischen und pädagogischen Forschungserkenntnissen dar. Bullinger, Hieber & Lenz (2005: 67) sprechen von einem „‚Umschlagplatz' für fachliche und didaktische Neuerungen".

Auf der Ebene des Unterrichts ist die wesentliche Funktion – und Besonderheit – von Schulbüchern, dass sie fachliche Inhalte für SchülerInnen fachdidaktisch aufbereitet präsentieren und Lernen anregen bzw. ermöglichen und erleichtern sollen. Stein bezeichnet diese Funktion auch als Informatorium:

> Als *Informatorium* hat das Schulbuch kontroverse Texte und unterschiedlichste Materialien bereitzustellen (ist also Träger von Informationen) sowie Anstöße und Hilfen zu multiperspektivischer Erörterung der dargebotenen Inhalte, Themen oder Probleme zu geben (und dient somit auch als Auslöser von Diskussionen). Die in Schulbüchern zur Diskussion bereitgestellte Information muß nicht nur in sachlicher wie sprachlicher Hinsicht so präsentiert werden, daß sie der schulischen Lehr- und Lernsituation angemessen ist, sondern sollte auch die Befangenheit, Ergänzungsbedürftigkeit und Überholbarkeit des jeweils dargebotenen Schulbuchwissens verdeutlichen oder zumindest erkennen lassen.
>
> (Stein 1991: 755)

Diese, Schulbüchern inhärente, Vermittlungsfunktion unterscheidet sie maßgeblich von Fachbüchern und -artikeln. Baumann ordnet Schulbücher daher auch der Textsorte der populärwissenschaftlichen Vermittlungstexte zu, deren Ziel es ist: „[...] einem heterogenen nichtfachlichen Adressatenkreis fachliche Informationen auf eine kommunkativ-kognitive Weise zu vermitteln, die Kommunikationskonflikte ausschließt [sic]." (1998b: 730). Ihre Textsortenspezifik zeigt sich z.B. im Einbezug methodisch aufbereiteter Aufgabenstellungen (Baumann 1998b: 733). Aufgaben erfüllen dabei auch eine Übungs- und Kontrollfunktion (Hacker 1980: 14ff.). Riedel (2004: 79) spricht in Anlehnung an Rehbein (1997) von „vorfachlichen" Texten, die eine Professionalisierung des Kommunikationspartners zum Ziel haben. Damit ergibt sich für SchulbuchautorInnen vor allen Dingen der Anspruch, möglichst adressaten- bzw. rezipientengerechte Texte zu produzieren (Baumann 1998b: 730). Bamberger formuliert dies folgendermaßen: „Das Schulbuch ist gekennzeichnet durch den Schülerbezug in der inhaltlichen Anpassung an die kognitiven Voraussetzungen des

Schülers und durch die methodische Aufbereitung der Texte, welche die Aufnahme des Inhalts erleichtern und bestmögliche Wirkungen erzielen soll." (Bamberger 1995: 47). Inhalte werden demnach didaktisch reduziert. Dies sollte so geschehen, dass dennoch ein adäquates Abbild der Wirklichkeit vermittelt wird (Bullinger, Hieber & Lenz 2005: 68). Und Schulbücher sollten „[...] in Inhalt und Arbeitsweise an den jeweiligen Bezugswissenschaften, Biologie, Geschichte, Physik etc. ausgerichtet sein." (Hacker 1980: 12). Bullinger, Hieber & Lenz weisen, Hackers Auffassung erweiternd, zudem darauf hin, dass Schulbüchern auch die Funktion der Vermittlung von fachübergreifenden Kompetenzen zukommt (Bullinger, Hieber & Lenz 2005: 68). Dies ist eine neuere Entwicklung, die sich im Zuge der Diskussion und Erweiterung des Kompetenzbegiffs[11] ergeben hat.

Auf individueller Ebene ist zwischen LehrerInnen und SchülerInnen zu unterscheiden. Den LehrerInnen dient das Schulbuch zur Vorbereitung und Durchführung von Unterricht. Die inhaltliche und fachdidaktische Strukturierung kann dabei als Orientierung zur Unterrichtsplanung dienen. Bullinger, Hieber & Lenz (2005: 67) weisen auch darauf hin, dass Schulbücher fachfremd unterrichtenden LehrerInnen eine schnelle und effektive Einarbeitung ermöglichen. Wiater (2005: 51) geht sogar so weit, das Schulbuch als Lehrplanersatz zu bezeichnen: „Da die Lehrer wissen, dass das Schulbuch kultusministeriell zugelassen und als geeignete und legitime Lehrplaninterpretation gelten kann, ersparen sich einige den Blick in den Lehrplan." (Wiater 2005: 51). Dass dem Schulbuch in der Funktion als Vorbereitungsmittel eine große Rolle zugeschrieben wird, zeigt sich auch in dessen Bezeichnung als ‚heimlicher Dirigent des Unterrichts' (Bauer 1995: 229, bezugnehmend auf Kuhn 1977) und als ‚heimliche Richtlinie' (Stein 2003: 24).

Für SchülerInnen soll das Schulbuch – neben der (gemeinsamen) Nutzung und Bearbeitung im Unterricht – zur eigenständigen Erarbeitung, Nachbereitung und Wiederholung von Lehr-/Lernstoff dienen. Idealerweise leitet das Schulbuch Heranwachsende nach und nach zu wachsender Selbstbestimmung

---

11 Unter Kompetenzen werden „die bei Individuen verfügbaren oder durch sie erlernbaren kognitiven Fähigkeiten und Fertigkeiten, um bestimmte Probleme zu lösen, sowie die damit verbundenen motivationalen, volitionalen und sozialen Bereitschaften und Fähigkeiten, um die Problemlösungen in variablen Situationen erfolgreich und verantwortungsvoll nutzen zu können." (Weinert 2014: 27f.) verstanden. Sie beinhalten Aspekte des Wissens und Könnens und betreffen ebenso Einstellungen. Zur Kompetenzorientierung vgl. z.B. Ausführungen von Helmke (2012: 240ff.) sowie deren Beschreibung in den Bildungsstandards.

und Weltverantwortung an. Stein spricht in diesem Fall vom Schulbuch als Paedagogicum (Stein 1991: 754).

Dem Schulbuch wird folglich auf allen drei Ebenen eine wesentliche Rolle zugeschrieben. Dies belegt auch die rege Schulbuchforschung – insbesondere wenn man deren Aktivitäten im Verhältnis zum Forschungsstand der weiteren SFI-Typen betrachtet. Im nächsten Teilkapitel werden Grundtypen und Schwerpunkte der Schulbuchforschung herausgearbeitet sowie relevante Forschungsergebnisse aufgearbeitet.

2.1.3.1.2 Schulbuch - Forschungsstand

Abbildung 4 gibt – ohne Anspruch auf Vollständigkeit – einen Überblick über Typen und Untersuchungsgegenstände der Schulbuchforschung. Im Wesentlichen werden mit Weinbrenner (1995) drei Grundtypen unterschieden: prozess-, produkt- bzw. inhaltsorientierte und wirkorientierte Schulbuchforschung.

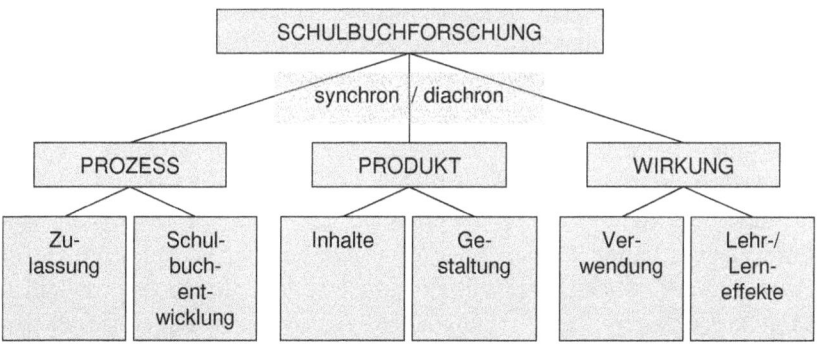

Abb. 4: Grundtypen der Schulbuchforschung; eigene Darstellung

Untersuchungen, welche den Prozess in den Fokus stellen, bearbeiten Fragen zum Lebenszyklus von Schulbüchern, z.B. die Zulassungs- und Genehmigungsverfahren der Bundesländer und die Schulbuchentwicklung und -herstellung in Verlagen. Produkt- und inhaltsorientierte Schulbuchforschung konzentriert sich auf die Beschaffenheit von Schulbüchern. Analysiert werden z.B. die sprachliche Beschaffenheit oder Fachinhalte. Ferner sind so genannten Aspektuntersuchungen zu erwähnen, welche z.B. das Bild der Frau in der Gesellschaft oder die Darstellung anderer Länder im Schulbuch erforschen. Neben Inhalten wird auch die Gestaltung des Schulbuchs, z.B. dessen Layout oder Text-Aufgaben-Verhältnis untersucht. Die Wirkungsforschung analysiert das Schulbuch und dessen Wirkung auf Lehrkräfte, SchülerInnen und die Öffentlichkeit (Blaseio 2004: 96). Wesentliche Erkenntnisinteressen stellen dabei auf der einen Seite die Art und Weise der Verwendung von Schulbüchern durch LehrerInnen und SchülerInnen innerhalb und außerhalb des Unterrichts dar. Auf der anderen Seite stehen Fragen des Lehr-/Lernertrags von Schulbüchern, z.B. deren Verständlichkeit für SchülerInnen oder deren Einfluss auf Einstellungen. Diese drei Grundtypen können je nach spezifischem Erkenntnisinteresse vielgestaltig kombiniert und unter Zuhilfenahme verschiedenster methodischer Ansätze umgesetzt werden.

Es existiert eine umfassende nationale wie internationale wissenschaftliche Auseinandersetzung mit dem Schulbuch.[12] Diesbezüglich ist eine „eine stark historisch bzw. sozialwissenschaftliche Ausrichtung mit hauptsächlich inhaltsanalytischem Charakter" (Gogolok 2006: 477) zu konstatieren. Höhne (2005: 70f.) spricht sogar von einer ausschließlich inhaltsanalytischen Ausrichtung. Dies erachtet er auch als ein wesentliches Defizit der deutschsprachigen Schulbuchforschung. So wird denn auch eine verstärkte empirische Wirkungsforschung gefordert. Tatsächlich finden sich auch zahlreiche Untersuchungen zur Lesbarkeit bzw. Verständlichkeit von Schulbüchern,[13] jedoch kaum zur realen Verwendung im Unterricht. Z.B. weist Stein darauf hin, dass auch der jeweils konkrete Umgang mit dem Schulbuch untersucht werden sollte (2003: 27); ebenso fordert Höhne eine „systematische, empirische Untersuchung des Nutzungsverhaltens von Schülern hinsichtlich ihrer Schulbücher" (Höhne 2005: 73) und auch Kahlert stellt fest, dass über den tatsächlichen Einsatz im Unterricht nicht viel gewusst würde (Kahlert 2010: 43; ebenso Sandfuchs 2010: 23).

Auch die vorliegende Untersuchung betrachtet das Schulbuch vornehmlich aus Produktperspektive, berücksichtigt allerdings auch den Aspekt der tatsächlichen Verwendung im Unterricht durch LehrerInnen und SchülerInnen. Im

12 Für einen umfassenden Überblick zur Forschungslage zum Untersuchungsgegenstand Schulbuch sei auf die Seiten der internationalen Gesellschaft für historische und systematische Schulbuchforschung e.V. (http://www.schulbuch-gesellschaft.de/) und die Seiten des Georg-Eckert-Instituts für internationale Schulbuchforschung verwiesen (http://www.gei.de/de/-wissenschaft.html). Weiterhin finden sich zahlreiche Sammelbände zum Thema; exemplarisch seien hier erwähnt der von Olechowski 1995 herausgegebene Band mit dem Titel „Schulbuchforschung", der von Werner Wiater herausgegebene Band „Schulbuchforschung in Europa – Bestandsaufnahme und Zukunftsperspektiven" (2003b) und der von Fuchs, Kahlert & Sandfuchs herausgegebene Band „Schulbuch konkret – Kontexte Produktion Unterricht" (2010).
13 Als Beispiel speziell für den Fokus Bildungssprache sei Obermayr (2013) genannt. Weiterführende Hinweise diesbezüglich finden sich z.B. bei von Borries 2010; Wellenreuther 2005; Starauschek 2006, 2003; Vanecek 1995; Schulz von Thun, Friedemann & Tausch 1973.

Mittelpunkt der Produktanalyse steht die Frage, wie fachliche Inhalte sprachlich getragen werden. Sprachbezogene Schulbuchanalysen werden in der Regel unabhängig vom Inhalt untersucht, wie die Darstellung ausgewählter Studien im Folgenden zeigt.

Riedel (2004) analysiert einen Textauszug aus einem Biologielehrbuch der 5. Klasse im Hinblick auf nichtterminologische Fachausdrücke[14], problematische Begriffe des Alltagswortschatzes, vorfachliche Begriffe und Strukturen sowie weiterhin die Konnektivität des Textes. Dabei kommt sie für den Wortschatz zu dem Ergebnis, dass im Text zwar keine Fachtermini verwendet werden, jedoch ein „sehr hohes Aufkommen von nichtterminologischen Fachausdrücken und vorfachlichen Strukturen" (Riedel 2004: 82) festzustellen ist. Zudem weist der Text eine „rein äußerliche Konnektivität" (Riedel 2004: 85) auf, die vor allem über die sprachliche Darstellung der zeitlichen Abfolge (über Ausdrücke wie *wenig später* und *dann*) hergestellt wird. Erklärungszusammenhänge müssen von LeserInnen selbst erschlossen werden, da sie nicht explizit erläutert werden (Riedel 2004: 85). Die Autorin schließt, dass dieser Text Lernende mit Deutsch als Zweitsprache vor erhebliche Probleme stellt (Riedel 2004: 82). Ihre Untersuchung ist vor allem wegen ihrer sprachwissenschaftlichen Analyse interessant. Allerdings bleibt ungeklärt, unter welchen Kriterien die Zuordnung von Wörtern und Wortfolgen zu „nichtterminologischen Fachausdrücken" etc. erfolgte. Ebenso ist unklar, ab wann von einem sehr hohen Aufkommen dieser gesprochen werden kann.

Graf (1989) führte im Rahmen seiner Untersuchung zum Begriffslernen von Fachtermini im Biologieunterricht der Sekundarstufe I eine Begriffshäufigkeitsanalyse für acht Schulbücher der 5. und 6. Klassenstufen sowie sieben Schulbücher für die 7. bis 10. Klassenstufe durch. Ziel war es, zu ermitteln, mit welchen Begriffen SchülerInnen im Unterricht konfrontiert werden (Graf 1989). Als Kernergebnis hält Graf fest, dass pro Unterrichtsstunde acht bis 32 neue Begriffe gelernt werden müssten, wenn die Schulbücher jeweils vollständig durchgearbeitet und verstanden werden sollten. Dieses Ergebnis steht im Gegensatz dazu, dass SchülerInnen in der Untersuchung von Graf zum Begriffslernen we-

---

14 „Bei *nichtterminologischen Fachwörtern* handelt es sich um (halb-)verständliche Fachausdrücke, deren Denotate nicht ohne weiteres so eindeutig identifiziert werden wie die Termini, da sie ebenfalls häufig im alltäglichen Wortschatz zu finden sind; für das Verstehen dieser Wörter muss daher in viel stärkerem Maße der aktuelle Kontext herangezogen werden." (Riedel 2004: 79f.). Im Analysetext werden z.B. Goldhamster, Schlafhäuschen, Vorderpfoten und Backentaschen als solche identifiziert (Riedel 2004: 82; Hervorhebungen im Original, Anmerkung der Verfasserin).

sentlich weniger Begriffe erlernen, nämlich ca. einen Begriff pro Stunde (Graf 1989: 172f.). Graf berücksichtigt ausschließlich Substantive und führt neben der Häufigkeitsanalyse keine (weiteren) linguistischen Analysen durch. Interessant für die vorliegende Arbeit ist die von Graf im Anschluss an seine Analysen erstellte Liste grundlegender biologischer Begriffe.

Merzyn (1999) untersucht 12 Schulbücher im Hinblick auf sechs für den Fachwortgebrauch charakteristische Größen. Er kommt zu dem Ergebnis, dass sich die Fachsprache in den Schulbüchern trotz unterschiedlicher Adressatengruppe praktisch nicht unterscheide und der Anteil an Fachwörtern im Text in allen Büchern etwa gleich hoch sei (Merzyn 1999: 116).

Für diese drei sprachwissenschaftlich orientierten Untersuchungen zeigt sich einerseits ein starker Fokus auf (Fach-)Wortschatz und hier wiederum auf Nomen. Eine Ausnahme bildet z.B. der Werkstattbericht von Oleschko & Moraitis (2012) zu einem Forschungsprojekt, im Rahmen dessen 30 Politik- und Geschichtsschulbücher untersucht werden. Sie fokussieren hierbei auf Operatoren, wie z.B. *erklären*.

Mit Blick auf die tatsächliche Verwendung von Schulbüchern im Unterricht wird in der Regel davon ausgegangen, dass diesem ein hoher Stellenwert zu kommt (z.B. Hacker 1980: 7; Stein 2003: 24; Bullinger, Hieber & Lenz 2005: 67). Die Befunde auf diesem Gebiet legen nahe, dass das Schulbuch im Unterricht in Abhängigkeit vom Fach, den Präferenzen der Lehrkraft und anderen Faktoren eine sehr unterschiedliche Rolle spielt. Für den Unterricht selbst fasst Starauschek (2003: 135f.) die Ergebnisse bezogen auf den Physikunterricht folgendermaßen zusammen: „Physikschulbücher spielen im Unterricht nur eine untergeordnete Rolle. Sie werden überwiegend als Aufgabensammlung verwendet und sollen den Schülern zur häuslichen Wiederholung dienen (Bleichroth, Dräger & Merzyn 1987; Merzyn 1994)." Beerenwinkel & Gräsel (2005) befragten 240 ChemielehrerInnen zum Einsatz von Schulbuchtexten im Gymnasium. Dabei deuten die Ergebnisse darauf hin, dass Hausaufgabentexte das wichtigste Einsatzgebiet für Texte seien (Beerenwinkel & Gräsel 2005: 21). Den Einsatz von Biologieschulbüchern untersuchte Loidl (1980, zitiert nach Graf 1989: 129). Er befragte HauptschullehrerInnen. Dabei zeigte sich, dass etwa 57% der LehrerInnen das Schulbuch in fast jeder Unterrichtseinheit verwendeten, 82% der Befragten gaben zudem an sich bei der Unterrichtsvorbereitung mehr oder weniger intensiv am Schulbuch zu orientieren (Loidl 1980, zitiert nach Graf 1989: 129). Stawinsky fand heraus, dass das Schulbuch in fast 82% der Biologiestunden in der vierten Klasse verwendet wird (Stawinsky 1984, zitiert nach Graf 1989: 129). Bei diesen zum Teil nicht mehr ganz aktuellen Untersuchungen handelt es sich in der Regel um Befragungen von LehrernInnen. Solche Selbstaussagen müssten an der Unterrichtswirklichkeit überprüft werden. Von Borries berichtet, dass Vergleiche zwischen Lehrer- und Schülerperspektive zum Einsatz des Schulbuches zeigen, dass LehrerInnen bei identischer Fragestellung wesentlich weniger Schulbuchbenutzung angeben als die SchülerInnen (von Borries 2010: 109, bezugnehmend auf den Geschichtsunterricht).

Abschließend kann die bisherige Schulbuchforschung als stark objektbezogen bezeichnet werden. Vor allem das Schulbuch als Produkt steht im Vordergrund. Die bevorzugte Untersuchungsmethode stellt in diesem Zusammenhang die Inhaltsanalyse dar, doch erfolgten daneben bereits eine Reihe subjektbezogener Untersuchungen. Hierbei werden SchülerInnen und LehrerInnen zum Schulbuch, dessen Einsatz im Unterricht und seiner Verständlichkeit befragt. Weiterhin wird punktuell auch empirische Wirkungsforschung, vornehmlich im Bereich der Verständlichkeitsforschung, in meist experimentellen bzw. quasi-experimentellen Settings betrieben. Forschung, die Einsatz und Verständlichkeit in der Unterrichtswirklichkeit untersucht, gibt es dagegen kaum.

Auch wenn man davon ausgeht, dass das Schulbuch einen wichtigen Platz im Schulalltag einnimmt, Kahlert z.B. sieht das Schulbuch noch immer als „die eigentliche Großmacht der Schule" an (Kahlert 2010: 44, zitiert den Deutschen Bildungsrat 1969), sei es für die LehrerInnen oder die SchülerInnen, ist das Schulbuch lediglich Teil eines Medienverbunds (Bullinger, Hieber & Lenz 2005: 69; ebenso Höhne 2005: 74 bezugnehmend auf Tulodziecki 1991). Jeismann grenzt in diesem Sinne bereits 1979 eine klassische Periode der Schulbuchrevision und -forschung von neueren Entwicklungen ab: „Der ‚Gegenstand' ist der internationalen Schulbuchrevision unter den Händen zerronnen. Das Schulbuch als ein fest zu identifizierendes Medium des Unterrichts hat sich in Unterrichtsmaterial unterschiedlichster Art aufgelöst." (Jeismann 1979: 9). Die Arbeit mit dem Schulbuch hat Grenzen, die zum Beispiel in mangelnder Aktualität der Themen oder in einer teilweise notwendigerweise oberflächlichen Themendarstellung begründet sind (Bullinger, Hieber & Lenz 2005: 69). Auch aus diesem Grund kommen häufig Zusatzmaterialien/-medien zum Einsatz.

Die häufig angeführte und viel diskutierte herausragende primäre Rolle des Schulbuchs spiegelt sich letzten Endes auch darin, dass zu weiteren SFI-Typen weit weniger wissenschaftliche Literatur und noch weniger Forschungsarbeiten existieren, wie in den anschließenden Kapiteln gezeigt wird. Allerdings ist an dieser Stelle kritisch zu hinterfragen, ob Ursache dieser Schwerpunktsetzung nicht auch die Tatsache ist, dass es sich bei einem Schulbuch um ein leicht zugängliches und nicht-reaktives – und damit unveränderbares – Untersuchungsobjekt handelt, das zeitlich unabhängig analysiert und ausgewertet werden kann (Winzer-Kiontke 2016: 152).

2.1.3.2 Der Tafelanschrieb

Unter Tafelarbeit wird im Folgenden „jedes Arbeiten mit weißer oder farbiger Kreide an der Tafel" (Förner 1970, zitiert nach Könings 1990: 31) verstanden.[15] Dabei ist zwischen geplanter und ungeplanter Tafelarbeit zu unterscheiden. Geplante Tafelarbeit ist vorbereitet, das heißt, dass vorab durchdacht wird, 1.) was 2.) wie 3.) wo und 4.) zu welchem Zweck an die Tafel zu schreiben ist. Ungeplante Tafelarbeit entsteht spontan und häufig – aber nicht ausschließlich – ungeordnet im Rahmen des Unterrichts (Weißeno 1992: 7). Es ist davon auszugehen, dass es sich hierbei um ein Kontinuum handelt – so kann geplante Tafelarbeit im Unterricht noch spontan ergänzt werden. Bei der Tafelarbeit können prinzipiell zwei Gruppen von Handlungsträgern, LehrerInnen und SchülerInnen, agieren. Dabei können LehrerInnen alleine, SchülerInnen alleine bzw. gemeinsam sowie schließlich LehrerInnen und SchülerInnen in Kooperation an der Tafel arbeiten. Als Ergebnis von Tafelarbeit entsteht in der Regel ein Tafelbild bzw. -anschrieb.[16] Im Folgenden wird ferner unter Tafelbild eine vornehmlich bildliche, graphische bzw. symbolische Darstellung und unter Tafelanschrieb eine Textaufstellung, die vornehmlich schriftliche Texte wie z.B. Merksätze, Aufgaben etc. beinhaltet, verstanden.[17]

Wesentliches Charakteristikum und Unterscheidungsmerkmal, etwa zum Schulbuch, ist die Entstehung von Tafelanschrieb und -bild aus der Unterrichtssituation heraus (Speth & Berner 2011: 297). Selbst ein geplanter Tafelanschrieb kann dem konkreten Unterrichtsgeschehen angepasst werden. Allerdings erfüllen Tafelanschriebe dennoch ähnliche Funktionen wie das Schulbuch, wie sich aus den folgenden Ausführungen ergibt.

---

15 Hinzugezählt werden ferner Flipchart- und Whiteboard-Tafeln, für welche die folgenden Ausführungen ebenfalls im Wesentlichen gelten.

16 Die vorliegende Definition der Begriffe Tafelarbeit, -bild und -anschrieb unterscheidet sich damit wesentlich von der in Könings (1990) vorgeschlagenen terminologischen Eingrenzung. Er versteht unter Tafelbild und -anschrieb etwas per Definition Vorgeplantes, das den alleinigen Handlungsträger Lehrer bedingt (Königs 1990: 31). An dieser Stelle wird dafür argumentiert, dass auch SchülerInnen durchaus Tafelbilder/-anschriebe planen können, z.B. im Rahmen von Gruppenarbeit oder in Vorbereitung auf Referate. Daher wird eine alternative Systematisierung vorgeschlagen.

17 Speth & Berner (2011: 303 und 308) unterscheiden in diesem Sinn auch grafische Darstellung und Textaufstellung sowie eine Kombination der beiden, die grafische Textaufstellung.

2.1.3.2.1 Funktionen und Aufgaben von Tafelanschrieben

Tafelarbeit dient maßgeblich zur Initiierung, Strukturierung, Veranschaulichung und Dokumentation von Denk- und Reflexionsprozessen (Weißeno 1992: 28). Grundlegend sind sieben Funktionen zu identifizieren (Weißeno 1992: 20ff., Könings 1990: 32ff., Speth & Berner 2011: 297f.). Der Tafelanschrieb/ das Tafelbild dient:

1. zur Lieferung von Grundlageninformationen und Strukturierung von Inhalten
2. als (inhaltliche) Ergänzung zu anderen Medien, z.B. Schulbuchtexten
3. zur Visualisierung und Veranschaulichung
4. zur Steuerung von Lernprozessen
5. als Denkanstoß zur Initiierung eines Erkenntnisprozesses
6. als Gedächtnisstütze
7. zur Ergebnis- und Erfolgssicherung

Aufgrund von Platzmangel können lediglich ausgewählte Informationen an der Tafel festgehalten werden. Häufig handelt es sich dabei um Kernaspekte des jeweiligen Unterrichtsthemas, deren Selektion und systematische Darstellung damit auch Inhalte strukturiert. Zudem ist es möglich, weitere Informationen an der Tafel zu ergänzen, die z.B. im Schulbuch nicht enthalten sind, oder die aktueller sind als die im Schulbuch angebotenen Informationen (Speth & Berner 2011: 297). Eine wesentliche Funktion besteht in der Visualisierung bzw. Veranschaulichung von Inhalten, die insbesondere in Tafelbildern zur Geltung kommen, Könings spricht sogar vom Tafelanschrieb als einem der wichtigsten Mittel zur Veranschaulichung (1990: 32). Diskutiert wird in diesem Zusammenhang das Tafelbild als Mittler zwischen Konkretem und Abstraktem (Könings 1990: 39; Speth & Berner 2011: 297). Insbesondere in der geplanten Tafelarbeit dienen Tafelanschrieb und Tafelbild auch zur Steuerung von Lernprozessen, indem sie sukzessive im Laufe des Unterrichts Lernschritte (inhaltlich wie methodisch) vorgeben. Wenn Tafelarbeit die Funktion erfüllt, Erkenntnisprozesse über Denkanstöße zur Bearbeitung eines Gegenstandes zu initiieren, dann entspricht dies im Wesentlichen der Funktion von Schulbüchern als Paedagogicum im Sinne von Stein. Schließlich kann die Tafelarbeit zur Ergebnis- und Erfolgssicherung genutzt werden, wobei der fertige Tafelanschrieb bzw. das fertige Tafelbild als dokumentiertes Ergebnis des Unterrichts angesehen wird (Weißeno 1992: 27). Der Erfolg kann schließlich im Gespräch über die Anschriebe und Bilder gesichert werden (Speth & Berner 2011: 298).

2.1.3.2.2 Forschungsstand

Für die Erforschung von Tafelarbeit können im Wesentlichen die gleichen Typen und Erkenntnisinteressen wie für das Schulbuch zugrunde gelegt werden (vgl. 2.1.3.1.2). Allerdings existieren nur wenige und ältere Forschungsarbeiten dazu (vgl. z.B. Grüners 1972; Christow 1971; Skala 1964). Dies hängt sicher mit dem erschwerten Feldzugang sowie der Flüchtigkeit von Tafelarbeit (Angeschriebenes wird bereits im Laufe des Unterrichts geändert oder weggewischt) zusammen. Praktische Hinweise zur Tafelarbeit und Vorschläge für konkrete Tafelbilder hingegen existieren durchaus (vgl. z.B. Kohler & Schuster 2007, 1999; Jungbauer & Hertlein, 1996).

2.1.4 Mündlicher fachlicher Input (MFI)

Der Kommunikation kommt im Unterricht eine entscheidende Bedeutung zu, da sie in allen Fächern der Vermittlung fachlichen Wissens dient (Becker-Mrotzek & Vogt 2009: 200). Für eine Bestimmung des Unterrichtsgegenstandes in der vorliegenden Arbeit wird zunächst darauf eingegangen, welche Formen mündlichen Inputs im schulischen Unterrichtskontext Verwendung finden. Dafür kann im Groben zunächst die Darstellung von Unterrichtsformen dienen, wie sie Becker-Mrotzek & Vogt (2009) vornehmen. Sie verstehen unter Unterrichtsformen „die thematische Bearbeitung von Gegenständen" (Becker-Mrotzek & Vogt 2009: 153). Dies steht im Gegensatz zu Sozialformen, die auf „kommunikative Verhältnisse in einer Stunde" zielen (Becker-Mrotzek & Vogt 2009: 153). Becker-Mrotzek & Vogt unterscheiden die Unterrichtsformen Lehrervortrag, Lehrgespräch, Schülerpräsentation, Schülergespräch und Gruppenunterricht.

Kriterium für die Bestimmung des Untersuchungsgegenstandes in der vorliegenden Arbeit ist die Maßgabe, dass möglichst alle SchülerInnen den jeweiligen Input aufnehmen. Diese Einschränkung erfolgt, da der mündliche Input beschrieben werden soll, den alle SchülerInnen (zumindest potenziell) rezipieren können. In Gruppenarbeitsphasen etwa können SchülerInnen in der Regel lediglich den Ausführungen und Besprechungen der eigenen Gruppe folgen. Daher sind die Unterrichtsformen Lehrervortrag, Lehrgespräch, Schülerpräsentation und Schülergespräch von Interesse und werden im Folgenden näher charakterisiert. Bezogen auf Sozialformen werden somit auch Gruppen- und Partnerarbeitsphasen sowie Einzelunterricht für die Analyse des mündlichen Inputs im Wesentlichen ausgeschlossen.

2.1.4.1 Lehrervortrag, Lehrervortrag mit verteilten Rollen und Lehrgespräch

Der Lehrervortrag, dessen wesentliches Element die ungleiche Verteilung des Rederechts auf Sprecher und Hörer ist, konstituiert sich durch mehrere miteinander verbundene Aussagen, welche in der Regel nicht unterbrochen werden durch einen Sprecherwechsel. Es wird davon ausgegangen, dass diese Lehrform in der Unterrichtspraxis häufig zum Einsatz kommt, obwohl sie aufgrund der Dominanz des Sprechers umstritten ist. Auf der anderen Seite wird dafür argumentiert, dass der Vortrag es ermöglicht, umfangreiche Inhalte komprimiert in kurzer Zeit zu präsentieren (Becker-Mrotzek & Vogt 2009: 65f.). Ferner beschreiben Ehlich & Rehbein (1986) den Lehrervortrag mit verteilten Rollen als besondere Form des Lehrervortrags, im Rahmen dessen der Lehrer durch so genannte Regiefragen mit engem Antwortrahmen den SchülerInnen diejenigen Informationen entlockt, welche in seinen Vortragsplan passen. Dabei dienen die Fragen vornehmlich der Hörersteuerung (Becker-Mrotzek & Vogt 2009: 66f.). Diese Form des Lehrervortrags, bei der die SchülerInnen zu „Stichwortlieferanten" werden, wird gemeinhin als problematisch angesehen (Becker-Mrotzek & Vogt 2009: 71ff.).

Weiterhin beschreiben Becker-Mrotzek & Vogt das Lehrgespräch als fragend-entwickelnde Lehrform, wobei SchülerInnen vornehmlich durch Fragen dazu gebracht werden sollen, ein Problem zu erkennen und anschließend zu lösen (Becker-Mrotzek & Vogt 2009: 77f.). Für das Gelingen ist entscheidend, dass die didaktische Frage tatsächlich zu den beabsichtigten Denkvorgängen und schließlich auch zu einem entsprechenden Wissenszuwachs bei den SchülerInnen führt (Becker-Mrotzek & Vogt 2009: 80). Demnach strukturiert auch im fragend-entwickelnden Unterricht der Lehrende das Unterrichtsgeschehen (Becker-Mrotzek & Vogt 2009: 101). Becker-Mrotzek & Vogt folgern auf der Basis mehrerer Beispielanalysen, dass das fragend-entwickelnde Lehrgespräch nicht immer funktioniert, was sie u.a. darauf zurückführen, dass im Unterrichtsdiskurs der Schule die Freiwilligkeit des Lernens durch die Schulpflicht aufgehoben ist und dadurch die gegenseitige Anerkennung von Lehrendem und Lernendem verringert ist (Becker-Mrotzek & Vogt 2009: 83ff.). Ferner zerlegt der Lehrende das Unterrichtsthema meist in eine Reihe kleiner Wissenspartikel, zu deren Er- und Bearbeitung die SchülerInnen jeweils aus ihrem eigenen Wissen beisteuern ohne jedoch den Gesamtzusammenhang erkennen zu können (Becker-Mrotzek & Vogt 2009: 101f.).

2.1.4.2 Schülerpräsentation und Schülergespräch

Eine weitere Lehrform stellt das Präsentieren von Produkten durch SchülerInnen dar. Dabei werden, meist im Anschluss an Gruppenarbeitsphasen, Inhalte durch einen oder mehrere SchülerInnen direkt einem Publikum dargeboten. Im Unterschied zu Lehrervortrag und Lehrgespräch erhalten SchülerInnen für einen längeren Zeitraum das Rederecht. Im Anschluss an die Präsentation wird diese in der Regel ausgewertet (Becker-Mrotzek & Vogt 2009: 130f.).

Unter Schülergespräch verstehen Becker-Mrotzek & Vogt (2009: 102) Diskussionen im Unterricht, im Rahmen derer ein Thema etabliert und argumentativ bearbeitet wird, wobei beteiligte SchülerInnen unterschiedliche Meinungen einbringen können, die jeweils begründet werden müssen. Als Ergebnis kann Übereinstimmung hergestellt oder aber Unterschiede in der Sichtweise deutlich gemacht werden. SchülerInnen können auf diese Weise lernen, eigene Standpunkte einzubringen und zu vertreten sowie sich auf argumentative Positionen anderer SchülerInnen zu beziehen (Becker-Mrotzek & Vogt 2009: 106).

Bezogen auf die vorgestellten MFI-Typen ist für die vorliegende Arbeit zu fragen, ob diese im Unterrichtsverlauf tatsächlich immer trennscharf voneinander abgegrenzt werden können und eine entsprechend Trennung sinnvoll ist. Bereits die Untersuchung der Forschungslage zeigt, dass in den meisten Studien keine explizite Unterscheidung bzw. Ein- und Abgrenzung der Input-Typen erfolgt, sodass eine differenzierte Darstellung wie sie für die SFI-Typen erfolgte, nicht möglich ist, sondern im folgenden Teilkapitel eine zusammenfassende Darstellung der Forschungsergebnisse im Hinblick auf den MFI erfolgt.

2.1.4.3 Forschungslage bezogen auf den MFI

Die Untersuchung sprachlicher Interaktion im Unterricht stellt ein wichtiges Forschungsfeld dar. Im Bereich der gesprochenen Sprache in der Unterrichtskommunikation steht in der Regel die Lehrersprache bzw. Interaktion zwischen LehrerInnen und SchülerInnen im Vordergrund. Dabei wird häufig die Quantitiät des Inputs bzw. Outputs der SchülerInnen untersucht (z.B. in Becker-Mrotzek & Vogt 2009). Viele Studien kommen für Unterricht zu dem Schluss, dass LehrerInnen zu viel und SchülerInnen zu wenig sprechen. So wird berichtet, dass besonders im Fachunterricht der Sekundarstufe I bis zu 90% der Äußerungen der LehrerInnen stammen (Sumfleth & Pitton 1998, zitiert in Chlosta & Schäfer 2010: 288). Häufig werden Interaktionsanalysen eingesetzt, bei welchen in der Regel das verbale Verhalten des Lehrers untersucht und kategorisiert wird (Neumann 1998: 82). Auch Interaktionsmuster, z.B. das IRE-Muster mit den drei Schritten initiation-response-evaluation (Sinclair & Coulthard 1975) und das IRF-Muster mit den Schritten initiation-response-follow up (Wells 1993, sowie deren Effektivität sind immer wieder Gegenstand von Untersuchungen. Dabei werden besonders so genannte Scheingespräche, bei denen auf Fragen des Lehrers in der Regel kurze einsilbige Schülerantworten folgen, kritisiert (Sumfleth & Pitton 1998, zitiert in Chlosta & Schäfer 2010: 288f.). Im Rahmen einer Gesamtbilanz interaktionsanalytischer Untersuchungen folgert Neumann, dass Unterricht einerseits ein hoch ritualisiertes Interaktionsmuster darstellt, das nur geringe Variation aufweist und weiterhin dadurch gekennzeichnet ist, dass der Anteil der Kommunikation des Lehrers wesentlich höher ist als der der SchülerInnen, wobei verbale Informationsvermittlung an erster und Organisation des Unterrichts an zweiter Stelle steht (Neumann 1998: 83f.). Auch Klippert (2001, zitiert nach Kostrezewa 2009: 29) berichtet von einem prozentualen Redeanteil der Lehrenden von 60-80%.

Zusammenfassend lässt sich sagen, dass bei der Untersuchung von Lehrersprache, Schülersprache bzw. sprachlicher Interaktion im Unterricht einerseits „Beziehungsaspekte"[18] und damit verknüpft andererseits vornehmlich didaktische Aspekte im Vordergrund stehen, welche die sprachliche Ebene inhaltlicher Informationen in der Tendenz eher außer Acht lassen und vielmehr unterrichtsorganisatorische Prozesse oder aber auch mittels Interaktionsanalyse Makroprozesse unterrichtlicher Interaktion untersuchen, indem etwa Interaktionsmuster oder aber Anteile an schülerseitiger und lehrerseitiger Kommunikation ermittelt und verglichen werden. Dies ergibt sich zum Beispiel aus den Ausführungen von Neumann (1998), zeigt sich aber auch in den Beispielanalysen in Becker-Mrotzek & Vogt (2009). Die sprachlichen Eigenschaften des fachlichen Inputs stehen hingegen seltener im Vordergrund. Allerdings verweist zum Beispiel Ahrenholz (2009) auf die Komplexität und Arbitrarität von Nominalphrasen, insbesondere als potenziell undurchsichtigen Input. Damit stellen diese hohe Anforderungen an Sprachrezeption dar, insbesondere für Lernende mit Deutsch als Zweitsprache.

---

18 Watzlawick, Weakland & Fisch gehen davon aus, dass jede Kommunikation Inhalts- und Beziehungsaspekte beinhaltet (vgl. auch 2. Axiom menschlicher Kommunikation Watzlawick, Weakland & Fisch 1974: 56). Neben sachlichen Informationen werden jeweils auch Beziehungen mittels Kommunikation ausgehandelt.

2.2 Sprachliche Formen der Wissensvermittlung und -aneignung in der Schule

Das Thema „Sprache" bzw. „sprachliches Lernen" im Kontext der Institution Schule wird seit einigen Jahren umfassend – vornehmlich unter Verwendung der Termini Fach-, Bildungs- und Schulsprache – diskutiert. Im Folgenden wird in 2.2.1 die terminologische Entwicklung nachgezeichnet, um daran anschließend eine erste Arbeitsdefinition von „Bildungssprache" für die vorliegende Arbeit zu formulieren. In 2.2.2 steht im Mittelpunkt, wie Eigenschaften von Bildungssprache untersuchbar zu machen sind. Unterschiedliche Ansätze werden vorgestellt und deren Vor- und Nachteile diskutiert. Es folgt in 2.2.3 die Darstellung der gegenwärtigen Erkenntnisse in Bezug auf bildungssprachliche Eigenschaften. Das Teilkapitel endet mit einer Zusammenschau der für die vorliegende Arbeit relevanten Erkenntnisse und der Diskussion des Stellenwertes von Bildungssprache als Bezugsrahmen für die vorliegende Arbeit (vgl. 2.2.4).

2.2.1 Verwendete Termini im Fachdiskurs

Bevor auf die einschlägigen Termini und deren Verwendung eingegangen wird, ist auf die Implikationen und die politisch-gesellschaftliche Rolle der Diskussion um Sprache in der Institution Schule einzugehen. Unabhängig davon, welche Termini verwendet werden, wird der Sprache und v.a. auch der Sprachkompetenz der SchülerInnen eine wesentliche Rolle zugeschrieben. So formuliert Neumann denn auch: „Unterricht *ist* im wesentlichen Sprache, geschieht *durch* Sprache, darüber hinaus ist Sprache einer der *Hauptgegenstände* von Unterricht." (1998: 81; Hervorhebungen im Original, Anm. der Verfasserin). Gleichzeitig wird aktuell davon ausgegangen, dass die Institution Schule durch einen spezifischen Sprachgebrauch bzw. -habitus gekennzeichnet ist. Unter einem Habitus wird mit Bourdieu ein Repertoire kultureller Praktiken bezeichnet. Sie werden jeweils von Mitgliedern einer sozialen Einheit (z.B. Gruppe) geteilt und spiegeln sich in gemeinsamen Denk-, Wahrnehmungs-, Beurteilungs- und Aktionsschemata der jeweiligen sozialen Einheit wider (Guttandin 2011: 267). Ein Habitus ist nicht angeboren, sondern entsteht durch Auseinandersetzung des Individuums mit seiner Welt; daher fasst Bourdieu das Individuum als vergesellschaftetes Subjekt auf (Krais 2008: 99). Wesentlichen Einfluss auf die Verinnerlichung spezifischer Habitus, welche dann zur zweiten Natur werden, haben zum Beispiel Familie und Schule (Guttandin 2011: 267). Ein spezifischer Habitus beeinflusst auch die Art und Weise, wie Sprache verwendet wird. Gleichzeitig wirkt in umgekehrter Richtung die Art und Weise, in welcher Sprache in einer sozialen Einheit verwendet wird, maßgeblich auf die Konstitution und Entwicklung eines Habitus. Für die Institution Schule wird im Sinne von Bourdieus Ausführungen davon ausgegangen, dass sie über einen spezifischen (Sprach-)Habitus verfügt, welchen SchülerInnen sich zunächst zur ‚zweiten Natur' machen müssen, wobei sie dafür jeweils unterschiedliche Voraussetzungen mitbringen. Folgt man Bourdieus (2005: 73ff.) Ausführungen weiter, dann wird die Schule auch zu einem ‚Sprachmarkt' mit spezifischen Machtverhältnissen, der dadurch gekennzeichnet ist, dass es eine ‚legitime Sprache' mit hohem Prestige gibt. Für die Sprachnutzer bedeutet dies, dass je höher die eigene Sprachkompetenz (bezogen auf die legitime Sprache) ist, desto günstiger wirken sich die Gesetze des Marktes aus, wobei dies letzten Endes auch davon abhängt, wie zwingend der Gebrauch der legitimen Sprache geboten ist:

> Mit anderen Worten: Je offizieller der Markt ist, das heißt, je mehr er praktisch den Normen der legitimen Sprache entspricht, desto mehr wird er von den Herrschenden beherrscht, das heißt von den Besitzern der legitimen Sprachkompetenz, die autorisiert sind, als Autoritäten zu sprechen. Die Sprachkompetenz ist keine rein fachliche Fähigkeit, sondern eine statusabhängige Fähigkeit, mit der meistens auch die fachliche Fähigkeit einhergeht, und sei es auch nur, weil ihr Erwerb durch Statuszuschreibung erfolgt („Adel verpflichtet"), ganz im Gegensatz zu dem, was das allgemeine Bewusstsein glaubt, das die fachliche Kompetenz für die Grundlage der statusbedingten Kompetenz hält.
>
> (Bourdieu 2005: 76)

Übertragen auf die derzeitige Diskussion ist mit Bourdieu zu folgern, dass es sich beim Sprachmarkt Schule um einen offiziellen Markt handelt, auf welchem insbesondere die Inhaber der legitimen Sprachkompetenz als Autoritäten sprechen und aussichtsreich handeln können. Dass nicht nur die fachliche Kompetenz Grundlage der statusbedingten Kompetenz ist, belegt zum Beispiel Tajmel (2010a, 2010b), indem sie zeigt, dass Lehrende, die in der Regel Besitzer der legitimen Sprachkompetenz in der Schule sind, hohe Ansprüche an die sprachliche Form stellen und bei der Bewertung fachlicher Inhalte Sprachliches mitbewerten, sich dessen aber nicht bzw. nur bedingt bewusst sind. Sprachlich schwache, jedoch fachlich korrekte Schülerantworten wurden demnach häufiger als fehlerhaft bewertet.

Erfolgreich können folglich nur diejenigen SchülerInnen agieren, die diesem schulischen (Sprach-)Habitus gerecht werden. Gogolin zum Beispiel fasst die Beherrschung der „Bildungssprache" als einen entscheidenden Faktor für Schul- und Bildungserfolg auf (2006: 82) und Ohm sieht darin die Voraussetzung dafür, dass Jugendliche beim Eintritt in die berufliche Ausbildung fach-

bzw. berufsbezogene Aufgabenstellungen bewältigen und damit beruflich handeln können (2010a: 167f.). Auf Basis dieser Annahmen und der Belege (inter-)-nationaler Schulleistungsstudien (vgl. z.B. Klieme et al. 2010 für PISA 2009; Bos et al. 2008 für TIMSS 2007; Bos et al. 2007 für IGLU 2006), dass ein Großteil der SchülerInnen, insbesondere jene aus so genannten bildungsfernen Elternhäusern und bzw. oder mit Migrationshintergrund[19] (Feilke 2012: 8), den an sie gestellten Anforderungen nicht entsprechen können, ist eine umfassende und interdisziplinäre Auseinandersetzung zum Thema erwachsen. Insbesondere im Bereich der Erziehungs- und Bildungswissenschaften sowie auch im Bereich Deutsch als Zweitsprache (DaZ)[20] werden die Termini Fach-, Bildungs- und Schulsprache diskutiert. Ziel dieser Auseinandersetzung ist es, den schulischen Sprachgebrauch zu konzeptualisieren und – vor allem auch auf konkret-sprachlicher Ebene – zu beschreiben. So können beispielsweise passgenaue Fördermaßnahmen ermöglicht werden. Was in diesem Rahmen unter Fach-, Bildungs- und Schulsprache verstanden wird, ist Gegenstand der folgenden Ausführungen.

Die Fachsprachenforschung (vgl. z.B. Fluck 1996) weist eine lange Tradition auf. Dabei lag der Fokus in der Regel auf spezifischen Fachsprachen, wie z.B. der medizinische Fachsprache und deren charakteristischen Eigenschaften. Im schulischen Kontext wurde unter Verweis auf die Fachsprache Ende der 1980er und zu Beginn der 1990er Jahre darauf hingewiesen, dass SchülerInnen mit Deutsch als Zweitsprache vor allem Schwierigkeiten mit der Sprache des Fachunterrichts hätten (Steinmüller & Scharnhorst 1987; Luchtenberg 1992, 1989; Baur, Bäcker & Wölz 1993). Als fachsprachlich bezeichnete Merkmale sah man als besondere Hürden für DaZ-SchülerInnen an. Schmidt definiert Fachsprache folgendermaßen:

> Fachsprache erscheint als
> das Mittel einer optimalen Verständigung über ein Fachgebiet unter Fachleuten;

---

19 In der Regel wird dem Begriff Migrationshintergrund die Definition des Statistischen Bundesamtes (2011) zugrunde gelegt, nach der SchülerInnen dann ein Migrationshintergrund zugeschrieben wird, wenn mindestens eines ihrer Elternteile im Ausland geboren ist.
20 Unter Deutsch als Zweitsprache wird der vor allem durch und in der alltäglichen Kommunikation und nicht ausschließlich bzw. vornehmlich in institutionellen Lehr- und Lernkontexten erfolgende und damit eher ungesteuerte Erwerb einer Sprache verstanden, die nicht die Erstsprache (also die zuerst im familiären Kontext erworbene Sprache) ist. Der Zweitspracherwerb erfolgt in der Regel im Zielsprachenland und ist dadurch geprägt, dass Sprecher bedeutsame kommunikative Aufgaben mit ggf. unzureichenden Sprachkompetenzen bewältigen müssen (Ahrenholz 2010c).

sie ist gekennzeichnet durch einen spezifischen Fachwortschatz und spezielle Normen für die Auswahl, Verwendung und Frequenz gemeinsprachlicher lexikalischer und grammatischer Mittel;

sie existiert nicht als selbstständige Erscheinungsform der Sprache, sondern wird in Fachtexten aktualisiert, die außer der fachsprachlichen Schicht immer gemeinsprachliche Elemente enthalten.

(Schmidt 1969, 17)

Unter ‚optimaler' Verständigung fasst Schmidt (1969: 11) vornehmlich die Vollständigkeit, Genauigkeit und Ökonomie des Ausdrucks. Möhn & Pelka weisen zudem darauf hin, dass Fachsprache auch zur Erkenntnis und Bestimmung fachspezifischer Gegenstände dient (Möhn & Pelka 1984: 26) und damit einen epistemischen Charakter aufweist. Aufgrund des Fachwortschatzes sowie der Normen für die Verwendung sprachlicher Mittel ist die Fachsprache zudem lediglich für Fachleute des jeweiligen Sachgebietes verständlich und daher ist auch ihr Benutzerkreis auf diese eingeschränkt, jedoch stammen die sprachlichen Mittel an sich aus der ‚Gemeinsprache' (Schmidt 1969: 11). In der Diskussion um die sprachlichen Hürden von DaZ-SchülerInnen[21] diente häufig die Definition von Hoffmann, welche Ähnlichkeiten mit der von Schmidt aufweist, als Grundlage: „Fachsprache – das ist die Gesamtheit aller sprachlichen Mittel, die in einem fachlich begrenzbaren Kommunikationsbereich verwendet werden, um die Verständigung zwischen den in diesem Bereich tätigen Menschen zu gewährleisten." (Hoffmann 1987: 53). Unter der Gesamtheit aller sprachlichen Mittel versteht er das Zusammenwirken phonetischer, morphologischer und lexikalischer Elemente bzw. syntaktischer Regeln und unter einem fachlich begrenzbaren Kommunikationsbereich einen Ausschnitt aus der gesellschaftlichen Wirklichkeit, in welchem die jeweilige Fachsprache verwendet wird (Hoffmann 1987: 53f.). Hoffmann sieht Fachsprache(n) dabei als Subsprache(n) der Gemeinsprache an. Unter Gemeinsprache versteht er solche sprachlichen Mittel, über die alle Angehörigen einer Sprachgemeinschaft verfügen. So ermöglicht sie die sprachliche Verständigung (Hoffmann 1987: 48). Ähnlich wie Schmidt geht Hoffmann nicht davon aus, dass Fachsprache über eigene sprachliche Mittel verfügt, welche in der Gemeinsprache nicht zu finden sind. Fachsprache ist in Abgrenzung dazu gekennzeichnet durch eine charakteristische Auswahl bzw. Verwendung bestimmter sprachlicher Mittel der Gemeinsprache

---

21 Als DaZ-SchülerInnen werden solche SchülerInnen verstanden, die Deutsch nicht als Erstsprache erworben haben. Ihr Deutscherwerb beginnt frühestens im Alter von ca. drei Jahren, z. B. im Kindergarten, häufig auch später. Im Unterschied dazu erwerben bilinguale SchülerInnen zwei (ggf. auch mehr) Sprachen parallel von Geburt an.

(Möhn & Pelka 1984: 26; Schmidt 1969, 16). Folgt man Hoffmanns und Schmidts Definition, so ist die Beherrschung der Fachsprache die entscheidende Grundlage für eine erfolgreiche Kommunikation über fachliche Inhalte. Ziel bzw. Aufgabe der Fachsprache(n) ist es dabei, möglichst präzise und ökonomische Kommunikation zu gewährleisten (Fluck 1996: 12), wobei diese Kommunikation sowohl schriftlich als auch mündlich erfolgen kann (Möhn & Pelka 1984: 26). Dabei ist zunächst die Kommunikation unter Fachleuten des gleichen Fachbereichs gemeint, wie beide Definitionen zeigen. Weitere Kommunikationskonstellationen sind denkbar (vgl. Buhlmann & Fearns 2000: 12):

1. Fachmann F_1 ⇔ Fachmann F_1: Fachleute des gleichen Faches F_1 kommunizieren miteinander
2. Fachmann F_1 ⇔ Fachmann F_2: Fachleute unterschiedlicher Fächer F_1 und F_2 kommunizieren miteinander
3. Fachmann F_1 ⇔ angehender Fachmann F_1: Ein Fachmann des Faches F_1 kommuniziert mit einem angehenden Fachmann aus dem Fach F_1
4. Fachmann F_1 ⇔ Laie: Ein Fachmann des Faches F_1 kommuniziert mit einem Laien

Die Kommunikation zwischen Fachleuten einer Fachsprache (1.) findet im fachlichen Diskurs, z.B. in Fachzeitschriften oder aber auf Tagungen statt. Dies kann auch für die Kommunikation von Fachleuten unterschiedlicher Fächer (2.) angenommen werden. Die Kommunikation von Fachleuten und angehenden Fachleuten (3.) hingegen ist in Ausbildung und Lehre, z.B. in Bildungsinstitutionen wie der Universität aber auch an Berufsschulen zu verorten. Die Kommunikation von Fachmann und Laie (4.) schließlich erfolgt z.B. über populärwissenschaftliche Veröffentlichungen oder im Rahmen von Arztbesuchen.

Die Verwendung „echter" Fachsprache ist Hoffmann zufolge allerdings an den Fachmann gebunden, da sie vom Laien bzw. Nichtfachmann verwendet ihre Bindung an fachliches Denken verliert (Hoffmann 1976: 31, nach Buhlmann & Fearns 2000: 12). Ein Laie kann Elemente einer Fachsprache verwenden, jedoch nicht die Fachsprache an sich (Hoffmann 1976: 31, nach Buhlmann & Fearns 2000: 12), da die Fachsprache als Kommunikationsmittel immer auch Ergebnis einer Sozialisation innerhalb einer Disziplin ist (Buhlmann & Fearns 2000: 12). Als solche spiegelt sie Denkstrukturen eines Faches wider, die durch dessen Methoden gekennzeichnet sind und spezifische Mitteilungsstrukturen aufweisen, welche wiederum durch Erkenntnis bzw. Forschungsinteresse des Faches bestimmt sind (Buhlmann & Fearns 2000: 12f.). Hornung ergänzt zudem die zeitliche Komponente von Fachsprache(n), indem er darauf hinweist, dass aufgrund der Entwicklung von Fächern bzw. der Entwicklung in diesen sich auch deren Fachsprache verändert (Hornung 1983, nach Buhlmann & Fearns 2000: 12). Fachsprache wird auf der Grundlage dieser Ausführungen in der vorliegenden Arbeit wie folgt definiert:

> Fachsprache – als Subsprache der Gemeinsprache – dient zur Erkenntnis und Bestimmung fachspezifischer Gegenstände. Es handelt sich um die Gesamtheit aller sprachlichen Mittel, die in einem fachlich begrenzbaren Kommunikationsbereich von Fachleuten zur Verständigung zu einem bestimmten Zeitpunkt t_1 – mündlich und/oder schriftlich – verwendet werden. Sie weist spezifische Mitteilungsstrukturen auf, welche Denkstrukturen und spezifische Methoden des Faches widerspiegeln bzw. durch diese bestimmt sind.

Es handelt sich hierbei um eine Arbeitsdefinition, da eine gültige Definition des Fachsprachenterminus noch aussteht (vgl. z.B. Darstellung in Fluck 1996: 11f.). In der Fachsprachenforschung wird neben der Definition von Fachsprache und deren Abgrenzung zur (All-)Gemeinsprache insbesondere auch die Gliederung von Fachsprachen diskutiert (vgl. z.B. Fluck 1996: 16ff.; Roelcke 2010: 29ff.; Schmidt 1969). In der Regel werden eine horizontale Gliederung, welche sich vornehmlich an der Gliederung der Fächer und Fachbereiche selbst orientiert, und eine vertikale Gliederung, welche diverse Abstraktionsebenen fachsprachlicher Kommunikation differenziert, unterschieden (Roelcke 2010: 29).

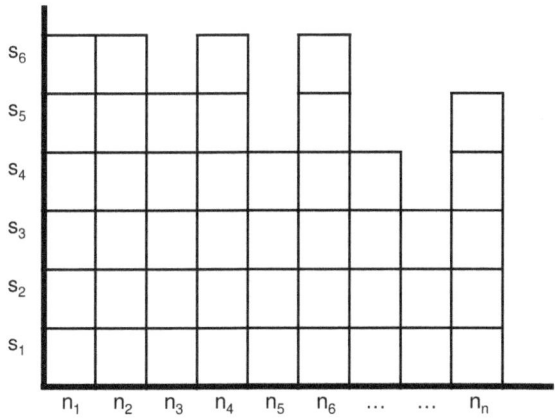

Abb. 5: Gliederung von Fachsprachen (nach Buhlmann & Fearns 2000: 14)

An dieser Stelle wird das Modell von Buhlmann & Fearns (2000: 13ff.) dargestellt, da dieses eine didaktische Orientierung aufweist und aufgrund dessen für die vorliegende Terminidiskussion relevant ist. Sie unterscheiden ebenfalls eine horizontale (*n*) und vertikale (*s*) Gliederung. Bei *n* handelt es sich um die Anzahl der Fachsprachen auf der horizontalen Achse. Unter *s* verstehen sie den Spezifizierungsgrad, der sich auf Anteile fachsprachlicher Terminologie, das Auftreten bestimmter Textsorten und Texttypen sowie damit einhergehend charakteristischer Textbaupläne auswirkt. Daraus ergibt sich ein Diagramm wie in Abbildung 5 dargestellt.

Es stellt sich die Frage, welche Rolle Fachsprachen im Schulkontext spielen. Buhlmann und Fearns (2000: 14f.) gehen davon aus, dass Schulbuchtexte andere sprachliche Eigenschaften aufweisen als Fachaufsätze. Am Beispiel des Faches Chemie stellen sie z.B. ein häufiges Präteritum-Vorkommen in chemischen Fachaufsätzen dem relativ geringen Vorkommen von Präteritum in Chemie-Schulbuchtexten gegenüber. Fluck (1996: 148) geht davon aus, dass nahezu jede Person im Laufe ihrer Berufsbildung irgendeine Fachsprache erlernt. Dies gilt für den Teil der Berufsausbildung, der sich an die schulische Grundbildung anschließt. Für den schulischen Kontext spricht sich Fluck (1996: 149) mit Blick auf eine Erziehung von SchülerInnen zu mündigen, kritischen Staatsbürgern für eine exemplarische Beschäftigung mit Fachsprachen aus. Folgt man also seiner Auffassung, dann ist Fachsprache nur dann ein Teil der Sprache, die im schulischen Kontext zu finden ist, wenn explizit Fachtexte ausgewählt und behandelt werden. Da aber dafür argumentiert werden kann, dass sowohl SchulbuchautorInnen als auch LehrerInnen Fachleute sind, erscheint die Modellierung von Buhlmann und Fearns praktikabler. Dieser Argumentation folgend würde es sich im schulischen Kontext um eine Kommunikation zwischen Fachmann (Lehrer) und Laie (Schüler) handeln. Diese ist in der Regel durch eine ‚Vereinfachung' gekennzeichnet, um Verstehen auch für Laien zu ermöglichen. ‚Leichtere Verständlichkeit' für den Nicht-Fachmann geht dabei in der Regel einher mit einer Verringerung der Genauigkeit sowie einer höheren Redundanz der Darstellung (Schmidt 1969: 11). Allerdings besteht in der Kommunikation zwischen Fachmann und Laie stets ein erhöhtes Risiko des Nicht- bzw. Missverstehens bzw. von Verstehensbarrieren (vgl. z.B. Eckardt 2000).[22]

Zusammenfassend wäre Fachsprache demnach integrativer Teil von Sprache im schulischen Kontext, wobei hier Fachleute (LehrerInnen) mit Laien (SchülerInnen) kommunizieren. Fachsprache würde in diesem Fall aber einen niedrigeren Spezifizierungsgrad und potentiell andere Textsorten(-baupläne) aufweisen, die sich wiederum von Fach zu Fach unterscheiden.

---

[22] Die Untersuchung des Wissenstransfers zwischen Experte und Laie steht denn auch im Fokus der jüngeren Fachsprachenforschung (Roelcke 2010: 38).

Es wurde bereits darauf hingewiesen, dass die Fachsprachenforschung eine lange Tradition aufweist. Im Zuge dieser sind zahlreiche umfassende Beschreibungen von fachsprachlichen Eigenschaften entstanden; so z.b. bei Roelcke (2010), Ohm, Kuhn & Funk (2007), Buhlmann & Fearns (2000), Fluck (1996) und Möhn & Pelka (1984). Eine eingehende Auseinandersetzung mit diesen im Zuge der Diskussion um Sprache in der Institution Schule hat nicht stattgefunden. Lediglich Ende der 1980er und Anfang der 1990er wurden Hypothesen für sprachliche Schwierigkeiten bzw. Hürden im Fachunterricht insbesondere für SchülerInnen mit DaZ auf der Basis dieser Beschreibungen formuliert (vgl. z.B. Luchtenberg 1992; Luchtenberg 1989), die zum Teil auch heute noch – allerdings nun unter der Bezeichnung Bildungssprache – thematisiert werden, wie im Folgenden zu zeigen sein wird.

In der aktuellen Diskussion um die Sprache in der Schule findet der Fachsprachenterminus so gut wie keine Verwendung mehr. Stattdessen wird in der Regel Bildungssprache[23] verwendet. Sie wird dabei vor allem als Übersetzung der von Cummins geprägten Bezeichnung *Cognitive Academic Language Proficiency* (CALP) verwendet. Dabei versteht Cummins unter CALP den Teil der Sprachkompetenz[24], der starke Beziehungen zu kognitiven und akademischen Kompetenzen aufweist. Dem stehen die *Basic Interpersonal Communication Skills* (BICS) gegenüber, worunter Kompetenzen in der Alltagskommunikation verstanden werden (vgl. z.B. Cummins 1979). Cummins (1984: 11ff.) hat dieses Konzept zu einem theoretischen Rahmen mit zwei Kontinua weiterentwickelt: Kommunikative Aufgaben und damit die Sprachkompetenz können demnach einerseits auf einem Kontinuum von kontext-gebunden bis kontext-reduziert (*context-embedded* vs. *context-reduced*) verortet werden. Unter kontextgebunden versteht Cummins dabei die Möglichkeit für Kommunikationspartner Bedeutung aktiv aushandeln zu können, z.B. indem unmittelbar Rückmeldungen zum Gesagten gegeben werden können. Weiterhin wird die Sprache durch bedeutsame parasprachliche und situative Hinweise unterstützt. Kontextreduziert verweist auf explizite und elaborierte Sprache (Cummins 1984: 12f.). Ferner können Aufgaben in einem weiteren Kontinuum von kognitiv anspruchsvoll bis kognitiv anspruchslos (*cognitively demanding* vs. *cognitively undemanding*) verortet werden. Cummins versteht darunter den Grad der aktiven

---

23 Für einen zusammenfassenden Überblick zu dessen Genese und Definition vgl. auch Heppt (2016), Gogolin & Duarte (2016), Berendes et al. (2013) und Riebling (2013).
24 Die Kenntnis der Bedeutung des Terminus Sprachkompetenz wird als vom Leser bekannt vorausgesetzt. Umfassende Ausführungen finden sich zum Beispiel bei Jude (2008).

kognitiven Beteiligung an einer Aufgabe oder Aktivität, der wenig bis sehr anspruchsvoll sein kann (Cummins 1984: 13).

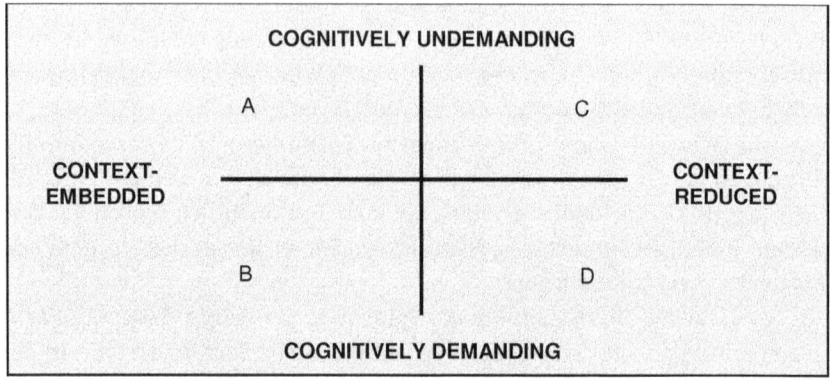

Abb. 6: Theoretischer Referenzrahmen (nach Cummins 1984: 12)

Die beiden Kontinua sind in Abbildung 6 dargestellt und aus ihnen ergeben sich vier mögliche Aufgabentypen:

A. kontext-gebundene und kognitiv wenig anspruchsvolle Aufgaben,
B. kontext-gebundene und kognitiv anspruchsvolle Aufgaben,
C. kontext-reduzierte und kognitiv wenig anspruchsvolle Aufgaben sowie
D. kontext-reduzierte und kognitiv anspruchsvolle Aufgaben.

Die Bereiche A und C sind durch eine weitgehende Automatisierung gekennzeichnet. Da dies für B und D nicht zutrifft, erfordern Aufgaben aus diesen Bereichen eine hohe kognitive Aktivität (Cummins 1984: 13). Unter kontextreduziert bzw. dekontextualisiert oder situationsentbunden ist dabei im Sinne von Koch und Oesterreicher (1985: 20) bezogen auf Textproduktion u.a. zu verstehen, dass der Rezipient als anonyme Instanz antizipiert werden muss und die Kommunikation öffentlichen Charakter aufweist. Aspekte des situativen und soziokulturellen Kontextes müssen explizit versprachlicht werden. Allerdings wird die Tatsache, dass Sprache als dekontextualisiert beschrieben wird, z.B. von Schleppegrell als unpassende Charakterisierung der realen Herausforderungen, vor denen SchülerInnen im Schulalltag stehen, bezeichnet, da Konzepte wie „Explizitheit" immer relativ seien (Schleppegrell 2004: 6ff.):

> Notions of *explicitness* and *decontextualization* ignore the cultural knowledge and knowledge about language use needed to make the link between text and context. All

texts reflect the context of their creation, but not all students are familiar with the contexts that are evoked.

(Schleppegrell 2004: 12; Hervorhebungen im
Original, Anm. der Verfasserin)

Entscheidend dafür, ob z.B. ein Text oder eine Aufgabe dekontextualisiert ist, sei demnach nicht die Sprache selbst, sondern das Wissen und die Erfahrung des Hörers bzw. Lesers (Schleppegrell 2004: 12). Der von Cummins entwickelte Referenzrahmen wird in der aktuellen Debatte um die Bildungssprache selten thematisiert (z.B. bei Eckhardt 2008). Im Vordergrund steht vielmehr die Unterscheidung von BICS und CALP.

Ferner wird der Begriff Bildungssprache mit Bezug auf Habermas' Ausführungen verwendet (vgl. z.B. Habermas 1977), der zwischen Umgangssprache, Bildungssprache, Fachsprache und Wissenschaftssprache differenziert. Demnach ist Bildungssprache die Sprache der „Öffentlichkeit" (Habermas 1977: 39):

> Die Bildungssprache ist die Sprache, die überwiegend in den Massenmedien, in Fernsehen, Rundfunk, Tages- und Wochenzeitungen benutzt wird. Sie unterscheidet sich von der Umgangssprache durch die Disziplin des schriftlichen Ausdrucks und durch einen differenzierten, Fachliches einbeziehenden Wortschatz; andererseits unterscheidet sie sich von Fachsprachen dadurch, daß sie grundsätzlich für alle offensteht, die sich mit den Mitteln der allgemeinen Schulbildung ein Orientierungswissen verschaffen können.
>
> (Habermas 1977: 39)

Funktion der Bildungssprache ist es demnach, „[...] Fachwissen in die einheitsstiftenden Alltagsdeutungen einzubringen [...]." (Habermas 1977: 40). Er veranschaulicht dies am Begriff ‚Arsenschlämme', welche zeitweise die Trinkwasserversorgung gefährdeten und damit Gegenstand und Begrifflichkeit der öffentlichen Auseinandersetzung wurden (Habermas 1977: 40). Hierbei zeigt sich, dass Bildungssprache dynamisch ist, da aktuell der Begriff Arsenschlämme weitgehend unbekannt sein dürfte. Bildungssprache wird demzufolge in Habermas' Sinn nicht vornehmlich im Kontext der Institution Schule verwendet. Durch die Schulbildung soll das Verständnis und die Nutzung von Bildungssprache, und damit die Teilhabe an gesellschaftlichen Diskursen, ermöglicht werden.

Aus den Ausführungen ergibt sich, dass sich Bildungssprache im Sinne von Cummins und in dem von Habermas überschneidende aber dennoch voneinander differierende Konzepte darstellen, die in unterschiedlichen Kontexten und mit unterschiedlichen Zielstellungen erarbeitet wurden. Cummins' Darstellungen richten sich vornehmlich an die Bildungspolitik und bieten einen Erklärungsansatz für schwächeres Abschneiden von SchülerInnen mit Migrations-

hintergrund. So spricht er denn auch von (Sprach-)Kompetenzen (skills). Habermas hingegen nutzt die Termini Umgangs-, Bildungs-, Fach- und Wissenschaftssprache zur Kennzeichnung unterschiedlicher Sprachhabitus und ordnet
sie bestimmten gesellschaftlichen Domänen bzw. Feldern zu.

Gogolin, die den Terminus Bildungssprache in Anlehnung an Cummins'
CALP in der deutschsprachigen Diskussion, insbesondere in den Fachbereichen
Erziehungswissenschaft und DaZ, geprägt hat, versteht darunter – ähnlich der
Habermas'schen Definition – ein formelles Sprachregister „[...] das auch außerhalb des Bildungskontextes in formalem und öffentlichem Sprachgebrauch
vorkommt." (Gogolin 2009: 46). Diese Aussage weist Parallelen zur Definition
von Habermas auf, auf die sich Gogolin an anderer Stelle (Gogolin & Lange
2011) ebenfalls bezieht. Bildungssprache wird ferner in Lernaufgaben, Lehrwerken und anderem Unterrichtsmaterial, aber auch in Prüfungen verwendet.
Dies geschieht mit voranschreitender Bildungsbiographie in zunehmendem
Maße (Gogolin 2009: 46). Bildungssprache trägt dabei die Merkmale konzeptioneller Schriftlichkeit, auch im medial mündlichen Gebrauch (Gogolin 2007: 73).
Als Modus der Bildungssprache wird für das Deutsche demnach die konzeptionelle Schriftlichkeit in Anlehnung an Koch & Oesterreicher (1994, 1985) angenommen, welche vornehmlich durch Monologizität, Fremdheit sowie raum-
zeitliche Trennung der Partner, aber auch Reflektiertheit, Öffentlichkeit, Situa-
tionsentbindung und Objektivität gekennzeichnet ist (Kniffka & Siebert-Ott
2007: 20, vgl. auch 2.1.2). Feilke (2012: 5) versteht Bildungssprache zudem als:
1. historisch einzelsprachlich ausgeprägte Sprachmittel
2. allgemeine Sprachhandlungsformen
3. grammatische Formen

All diese sind Feilke zufolge – ebenfalls ähnlich den Darstellungen von Habermas – nicht eigens für das (schulische) Lernen gemacht (Feilke 2012: 5). Ihre
Funktionen gehen weit über schulische Bildungsprozesse hinaus und stellen
gewissermaßen ein kulturelles Kapital[25] dar (Feilke 2013: 119).

Damit verwenden sowohl Gogolin als auch Feilke Bildungssprache im Sinne
der Ausführungen von Habermas, wobei allerdings nicht auf „öffentliche Texte"
referiert wird. Da insbesondere Gogolin sich auch auf Cummins bezieht, ist
Bildungssprache einerseits eine „Kompetenz", die es zu beherrschen gilt, und
andererseits ein spezifisches Sprachregister.

---

25 Vgl. Ausführungen zu Bourdieus Begriff des kulturellen Kapitals im weiteren Verlauf des
Kapitels.

Morek & Heller schlagen den Terminus bildungssprachliche Praktiken vor, wobei sie unter Praktiken mit Bergmann & Luckmann (1995), Hanks (1996) und Fiehler, Barden, Elstermann & Kraft (2004) „[...] sozial geregelte und verfestigte sprachlich-kommunikative Verfahren zur Lösung wiederkehrender kommunikativer Probleme [...]" (Morek & Heller 2012: 92) verstehen:

> Unter *bildungssprachlichen Praktiken* verstehen wir somit die (vorzugsweise in Bildungsinstitutionen) situierten, mündlichen wie schriftlichen sprachlich-kommunikativen Verfahren der Wissenskonstruktion und -vermittlung, die stets auch epistemische Kraft entfalten (können) und zugleich bestimmte bildungsaffine Identitäten indizieren. Diese Verfahren erhalten den Status sozial etablierter Praktiken erst und gerade erst dadurch, dass sie von erfahrenen Agenten der Institution normativ sowohl implizit als auch explizit eingesetzt und aktualisiert werden.
>
> (Morek & Heller 2012: 92, Hervorhebungen im Original, Anm. der Verfasserin)

Damit ergänzen Morek & Heller die terminologische Diskussion insofern, als sie die Rolle der (Bildungs-)Sprache zur Identitätsfindung und -markierung hervorheben. In der Diskussion um Bildungssprache identifizieren sie diese erstens als Medium des Wissenstransfers, zweitens als Werkzeug des Denkens (v.a. bezugnehmend auf Halliday 1993, 1978) und schließlich drittens im Zuge ihrer Argumentation a) als Eintrittskarte im Sinne von Bourdieus kulturellem Kapital und b) als Visitenkarte.

Bourdieu ergänzt den klassischen Kapital-Begriff[26] um die Kategorien des kulturellen und des sozialen Kapitals (Kittsteiner 2008: 136). Das kulturelle Kapital bezeichnet demzufolge „[...] alle materiellen wie symbolischen und institutionalisierten Kulturgüter und -ressourcen, die als symbolische Machtmittel zur Durchsetzung hegemonialer Wertehierarchien, legitimer Habitusformen und Wahrnehmungsweisen der sozialen Welt instrumentalisiert werden." (Kraemer 2011: 332). Dieses kulturelle Kapital kann z.B. in Form von akademischen Titeln „besessen" werden[27] und dient als Erklärungsansatz für die Reproduktion von Bildungsungleichheit:

---

26 Im ökonomischen Sinne ist Kapital jedes materielle Vermögen, das erwerblichen Zwecken dient (Krause 2011: 330).

27 Bourdieu (Bourdieu 1992: 53ff.) unterscheidet drei Formen des kulturellen Kapitals: Kulturelles Kapital in inkorporiertem Zustand ist körper- bzw. personengebunden. Bildungserwerb bedeutet Arbeiten an sich selbst. Dies kostet Zeit und geht ggf. mit Entbehrungen, Versagungen und Opfern einher. Verkörpertes Kulturkapital hinterlässt Spuren, z.B. in Form einer typischen Sprechweise. Kulturelles Kapital in objektiviertem Zustand existiert in Form von kulturellen Gütern wie Bildern, Büchern u.a. Diese materiellen Träger sind übertragbar (im

> Der Begriff des kulturellen Kapitals hat sich mir bei der Forschungsarbeit als theoretische Hypothese angeboten, die es gestattete, die Ungleichheit der schulischen Leistungen von Kindern aus verschiedenen sozialen Klassen zu begreifen. Dabei wurde der »Schulerfolg«, d.h. der spezifische Profit, den die Kinder aus verschiedenen sozialen Klassen und Klassenfraktionen auf dem schulischen Markt erlangen können, auf die Verteilung des kulturellen Kapitals zwischen den Klassen und Klassenfraktionen bezogen. Dieser Ausgangspunkt impliziert einen Bruch mit den Prämissen, die sowohl der landläufigen Betrachtungsweise, derzufolge schulischer Erfolg oder Mißerfolg auf die Wirkung natürlicher »Fähigkeiten« zurückgeführt wird, als auch den Theorien vom »Humankapital« zugrundeliegen.
>
> (Bourdieu 1992: 53)

Kulturelles Kapital wird in erster Instanz über die bzw. in der Familie vermittelt und übertragen. Damit wird die Transmission kulturellen Kapitals innerhalb der Familie Bourdieu zufolge die „am besten verborgene und sozial wirksamste Erziehungsinvestition" (Bourdieu 1992: 54) und Fähigkeiten werden damit auch Produkte einer Investition von Zeit und kulturellem Kapital (Bourdieu 1992: 54). Der Ertrag schulischen Handelns hängt vom kulturellen Kapital ab, das die Familie investiert hat (Bourdieu 1992: 55). Dementsprechend markieren habituelle Sprachgebrauchsweisen nicht nur Unterschiede zwischen verschiedenen Gruppen, sie konstituieren diese auch und fungieren in diesem Sinne als Eintrittskarte (Morek & Heller 2012: 77f.). Mit Visitenkarte verweisen Morek & Heller (2012: 78f.) auf die identitätsstiftende Funktion von Sprache, die ein wichtiges Mittel der Selbst- und Fremddarstellung ist. Die Verwendung von Bildungssprache zeige demnach eine Zugehörigkeit zu einer „,bildungsnahen' akademisch orientierten *community*" (Morek & Heller 2012: 79).

Feilke verwendet zusätzlich zum Begriff Bildungssprache den Terminus Schulsprache. Dabei sieht er in der Schulsprache die auf das Lehren bezogene und für den Unterricht zu didaktischen Zwecken gemachten Sprach- und Sprachgebrauchsformen, aber auch Spracherwartungen (Feilke 2012: 5). Schulsprachlich kompetent handeln heißt institutionell angemessen handeln, jedoch nicht notwendigerweise pragmatisch angemessen handeln (Feilke 2013: 116). Vielmehr kann schulsprachliches Handeln bewusst „unpragmatisches" Han-

---

Gegensatz zum inkorporierten kulturellen Kapital). Kulturelles Kapital in institutionalisiertem Zustand zeigt sich in Form von Titeln: „Titel schaffen einen Unterschied zwischen dem kulturellen Kapital des Autodidakten, das ständig unter Beweiszwang steht, und dem kulturellen Kapital, das durch Titel schulisch sanktioniert und rechtlich garantiert ist, die (formell) unabhängig von der Person ihres Trägers gelten." (1992: 61). Schulische oder akademische Titel verleihen dem von einer bestimmten Person besessenen kulturellen Kapital institutionelle Anerkennung.

deln erfordern: „Die Schulsprache ist also nicht die Bildungssprache. Sie ist ein Instrument der Erziehung zur Bildungssprache." (Feilke 2013: 117). Sie umfasst „[...] die Gesamtheit der sprachlichen Instrumente des Lehrens und die damit verbundenen sprachbezogenen Verhaltenserwartungen." (Feilke 2013: 119). Auch Cathomas verwendet den Terminus Schulsprache und versteht damit eine über lexikalische und syntaktische Merkmalsbeschreibungen hinausgehende „besondere Form sprachlichen Handelns" (2007: 187, zitiert nach Morek & Heller 2012: 84f.). Vielmehr handelt es sich um eine „eigenständige Form menschlicher Kommunikation und sozialen Miteinanders in einem spezifischen institutionellen und sozialen Kontext" (Cathomas 2007: 187, zitiert nach Morek & Heller 2012: 84f.). Gogolin & Lange (2011: 112) hingegen weisen darauf hin, dass Bildungssprache mit den Begriffen Schul- und Fachsprache Überschneidungen aufweist. Sie sehen Schulsprache als einen Ausschnitt von Bildungssprache: „Es wird auf dasjenige sprachliche Repertoire verwiesen, das rein auf den Kontext Schule bezogen ist" (Gogolin & Lange 2011: 112). Ein umgekehrtes Verständnis von Schulsprache wäre allerdings ebenfalls denkbar. So könnte darunter auch jegliche in der Institution Schule verwendete Sprache verstanden werden. Dies würde Pausenhofgespräche von SchülerInnen ebenso wie Gespräche von Eltern mit LehrerInnen beinhalten. Demnach wäre Schulsprache ein Oberbegriff für alle in der Schule auftretenden Varietäten.

Den Terminus Schulsprache verwenden zunächst auch Vollmer und Thürmann (vgl. z.B. Vollmer 2010) in Anlehnung an Schleppegrells „language of schooling" (Schleppegrell 2004). Diese wiederum orientiert sich an der funktionalen Grammatik nach Halliday (1994). Später verwenden Vollmer & Thürmann (2013) den Terminus Bildungssprache auch mit Bezug auf Habermas und Ortner und verweisen ferner auf Schulsprache im Sinne von Feilke (2013). Vollmer & Thürmann (2013: 43f.) charakterisieren Bildungssprache als ein dynamisches und hochkomplexes Konstrukt. Dynamisch meint einerseits die Veränderung bildungssprachlicher Mittel im gesellschaftlichen Handlungsraum und andererseits, dass die Entwicklungsdynamik von Bildungssprache im schulischen Handlungsraum an Aspekte wie Thema, Aktivität, Alter der SchülerInnen u.a. gebunden und von diesen abhängig ist.

Aktuell werden demnach am häufigsten die beiden Termini Bildungs- und Schulsprache in der Fachdiskussion verwendet, jedoch nicht synonym. Abgrenzungsversuche sind dabei nicht in jedem Fall eindeutig. Insgesamt zeigt sich eine häufigere Verwendung des Bildungssprachbegriffes, wie z.B. der veränderte Terminigebrauch von Vollmer und Thürmann zeigt. Tabelle 3 gibt einen Überblick über die verwendeten Termini sowie auszugsweise einschlägige Ver-

öffentlichungen. Unter Wiederaufnahme wird das explizite Referieren auf andere AutorInnen und deren Definitionen verstanden.

Tab. 3: Übersicht über Verwendung der Termini Fach-, Bildungs- und Schulsprache; eigene
Darstellung

Terminus	Autoren und Veröffentlichungen
Fachsprache	Darstellung z.B. bei Roelcke 2010, Ohm, Kuhn & Funk 2007, Buhlmann & Fearns 2000 und Möhn & Pelka 1984
CALP	Cummins 2006, 1991, 1984, 1979 ↳ Wiederaufnahme durch Gogolin und Andere (siehe nächste Zeile), Ahrenholz 2010b, Leisen 2010, Ohm 2010a, b, Vollmer & Thürmann 2010, Eckhardt 2008 und Andere
Bildungssprache (Bezugnahme vornehmlich auf Cummins bzw. Gogolin)	Stahns 2016, Gogolin & Duarte 2016, Pöhlmann-Lang 2015, Thürmann 2014, Feilke 2013, 2012, Gogolin & Lange 2011, Dehn 2011, Gogolin 2009, Roth, Neumann & Gogolin 2007, Gogolin 2007, Gogolin & Roth 2007, Gogolin 2006
Bildungssprache (Bezugnahme vornehmlich auf Habermas)	Habermas 1977, Ortner (2009, 2006)
Schulsprache	Schleppegrell 2004 und Vollmer & Thürmann 2010 ↳ Eckhardt 2008 spricht von schulbezogener Sprache Feilke 2013, Conrady 2008

An dieser Stelle sei angemerkt, dass weitere Termini Verwendung finden, z.B.
spricht Conrady von „Sprache der Schule" bzw. „Schulsprache" und bezieht
sich dabei auf die Bezeichnung „Fremdsprache für Kinder" von Wünsche (zitiert
nach Conrady 2008: 7)[28]. Eckhardt (2008) verwendet den Terminus schulbe-
zogene Sprache in Abgrenzung zu alltagsbezogener Sprache und bezieht sich
damit gleichfalls auf Cummins' Unterscheidung von BICS und CALP. Auf diese
Termini soll nicht weiter eingegangen werden, da es vorwiegend darum geht,
die Hauptaspekte der gegenwärtigen Diskussion um Sprache in der Schule zu
skizzieren. Es lässt sich für diese folglich zeigen, dass verschiedene Termini

---

28 Bei Conrady ist keine Literaturangabe zu Wünsche zu finden. Recherchen ergaben keinen
passenden Treffer.

verwendet werden, wobei ein und derselbe Terminus je nach AutorIn mitunter anders definiert wird.

Neben der Terminiverwendung ist ferner auch strittig, ob es sich bei der Fach-, Bildungs- bzw. Fachsprache um ein Register oder einen funktionalen Stil handelt (Riebling 2013: 114ff.). Ahrenholz & Maak fassen diesen Teilaspekt der Diskussion wie folgt zusammen:

> Häufig wird unter Bezugnahme auf Halliday von einem Register gesprochen: „the register is what a person is speaking, determined by what he is doing at the time" (Halliday 1978, 110). In diesem Sinne wird der Registerbegriff auch von Biber (2006) aufgenommen, womit sich für den schulischen Fachunterricht aber ergibt, dass es in Abhängigkeit von Fach und Alter mehrere Register gibt. Zudem wird Register auch als Varietät verstanden (vgl. Dittmar 1997, 210). Ein „funktionaler Stil" ist hingegen weniger normgebunden, weist wie Register Beziehungen zur Fachsprache auf, ist aber gleichwohl nicht damit identisch (vgl. Dittmar 1997, 212). Auch innerhalb der Fachsprachenforschung herrscht Uneinigkeit, ob Fachsprache nun ihrerseits als Varietät, Register oder funktionaler Stil zu verstehen ist (vgl. Adamzik 1998; Gläser 1998; Hess-Lüttich 1998).
>
> (Ahrenholz & Maak 2012: 137)

Morek & Heller (2012: 68f.) zeigen mit Blick auf die Diskussion um Bildungs- und Schulsprache als Voraussetzung und Garant für Schulerfolg Parallelen zur Diskussion um den elaborierten Code und den restringierten Code bei Bernstein[29] (1964) auf. Er unterscheidet zwischen elaboriertem und restringiertem Code, deren Verwendung schichtspezifisch erfolge. So ordnet er der Mittelklasse den elaborierten Code und der Arbeiterklasse den restringierten Code zu. Als Indikator für diese Codes dient nicht der Wortschatz, sondern die Struktur. Hauptziel des elaborierten Codes ist die explizite und genaue Darstellung der Absicht. Dabei stehen dem Sprecher, der den Hörer und dessen (Vor-)Wissen bei der Vorbereitung des Sprechens berücksichtigt, zahlreiche syntaktische Optionen zur Verfügung. Das Sprechen im elaborierten Code ist aufgrund von Selbst-Überarbeitungs-Prozessen durch häufigere Pausen und durch Zögern gekennzeichnet. Bernstein unterscheidet ferner zwei Modi des elaborierten Codes: dieser kann Beziehungen zwischen a) Personen oder b) Objekten erleich-

---

29 Bernsteins Sprachbegriff (1964: 55f.) geht von zwei Levels aus: Level 1 beinhaltet die ‚Struktur', z.B. syntaktische Regeln, und Level 2 den Wortschatz. Zusammengenommen repräsentieren diese beiden Level die ‚Welt des Möglichen', wohingegen das Sprechen repräsentiert, wie Sprache tatsächlich verwendet wird. Zwischen Sprache und Sprechen steht die soziale Struktur, die wiederum Optionen für Sprach- und Sprechwahl des Sprechers reguliert. Unterschiedliche soziale Strukturen bedingen unterschiedliche Kodierprinzipien bzw. ‚linguistische Codes'.

tern. Im Gegensatz dazu überträgt der restringierte Code Inhalte auf der Basis geteilter Annahmen und Anschauungen, die dadurch bedingt sind, dass Personen bzw. Hörer als Gruppenmitglieder angesehen werden. Daraus ergibt sich, dass Absichten und Ziele nicht expliziert und auch nicht elaboriert werden.

Der restringierte Code steht allen Mitgliedern der Gesellschaft zur Verfügung, da die sozialen Bedingungen, die ihn generieren, universal sind. Bernstein (1964: 66) weist darauf hin, dass ein Code nicht besser als der andere sei, vielmehr würde die Gesellschaft diese unterschiedlich wertschätzen: „Clearly one code is not better than another; each possesses its own esthetic, its own possibilities. Society, however, may place different values on the orders of experience elicited, maintained, and progressively strengthened through the different coding systems." (Bernstein 1964: 66). Entscheidend ist demnach die Rolle, welche dem entsprechenden Sprachgebrauch zugesprochen wird. Wesentliche Modelle für das Sprechen finden sich in der Familie, die einen wesentlichen Einfluss auf die sprachliche Sozialisierung und damit Code-Verwendung hat (Bernstein 1964: 66).

Bernsteins Zuordnung der beiden Codes zu gesellschaftlichen Klassen hat für Kinder und deren sprachlicher Sozialisation Folgen:

> Very broadly, then, children socialized within middle-class and associated strata can be expected to possess *both* an elaborated and a restricted code while children socialized within some sections of the working-class strata, particularly the lower working-class, can be expected to be *limited* to a restricted code. As a child progresses through a school it becomes critical for him to possess, or at least to be oriented toward, an elaborated code if he is to succeed.
>
> (Bernstein 1964: 66f.)

Für den Schulerfolg ist demnach der elaborierte Code entscheidend, über welchen Kinder der Arbeiterklasse Bernstein zufolge jedoch in der Regel nicht verfügen. Er begründet seine Theorie u.a. mit Studien, die zeigen konnten, dass der Intelligenzquotient (verbale Intelligenz) von Kindern aus Arbeiterfamilien zurückging (Bernstein 1964: 67). Entscheidend sei demnach nicht die Grundvoraussetzung, das heißt, wie intelligent ein Kind ist, sondern dessen sprachliche Sozialisation, welche sich auf die Intelligenz auswirke. In Deutschland wurden diese Ausführungen Mitte der 1960er vor allem unter dem Begriff Sprachbarriere aufgenommen und als Lösung für bildungspolitische Probleme diskutiert (Löffler 2010: 154). Als Konsequenz wurden gezielte kompensatorische Programme bereits im Kindergarten eingeführt, die Nachteile von Unterschichtkindern frühzeitig ausräumen sollten (Löffler 2010: 156) – allerdings mit zum Teil äußerst negativen Folgen wie Schulüberdruss und kindlichen Neurosen (Löffler 2005: 167). Bernsteins Thesen wurden denn auch stark kritisiert, insbesondere, als weitere empirische Arbeiten zur Sprachbarriere keine Belege für diese finden konnten:

> Allen empirischen Arbeiten zur Sprachbarriere war trotz unterschiedlicher Versuchsanordnung und sich oft widersprechender Befunde gemeinsam, dass die **Sprachbarriere der Unterschichten nicht bestätigt** werden konnte. Leistungsunterschiede und messbare Varianz im Sprachgebrauch konnten nicht mit dem Sozialstatus verknüpft werden in der Weise, dass die Sprache unmittelbarer Träger oder Ursache des Misslingens war. Von einem linguistisch-kommunikationstheoretischen Standpunkt aus waren alle gemessenen Subcodes auf ihre Art ebenbürtig. Erfolgsbarrieren mussten demnach auf der Ebene der sozialen Einschätzung und der geringeren Leistungserwartungen einerseits und einem für die Unterschicht eher lebensfernen Unterricht der mittelschichtorientierten Schule gesehen werden, was wiederum mit Sprache nicht unmittelbar zu tun hat.
> (Löffler 2010: 159; Hervorhebungen im Original, Anmerkung der Verfasserin)

Die Hauptkritik an Bernsteins Defizit-Theorie stammte aus der amerikanischen empirischen Soziolinguistik und von dessen Hauptvertreter Labov, der zum Beispiel auf linguistischer Basis nachweisen konnte, dass die Sprache der schwarzen Bevölkerung in den USA nicht restringiert oder defekt war (Löffler 2010: 157f.). Daraus wurde geschlussfolgert, dass nicht Kinder sich der Schule anzupassen hätten, sondern die Schule sich ändern und von der Muttersprache bzw. der von den Kindern tatsächlich gesprochenen Sprache auszugehen habe (Löffler 2010: 158). Ähnliche Schlussfolgerungen finden sich auch in der aktuellen Debatte um die Bildungs- und Schulsprache (vgl. z.B. Schleppegrell 2004)

Löffler (2010: 156) kritisiert im Hinblick auf die Sprachbarrieren-Debatte der 1960er und 1970er Jahre vor allem auch die in Deutschland unkritische und unpassende Übernahme sowie Übertragung von Bernsteins Begriffen und Thesen auf die hiesige Situation. Dabei sei die Attraktivität dieser auf deren vermeintliche „Problemlösefunktion" zurückzuführen. Für die aktuelle Diskussion um die Bildungssprache, insbesondere nach Cummins, lassen sich auch diesbezüglich Parallelen aufzeigen. So wird gefordert, dass Bildungssprache zu fördern sei, ohne dass eindeutig geklärt ist, was Bildungssprache eigentlich ist.

Aus den obigen Ausführungen ergibt sich, dass eine rege Auseinandersetzung mit den Termini Bildungs- und Schulsprache erfolgt. Ertrag dieser Diskussion ist insbesondere eine stärkere Fokussierung auf Sprache in der Institution Schule in allen Fächern (Vollmer & Thürmann 2013) und der Leitspruch *Jeder Fachunterricht ist auch Sprachunterricht*, der sprachliche Bildung zur Aufgabe aller Lehrkräfte macht. Auffällig ist dabei, dass der Terminus Fachsprache sowie Erkenntnisse und Methoden der Fachsprachenforschung weitgehend unberücksichtigt bleiben. Unabhängig davon, ob sprachliche Formen der Wissens-vermittlung und -aneignung in der Schule nun als Fach-, Bildungs- oder Schul-sprache bezeichnet werden, besteht jedoch weitestgehend Einigkeit darin, dass eine umfassende Beschreibung konkret-sprachlicher Merkmale noch aussteht (z.B. Ahrenholz & Maak 2012; Gogolin & Lange 2011: 13). Für die vorliegende Arbeit stellt sich an dieser Stelle die Frage der terminologischen Relevanz. Un-tersucht werden soll, wie fachliche Inhalte sprachlich getragen werden. Dabei ist dies unabhängig davon, ob es sich nun um fach-, bildungs-, umgangs-, all-tags- oder wissenschaftssprachliche Mittel etc. handelt. Entscheidend ist viel-mehr in erster Linie die Beschaffenheit des Inputs, nicht seine Zuordnung zu einer bestimmten „Sprache". Eine solche könnte im Rahmen der vorliegenden Untersuchung sogar vom Wesentlichen ablenken. Dennoch liefert – insbeson-dere die empirische Erforschung der „Bildungssprache" – wichtige Hinweise darauf, wie Inhalte im schulischen Kontext sprachlich getragen werden. Daher wird im folgenden Kapitel der Frage nachgegangen, welche methodischen An-sätze zur Erforschung bildungssprachlicher Mittel herangezogen werden kön-nen. Im weiteren Verlauf dieses Kapitels wird – auch der Einfachheit und besse-ren Lesbarkeit halber – der Terminus Bildungssprache verwendet. Dies erfolgt vornehmlich im Sinne der Ausführungen insbesondere von Gogolin und Morek & Heller (vgl. obige Darlegungen).

2.2.2 Ansätze zur Erforschung der Eigenschaften von Bildungssprache

Die Erforschung bildungssprachlicher Eigenschaften war in den letzten Jahren verstärkt Gegenstand von Untersuchungen. Eine Annäherung hat bisher über verschiedene forschungsmethodische Ansätze stattgefunden. Folgend soll der Versuch unternommen werden, diese zu systematisieren. Dies erfolgt mittels der Verortung in einem Kontinuum von „top-down" zu „bottom-up", wobei hier unter bottom-up-Ansätzen solche verstanden werden, welche bei der Erfor-schung bildungssprachlicher Mittel auf der Basis der Analyse von empirischen Daten explorativ ansetzen. Top-down-Ansätze versuchen eine Konzeptualisie-rung und Beschreibung vornehmlich über theoretische Überlegungen.

Abbildung 7 stellt den Versuch dar, verschiedene methodische Ansätze im Sinne dieses Kontinuums zu verorten. Sie enthält einerseits Hinweise auf Publi-kationen, im Rahmen derer der entsprechende Ansatz vorgestellt oder diskutiert wird und andererseits Hinweise auf Untersuchungen, die dem jeweiligen Ansatz zuzuordnen sind. Es handelt sich dabei um eine heuristische Darstellung, die sicher zu diskutieren und zu erweitern wäre. So können die einzelnen Ansätze kombiniert werden (vgl. z.B. Hövelbrinks 2014). Für die vorliegende Arbeit soll diese grobe Systematisierung ausreichen. Auf relevante Ergebnisse der Forschungsarbeiten wird dann in 2.2.3 eingegangen.

„Top down" (Theoretisch)		Publikationen/ Untersuchungen
Lehrplan-/Curricula-Analyse		Donnerhack et al. (2013), Vollmer/ Thürmann (2013, 2010)
Orientierung an bestehenden Modellen/ Ansätzen (ggf. aus anderen Disziplinen; z.B. Fertigkeitenansatz, Basisqualifikationen, GER)		Lütke (2013)
Orientierung an, und Nutzung von Merkmalsbeschreibungen anderer Konzepte wie z.B. Fachsprache		Leisen (2010), Luchtenberg (1989)
Analyse von Sprachdaten auf Basis theoretisch abgeleiteter Charakteristika theoretischer Konstrukte	Materialanalyse (z.B. Schulbücher)	Ahrenholz & Maak (2012), Redder (2012)
	Lehrer- und Schülersprache/ Interaktion	Runge (2013), Hövelbrinks (2014, 2013)
„Sprachvergleich" (Ausdruck X ≠ Umgangssprache ≠ Fachsprache = Bildungssprache)		
Korpuslinguistische Analysen auf der Basis von Kollokationen, Frequenz u.a.	Materialanalyse (z.B. Schulbücher)	Altmeyer (2013), Graf (1989)
	Lehrer- und Schülersprache/ Interaktion	Gogolin & Roth (2007)
„Fehleranalyse"/ „Problemanalyse"		Ohm (2010b), Grießhaber (2013)
Explorative Analysen	Materialanalyse (z.B. Schulbücher)	
	Lehrer- und Schülersprache/ Interaktion	Ahrenholz (2013), Grießhaber (2013)
„Bottom up" (Empirisch)		

Abb. 7: Ansätze zur Erforschung bildungssprachlicher Eigenschaften; eigene Darstellung

Der Ansatz Lehrplan- und Curricula-Analyse umfasst solche Untersuchungen, welche auf Basis von vornehmlich Dokumentenanalysen theoretische Modelle zur Bildungssprache ableiten. Grundlegend wird dabei davon ausgegangen, dass die zu untersuchenden Dokumente explizit wie auch implizit Rückschlüsse auf zu erwerbende Kompetenzen zulassen. Als Beispiel können sprachliche

Operatoren in Lehrplänen dienen (z.B. *beschreiben*, *definieren*, *erklären*), die jeweils unterschiedliche Lehr-/Lernziele enkodieren. Lehrplan- und Curriculaanalysen muss nicht notwendigerweise ein Top-Down-Ansatz zugrunde liegen. Sie werden an dieser Stelle so verortet, da es sich bei den bisher untersuchten Lehrplänen in der Regel um empirisch nicht überprüfte, also gewissermaßen theoretische, Dokumente handelt. Lütke (2013) etwa weist darauf hin, dass die Standards des Faches Deutsch als mögliche Orientierung für sprachbezogene Niveaubeschreibungen zur Konkretisierung von Bildungssprache dienen können. Problematisch für diesen Ansatz ist, dass Lehrpläne und Standards in der Regel vage formuliert und wie bereits erwähnt bislang noch nicht empirisch überprüft sind. Zudem handelt es sich bei dieser Art der top-down-orientierten Analysen um stark normatives Vorgehen.

Eine weitere Möglichkeit zur Beschreibung bildungssprachlicher Teilkompetenz ist die Orientierung an bestehenden Modellen und Ansätzen aus verwandten Disziplinen bzw. anderen Kontexten. Lütke (2013) nennt als mögliche Bezugspunkte den aus der Sprachlehr- und -lernforschung stammenden Fertigkeitenansatz[30], die Basisqualifikationen nach Ehlich (2005)[31] sowie die Orientierung am Gemeinsamen Europäischen Referenzrahmen (GER)[32]. Eine solche

---

[30] Unter Fertigkeitenansatz, welcher insbesondere in der Fremdsprachendidaktik weite Verbreitung gefunden hat, wird die Unterscheidung der – klassisch vier – (Teil-)Fertigkeiten Hören, Lesen, Sprechen und Schreiben verstanden. Im Gegensatz zu Fähigkeiten können Fertigkeiten nur bewusst erworben werden und sind darüber hinaus eng an kulturelle Gegebenheiten gebunden. Faistauer bezeichnet sie als das tragende Element des Fremdsprachenunterrichts, wobei sie in diesem eine Doppelfunktion einnehmen, da sie gleichzeitig Mittel und Ziel sind (Faistauer 2010: 83).

[31] Ehlich (2005: 11ff.) zufolge erfordert die Befähigung zu einer hinreichenden Sprachkompetenz die Aneignung diverser Einzelfähigkeiten. Er unterscheidet folgende: A) die rezeptive und produktive phonische Qualifikation, B) die pragmatische Qualifikation I, C) die semantische Qualifikation, D) die diskursive Qualifikation, E) die pragmatische Qualifikation II und G) die literale Qualifikation.

[32] Der Gemeinsame Europäische Referenzrahmen (GER) beschreibt, welche Kenntnisse und Fertigkeiten Lernende entwickeln müssen, um kommunikativ erfolgreich in einer Sprache agieren zu können. Er liefert die Grundlage für europaweite Entwicklung von Lehrplänen, Prüfungen, Lehrwerken u.a, vornehmlich für den Fremdsprachenunterricht. Er definiert sechs Kompetenzniveaus (A1 und A2 = elementare Sprachverwendung, B1 und B2 = selbstständige Sprachverwendung, C1 und C2 = kompetente Sprachverwendung), die es ermöglichen sollen, Lernfortschritt lebenslang und auf allen Stufen des Lernprozesses zu messen. Kann-Beschreibungen und Deskriptoren für die Kompetenzstufen werden unterschieden nach Hören und Lesen (Verstehen), zusammenhängendem Sprechen und Teilnahme an Gesprächen (Sprechen) und Schreiben (Quetz, Trim & Butz 2001). Für das Deutsche beschreibt „Profile Deutsch" die Niveaustufen des Gemeinsamen Europäischen Referenzrahmens mit konkreten Beispielen.

Vorgehensweise hat die Stärke, dass Erkenntnisse anderer Fachdisziplinen berücksichtigt werden, birgt jedoch die Gefahr, eigene Fachspezifika außer Acht zu lassen.

Die Darstellung bildungssprachlicher Eigenschaften kann zudem über Orientierung an Merkmalsbeschreibungen wie denen der Fachsprache(n) erfolgen. So wurden insbesondere zu Beginn der Diskussion um bildungssprachliche Kompetenzen fachsprachliche als bildungssprachliche Eigenschaften im Wesentlichen übernommen (z.B. in Leisen 2010). In diesem Fall wird gewissermaßen lediglich das Etikett von Fachsprache in Bildungssprache geändert. Eine solche Übernahme mag forschungspraktisch und je nach Bezugseinheit logisch erscheinen, wird den Spezifika der Bildungssprache jedoch kaum gerecht. Sie kann aber als Ausgangspunkt für die weitere empirische Erforschung bildungssprachlicher Merkmale dienen.

Werden Sprachdaten auf der Basis theoretisch abgeleiteter Konstrukte und Merkmalsbeschreibungen analysiert, wird daher an dieser Stelle von einem weiteren Ansatz gesprochen. In der Regel handelt es sich dabei um eine Art Hypothesenprüfung, in dem Sinne, dass für bestimmte Merkmale ein häufiges oder geringes Vorkommen im schulischen Kontext angenommen und diese Annahme überprüft wird. Analysegrundlage können z.B. Lehr-/Lernmaterialien wie Schulbücher aber auch Sprachdaten von LehrerInnen und SchülerInnen sowie deren Interaktion im Unterricht sein. Solche Untersuchungen liefern Hinweise auf die tatsächliche Beschaffenheit der Sprache im Kontext der Institution Schule, laufen jedoch Gefahr, einzelne voneinander losgelöste sprachliche Merkmale zu analysieren. Es kann vielmehr davon ausgegangen werden, dass sie im Input mit weiteren sprachlichen Merkmalen interagieren. SchülerInnen müssen in der Regel komplexe Texte und Sprachhandlungen und nicht einzelne sprachliche Merkmale bewältigen.

Ortner schlägt einen Weg zur Erfassung der Bildungssprache (2009: 2230) vor, auf dem Umgangs- und Fachsprache als ‚Referenzpunkte' dienen: Bildungssprache ist das, was weder Fach- noch Gemeinsprache ist, und sie wird dementsprechend in Abgrenzung zu diesen beschrieben. Es handelt sich demnach jeweils um eine Art ‚Sprachvergleich'. Aus den Ausführungen geht nicht ganz eindeutig hervor, ob Bildungssprache das ist, was bleibt, wenn Fach- und Gemeinsprache von der Gesamtsprache ‚subtrahiert' werden oder ob diese Subtraktion Voraussetzung für die Bestimmung ist. In diesem Fall würde Bildungssprache nur einen Teil des Subtraktionsergebnisses darstellen.

Bei diesem Ansatz steht in jedem Fall das Trennende, nicht etwa Gemeinsamkeiten, im Vordergrund. Lexikographisch kann so bestimmt werden, welche Einheiten weder der Umgangssprache noch einer Fachsprache zugeordnet werden können (Ortner 2009: 2230). Ferner können Durchschnittswerte bestimmt werden, die als Vergleichswerte/-normen dienen. Z.B. kann die durchschnittliche Satzlänge verglichen werden. Für die Erfassung lexikalischer bildungssprachlicher Eigenschaften würde allerdings ausschließlich das intuitive metasprachliche Wissen des Lexikographen als Bezugsinstanz dienen (Ortner 2009: 2230) und die Reliabilität der Ergebnisse wäre demnach anzuzweifeln. Darüber hinaus liegt dem Ansatz die Grundannahme zugrunde, dass es keine Überschneidungen bzw. fließenden Übergänge zwischen Fach-, Umgangs- und Bildungssprache gäbe. Die theoretischen Ausführungen im vorhergehenden Abschnitt zeigen bereits, dass nicht von diesen eindeutigen Grenzen ausgegangen werden kann. Denkbar ist in diesem Sinne auch eine kontextspezifische Zuordnung, das heißt in einem Kontext könnte ein Begriff fachsprachlich, in einem anderen Kontext bildungssprachlich sein.

Einen stärker bottom-up-orientierten Ansatz stellt die Analyse von Sprachdaten dar, die nicht auf der Basis von Hypothesen bzw. theoretischen Vorüberlegungen erfolgt, sondern mittels Häufigkeits- bzw. Frequenzanalysen zur Hypothesengenerierung beitragen kann. Bei einem solchen – in der Regel korpuslinguistischen[33] – Vorgehen werden Texte z.B. im Hinblick auf Wortartenverteilung, Kollokationsvorkommen u.a. Aspekte analysiert. Dabei können sowohl bereits existierende Korpora als auch zu diesem Zweck erstellte Korpora als Analysegrundlage dienen. Für die Untersuchung von Bildungssprache wären diesbezüglich erneut Lehr-/Lernmaterialien wie Schulbücher, aber auch Sprachdaten von LehrerInnen und SchülerInnen sowie deren Interaktion im Unterricht geeignete Texte für entsprechende Korpora. Der Vorteil solcher Untersuchungen ist, dass meist verhältnismäßig große Datenmengen – insbesondere wenn Korpora bereits digitalisiert vorliegen – mit relativ geringem Aufwand in der Regel quantitativ analysiert werden können. Eine qualitative Auswertung von Fundstellen bzw. Vorkommen ist sehr aufwändig und ermöglicht wiederum lediglich die Untersuchung ausgewählter Aspekte.

---

33 „Als Korpuslinguistik bezeichnet man die Beschreibung von Äußerungen natürlicher Sprachen, ihrer Elemente und Strukturen, und die darauf aufbauende Theoriebildung auf der Grundlage von Analysen authentischer Texte, die in Korpora zusammengefasst sind. Korpuslinguistik ist eine wissenschaftliche Tätigkeit, d.h. sie muss wissenschaftlichen Prinzipien folgen und wissenschaftlichen Ansprüchen genügen. Korpusbasierte Sprachbeschreibung kann verschiedenen Zwecken dienen, zum Beispiel dem Sprachunterricht, der Sprachdokumentation, der Lexikographie oder der maschinellen Sprachverarbeitung." (Lemnitzer & Zinsmeister 2010: 10) Für einen Überblick zu Verwendungsmöglichkeiten von Korpora in sprachwissenschaftlichen Untersuchungen vgl. auch McEnery, Xiao & Tono (2006, Kapitel A10). Weitere Ausführungen zu Korpora und deren Analyse finden sich unter 3.3.1.

Einen weiteren Weg, bildungssprachliche Eigenschaften zu erforschen, stellt Ortner zufolge die Fehleranalyse dar. Dabei dienen neben Fehlern, die Lerner beim Erwerb dieses Registers machen, auch „[...] Klagen über Fehler, Parodien auf Fehler, metasprachliche Kommentierungen (Selbst- und Fremd-kommentierungen), mit denen auf Auffälligkeiten, Besonderheiten, Unfälle reagiert wird" (Ortner 2009: 2231) als Erkenntnisquelle. Mit der „Irritation" des Experten, der den Fehler wahrnimmt, offenbart sich demnach die Abweichung von der selten explizierten – in diesem Fall bildungssprachlichen – Norm bzw. dem Usus. Ortners Fehleranalyse bezieht sich dabei vor allem auf die zunächst unsystematische und notwendigerweise exemplarische Wahrnehmung von Experten in deren Alltag bzw. Umgang mit Laien oder angehenden Fachleuten. Diesem Ansatz wären auch systematische Fehleranalysen wie sie im Kontext des Fremd- und Zweitsprachenunterrichts[34] eingesetzt werden zuzurechnen. Solche Untersuchungen (vgl. Ausführungen in 2.2.3) beziehen sich zum gegen-wärtigen Zeitpunkt in der Regel auf Einzelfallanalysen bzw. kleine Stichproben, liefern aber erste wichtige Hinweise auf sprachliche Merkmale von Bildungs-sprache und vor allem Schwierigkeiten im Erwerb auf Lernerseite. Auch sind solche Analysen ausreichend spezifisch und kontextgebunden, indem sie sich z.B. mit bestimmten Textsorten auseinandersetzen. Allerdings ist hinsichtlich dieser Vorgehensweise nachteilig, dass das (meta)sprachliche Wissen der For-scherInnen als zumindest teilweise subjektive Bezugsinstanz dient. Ferner müs-sen Ergebnisse jeweils dahingehend interpretiert werden, worin genau bil-dungssprachliche Aspekte zu sehen sind – z.B. in Abgrenzung zu lernersprachenspezifischen Fehlern im Zweitspracherwerb.

Schließlich kann die sprachliche Realität von Unterricht bzw. Kommunika-tion in der Schule explorativ mittels Feldforschung erfasst werden. Hierbei han-delt es sich um einen offenen und qualitativen Forschungsansatz, bei welchem Untersuchungsgegenstände in ihrem natürlichen Kontext erforscht werden. Charakteristisch ist, dass Forschende nicht nur teilnehmend beobachten, son-

---

34 Ortner geht nicht näher auf theoretische Grundlagen der Fehleranalyse ein. Ebenso erläu-tert er nicht, welches Verständnis von Fehleranalyse seinen Ausführungen zugrunde liegt und wie konkret vorgegangen werden soll. Im Kontext der neueren Fremdsprachenlehr-/-lernforschung und -didaktik ist die Fehleranalyse, auch Fehlerdiagnose, vor allem Mittel zur Bestimmung der Lernersprache von Fremd- oder Zweitsprachenlernenden (Kniffka 2010: 218) meist mit den Zielen, Fehler zu identifizieren, die typische Erwerbsverläufe indizieren, und Förderempfehlungen ableiten zu können. Dabei wird in der Regel in mehreren Schritten vorge-gangen: 1. Fehleridentifikation, 2. Fehlerebenen und Fehlerklassifizierung, 3. Fehlerursache, 4. Fehlerbewertung (Chlosta, Schäfer & Baur 2010: 273). Für weiterführende Ausführungen vgl. z.B. Kniffka 2010, Chlosta, Schäfer & Baur 2010 und Henrici 1993.

dern über das Beobachten hinaus im Feld handeln und dabei möglichst vorurteilsfrei und reflektiert wahrnehmen (Riemer 2010: 82, für ausführliche Hinweise zum Ansatz vgl. z.B. Girtler 2009). Ein Vorteil besteht – anders als bei der Videographie einzelner Stunden bzw. Unterrichtseinheiten – darin, dass bei ausreichend langer Beobachtung keine Verzerrungen anzunehmen sind, bzw. Invasivitätseffekte[35] minimiert werden. Gleichzeitig wäre ein solches Vorgehen sehr zeitaufwändig. Ergänzt werden könnten diese Daten um die Befragung der beteiligten AkteurInnen, z.B. LehrbuchentwicklerInnen, LehrerInnen und SchülerInnen. Diesbezüglich stellt sich allerdings die Frage, inwiefern z.B. SchülerInnen in der Lage sind, auf konkret-sprachliche Aspekte einzugehen. Erste Untersuchungen weisen denn auch darauf hin, dass insbesondere im Hinblick auf konkret-sprachliche Aspekte selten ausreichend umfangreiche und spezifische Daten auf diese Weise gesammelt werden können (vgl. z.B. Niederhaus 2013).

Zusammenfassend ist festzuhalten, dass eine Systematisierung der Ansätze zur Erforschung von Bildungssprache jeweils spezifische Möglichkeiten und deren Grenzen offenbart. Nachteil von ausschließlich top-down-Ansätzen ist dabei, dass die Beschreibung von Bildungssprache lediglich auf der Basis theoretischer Überlegungen erfolgt. Dies kann den tatsächlichen (sprachlichen) Gegebenheiten nur bedingt gerecht werden, allerdings als Vorarbeit zur Hypothesenüberprüfung an empirischen Daten genutzt werden. Explorative bottom-up-orientierte Untersuchungen auf der anderen Seite können zwar potenziell neue Erkenntnisse bringen, jedoch zu unspezifisch bleiben, wie Befragungen von AkteurInnen diesbezüglich zeigen. Perspektivisch wären sicher Kombinationen der vorgestellten Ansätze zu erproben. Für alle vorgestellten Ansätze gilt, dass sie stark sprachwissenschaftlich und kaum fachwissenschaftlich orientiert sind. Eine Erweiterung der Ansätze diesbezüglich wäre wünschenswert.

---

35 Unter Invasivität wird der durch die Filmsituation und die Kamera(personen)präsenz verursachte Einfluss auf die beobachtete Situation verstanden. In Lehr-Lernsituationen ist eine Beeinflussung der Lehrenden sowie auch der Lernenden denkbar, die sich verbal, paraverbal und/oder nonverbal sowie bezogen auf fachliche, didaktische und/oder soziale Inhalte durch untypisches (Nicht-)Handeln zeigen kann (Maak & Ricart Brede 2014: 151f.). Vgl. 3.3.1 für weitere Ausführungen zum Invasivitätsbegriff.

2.2.3 Gegenwärtiger Forschungsstand bezogen auf Eigenschaften von Bildungssprache

Die folgende Darstellung des Forschungsstands entspricht der Systematisierung der Ansätze zur Untersuchung von Bildungssprache in 2.2.2. Da Ziel der Arbeit ist, zu untersuchen, wie fachliche Inhalte im Deutschen sprachlich getragen werden, liegt der Fokus dabei auf Studien, die Bildungssprache mit Blick auf das Deutsche erforschen.

Eine top-down-orientierte Beschreibung von Bildungssprache erfolgte z.B. durch Donnerhack, Bernd, Thürmann & Vollmer (2013), die bildungssprachliche Kompetenzerwartungen für den Mittleren Schulabschluss über die Analyse von Lehrplänen zu erfassen suchen. Sehr umfassend wurde dieser Ansatz auch durch Vollmer u.a. angewendet, die die Beschreibung von „Schulsprache(n)" zunächst im Rahmen eines Modells zur Beschreibung von Schulsprache (Vollmer & Thürmann 2013; Vollmer & Thürmann 2010)[36] sowie in der Modellierung und Spezifizierung eines Referenzrahmens schulsprachlicher Kompetenzen unternommen (Vollmer et al. 2008). Das Modell zur Beschreibung von Schulsprache(n) (Vollmer & Thürmann 2013: 46ff.) basiert vornehmlich auf Lehrplananalysen und dient der Beschreibung bildungssprachlicher Anforderungen bzw. Kompetenzerwartungen im Fachunterricht. Es soll dienen als:
a) Raster für curriculare Detailplanung
b) Raster für konkrete Unterrichtsplanung und -analyse
c) Folie für forschungsmäßige Fragestellungen

Wie Abbildung 8 zu entnehmen ist, konstituiert es sich aus sieben Dimensionen: 1) Fachunterrichtliche Inhalte und Methoden, 2) Textsorten bzw. Genres und mit ihnen verwendete Zeichensysteme und Konventionen, 3) kognitiv-sprachliche Funktionen – Diskursfunktionen, 4) Text- und Diskurskompetenz, 5) Repertoire sprachlicher Mittel, die auf den Ebenen Aussprache, Schreibung, Wortschatz, Grammatik und Pragmatik systematisiert werden, 6) fünf Felder

---

36 Das Modell zur Beschreibung von Schulsprache im Fachunterricht, das Vollmer & Thürmann 2010 (112ff.) vorstellen, umfasst vier Dimensionen: In der ersten Dimension sind die Felder des sprachlichen Handelns im Fachunterricht verortet. Die zweite Dimension umfasst Diskursfunktionen als jeweils charakteristische Sprach- und Denkhandlungen. In einer dritten Dimension werden fachunterrichtliche Materialien, Textsorten, Genres und Zeichensysteme erfasst, wobei angenommen wird, dass sich die fünf Handlungsfelder aus Dimension 1 auf jeweils unterschiedliche „Texte" beziehen. Dimension 4 beschreibt Textkompetenz/ Diskursfähigkeit.

sprachlichen Handelns im Unterricht und 7) soziokultureller Kontext u. personale Faktoren.

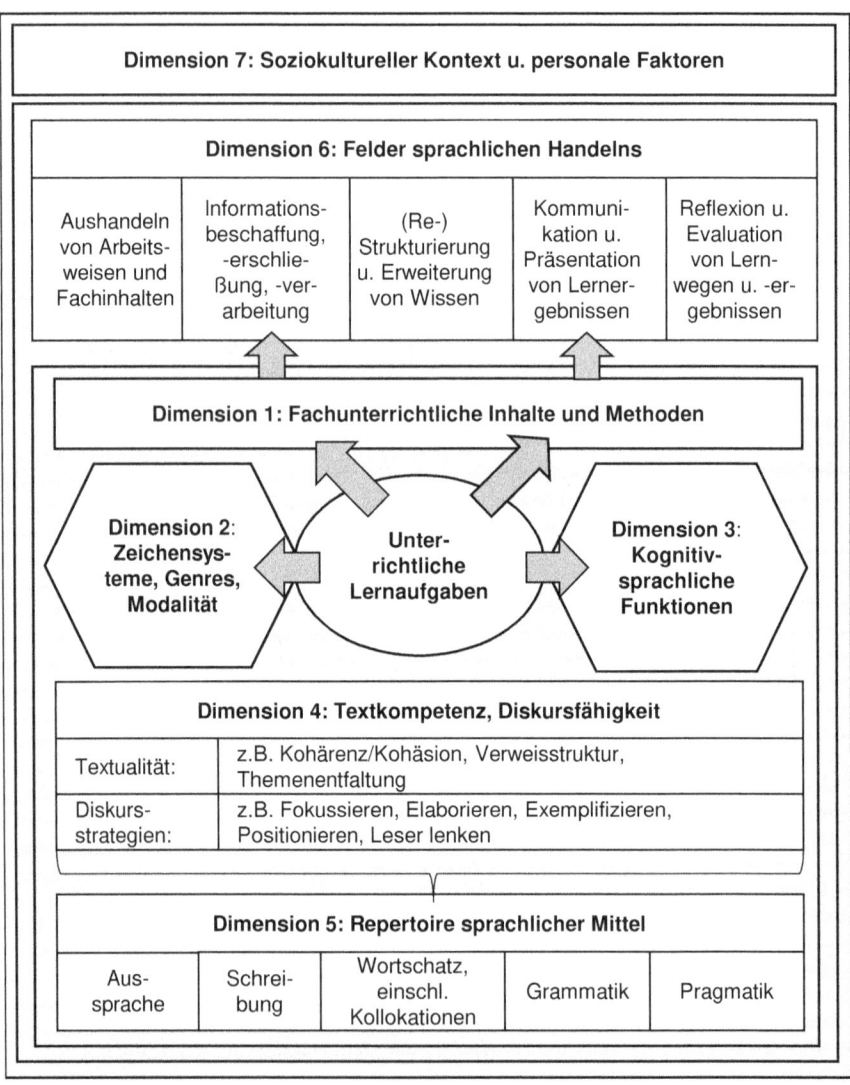

Abb. 8: Dimensionen zur Beschreibung bildungssprachlicher Kompetenzerwartungen (Vollmer
& Thürmann 2013: 48)

Aus den Dimensionen 1 bis 3 lassen sich Vollmer & Thürmann zufolge Anforderungen für die in Dimension 4 verortete Text- und Diskurskompetenz ableiten. Diese wiederum kann die Grundlage für eine begründete Auswahl einzelsprachlicher Mittel, welche in Dimension 5 verortet sind, bilden. Die Einforderung bildungssprachlicher Kompetenz erfolgt mittels Lernaufgaben, was über Dimension 6, die Felder des sprachlichen Handelns, abgedeckt wird. Ob Lernangebote schließlich angenommen werden, wird maßgeblich durch Dimension 7, das heißt den soziokulturellen Kontext sowie personale Faktoren der SchülerInnen, mitbestimmt (Vollmer & Thürmann 2013: 46ff.). Im Fokus der vorliegenden Arbeit steht insbesondere das Zusammenspiel von Dimension 1 (Fachunterrichtliche Inhalte) und Dimension 5 (Repertoire sprachlicher Mittel). Für eine entsprechende Untersuchung liefert das Modell allerdings nur bedingt Hinweise, da zwischen diese beiden Dimensionen hier kein unmittelbarer Zusammenhang hergestellt wird.

Abb. 9: Beschreibungsebenen zur Modellierung von Schulsprache (nach Vollmer & Thürmann 2010: 123ff., 2013; eigene Darstellung)

Die Dimensionen, die Vollmer & Thürmann (2013) vorstellen, werden zum Teil für die Modellierung des bereits erwähnten Referenzrahmens aufgenommen. Er soll vier Beschreibungsebenen enthalten (vgl. auch Abbildung 9): Eine Globalskala gliedert sich in einer zweiten Ebene in Beschreibung von Teilkompetenzen im Sinne der Felder sprachlichen Handelns im Fachunterricht (Dimension 6[37]), welche wiederum auf einer dritten Ebene in Diskursfunktionen (Dimension 3[38]) ihren Niederschlag finden. Die vierte Ebene schließlich ist die konkretsprachliche – hier werden beobachtbare Indikatoren beschrieben. Die Konkretisierung und empirisch abgesicherte Validierung von Modell und Referenzrahmen steht noch aus (Vollmer & Thürmann 2010: 125).

Um dem Referenzrahmen von Vollmer und Thürmann folgend zu konkreten und beobachtbaren Indikatoren zu gelangen, muss im Schulkontext eine spezifische Teilkompetenz ausgewählt, dieser eine bzw. mehrere Diskursfunktionen zugeordnet und schließlich auf das Vorkommen und Zusammenwirken sprachlicher Mittel hin analysiert werden. Es stellt sich die Frage, inwieweit Diskursfunktionen als theoretischer Rahmen für das Erkenntnisinteresse vorliegender Arbeit geeignet sind. Daher wird im Folgenden auf diese näher eingegangen.

Der Beschreibung von Diskursfunktionen im Sinne von Vollmer et al. (2008) gehen Überlegungen von Ehlich und Rehbein zu sprachlichen Mustern voraus: Demnach entwickelt sprachliches Handeln spezifische Formen, um das Einwirken auf die Wirklichkeit in Standardkonstellationen nicht beliebig, sondern systematisch zu ermöglichen, indem Handelnden spezifische Handlungswege dafür geliefert werden. Diese Handlungsformen, auch (Handlungs-)Muster genannt, ermöglichen es als Ergebnisse einer langen Entwicklung, über partikulare Erfahrungen hinauszugehen, wobei sie jeweils funktional auf einen Zweck bezogen sind (Ehlich & Rehbein 1979, Ehlich 1991). Als Resultat gesellschaftlicher Prozesse bestimmen sie individuelles Handeln (Ehlich & Rehbein 1979: 250) und bilden gleichzeitig gesellschaftliche Verhältnisse in sprachlicher Form ab (Ehlich 1991: 132). Damit kommt Mustern eine grundlegende Bedeutung für gesellschaftliches wie individuelles Handeln zu:

> Die Repetitivität sprachlicher Eingriffsmöglichkeit und die Organisierung des sprachlichen Handelns in gesellschaftlich verbindlichen Mustern hat zur Folge, daß das gesellschaftliche Handeln der Aktanten miteinander jeweils für die anderen Handelnden in einer solchen Weise verläßlich wird, daß sie die Reziprozität von Perspektiven allererst ausbilden und auch für komplizierte Ablaufstrukturen aufrechterhalten können. Dadurch wird die Erreichung von Standardzwecken auch dort möglich, wo die anzuwendenden handlungsmäßigen Eingriffe hochkomplex sind.
>
> (Ehlich & Rehbein 1979: 271)

Ein Beispiel ist das *Assertieren* als Muster, bei welchem standardmäßig der Transfer von Wissen von einem Aktanten auf einen zweiten, welchem dieses

---

37 Dimension 6 entspricht Dimension 1 in Vollmer/Thürmann 2010.
38 Dimension 3 entspricht Dimension 2 in Vollmer/Thürmann 2010.

Wissen fehlt, erfolgt. Dabei kommen sprachliche Mittel zum Einsatz (Ehlich & Rehbein 1979: 264ff.). Das Wissen über Muster eignen sich Kinder im Prozess des Spracherwerbs (Ehlich 1991: 133) sowie ferner in Institutionen wie z.b. der Schule institutionenspezifisch an (Ehlich 1991: 137).

Diskursfunktionen werden von Vollmer als jeweils charakteristische Sprach- und Denkhandlungen angesehen, denen sprachlich-kognitive Muster zugeordnet werden können. Sie verbinden demzufolge Kognition und Verbalisierung, wobei letztere gekennzeichnet ist durch verhältnismäßig stabile und vorhersagbare, weil in diesem Kontext bevorzugt verwendete, Strukturelemente (Vollmer 2010: 25, Vollmer & Thürmann 2010). Um die zentralen Diskursfunktionen (Dimension 2) zu ermitteln erfolgte eine Analyse von Curricula verschiedener Bundesländer sowie Unterrichtsbeobachtungen (Vollmer 2011: 2). Vollmer (2011) stellt die acht Diskursfunktionen *Aushandeln, Erfassen/ Benennen, Erklären/ Erläutern, Berichten/ Erzählen, Argumentieren/ Stellung nehmen, Simulieren/ Modellieren, Beschreiben/ Darstellen* und *Beurteilen/ (Be-)Werten* als zentrale Makrofunktionen[39] dar, die Abbildung 10 überblickshaft präsentiert.

In Vollmer (2010) werden zudem noch *Suchen* (engl. Searching) und *Kreieren* (engl. Creating) als weitere Diskursfunktionen angegeben. Für diese Diskursfunktionen wird angenommen, dass sie in allen Fächern und über alle Fächer hinweg von Anfang an zentral sind (Vollmer 2011, Vollmer et al. 2008). Dies ergibt sich vornehmlich aus der Analyse von Lehrplänen und deren Operatoren. Wie bereits in 2.2.2 ausgeführt hat diese Vorgehensweise den Nachteil, dass sie stark normativ orientiert ist und die theoretischen Überlegungen nicht notwendigerweise den tatsächlichen sprachlichen Gegebenheiten entsprechen müssen. Die Beschreibung fächerübergreifender Diskursfunktionen kann sicher methodisch-didaktisch genutzt werden. Darin liegt gleichzeitig auch eine Begrenzung, da Fächer und Fachinhalte jeweils Spezifika aufweisen, welche nicht über diese Diskursfunktionen zu erklären wären.[40] Die Leistung von Vollmer et al. liegt somit darin, dass Sprache im Kontext Schule umfassend modelliert wird und Ansatzpunkte zur Identifizierung fächerübergreifender sprachlicher Handlungen, die zur sprachlichen Sensibilisierung von SchülerInnen wie auch LehrerInnen genutzt werden können, geliefert werden. Da in vorliegender Arbeit aber insbesondere das Zusammenspiel von fachlichen Inhalten und sprachli-

---

39 Die Erläuterungen beziehen sich auf die Darstellungen in Vollmer 2011, 2010 und Vollmer et al. 2008.
40 Allerdings wird in Vollmer (2010) bereits der Versuch unternommen, Spezifika für naturwissenschaftliche Fächer herauszuarbeiten.

chen Mitteln im Vordergrund steht, sind Diskursfunktionen als theoretische Grundlage nicht geeignet.

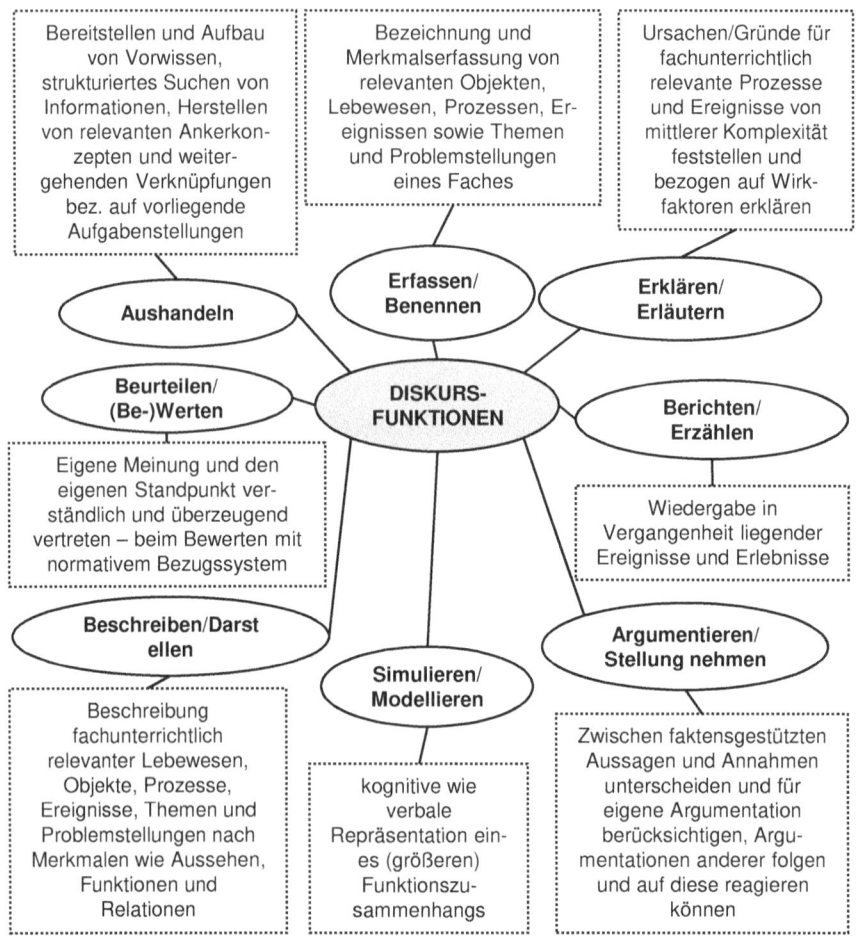

Abb. 10: Acht zentrale Diskursfunktionen (nach Vollmer 2011; eigene Darstellung)

Die Einteilung in Diskursfunktionen ist zudem nicht in jedem Fall unproblematisch, wie Feilke zeigt (2005: 45ff.; vgl. auch Diskussion in Hövelbrinks 2014, die eine komplexere Differenzierung von Diskursfunktionen fordert) für das Beschreiben, welches Feilke zufolge – wenn es nachvollziehbar sein soll – auch ein Erklären von Zusammenhängen erfordert. Er sieht demnach das Erklären als notwendige Voraussetzung für das Beschreiben an. In Übereinstimmung mit Heinemann (2000: 363) bezeichnet er Beschreiben als linguistische „Mischform", ohne dabei Beschreiben, Erklären und Argumentieren unter einer Diskursfunktion subsummieren zu wollen.

Leisen (2010: 46ff.) modelliert die Sprache im Fach zwar auf Basis praktischer Erfahrungen, jedoch davon abgesehen theoretisch, nicht auf der Grundlage empirischer Erkenntnisse. Er folgt dem Ansatz, vorhandene Merkmalsbeschreibungen zu nutzen. Leisen differenziert die Bildungssprache nach unterschiedlichen Darstellungsformen und -ebenen sowie Sprachen. Bei den Ebenen geht er von einem zunehmenden Abstraktionsgrad aus: angefangen von gegenständlicher Ebene zur bildlichen Ebene, zur sprachlichen Ebene, zur symbolischen Ebene bis hin zur – abstraktesten – mathematischen Ebene. Auf verbalsprachlicher Ebene unterscheidet Leisen Fach-, Unterrichts- und Alltagssprache. In der konkret-sprachlichen Beschreibung der „Besonderheiten" schließlich stellt er trotz vorherigem Bezug auf den Terminus Bildungssprache ausschließlich typisch fachsprachliche Eigenschaften vor (Leisen 2010: 52; vgl. für eine umfassende Darstellung auch Roelcke 2010). Die Anlehnung an bzw. Übernahme von Merkmalsbeschreibungen der Fachsprache(n) findet sich in der Literatur häufiger (vgl. auch Tabelle 5). Im didaktisch-methodischen Kontext sind solche Übernahmen zur Sensibilisierung hin auf sprachliche Aspekte durchaus geeignet, insbesondere da sie konkret-sprachlich und damit im Unterrichtskontext anwendbar sind – anders als allgemeine Beschreibungen wie ‚konzeptionell schriftlich'. Ohne empirische Überprüfung sind sie aber letzten Endes als problematisch einzuschätzen.

Wenn die Orientierung an Merkmalsbeschreibungen wie der der Fachsprache(n) als Ausgangspunkt für eine empirische Überprüfung anhand von Sprachdaten dient, handelt es sich wie in 2.2.2 beschrieben, um einen weiteren Ansatz. Diesen Ansatz verfolgen Gogolin & Schwarz (2004), Hövelbrinks (2013) und exemplarisch z.B. Ahrenholz & Maak (2012). Hövelbrinks (2013) untersucht das Vorkommen bildungssprachlicher Mittel – auf Basis der bisherigen theoretischen Merkmalsbeschreibungen – im naturwissenschaftlichen Unterricht der Primarstufe. Dabei fokussiert sie den Output der SchülerInnen und kommt zu dem Schluss, dass als bildungssprachlich bezeichnete Elemente bereits im 1. Schuljahr verwendet werden (Hövelbrinks 2013: 83). Gleichzeitig belegen die Ergebnisse, dass SchülerInnen mit DaZ bezogen auf das Vorkommen von Indikatoren des bildungssprachlichen Repertoires fast immer geringere Werte aufweisen als einsprachige SchülerInnen (Hövelbrinks 2013: 81).

Ausgehend davon, dass das Passiv häufig als bildungs- und fachsprachliches Mittel charakterisiert und zudem häufig als Hürde im Zweitspracherwerb angesehen wird, analysieren Ahrenholz & Maak (2012) exemplarisch zwei Auszüge aus Biologieschulbüchern sowie eine Stunde Biologieunterricht und vergleichen das Passivvorkommen mit Angaben zum Vorkommen desselben in Fach- und Alltagssprache. Sie kommen zu folgendem Schluss: „Sollten sich die Befunde bei einer größeren Datenbasis bestätigen, so würde dies bedeuten, dass das Passiv im Schulbuch zwar häufiger auftritt als in der Gemeinsprache, allerdings auch seltener als für fachsprachliche Texte typisch." (Ahrenholz & Maak 2012: 144). Im mündlichen Input der Lehrerin hingegen tritt das Passiv seltener auf – sowohl im Vergleich zu den untersuchten Schulbüchern als auch zum durchschnittlichen Gebrauch in Fachtexten und in der Gemeinsprache (Ahrenholz & Maak 2012: 145f.). Dies könnte durch die Unterrichtssituation bedingt sein (Ahrenholz & Maak 2012: 146) Gleichzeitig zeigt sich, dass die Auftretenshäufigkeit von Passiv-Formen vom jeweiligen Thema bzw. semantischen Feld abzuhängen scheint, da ein Großteil der *werden*-Passive dem Bereich der Blutzirkulation (z.B. *wird gepumpt*, *wird transportiert*) zuzuordnen sind (Ahrenholz & Maak 2012: 145). Diese Ergebnisse müssen als vorläufig gelten und mit Vorsicht rezipiert werden, weil eine sehr geringe Datenmenge untersucht wurde. Methodisch gesehen diskutieren Ahrenholz & Maak (2012: 143) am Rande zudem Grenzen von Durchschnittswerten. So beträgt die durchschnittliche Wortlänge eines Biologiebuchauszugs sechs Buchstaben. Das längste Wort *kohlenstoffdioxidreich* hat 22 Buchstaben und es wäre anzunehmen, dass es im Fachunterricht für SchülerInnen aufgrund seiner Komplexität durchaus eine Hürde darstellen könnte. Der Mittelwert ist dafür wenig aussagekräftig.

Aus den Ausführungen ergibt sich, dass es sich im Fall von Ahrenholz & Maak (2012) auch um eine Untersuchung im Sinne des sprachvergleichenden Ansatzes (vgl. 2.2.2) handelt, indem Durchschnittswerte für sprachliche Aspekte dieser beiden ‚Sprachen' als Vergleichsnormen[41] dienen. Diese Sprachvergleiche zeigen, dass generelle Merkmalsbeschreibungen, die Bildungssprache als konzeptionell schriftlich – auch im Mündlichen – beschreiben, zu kurz greifen können und entsprechend zwischen medial Mündlichem und Schriftlichem zu unterscheiden ist. Moreks & Hellers (2012) Plädoyer für Berücksichtigung von Kontextspezifizität einerseits und Unterscheidung nach Medium andererseits ist daher zuzustimmen.

Ähnlich wie Ahrenholz & Maak (2012) geht Niederhaus (2011) – allerdings in größerem Umfang und mit Fokus auf Fachsprache, nicht Bildungssprache –

---

41 Vergleichswerte werden einerseits der Fachsprachenforschung und andererseits Angaben zur Gemeinsprache im Duden entnommen.

vor, die Schulbücher für die Berufsausbildung analysiert. Dabei kann sie zeigen, dass je nach Ausbildungsfach von unterschiedlichen Graden von Fachsprachlichkeit gesprochen werden kann.

Einen fehleranalytischen Ansatz (vgl. 2.2.2) verfolgt zum Beispiel Ohm (2010b). Durch die Analyse einer schriftlichen Bildbeschreibung einer Deutsch-Lernerin in der 3. Klasse aus Genf arbeitet er folgende Aspekte als unpassend für die Textsorte heraus: „1. Das völlige Fehlen von Lokaladverbien.", „2. Die ausschließlich prädikative Verwendung von Adjektiven.", „3. Der Gebrauch des bestimmten Artikels, ohne dass die jeweils benannten Redegegenstände zuvor explizit eingeführt wurden." und „4. Der Gebrauch des Personalpronomens in der 3. Pers., sg., mask., ohne dass zuvor ein Redegegenstand eingeführt wurde, auf den verwiesen werden könnte." (Ohm 2010b: 89). Ohm schlussfolgert, dass die Schülerin eher eine mündliche Bildbeschreibung verschriftlicht hat, da im Mündlichen die Punkte 1, 3 und 4 akzeptabel sein könnten (Ohm 2010b: 90). Für eine "bildungssprachlich angemessene" Bildbeschreibung sind demnach u.a. die Verwendung von Lokaladverbien und die Verknüpfung der einzelnen Aussagen etwa durch Pronomen notwendig (Ohm 2010b). Altmeyer (2013) untersucht ebenfalls die Lernersprachenseite für das Fach Religion, allerdings in geringerem Maße fehlerorientiert als z.B. Ohm. Solche und ähnliche Untersuchungen (vgl. z.B. auch Baur, Bäcker & Wölz 1993) beziehen sich in der Regel auf Einzelfallanalysen bzw. kleine Stichproben.

Den Ansatz, Schülersprache nicht auf Basis vorher erarbeiteter theoretischer Konstrukte, sondern vielmehr von z.B. Häufigkeits- und Kollokationsanalysen auf bildungssprachliche Mittel hin zu erforschen, verfolgen z.B. Gogolin & Roth (2007). Sie haben im Rahmen ihrer Untersuchung zu einem bilingualen Schulversuch versucht, bestimmte Cluster sprachlicher Mittel zu bilden, mithilfe derer sie drei „Modi" unterscheiden. Der „umgangssprachliche Modus" sei durch Attribute und vage Platzhalter gekennzeichnet und es sei eine „Tendenz zu Satzgefügen vorzufinden" (Roth, Neumann & Gogolin 2007: 42). Der „akademische Modus" zeichne sich durch Nominalisierungen, häufige Verwendung von Verben, unpersönlichen Ausdrücken und Konnektoren aus. Der „elaborierte Modus" enthalte Konjunktiv- und Passivformen. Bildungssprachliche Kompetenz sei dann an Formen des akademischen und elaborierten Modus festzumachen. Allerdings liegen der Auswahl der zu analysierenden sprachlichen Mittel bereits theoretische Vorüberlegungen zugrunde. So gehen Roth, Neumann & Gogolin (2007) zunächst davon aus, dass zum Beispiel auch Attribute bildungssprachlich sind (dabei wird keine weitere Differenzierung unterschiedlicher Attributformen vorgenommen). Allerdings sind diese nach einer Faktorenanalyse dem umgangssprachlichen – nicht dem bildungssprachlichen (= akademischer und elaborierter Modus) – Modus zuzuordnen. Zudem werden unpersönliche Ausdrücke auch im umgangssprachlichen Modus verwendet, allerdings in geringerem Umfang. Roth, Neumann & Gogolin (2007) diskutieren diese Ergebnisse nicht weiter. Periphrastische Konstruktionen mit ‚lassen' bilden einen eigenständigen Faktor, dem kein weiterer Modus zugeordnet wird. Methodisch gesehen ist für Faktoren- und Clusteranalysen[42] in erster Linie entscheidend, welche Items bzw. Indikatoren analysiert werden. Davon hängen Ergebnisse maßgeblich ab. Zudem handelt es sich zwar um statistische Verfahren, welche dem quantitativen Paradigma zuzuordnen sind. Es handelt sich allerdings um stark interpretative und damit subjektive Verfahren insofern, als dass die Ergebnisse, z.B. die Faktoren, die sich aus einer explorativen Faktorenanalyse ergeben, inhaltlich vom Forschenden interpretiert werden müssen.

Graf (1989) untersucht das Begriffslernen im Biologieunterricht und analysiert in diesem Zusammenhang auch, welche Fachtermini in Biologieschulbüchern der Sekundarstufe I in welcher Häufigkeit auftreten.[43] Dabei stehen für ihn fachdidaktische Aspekte und die Erforschung „wissenschaftssprachlicher" (Graf 1989: 16) Mittel im oben beschriebenen Sinn im Vordergrund: „Begriffe sind ein zentraler Bestandteil der Biologie und des Biologieunterrichts. Ihre Beherrschung ist Voraussetzung für das Verständnis biologischer Phänomene und Zusammenhänge. Begriffe sind geradezu die Bausteine, aus denen das biologische Wissen aufgebaut ist. Ohne eine fundierte Kenntnis biologischer Begriffe ist das Verstehen biologischer Phänomene und Zusammenhänge nicht möglich." (Graf 1989: 5). Auf der Basis seiner Analysen stellt Graf eine Liste grundlegender biologischer Begriffe zusammen (Graf 1989: 161ff.). Tabelle 4 umfasst jeweils die zehn häufigsten Begriffe für die 5./6. Klasse sowie die Klassen 7 bis 10. Es zeigt sich, dass die fünf häufigsten Begriffe die gleichen sind – wenn auch in leicht veränderter Reihenfolge. Die Termini *Tier*, *Pflanze*, *Wasser*, *Mensch* und *Körper* treten demnach am häufigsten auf. Hochfrequent sind demnach

---

42 Die Faktorenanalyse ist ein Verfahren zur Datenstrukturierung und Datenreduktion. Sie versucht, Beziehungszusammenhänge in einem großen Variablenset zu strukturieren, indem Gruppen von Variablen identifiziert werden, die hoch miteinander korrelieren. Die Gruppen von jeweils hoch korrelierenden Variablen bezeichnet man auch als Faktoren (Bühl 2010: 555).
Die Clusteranalyse ist ein statistisches Verfahren, dass Ähnlichkeiten in Bezug auf Objekte oder Personen aufdecken kann. Anhand von vorgegebenen Variablen werden Gruppen von Fällen gebildet, wobei Gruppenmitglieder möglichst ähnliche Variablenausprägungen aufweisen (Bühl 2010: 593). Für weiterführende Informationen vgl. auch Backhaus et al. (2008).
43 Graf verfolgt dabei nicht explizit die Erfassung bildungssprachlicher Mittel, trägt jedoch dazu bei und ist für vorliegende Arbeit relevant, da es sich um eine Untersuchung im Kontext des Fachs Biologie handelt.

schuljahresübergreifend für das Fach relevante Oberbegriffe. Termini, die Entitäten eines Teilthemas bezeichnen, z.b. *Blut* und *Blutflüssigkeit* variieren stärker mit Blick auf die Klassenstufe. *Blut* und *Blutflüssigkeit* stehen für die 5. und 6. Klasse an 19. Stelle, für die 7. bis 10. Klasse an der 7. Stelle.

Tab. 4: Häufigste Fachtermini im Biologieunterricht der Sekundarstufe I (nach Graf 1989: 153ff.; eigene Darstellung)

Rang	Häufigste Begriffe 5./6. Klasse	Häufigste Begriffe 7.-10. Klasse
1.	Tier, Tierchen	Mensch
2.	Pflanze, Pflänzchen	Tier
3.	Wasser	Pflanze, Pflänzchen
4.	Mensch	Wasser
5.	Körper	Körper
6.	Blüte	Zelle
7.	Blatt, Blättchen, Pflanzenblatt	*Blut, Blutflüssigkeit*
8.	Junge/s, Jungtier, Tierkind	Lebewesen
9.	Nahrung	Kind
10.	Vogel	Art
...		
19.	*Blut, Blutflüssigkeit*	

Im englischsprachigen Raum finden sich umfassendere korpusbasierte Untersuchungen zu verschiedenen Registern (z.B. Biber 2006).[44] In Anlehnung an Bibers Vorgehen, vergleicht Conrad mittels multidimensionaler Untersuchungen universitäre Lehrbücher im Fach Ökologie mit Artikeln aus diesem Bereich (Conrad 1996). Biber gibt einen umfassenden Überblick über die „academic language" der Universität, wobei er sowohl gesprochene als auch geschriebene Sprachproduktionen berücksichtigt (Biber 2006).[45] All diese Un-

---

44 Zwar existieren eine Reihe korpusbasierter Untersuchungen zur deutschen Sprache (für einen ersten Überblick siehe Lemnitzer & Zinsmeister 2010, Kapitel 6), jedoch beschäftigen sich nur wenige damit, die Sprache der Schule bezogen auf ihre linguistischen Eigenschaften zu analysieren.
45 Diese Studien orientieren sich an den Grundlagen der funktionalen Grammatik (Halliday & Matthiessen 2004). Gibbons & Lascar, die sich an Biber und Halliday anlehnen (Biber 1988;

tersuchungen sind nicht im Sekundarbereich angesiedelt, für das geplante Vorhaben aber aus methodologischer Sicht relevant. Sie heben das Potenzial hervor, das eine Studie hat, die eine Großzahl linguistischer Aspekte betrachtet.

Zusammenfassend lässt sich sagen, dass der Versuch der Erfassung bildungssprachlicher Mittel bereits auf unterschiedlichen methodischen Wegen unternommen worden ist. Bislang handelt es sich in der Regel um exemplarische Analysen bzw. Analysen mit geringer Datenbasis. Als Daten dienen sowohl Unterrichtsmaterialien, hier ausschließlich Schulbücher, sowie Sprachdaten von LehrerInnen und SchülerInnen aus unterschiedlichen Alters- und Schulstufen. Gleichzeitig stammen die Daten der AkteurInnen aus sehr unterschiedlichen Unterrichtskontexten, beispielsweise werden schriftliche Produktionen (z.B. Ohm 2010b), aber auch mündlicher Unterrichtsoutput von SchülerInnen (z.B. Hövelbrinks 2014) untersucht. Demnach gestaltet es sich schwierig, die einzelnen Untersuchungen zueinander in Bezug zu setzen bzw. zu vergleichen. Umfassende gesicherte Erkenntnisse bezüglich bildungssprachlicher Mittel stellen somit weiterhin ein Desiderat dar.

Tabelle 5 fasst noch einmal Merkmalsbeschreibungen bildungssprachlicher Mittel von verschiedenen Autoren als Überblick über aktuelle theoretische Überlegungen wie auch empirische Erkenntnisse zusammen. Die Darstellung bezieht sich ausschließlich auf Beschreibungen bildungssprachlicher Mittel für das Deutsche. Außerdem wurden soweit möglich nur konkret-sprachliche Merkmale aufgenommen – Kennzeichen wie zum Beispiel „Schriftförmigkeit" (z.B. in Gogolin 2006) wurden außen vor gelassen.

Halliday & Hasan 1985), untersuchen spanischsprachige Schulbücher aus Argentinien und Uruguay in weniger umfassender und eher qualitativer Weise, aber ebenfalls mit Blick auf akademische Register des Spanischen im Vergleich zum Englischen. Dabei vergleichen sie Schulbuchauszüge aus dem 2. und 3. Jahr der Grundschule (primary school) und aus dem 7. und 8. Jahr der Sekundarstufe (secondary school) (Gibbons & Lascar 1998). Schließlich beschreibt Schleppegrell die Sprache der Schule (Schleppegrell 2004). Als Erkenntnisquelle dienen dabei eigene und fremde Studien. Bis auf Gibbons & Lascar beziehen sich alle genannten Veröffentlichungen auf das Englische als Unterrichts- bzw. Lernsprache. Für die deutsche Sprache stellen solche Untersuchungen noch ein Desiderat dar.

Tab. 5: Sprachliche Mittel im Fachunterricht; eigene Darstellung

AutorInnen	Bildungsprachliche Mittel
Gogolin (2007)	Merkmale der Fachsprache: Komplexe Nominalphrasen zur Informationsverdichtung, erhöhter Passivgebrauch
Roth, Neumann & Gogolin (2007) und Gogolin & Roth (2007)	Für die Grundschule: Substantivierungen, unpersönliche Ausdrücke, Gebrauch von Komposita, hochfrequenter Einsatz von Verben sowie unpersönlichen Ausdrücken und Konnektoren, verbale Anteile des Konjunktivs und des Passivs, Konstruktionen mit *lassen*. Der „akademische Modus" zeichne sich durch Nominalisierungen, häufige Verwendung von Verben, unpersönlichen Ausdrücken und Konnektoren aus. Der „elaborierte Modus" enthalte Konjunktiv- und Passivformen. Bildungssprachliche Kompetenz sei dann an Formen des akademischen und elaborierten Modus festzumachen.
Ortner (2009)	Wortschatz: nichtfachliche Fremdwörter und charakteristische Redewendungen, Elemente der literarischen (*Fräulein*) und religiösen Tradition (*Barmherzigkeit*) u.a.
Ohm (2010b)	Für Bildbeschreibung: Bezugsrahmen klären, Lokaladverbien, Verknüpfung der Aussagen durch geeignete Mittel (v. a. Pronomen)
Gogolin & Lange (2011)	Wortschatz: differenzierende und abstrahierende Ausdrücke (z.B. *nach oben transportieren* statt *raufbringen*), Einsatz präziserer Verben (statt allgemein unspezifischen wie *machen*), Präfixverben, darunter viele mit untrennbarem Präfix und mit Reflexivpronomen (*erhitzen, sich beziehen*), nominale Zusammensetzungen (*Winkelmesser*), normierte Fachbegriffe (*Dreisatz*), verbale Anteile des Konjunktivs und des Passivs, Konjunktionalsätze, Relativsätze, erweiterte Infinitive, unpersönliche Konstruktionen durch Passiv und man-Sätze, Funktionsverbgefüge, umfängliche Attribute (*der sich daraus ergebende Schluss*)
Hövelbrinks (2013)	Satzkomplexität: Parataxe, doppelte Prädikation, Hypotaxe; Komplexe Wortbildung: Komposita, Nominalisierung, nicht-trennbare Verben, trennbare Verben; Modus: Konjunktiv I und II; unpersönliche Ausdrücke: Vorgangs- und Zustandspassiv, unpersönliches „man"; Satzerweiterungen: Apposition, Adjektiv- und Genitivattribut, Präpositionalphrase; Satzverknüpfung: Konjunktion Hauptsatz, Konjunktion Nebensatz, Relativsatz, Infinitivergänzung, Partizipialergänzung

AutorInnen	Bezugnahme ausschließlich auf „Fachsprache"
Leisen (2010)	Morphologisch: substantivierte Infinitive, Substantive auf –er (*Dreher*), Adjektive auf *-bar, -los, -reich, -arm, -frei, -fest* usw., Adjektive mit dem Präfix *nicht*, mehrgliedrige Komposita, Zusammensetzungen mit Ziffern, Buchstaben und Sonderzeichen, Mehrwortkomplexe (elektronische Datenverarbeitung), Wortbildungen mit und aus Eigennamen, fachspezifische Abkürzungen Syntaktisch: Funktionsverbgefüge, Nominalisierungen, erweiterte Nominalphrase und Satzglieder anstelle von Gliedsätzen, komplexe Attribute anstelle von Attributsätzen, bestimmte bevorzugt genutzte Nebensatztypen: Konditional-, Final- und Relativsätze, bestimmte bevorzugt genutzte Verbkonstruktionen (3. Ps. Sg./Pl., Indikativ Präsens, bestimmte Passiv-Formen, Imperative)
Chlosta & Schäfer (2010)	Morphologie: substantivierte Infinitive, Adjektive mit bestimmten Endungen, Bildungen aus Eigennamen, Mehrwortkomplexe, Passivformen, Imperfekt- und Konjunktivverwendungen Syntax: Funktionsverbgefüge, Nominalisierungsgruppen, erweiterte Nominalphrasen, Satzglieder, anstelle von Gliedsätzen, komplexe Attribute, spezifische Kollokationen und Idiome
Baur, Bäcker & Wölz (1993)	(vornehmlich fachsprachlich): Passiv, komplexe Partizipialattribute, uneingeleitete Konditionalsätze
Luchtenberg (1992)	Nominalisierungen/Nominalstil, Passiv, Funktionsverben, Infinitivkonstruktionen, einfache, aber stark erweiterte Sätze, Attribuierungen, Präpositionalgruppen und Partizipialfügungen, elliptische Wendungen Lexik: mehrgliedrige Zusammensetzungen, Ableitungen, Abkürzungen, Substantivierungen, Entlehnungen aus anderen Sprachen

Der Überblick in Tabelle 5 zeigt, dass als bildungssprachliche Mittel sehr häufig Nominalisierungen, komplexe Nominalphrasen (durch Komposita und komplexe Attribute), die Verwendung von Passiv und Konjunktiv sowie Funktionsverbgefügen genannt werden. Es ist anzunehmen, dass es keine sprachlichen Merkmale gibt, die exklusiv der Bildungssprache zuzurechnen sind. Komposita sind auch im alltäglichen Diskurs durchaus frequent. Vielmehr kann davon ausgegangen werden, dass sich bildungssprachliche Mittel durch eine hochfrequente bzw. diskurs- oder textsortenspezifische Verwendung in bestimmten

Bereichen auszeichnen.[46] Dies entspricht auch der Haltungen bezüglich der Eigenschaften von Fachsprachen (vgl. Ausführungen in 2.2.1). Damit ist auch denkbar, dass bestimmte bildungssprachliche Mittel nicht frequent, dafür aber kontextspezifisch und notwendige Voraussetzung für die erfolgreiche Bewältigung einer bestimmten Sprachhandlung im schulischen Kontext sind, man denke an Funktionsverbgefüge wie *die Wurzel ziehen* und formelhafte Sprache bzw. Phraseologismen an sich. Dies bedeutet auch, dass SchülerInnen nicht damit geholfen ist, häufiger das Passiv in ihren Texten zu verwenden. Vielmehr sind bildungssprachliche Mittel von den SchülerInnen kontextspezifisch und zielgerichtet einzusetzen. Auffällig ist zudem, dass es sich bei den in Tabelle 5 dargestellten Merkmalsbeschreibungen überwiegend um Auflistungen handelt, ohne dass diese sprachlichen Mittel aufeinander bzw. auf konkrete Sprachhandlungen, Textsorten oder ähnliches bezogen würden. Lediglich Ohm (2010b) bezieht sich in seiner Darstellung der sprachlichen Mittel auf eine Textsorte.

Weiterhin zeigt sich für die vorgestellten Studien nur selten eine explizite Berücksichtigung des Verhältnisses von medialer Mündlichkeit und Schriftlichkeit. Auch wenn für die Bildungssprache gemeinhin angenommen wird, sie trage vor allem Eigenschaften konzeptioneller Schriftlichkeit, auch im mündlichen Sprachgebrauch (z.B. Gogolin 2007: 73), plädieren Morek & Heller (2012: 91ff.) dafür, in stärkerem Maße den Verwendungskontext wie auch das Medium zu berücksichtigen. Für die mediale Realisierung argumentieren sie mit den „unhintergehbaren Eigenschaften mündlicher und schriftlicher Praktiken" (Morek & Heller 2012: 93), wofür Ergebnisse von Ahrenholz & Maak (2012) als erste Bestätigung dienen können, und werfen darauf aufbauend für die Untersuchung der Bildungssprache weitere Forschungsdesiderata auf: „Es wäre also zu fragen, wie institutionelle Praktiken die mündliche Verwendung bildungssprachlicher Mittel beeinflussen oder dieser sogar zuwiderlaufen." (Morek & Heller 2012: 94).

Festzuhalten ist, dass sich Beschreibungsversuche derzeit in der Regel noch auf recht generische allgemeingehaltene Auflistungen von Merkmalen auf der einen Seite und theoretische Konzepte und Modelle von Bildungssprache auf der anderen Seite beschränken.

---

46 Zu ähnlichen Ergebnissen kommt Biber (2006: 18) für die Beschreibung der „academic prose": „In summary, there are few general linguistic features that are uniquely characteristic of academic prose [...] However, a much larger set of features – such as nouns and prepositional phrases – occur to some extent in every register; these features can be considered 'academic' because they are especially common in academic prose."

2.2.4 Zusammenfassung

In den letzten Jahren hat eine eingehende Auseinandersetzung mit Sprache im schulischen Kontext – über den Deutschunterricht hinaus – stattgefunden. Sprache und vor allem deren kompetente Verwendung wird dabei als ein entscheidender Faktor für schulischen Erfolg angesehen. Demnach setzt die Schule die Beherrschung bestimmter sprachlicher Mittel voraus, ist aber gleichzeitig nicht in der Lage, dies als Lerngegenstand anzusehen und zu vermitteln (Feilke 2012: 4). Die Ausführungen in 2.2.1 haben gezeigt, dass zahlreiche Termini im Rahmen dieser Auseinandersetzung verwendet werden. Am häufigsten wird aktuell der Terminus Bildungssprache verwendet. Wie Morek & Heller (2012) aufzeigen, ergeben sich im Diskurs um die Bildungssprache Parallelen zur Sprachbarrierendiskussion in den 1960er Jahren – Stichwort ‚elaborierter Code‘. Diese wurde vor allem mit Blick auf Schichtzugehörigkeit geführt, wohingegen in der aktuellen Debatte häufiger der Migrationshintergrund bzw. die Beherrschung des Deutschen (als Zweitsprache) als entscheidender Faktor angesehen werden. Die Gefahr besteht darin, dass die Bearbeitung des Themas sich zu stark auf die terminologische Diskussion beschränken könnte, und eine umfassende empirische Untersuchung, wenngleich auch häufig gefordert, letzten Endes ausbleibt.

Im Anschluss an den Diskurs um Termini wurden in 2.2.2 Ansätze zur Erforschung der Bildungssprache bzw. bildungssprachlicher Mittel in einem Kontinuum von top-down zu bottom-up verortet und dargestellt. Top-down-Ansätze versuchen eine Konzeptualisierung und Beschreibung dieser durch theoretische Überlegungen. Bottom-up-Ansätze hingegen beschreiben Bildungssprache bzw. bildungssprachliche Mittel per explorativer Analysen von Sprachdaten. Die vorgestellten Untersuchungen sind stark sprachwissenschaftlich orientiert und unternehmen nur bedingt den Versuch Sprachliches und Fachliches gemeinsam zu untersuchen. Eine Erweiterung der diesbezüglich wäre wünschenswert. Die Ausführungen sprechen ebenfalls für eine verstärkte interdisziplinäre Forschung. Erste entsprechende Ansätze bestehen bereits (z.B. Schramm, Hardy, Saalbach & Gadow 2013).

In Teilkapitel 2.2.3 ist der aktuelle Forschungsstand aufgearbeitet worden. Zwar sind unterschiedliche Ansätze erprobt worden, insbesondere für die Analyse von empirischen Sprachdaten zeigt sich bislang eine Beschränkung auf verhältnismäßig geringe Datenmengen bzw. Textsorten, Kontexte etc. Es besteht überdies Einigkeit darin, dass die Merkmale der sprachlichen Formen der Wissensvermittlung in der Schule bislang noch nicht erschöpfend untersucht sind. Die Untersuchung einzelsprachlicher Merkmale bzw. die Auflistung dieser als bildungssprachlicher Mittel wird der Komplexität und dem Zusammenspiel sprachlicher und fachlicher Inhalte nicht gerecht. Daher ist zu fragen, wie eine Analyse anzulegen sei, die dies berücksichtigen kann.

Zudem fehlen empirische Untersuchungen zur Aneignung bildungssprachlicher Mittel bzw. Praktiken (Lengyel 2010: 599). Dies ist insofern notwendig, als die Förderung bildungssprachlicher Kompetenzen in allen Fächern zunehmend gefordert wird (z.B. Feilke 2012; Neumann 2008; Gogolin 2009): „Die Schule selbst muss vermitteln, was sie verlangt: bildungssprachliche Fähigkeiten." (Neumann 2008: 38).[47]

Ziel der vorliegenden Arbeit ist es nicht, Bildungssprache näher zu beschreiben. Vielmehr wird untersucht, wie fachliche Inhalte sprachlich getragen werden. Entscheidend ist die Beschaffenheit des Inputs, nicht seine Zuordnung zu einer bestimmten „Sprache". Für dieses Erkenntnisinteresse scheint daher zwar nicht der Terminus jedoch das damit verbundene Konzept von „Bildungssprache" zu eng, weil die sprachlichen Formen der Wissensvermittlung in Form des Inputs in ihrer Gesamtheit im Vordergrund stehen, unabhängig davon, ob Einzelaspekten fach-, alltags- oder bildungssprachliche Merkmalen zuzuordnen sind. Daher findet in der vorliegenden Arbeit neben Bildungssprache auch die Bezeichnung „sprachliche Formen der Wissensvermittlung und -aneignung" Verwendung. Dabei wird in Übereinstimmung mit der aktuellen Diskussion davon ausgegangen, dass es sich um spezifische Formen des Sprachgebrauchs handelt, die bis zu einem gewissen Grad durch das jeweilige Fach, das Alter der Lerner, die Schulart und die mediale Form bedingt sind (Ahrenholz & Maak 2012: 136).[48]

---

47 Erwähnt sei an dieser Stelle, dass bereits zahlreiche Konzepte zur sprachlichen Förderung in der Fachdiskussion dargestellt wurden. Als Beispiele können Gibbons' Ansatz des Scaffolding (2002; 2006) sowie das daran angelehnte Konzept der „durchgängigen Sprachbildung" (Gogolin & Lange 2011, Lengyel 2010 u.a.), Leisens „deutschsprachiger Fachunterricht" bzw. sprachsensibler Fachunterricht (Leisen 2010,), Konzepte der Sprachförderung im Unterricht (Portmann-Tselikas 1998) sowie auch Konzepte des mehrsprachigen Sachfachunterrichts (Wolff 2010; Hallet & Königs 2013 u.a.) dienen. Diese sind kaum bis gar nicht auf Forschungserkenntnissen basiert.

48 Dies ist eine naheliegende Annahme, die allerdings noch empirisch belegt werden muss. Merzyn (1999) findet in einer Analyse von 12 Schulbüchern unterschiedlicher Altersstufe und Schulart keine Unterschiede für die Fachwortschatzdichte. Gibbons & Lascar (1998) finden diesen Unterschied allerdings – es handelt sich aber in deren Untersuchung nicht um deutschsprachige Schulbücher.

Aus den obigen Ausführungen und dem Erkenntnisinteresse der vorliegenden Arbeit ergibt sich demnach für die Untersuchung sprachlicher Formen der Wissensvermittlung im schulischen Kontext folgende Frage:

> Wie kann untersucht werden, in welcher Art und Weise fachliche Inhalte sprachlich getragen werden, so dass die theoretischen Grundlagen für das vorliegende Erkenntnisinteresse weder zu weit (z.b. im Sinne von übergeordneten Diskursfunktionen) noch zu eingeschränkt (etwa auf ausgewählte sprachliche Merkmale wie z.B. das Passiv) sind?

Im Folgenden wird daher der konzeptorientierte Ansatz vorgestellt und untersucht, ob dieser geeignet ist, als theoretischer Rahmen für eine empirische Analyse von Sprachdaten zu dienen.

2.3 Der konzeptorientierte Ansatz zur Untersuchung sprachlicher Formen der Wissensvermittlung und -aneignung in der Schule

Im vorhergehenden Kapitel 2.2 wurde der aktuelle Stand zur Erforschung sprachlicher Formen der Wissensvermittlung und -aneignung in der Schule aufgearbeitet, dargestellt und kritisch diskutiert. Bisherige Ansätze zur Erforschung schienen demnach nur bedingt geeignet, die Forschungsfragen der vorliegenden Arbeit zu beantworten. Daher wird in diesem Kapitel untersucht, inwiefern funktionale Ansätze, und hier spezifisch der konzeptorientierte Ansatz, dies vermögen.

Im Folgenden wird in 2.3.1 auf die theoretischen Grundlagen funktionaler Ansätze eingegangen. Es werden zunächst deren Grundprinzipien dargestellt. Da zahlreiche zum Teil stark voneinander abweichende Ansätze dieser linguistischen Sprachtheorie und -beschreibung existieren, erfolgt ferner eine Vorstellung solcher in Auswahl. Im Anschluss daran wird in 2.3.2 der konzeptorientierte Ansatz nach von Stutterheim & Klein erläutert und von zuvor vorgestellten funktionalen Ansätzen abgegrenzt, da so dessen Spezifika besser herausgearbeitet werden können. Es handelt sich dabei um einen bisher vornehmlich im Kontext der Zweitspracherwerbsforschung verwendeten funktionalen Analyse-Ansatz, der davon ausgeht, dass Konzepte wie z.B. Modalität und Zeitlichkeit übersprachlich existieren, die konkreten Mittel zur Versprachlichung dieser jedoch von Sprache zu Sprache variieren. Daran schließt sich in 2.3.3 die Darstellung und Diskussion ausgewählter Forschungsarbeiten, die dem konzeptorientierten Ansatz folgen, an. Ziel ist es, Gemeinsamkeiten konzeptorientierter Forschungsarbeiten herauszuarbeiten, um diesen Ansatz weiter zu charakteri-

sieren bzw. zu spezifizieren. In Teilkapitel 2.3.4 wird die Passung des konzeptorientierten Ansatzes für das Erkenntnisinteresse der Arbeit diskutiert. Da angenommen wird, dass ein konzeptorientiertes Vorgehen geeignet ist für die
Untersuchung der Forschungsfragen, erfolgt in 2.3.5 die konkrete Modellierung
des Konzeptes Bewegung. Als wesentlich für dieses Konzept erweisen sich der
Raum als Rahmen für Bewegung sowie Bewegung bzw. Lokalisierung als Kern
von Bewegungsereignissen. Auf diese Aspekte wird in 2.3.5.1 und 2.3.5.2 eingegangen. Erkenntnisse zur Enkodierung von Bewegung im Deutschen werden
daran anschließend in 2.3.5.3 vorgestellt und diese um heuristische Überlegungen zum Bewegungskonzept ergänzt. In 2.3.5.4 wird als Ergebnis der Auseinan-
dersetzungen ein theoretisches Modell zur Analyse von Bewegungsereignissen
erarbeitet, das in der vorliegenden Arbeit auf empirische Sprachdaten angewendet werden soll. In 2.3.6 schließlich werden wesentliche Inhalte und Erkenntnisse des vorliegenden Kapitels zusammengefasst.

2.3.1 Grundlagen funktionaler Ansätze zur Analyse von Sprache

Es handelt sich bei funktionalen Ansätzen um eine Reihe komplexer und voneinander abweichender Ansätze linguistischer Sprachtheorie und -beschreibung
(Butler 2006: 703), deren Ursprünge in der Regel auf Arbeiten von Bühler und
der Prager Schule zurückgeführt werden (Schlobinski 2003: 126). Allerdings
wurden funktionale Analysen erst Mitte der 1970er Jahre gebräuchlich bzw.
üblich und auch als funktional bezeichnet (Thompson 2003: 53). Sie wenden
sich in der Regel gegen strukturalistische Ansätze. Diese fokussieren die Analyse sprachlicher Formen und deren Verknüpfung untereinander (Schlobinski
2003: 125).[49] Kritisiert wird daran, dass eine solche Vorgehensweise lediglich
„relationale Systeme von Sprachelementen, nicht aber kommunikative Handlungen" (Kanngießer 1977: 189, zitiert nach Schlobinski 2003: 126) erklären
könne. Im Gegensatz dazu ist die Grundidee aller funktionalen Ansätze, dass
Struktur und Funktion von Sprache sich gegenseitig bedingen bzw. voneinander abhängen: strukturelle Aspekte von Sprache wie Phonologie und Syntax
sind begründet und beschränkt durch funktionale (kommunikative) Anliegen
(Englebretson 2011: 327). Des Weiteren steht die Herausarbeitung der Eigenschaften von funktionalen Ansätzen im Vordergrund, da deren Spezifika zur
Bearbeitung des vorliegenden Erkenntnisinteresses besonders gewinnbringend

---

49 Für weitergehende Ausführungen zum Strukturalismus vgl. z.B. Schlobinski (2003).

sind. Dies bedeutet nicht, dass strukturalistischen Ansätzen keine Bedeutung zugeschrieben würde. Mit Schlobinski ist für eine Berücksichtigung von strukturellen und funktionalen Aspekten bei der Sprachbeschreibung zu plädieren, „[...] damit weder die Form zum Meister der Funktion noch die Funktion zum Meister der Form wird." (Schlobinski 2003: 127).

Funktionale Ansätze folgen gemäß Butler (2006: 696f.) drei grundlegenden Prinzipien:

1. Kommunikation ist eine Hauptfunktion von Sprache und gestaltet deren Form.
2. Externe Faktoren erklären wesentlich linguistische Phänomene.
3. Syntax ist nicht unabhängig von Semantik und Pragmatik.

Diese drei Grundprinzipien sind noch zu kommentieren. Das erste Grundprinzip hebt in den Vordergrund sprachwissenschaftlicher Überlegungen, dass Sprache kognitive und soziale Funktionen erfüllt, die eine zentrale Rolle für die Bestimmung sprachlicher Strukturen und Systeme, für die Grammatik[50] einer Sprache, spielen (Thompson 2003: 53). Sprache passt sich demnach kommunikativen Anforderungen an und nicht umgekehrt. Diese Auffassung steht folglich im Gegensatz zur Annahme einer Universalgrammatik[51] im Sinne von Chomsky (vgl. z.B. Chomsky & Lasnik 1977). Zweitens lassen sich linguistische Phänomene durch externe Faktoren erklären. Wesentlich sind insbesondere biologische Aspekte, wie die menschliche Kognition und die Funktionsweise von Sprachverarbeitungsmechanismen auf der einen Seite und soziokulturelle Kontexte, in welche Kommunikation eingebunden ist, auf der anderen Seite (Butler 2006: 697). Sprache wird demzufolge maßgeblich durch ihre Benutzung und Benutzer geformt bzw. beeinflusst (Englebretson 2011: 327, Butler 2006: 697). Dem dritten Grundprinzip entspricht, dass (Morpho-)Syntax mit Semantik und Pragmatik auf das Engste verwoben ist. Sie existiert nicht autonom von den Bedeutungen, welche durch sie ausgedrückt werden (Butler 2006: 698). Damit wenden sich funktionale Ansätze gegen formalistisch-strukturalistische, welche annehmen,

---

50 Unter Grammatik wird hier die „formale Verfasstheit" (Barkowski 2010: 106) von Sprache(n) verstanden. Neben dieser Bedeutung dient der Terminus auch als Bezeichnung wissenschaftlicher Modelle der Analyse und Beschreibung von Sprache(n) sowie für Nachschlagewerke (Barkowski 2010: 106).

51 Chomsky vertrat die Annahme, dass Menschen über eine angeborene Fähigkeit verfügen, Sprachen zu erwerben. Die so genannte Universalgrammatik (UG) als „Vorspezifizierung des menschlichen Gehirns" mache Spracherwerb erst möglich (Fritz 2010: 347).

dass die (Morpho-)Syntax ein System darstellt, welches unabhängig von Bedeutung beschrieben und erklärt werden kann (Butler 2006: 689).

Zusammenfassend lässt sich der Kern funktionaler Ansätze folgendermaßen beschreiben: Sprachliche Mittel und Systeme in Form von Grammatik bzw. (Morpho-)Syntax sind nicht grundlegend gegeben, sondern haben sich entwickelt und entwickeln sich ständig weiter als Ergebnis kognitiver, kommunikativer, ökologischer und sozialer An- und Herausforderungen (Englebretson 2011: 327). Butler formuliert dies wie folgt:

> Summing up the basic characteristics of functionalist theories, we may say that the core of the functionalist position is that language systems and their components are so inextricably linked with the social, cognitive, and historical contexts of language use, and with the meanings that language is used to convey, that it is futile to attempt to describe and explain them except through reference to such factors.
>
> (Butler 2006: 698)

Entscheidend ist, wie auch das Zitat von Butler herausstellt, der Sprachgebrauch. Sprecher schaffen durch Sprachnutzung syntaktische, pragmatische u.a. Tatsachen. Sprache existiert und funktioniert nicht ohne Sprachverwendung.

Die soeben beschriebenen Grundprinzipien bedingen, dass Sprache nur unter Berücksichtigung kognitiver, kommunikativer, ökologischer und sozialer Faktoren beschrieben und erklärt werden kann. Dies schließt die Berücksichtigung der KommunikationsteilnehmerInnen sowie der Kommunikationssituation selbst mit ein (Butler 2006: 697). Forschung in diesem Rahmen zielt demnach darauf, die Beziehung von Form und Funktion zu klären sowie die Natur der Funktionen, welche grammatische Strukturen beeinflussen, zu bestimmen (Thompson 2003: 53).

Butler (2006: 698f.) führt weitere Eigenschaften an, die im Unterschied zu den soeben vorgestellten Grundprinzipien wesentlich in Stärke und Ausprägung über die unterschiedlichen funktional orientierten Ansätze und Theorien hinweg variieren:

1. Mehr als Kerngrammatik: Funktionale Ansätze begrenzen sich nicht auf eine Kerngrammatik[52]. Dies wird an Chomskys Sprachbeschreibung kriti-

---

52 „We will assume that UG is not an „undifferentiated" system [...]. Specifically, there is a theory of core grammar with highly restricted options, limited expressive power, and a few parameters [...] An actual language is determined by fixing the parameters of core grammar and then adding rules or conditions [...]." (Chomsky & Lasnik 1977, 430). Die Kerngrammatik

siert. Vielmehr (sollten) funktionale Ansätze versuchen, die ganze Komplexität von Sprache(n) und deren Nutzung zu untersuchen.

2. Authentische Sprachdaten: Die Hauptquelle für die Untersuchung von Sprache sind authentische Sprachdaten. Dies ergibt sich daraus, dass Bühler zufolge die Sprachwissenschaft eine Erfahrungswissenschaft ist, die auf Beobachtungen beruht (Schlobinski 2003: 127). Damit ist dieser Ansatz stärker empirisch orientiert als z.b. der Strukturalismus[53].

3. Berücksichtigung der Flexibilität im Sprachgebrauch: Die Flexibilität von Bedeutung und Struktur im Sprachgebrauch wird (an-)erkannt und modelliert. So hat der kommunikative Kontext einen entscheidenden Einfluss auf das Was und Wie des Gesagten; diesem und seinen Anforderungen passen sich Sprecher flexibel an.

4. Diskursgrammatik: Eine funktionale Theorie beinhaltet neben einer Satzgrammatik auch eine Diskursgrammatik und ein Modell der Interaktion von Satz- und Diskursgrammatik.

5. Typologische Orientierung: Funktionale Ansätze interessieren sich für Sprache als Ganzes und folgen einer typologischen Orientierung, die Gemeinsamkeiten und Unterschiede zwischen Sprachen unter funktionalen Gesichtspunkten untersucht. Das bedeutet, dass versucht wird, Systeme zur Klassifizierung von Sprachen zu erarbeiten.[54]

6. Konstruktivistischer[55] Spracherwerbsansatz: Funktionale Ansätze vertreten einen konstruktivistischen Spracherwerbsansatz, der davon ausgeht, dass

---

beinhaltet demzufolge restringierte Optionen, begrenzte expressive Möglichkeiten und wenige Parameter.

53 Der Strukturalismus stellt eine Richtung der Sprachwissenschaft dar, die auf Struktur, System und Relation zielt. So geht er über Untersuchung des einzelnen Wortes hinaus und fokussiert vielmehr Syntax sowie eine synchrone Sprachbeschreibung. Als Hauptvertreter gilt Ferdinand de Saussure (Welke 2010: 321f.).

54 „Since crucial motivating factors such as the human biological endowment and the overall requirements of communication are universal, we may expect that they will be reflected in linguistic universals, although it is also important to realize that because competition among motivations can be resolved in many ways, and because there are considerable differences in the sociocultural conditions under which languages are used, there are also pressures leading to diversity among languages. These concerns are manifested in the interest shown by most functionalists in linguistic typology. " (Butler 2006: 699)

55 Der Konstruktivismus geht davon aus, dass Lernen selbstgesteuert ist (Biechele 2010b: 166): „Die Vorgänge in der Welt bilden sich nicht direkt im Gehirn ab, sondern bewirken Erregungen in den Sinnesorganen, die zur Grundlage von Konstruktionsprozessen unterschiedlicher Komplexität und Beeinflussung durch Lernprozesse werden, an deren Ende unsere bewussten Wahrnehmungsinhalte stehen." (Roth 2003: 84, zitiert nach Biechele 2010b: 166)

Kinder in ihrer sprachlichen Umgebung über ausreichend Informationen verfügen, um mit Hilfe von generellen kognitiven Faktoren und Lernkapazitäten eine Grammatik zu konstruieren. Angeboren sind generelle kognitive Prinzipien und Anlagen bzw. Prädispositionen des Lernens, nicht aber konkrete linguistische Regeln und Prinzipien.

Die soeben vorgestellten Grundprinzipien charakterisieren die funktionale Perspektive näher, wobei sich insbesondere die Punkte 4. bis 7. aus der Fokussierung auf Sprachverwendung ableiten lassen und es erst deren Berücksichtigung ermöglicht, den Ansprüchen funktionaler Sprachbeschreibung gerecht zu werden. Zum Teil wäre jedoch nach der konkreten Umsetzung zu fragen und deren Absolutheit zu diskutieren.

Wie bereits erwähnt, existiert eine Reihe von zum Teil sehr unterschiedlichen funktionalen Ansätzen, Modellen und Theorien. Da im Fokus vorliegender Arbeit der konzeptorientierte Ansatz wesentlicher Gegenstand der theoretischen Überlegungen ist, soll an dieser Stelle auf ausgewählte Ansätze, dies in gegebener Kürze, eingegangen werden. Ziel ist hierbei deren Charakterisierung und Abgrenzung voneinander auf der Grundlage von Butlers Ausführungen. Dies ermöglicht eine eingehendere Spezifizierung des konzeptorientierten Ansatzes (vgl. 2.3.2). Tabelle 6 gibt einen Überblick über die unterschiedlichen Schwerpunkt-setzungen ausgewählter Ansätze, wie sie Butler (2006: 699ff.) beschreibt. Die Übersicht orientiert sich dabei an den vorgestellten Eigenschaften 4. bis 9. und zeigt, wie stark einzelne Charakteristika im jeweiligen Ansatz bedacht bzw. bearbeitet werden. Berücksichtigt werden die Functional Grammar nach Dik, die Role and Reference Grammar nach Foley und Van Vanlin, der West Coast Functionalism nach Givòn, die Systemic Functional Grammar nach Halliday und Usage-Based-Functionalist Models.

Wahrgenommen wird demnach nicht die akkurate Abbildung der Außenwelt, sondern eine individuelle und konstruierte Wirklichkeit, die funktional ist (Biechele 2010b: 166).

Tab. 6: Übersicht über funktionale Ansätze (nach Butler 2006: 699ff.; eigene Darstellung)

Ansatz	Haupt-vertreter	4. Mehr als Kern-grammatk	5. Authentische Sprachdaten	6. Berücksichtigung Flexibilität im Sprach-gebrauch	7. Diskursgrammatik	8. Typologische Orientierung	9. Konstruktivistisch-er Spracherwerbsan-satz
Functional Grammar	Dik	++	+	-	- akt.: +	++	+
Role and Reference Grammar	Foley, Van Vanlin	+	-	-	-	++	+
West Coast Func-tionalism[56]	Givòn	/	++	++	/	++	+
Systemic Func-tional Grammar	Halliday (roots: Firth)	/	/	/	/	- akt.: +	++
Usage-Based-Func-tionalist Models	z.B. Hop-per[57]	++	++	+	+	++	+

Hinweise: die Berücksichtigung ist ++ stark ausgeprägt, + ausgeprägt – gering ausgeprägt – gar nicht ausgeprägt; / steht für keine Angaben; akt. steht für aktuell

Es zeigt sich, dass alle Ansätze einem konstruktivistischen Spracherwerbsan-satz folgen. Aus dem zur Verfügung stehenden Input und auf Basis genereller kognitiver Prinzipien und Anlagen erschließen Sprachlerner demzufolge kon-krete linguistische Regeln und Prinzipien. Sprachlernen ist folglich nicht ledig-lich ein Wiederholen und Lernen am Modell im Sinne des Behaviorismus[58],

---

56 Es handelt sich um eine ganze Reihe von individuellen Ansätzen; die Arbeit von Givòn stellt dabei ein Beispiel dar (Butler 2006: 702).
57 Es handelt sich bei den Usage-Based-Functionalist Models um eine Gruppe von Modellen. Hoppers Strang nennt sich ‚Emergent Grammar' und vertritt eine sehr radikale funktionale Position (Butler 2006: 702f.).
58 Beim Behaviorismus handelt es sich um eine Lerntheorie, deren Grundannahme ist, „[...] dass Lernen eine Verhaltensänderung darstellt, die durch einen Reiz ausgelöst wird; dabei wird nicht ausgeschlossen, dass auch das Bewusstsein des lernenden Subjekts von Bedeutung sein kann, aber es spielt nur eine untergeordnete Rolle." (Königs 2010: 25). Menschliches Ler-nen kann demnach gefördert werden, indem Lerner möglichst häufig entsprechende Reize erhalten, um die gewünschte Verhaltensänderung auszulösen und auf Dauer zu auto-matisieren (Königs 2010: 25).

sondern ein aktiver Prozess der Konstruktion, der wesentlich von LernerInnen selbst und deren Voraussetzungen bestimmt wird. Alle drei Ansätze, zu denen diesbezüglich Informationen vorliegen, berücksichtigen in ihren Untersuchungen und Darstellungen mehr als nur die Kerngrammatik. Auch weisen fast alle eine stark typologische Orientierung auf. Sie versuchen folglich Sprachen systematisch zu beschreiben und miteinander auf Basis funktionaler Klassifizierungen zu vergleichen. Ferner zeigt sich, dass authentische Sprachdaten in drei von vier Ansätzen berücksichtigt werden. Im Rahmen der Role and Reference Grammar werden diese hingegen kaum berücksichtigt; jedoch besteht auch hier zumindest dieser Anspruch. Dies ergibt sich aus der Tatsache, dass sich die Verwendung authentischer Sprachdaten ganz grundlegend aus den oben dargestellten drei Grundprinzipien ableiten lässt. Im Hinblick auf die Berücksichtigung der Flexibilität im Sprachgebrauch besteht eine größere Varianz zwischen den Ansätzen als bei den anderen Merkmalen. Diese Übersicht soll an der Stelle ausreichend sein, da es wesentlich um eine Charakterisierung funktionaler Ansätze im Allgemeinen geht.

Gegenstand der vorliegenden Arbeit ist die Untersuchung der Interaktion von (Fach-)Inhalt und Sprache. Eine solche Untersuchung ist nur dann sinnvoll, wenn davon ausgegangen wird, dass Inhalt und Sprache nicht losgelöst voneinander existieren, sondern einander bedingen. Genau diesem Anspruch werden funktionale Ansätze gerecht. Zudem ermöglichen bzw. vielmehr fordern sie eine Berücksichtigung von SprachbenutzerInnen und Kommunikationssituationen bei Analysen. Für das hier vorgestellte Vorhaben bedeutet dies die angestrebte Berücksichtigung der KommunikationspartnerInnen (LehrerInnen vs. SchülerInnen) und des Mediums (schriftlicher Input vs. mündliche Unterrichtskommunikation).

2.3.2 Der konzeptorientierte Ansatz

Nachfolgend wird der konzeptorientierte Ansatz vorgestellt, entsprechend der in 2.3.1 dargestellten Grundprinzipien charakterisiert und von weiteren ähnlichen Ansätzen abgegrenzt. Dabei ist insbesondere zu klären, was unter ‚Konzept' zu verstehen ist.

Von Stutterheim & Klein (1987: 194) gehen davon aus, dass jeder Äußerung das Ausdrücken diverser Konzepte, etwa Temporalität, Modalität und Lokalität, inhärent ist. Um angemessene Äußerungen zu produzieren, muss ein Sprecher über diese Konzepte verfügen sowie auch über Mittel, um diese Konzepte aus-

zudrücken – diese Mittel werden in der Sprache (oder Lernersprache[59]) des Individuums ausgedrückt:

> The basic idea behind what we have in mind is roughly as follows: Every utterance, no
> matter what communicative purpose it fills, involves the expression of various concepts
> such as temporality, modality, and locality. It seems clear that in order to produce an ap-
> propriate utterance, a speaker must somehow "have" these concepts: he may have ac-
> quired them, or they may be innate. In addition he also must have some specific conven-
> tionalized means of expressing them; these are provided by individual's language or else
> by the learner variety.
>
> (von Stutterheim & Klein 1987: 194)

Beim Lernen einer zweiten Sprache müssen in der Regel nicht die Konzepte
erworben werden, dafür aber die (sprachlichen) Mittel, um diese auszudrücken
(von Stutterheim & Klein 1987: 194). Konzepte existieren in diesem Sinne übersprachlich und stellen Universalien dar. Temporalität, also das Ausdrücken von
Zeitlichkeit z.B. im Sinne von Vergangenheit, Gegenwart und Zukunft stellt
demzufolge ein Konzept dar. In der konkret-sprachlichen Enkodierung, etwa
von Vergangenheit, können Sprachen Unterschiede – aber auch Gemeinsamkeiten – aufweisen.

Als stark vereinfachtes Beispiel kann das Präteritum regelmäßiger Verben
im Deutschen dienen, das Fakten und Handlungen in der Vergangenheit aus-
drückt und in Erzählungen und Berichten verwendet wird.[60] Auch das Dänische
und das Englische verfügen über die Vergangenheitsform des Präteritums;
wenngleich nicht mit vollständig deckungsgleicher Semantik und Verwendung,
deren formale Bildung jedoch spezifisch für diese Sprachen von ZweitsprachlernerInnen, die in der Erstsprache die Enkodierung des Temporalitätskonzep-
tes erworben haben, gelernt werden müssen. Folglich stehen sie vor der Aufga-

---

59 Als Lernersprache wird eine Sprachvarietät von Lernenden zu einem bestimmten Zeitpunkt
in ihrem Sprachlern- bzw. -erwerbsprozess bezeichnet, die eine eigenständige und kreative
Struktur darstellt (Boeckmann 2010a: 192). Alternativ sind in der Literatur auch die Begriffe
Interlanguage, Lernervarietät, Interrimsprache u.a. zu finden.
60 Es sei an dieser Stelle angemerkt, dass es sich um eine starke Vereinfachung in der Darstellung handelt. Auch das Perfekt findet z.B. in schriftlichen Berichten Verwendung. Im Deutschen vermengen sich Zeit und Aspekt in den Tempusformen. Das Perfekt ist eine Vergangenheitsform, die in der Regel für die Versprachlichung von Abgeschlossenem verwendet wird,
das Präteritum hingegen für (noch) nicht Abgeschlossenes. Hinzu kommen Unterschiede in der
gesprochenen und geschriebenen Sprache. Im Mündlichen wird z.B. häufig das Perfekt für
Erzählungen verwendet (vgl. von Stutterheim 1997).

be, die Möglichkeiten und Grenzen der Enkodierung in der Zweitsprache zu erschließen und sich anzueignen.

1. Deutsch Präteritum:*Ich kletterte (auf einen Baum).*; Wortstamm + -te bei regelmäßigen Verben
2. Dänisch Datid: Jeg klatre_de_ (på et træ).; Wortstamm + -ede oder -te bei regelmäßigen Verben
3. Englisch Simple past: I climb_ed_ (a tree).; Wortstamm + -ed

Ferner (vgl. von Stutterheim 1986: 23f., leicht verändert) könnten in einer Sprache L_1 Tempusformen für drei unterschiedliche Vergangenheitsstufen existieren: unmittelbar vor t_0, zeitlich einen Monat vor t_0, und zeitlich weit vor t_0. In einer weiteren Sprache L_2 könnten zudem weitere Abstufungen wie eine Woche vor t_0 existieren, während eine dritte Sprache L_3 lediglich eine Vergangenheit vor t_0 kennt. Ein Sprecher von L_3 könnte die Abstufungen in Sprache L_2 wohl nachvollziehen. Denkbar wäre aber, dass er ihnen weniger Bedeutung beimessen wird und sie in Verarbeitung und Produktion nur in besonders markierten Fällen eine Rolle spielen werden. Umgekehrt wird ein Sprecher von L_2 mit hoher Wahrscheinlichkeit nach Ausdrucksmitteln für die ihm bekannten Kategorien in L_3 suchen.

Damit unterscheidet sich der Konzeptbegriff von von Stutterheim & Klein maßgeblich vom Schemata- bzw. Skriptbegriff. Hierbei handelt es sich um „[...] einfache grundlegende Konzepte, die das Wahrnehmen der uns umgebenden physischen (und metaphorisch dann auch sozialen) Welt strukturieren." (Johnson 1987: 3). Schemata repräsentieren einen Realitätsbereich prototypisch, wobei sie Resultat früherer Verarbeitungsprozesse sind (Biechele 2010a: 283). Das Script stellt eine „formalisierte Beschreibung einer alltäglichen Situation/Handlung" dar (Lutjeharms 2010: 287). Scripts stellen – im Vergleich zum Schema – eine wesentlich detailliertere und ausgearbeitete Modellierung einer Handlungssequenz dar, im Rahmen derer Alternativen als Kausalkette antizipiert werden (Lutjeharms 2010: 287). Ein Beispiel für ein Schema wäre ein Theaterbesuch. Teil dieses Schemas ist der Ticketkauf, z.B. von Theaterkarten an der Theke der Touristen-Information. Der Ticketkauf ist damit verbunden, dass man zunächst mitteilt, wofür man wie viele Tickets möchte. Im Austausch gegen Geld bzw. Kreditkarte kann man diese käuflich erwerben. Das Skript-Wissen über den Verlauf dieser Handlung erleichtert maßgeblich das erfolgreiche Handeln, in diesem Fall den Kauf der gewünschten Tickets. Im Unterschied zum Konzeptbegriff nach von Stutterheim & Klein aber ist der Theaterbesuch als Schema nicht notwendigerweise übersprachlich vorhanden. Voraussetzung dafür ist, dass in der jeweiligen Kultur Theater, Touristen-Informationen etc. existieren und damit verbundene Handlungsabläufe prinzipiell ähnlich sind.

Es gibt eine Reihe von weiteren Ansätzen, die Ähnlichkeiten zum konzeptorientierten Ansatz aufweisen; so z.B. die funktionale Näherungsweise zur Analyse von Fachtexten, die allerdings auch wesentlich auf der funktionalen Grammatik nach Halliday (vgl. 2.3.1) basiert, wobei der Unterschied zum konzeptorientierten Ansatz vornehmlich in der Wahl des Untersuchungsgegenstands liegt:

> Die funktionale Näherungsweise versucht, das Zusammenwirken der sprachlichen Mittel der verschiedenen Ebenen des Sprachsystems in konkreten kommunikativen Zusammenhängen bzw. deren gegenseitige Bedingtheit unter dem Aspekt der intendierten kommunikativen Leistung in Fachtexten zu erfassen. Die Korrelation der beiden Faktoren wird dabei als das entscheidende Kriterium für die Textgliederung angesehen.
>
> (Baumann 1998a: 410)

Von Interesse ist schließlich auch Lakoffs Kategorienbegriff (Lakoff 1987). Demnach sind Kategorien nicht „objektiv" in der Welt, sondern sind abhängig von der menschlichen Wahrnehmung, motorischen Fähigkeiten u.a. Und zumindest einige sind gewissermaßen Ergebnisse körperlicher Erfahrungen bzw. „verkörpert" – so zum Beispiel die menschliche Farbwahrnehmung und -kategorisierung (Lakoff 1987: 12ff.). Diese Auffassung entspricht auch wesentlich dem 2. Grundprinzip funktionaler Ansätze (vgl. 2.3.1). Ausgehend von Roschs Prototypentheorie vertritt Lakoff zudem die Auffassung, dass es für Kategorien, auch linguistische, gute und weniger gute Beispiele gibt (Lakoff 1987: 12ff.). Bezogen auf den konzeptorientierten Ansatz würde dies bedeuten, dass bestimmte Konzepte in Abhängigkeit von Sprecher und Kommunikationssituation in prototypischer Weise ausgedrückt werden – auch wenn prinzipiell andere Realisierungsmöglichkeiten zur Verfügung stehen. In diesem Sinne wäre auch formelhafte Sprache[61], z.B. Funktionsverbgefüge zu interpretieren. Es stellt sich die Frage, ob man auch für die Versprachlichung von Bewegung gewissermaßen von prototypischen Äußerungen sprechen kann. Es würde demnach auch gute und weniger gute Beispiele für die Versprachlichung von Bewegung geben.

Aus den obigen Ausführungen ergibt sich, dass der Erforschung des Zweitspracherwerbs im konzeptorientierten Ansatz die Annahme zugrunde liegt, dass die Konzepte in allen Sprachen – zumindest auf einer generellen Ebene – ähnlich sind. Beim Lernen einer weiteren Sprache nutzten LernerInnen die Mittel, die ihnen – ggf. auch aus dem Erstspracherwerb – zur Verfügung stehen

---

61 Vgl. für eingehende Ausführungen Winzer-Kiontke (2016).

(von Stutterheim & Klein 1987: 194). Von Stutterheim & Klein (1987: 195) interessieren sich insbesondere dafür, welche Auswirkungen bzw. Effekte erstens die konzeptuelle Struktur mit ihren diversen Komponenten sowie zweitens die Enkodierung dieser Strukturen in zwei Sprachen auf die Organisation und Entwicklung von Lernersprachen haben.

Untersucht man etwa Temporalität/Zeit, dann ist für den konzeptorientierten Ansatz spezifisch, dass nicht fokussiert wird, wie Zeitmorphologie sich entwickelt, sondern wie Zeitlichkeit ausgedrückt wird durch eine bestimmte Kombination von linguistischen Mitteln (von Stutterheim & Carroll 2013: 110f.) Der konzeptorientierte Ansatz ist dabei weder an eine spezifische Erwerbstheorie gebunden, noch stellt er selbst ein Erwerbsmodell dar (Bardovi-Harlig 2007: 60; Becker 2012: 28). Den Ursprung konzeptorientierter Analysen sehen von Stutterheim und Carroll (2013: 111) in frühen Arbeiten zum Zweitspracherwerb von Migrantinnen und Migranten in Europa (vgl. z.B. Perdue 1984).

Die Notwendigkeit der Berücksichtigung konzeptueller Kategorien machen von Stutterheim und Klein (1987: 192f.; vgl. auch von Stutterheim 1984: 37f.) u.a. an folgendem Beispiel fest: Ein Lerner mit Deutsch als Zweitsprache verwendet das Suffix -te zur Markierung von Vergangenheit bei regelmäßigen Verben systematisch. Eine form-orientierte Analyse würde zu dem Schluss kommen, dass der Proband die Vergangenheitsform Präteritum im Deutschen erworben hat. Eine funktionale Analyse zeigt aber, dass diese Endung nicht zur Enkodierung von Vergangenheit verwendet wurde, da sie sich in 70% der Fälle auf die Gegenwart bezog. Demnach können rein form-orientierte Ansätze eine Reihe von Phänomenen nicht erklären:

> A structural analysis will overlook or cannot cope with the majority of those cases where learners have built up a system of their own by using L2 structures with meaning or function other than those of the L2.
>
> (von Stutterheim & Klein 1987: 193)

Damit folgt die Argumentation von von Stutterheim und Klein wesentlich der klassischen Kritik funktionaler Ansätze an struktur- bzw. formbezogenen Ansätzen (vgl. 2.3.1). Der konzeptorientierte Ansatz kann im Gegensatz dazu von Stutterheim (1986: 21) zufolge der Lernersprache als einem System interagierender Ausdrucksformen gerecht werden. Nachdem die Grundannahmen des konzeptorientierten Ansatzes nun dargestellt worden sind, ist auf dessen konkrete Umsetzung einzugehen.

Die Anwendung des konzeptorientierten Ansatzes erfolgt in zwei Stufen. An erster Stelle steht die Analyse und Modellierung eines Konzepts. Auf dieser Basis erfolgt die Analyse für bestimmte Sprachen. Sie können dann beschrieben werden im Hinblick auf die spezifischen Mittel, die zur Enkodierung diverser Kategorien eines Konzepts in einem bestimmten Kontext verwendet werden (von Stutterheim & Klein 1987: 194). Bezogen auf die Markierung spezifischer Eigenschaften gehen von Stutterheim & Klein (1987: 195) von drei Optionen aus:

- Optionale vs. obligatorische Markierung in einer bestimmten Äußerung
- Implizite vs. explizite Markierung; implizit z.b. über Prinzipien kontextueller Inferenz
- Die Wahl spezifischer sprachlicher Hilfsmittel, z.B. Wortstammänderungen und Adverbiale

Erst- wie auch Zweitsprache beschränken diese Optionen bezogen auf ein Konzept in spezifischer Weise. Entscheidend sind nicht nur die spezifischen Formen, welche zur Enkodierung genutzt werden, sondern auch die Gewichtung diverser Konzept-Komponenten. Denkbar ist, dass eine Komponente, z.b. Zukunftsreferenz, in Erst- und Zweitsprache vorkommt, ihr in beiden Sprachen aber eine unterschiedliche Rolle zukommt:

> The particular language acts as a filter which foregrounds some features, for example, by expressing them regularly by a grammatical morpheme, whereas other features are treated as less important and marked selectively by lexical means, if the speaker feels the need to do so.
>
> (von Stutterheim & Klein 1987: 195)

Die Untersuchungen von von Stutterheim zeigen, dass die konkrete Wahl der Enkodierung von unterschiedlichsten Faktoren wie dem Sprachkompetenzniveau, den Äußerungsabsichten u.a. abhängt (von Stutterheim 1984: 1986).

Talmy[62] (2000a, 2000b) verschreibt sich nicht explizit einer konzeptorientierten Vorgehensweise, jedoch einer funktionalen. Er hat im Rahmen

---

62 Grundlegend geht Talmy davon aus, dass Sprache aus zwei Subsystemen besteht, die gemeinsam kognitive Repräsentationen produzieren. Er unterscheidet hierbei das „open-class lexical system", welches den konzeptuellen Inhalt bereitstellt und das „closed-class grammatical system", welches zur konzeptuellen Struktur beiträgt (O'Connor 2006: 1126f.). Auf der Makroebene können im Rahmen eines Satzes, eines Paragraphen oder eines ganzen Diskurses konzeptuelle Inhalte jeglicher Art mitgeteilt werden. Die vornehmliche Ressource hierfür sind lexikalische Elemente, in der Regel in Form von Nomen, Verben und Adjektiven (Talmy 2000a: 178). Zu einer zweiten, strukturell feineren, Ebene gehören „grammatische" Formen, welche ausschließlich bestimmte Kategorien wie Raum und Zeit repräsentieren. Diese können nur begrenzte Aspekte dieser konzeptuellen Domänen ausdrücken (Talmy 2000a: 178f.). Talmy setzt sich hier vornehmlich mit den Präpositionen im Englischen auseinander. Dies wird in 2.3.5 mit Blick auf das Konzept Bewegung eingehender untersucht.

seiner Arbeit im Bereich der kognitiven Semantik einen Zugang zu Linguistik gewählt, der das Ziel verfolgt, linguistische Repräsentationen von konzeptuellen Strukturen zu beschreiben (O'Connor 2006: 1126). So ähnelt denn auch die Darstellung seines Ansatzes (2000b: 22) der Herangehensweise von von Stutterheim & Klein (1987). Da die methodischen Hinweise relevant und für das konzeptorientierte Vorgehen passend sind, werden sie an dieser Stelle angeführt. Talmy (2000b: 22) unterscheidet für die Analyse zwei Möglichkeiten bzw. Richtungen: Erstens besteht die Möglichkeit, eine bestimmte semantische Entität konstant zu halten und zu untersuchen, welche Varianten der Enkodierung auftreten (können). Ein Beispiel für eine solche Vorgehensweise ist zu untersuchen, wie Negation sprachlich enkodiert werden kann. Im Deutschen wäre dies z.B. mit folgenden Mitteln möglich:

– Negationswörter, z.B. nicht, kein bzw. feste Wendungen, die Negation ausdrücken, z.B. weder ... noch, ohne ... zu
– Präfixe und Suffixe, z.B. un-, -los
– Präpositionen, z.B. außer ... + Dativ
– Indefinitpronomen, z.B. niemand, nichts, nirgends

Zweitens kann – gewissermaßen in die andere Richtung – eine Enkodierungsvariante (Talmy geht hier von einer ausgewählten Oberflächeneinheit, z.B. dem Verb, und damit von einer etwas weiter gefassten Einheit als mit Enkodierungsvariante gemeint ist, aus) konstant gehalten und untersucht werden, welche unterschiedlichen semantischen Einheiten damit ausgedrückt werden (können). Talmy exemplifiziert dies an Verbstämmen und deren Möglichkeiten, Aspekte von Bewegung zu enkodieren (2000b: 25ff.).

Der konzeptorientierte Ansatz lässt sich exemplarisch am Beispiel des Konzeptes Zeit veranschaulichen: Von Stutterheim & Klein (1987: 194) zufolge ist es zwar strittig, ob tatsächlich ein basales Konzept von Zeit existiert, das allen Kulturen gemeinsam ist. Dennoch gehen sie davon aus, dass Sprecher der Sprachen Italienisch, Spanisch, Türkisch und Deutsch über ein ähnliches Konzept von Zeit verfügen – zumindest auf einer generellen Ebene (von Stutterheim & Klein 1987: 194). Zeit, analysiert im Hinblick auf eine interne sprachunabhängige Struktur, lässt sich mittels verschiedener Kategorien konzeptualisieren, z.B. Verortung auf einer Zeitachse, Abschluss einer Handlung und temporale Zusammenhänge vorher/nachher. Allerdings sind auch andere Wege der Systematisierung denkbar (von Stutterheim & Klein 1987: 194). Es stellt sich die Frage, wie temporale Referenzen enkodiert werden. Dies kann explizit mittels lexikalischer oder grammatischer Mittel erfolgen oder implizit mittels pragmatischer Mittel, wobei die zeitliche Komponente nicht offenkundig repräsentiert ist (von

Stutterheim & Klein 1987: 198). Ein pragmatisches Mittel stellen die Prinzipien zur Strukturierung von Diskursen (*discourse organization principles*, DOP) dar. Das Wichtigste ist das Prinzip der chronologischen Reihenfolge bzw. Ordnung. Für Zweitsprachenlerner spielt dieses Prinzip in Abhängigkeit ihrer Sprachkompetenzen eine unterschiedliche Rolle. Ein Sprachlerner, der Zeit noch nicht anders ausdrücken kann, da er z.b. noch nicht in der Lage ist, entsprechende Zukunfts-, Gegenwarts- und Vergangenheitsformen sowie relevante Konjunktionen und Adverbiale zu verwenden, ist gewissermaßen an das Prinzip der chronologischen Ordnung gebunden (von Stutterheim & Klein 1987: 198f.; vgl. auch Ausführungen in von Stutterheim 1984). Mit zunehmender Sprachkompetenz kann er davon abweichen bzw. darauf aufbauen. Wenn Lerner eine zeitliche Abfolge ausdrücken wollen, z.B. was sie im Laufe eines Vormittages unternommen haben, so stehen ihnen auf dem A1-Anfängerniveau meist Infinitive oder Präsensformen (markiert/unmarkiert, korrekt/falsch realisiert) sowie ggf. weitere Gliederungsmittel wie *(und) dann* zur Verfügung. Es kommt zu Konstruktionen wie: (1) *ich aufstehe, frühstücke, dann kurs, deutsch lerne.*[63] Hier wird Vergangenheit nicht mit Hilfe typischer sprachlicher Mittel wie z.B. Vergangenheitsformen für die Verben oder Temporalangaben wie *heute morgen*, ausgedrückt. Vielmehr folgt die Darstellung des Tagesablaufs der chronologischen Reihenfolge, so wie die Aktivitäten stattgefunden haben. Im Zuge des voranschreitenden Spracherwerbs kann Temporalität spezifischer und vielfältiger adressiert werden. Es treten das Präteritum von sein, die Vergangenheitsformen (in der Regel Perfekt) von Verben und vermehrt Temporaladverbien u. Ä. auf. Damit sind Formulierungen wie folgende möglich: (2) *vor deutschkurs ich war frühstücke.*[64] In (2) wird die eigentliche chronologische Reihenfolge – der Deutschkurs findet nicht vor dem Frühstück statt – umgekehrt. Dabei stehen ausreichend sprachliche Mittel zur Verfügung, um die eigentliche chronologische Ordnung zu versprachlichen (mittels *vor* und *war*).

Der Ansatz von von Stutterheim & Klein (1987) lässt sich der Darstellung der Eigenschaften funktionaler Ansätze von Butler (2006: 698f., vgl. auch Tabelle 6) entsprechend, wie in Tabelle 7 dargestellt, einschätzen. Auch im konzeptorientierten Ansatz findet sich ein Verständnis von Grammatik, das über die Kerngrammatik hinausgeht. Der Verwendung authentischer Sprachdaten kommt eine wichtige Rolle zu, da insbesondere mit Blick auf Lernersprachen theoretische Überlegungen nicht ausreichen und Kategorien wie richtig/falsch,

---

63 Es handelt sich um ein konstruiertes, aber durchaus realistisches Beispiel.
64 Es handelt sich um ein konstruiertes, aber durchaus realistisches Beispiel.

möglich/nicht möglich nur im Ansatz verwendbar sind. Grundlage für Analysen stellen dabei sowohl authentische und elizitierte Sprachdaten als auch Sprachdaten aus stärker experimentellen Kontexten dar (vgl. 2.3.3). Der Flexibilität im Sprachgebrauch wird der konzeptorientierte Ansatz u.a. durch eine Fokussierung auf den Prozess, nicht auf ein Produkt und damit auf die Dynamik und Flexibilität von Lernersprachen, gerecht. Ebenso stehen diskursgrammatische Aspekte für die Untersuchung von Zweitspracherwerb(sprozessen) im Vordergrund – nicht zuletzt auch, da der Zweitspracherwerb dadurch gekennzeichnet ist, dass Sprecher für sie bedeutsame kommunikative Aufgaben auf Grundstufenniveau mit unzureichenden Sprachkompetenzen bewältigen müssen (Ahrenholz 2010c). Eine Satzgrammatik kann dies nicht abbilden. Vielmehr geht von Stutterheim (1986: 1984) ausführlich auf Diskursorganisationsprinzipien ein.

Tab. 7: Funktionale Eigenschaften des konzeptorientierten Ansatzes; eigene Darstellung

Ansatz	Haupt-vertreter	4. Mehr als Kern-grammatk	5. Authentische Sprachdaten	6. Berücksichtigung Flexibilität im Sprachgebrauch	7. Diskursgrammatik	8. Typologische Orientierung	9. Konstrukti-vistischer Sprach-erwerbsansatz
konzeptorientier-ter Ansatz	von Stutter-heim & Klein	+	++	+	+	++	++

Hinweise: die Berücksichtigung ist ++ stark ausgeprägt, + ausgeprägt – gering ausgeprägt – gar nicht ausgeprägt

Da der konzeptorientierte Ansatz neben der Untersuchung individueller Lernersprachen desgleichen systematisch die Enkodierung übersprachlicher Konzepte in spezifischen Sprachen in den Blick nimmt und für verschiedene Sprachen diesbezüglich Gemeinsamkeiten und Unterschiede herausarbeiten will, handelt es sich ebenfalls um eine stark typologische Orientierung, die sprachkontrastiv angelegt ist. Aufgrund des Verständnisses von Lernen als Prozess, der maßgeblich vom Lerner und dessen Vorwissen geprägt ist, folgt auch der konzeptorientierte Ansatz einem konstruktivistischen Spracherwerbsansatz.

Der konzeptorientierte Ansatz lässt sich abschließend mit von Stutterheim wie folgt charakterisieren: „Er ist *funktional*, insofern sprachliche Formen als

Ausdruckssysteme bestimmter Inhalte verstanden werden und anhand konzeptueller Kategorien systematisiert werden. Er ist *pragmatisch*, insofern verschiedene Ausdrucksformen konzeptueller Kategorien in ihren Verwendungsweisen im Diskurs analysiert werden." (von Stutterheim 1986: 21; Hervorhebungen im Original, Anmerkung der Verfasserin).

2.3.3 Forschungsarbeiten auf Basis des konzeptorientierten Ansatzes

Hier interessieren Forschungsarbeiten, die auf Basis eines konzeptorientierten Ansatzes agieren. Ziel ist nicht eine vollständige Übersicht über den Forschungsstand zu geben, sondern eine eingehende Besprechung ausgewählter Untersuchungen zur Veranschaulichung des Ansatzes vorzunehmen. Im Anschluss werden Charakteristika konzeptorientierter Forschungsvorhaben herausgearbeitet und auf die vorliegende Arbeit bezogen.

Der konzeptorientierte Ansatz ist, wie bereits im vorherigen Teilkapitel ausgeführt, vor allem im Rahmen von Studien zum Spracherwerb verwendet worden. Dabei steht u.a. die Frage im Vordergrund, wie Zweitsprachenlerner vorgehen, um Bedeutung auszudrücken bzw. wie eine graduelle Entwicklung der Lernersprache stattfindet (Bardovi-Harlig 2007: 58; Becker 2012: 28f.). Der konzeptorientierte Ansatz ist hierbei, wie vorangehend erwähnt, weder an eine spezifische Erwerbstheorie gebunden, noch stellt er selbst ein Erwerbsmodell dar (Bardovi-Harlig 2007: 60; Becker 2012: 28). Er liefert vielmehr eine Orientierung für Forschungsfragen und Forschungsprozess in der Zweitspracherwerbsforschung. Außerdem soll die Gewinnung von Einsichten in Zweitspracherwerbsprozesse letzten Endes auch zu einer Theorie des Sprachenerwerbs beitragen und das Wissen über Sprache und Sprachverarbeitung im Allgemeinen bereichern (von Stutterheim & Carroll 2013: 111). Wesentliche Untersuchungsgegenstände stellen dabei die Domänen von Temporalität/Zeit, räumlichen Kategorien, Modalität, Kausalität, Besitz(-tum) und diskursfunktionaler Konzepte dar (von Stutterheim & Carroll 2013: 111): „Focus has been placed on the role of typological differences between the L1 and targeted L2 with regard to patterns of grammaticalization versus lexicalization in the domains of temporality and spatial cognition." (von Stutterheim & Carroll 2013: 111). Untersucht worden sind also Muster der Grammatikalisierung bzw. Lexikalisierung in den Domänen Temporalität/Zeit und räumliche Kognition.

Umfassendere Hinweise zu bzw. auf weitere Untersuchungen im Kontext der Zweitspracherwerbsforschung, die auf Basis des konzeptorientierten Ansatzes arbeiten, finden sich z.B. bei von Stutterheim & Carroll (2013), Bardovi-

Harlig (2007: 62) Becker (2012: 29f.) und Giacalone & Ramat (2000, 2003). Folgend wird exemplarisch eine Studie von von Stutterheim (1986, 1984) als quasi prototypische konzeptorientierte Untersuchung vorgestellt, bevor allgemeine Charakteristika von Untersuchungen in diesem Bereich dargestellt werden.

Von Stutterheim (1986, 1984) hat sich eingehend mit dem Konzept Temporalität und wie Ausdruck und Entwicklung in Lernersprachen erwachsener Zweitsprachenlernender auseinandergesetzt. Ausgangspunkt für ihre Untersuchungen war die Frage danach, wie Zweitsprachenlernende, die über ein ausgebildetes und durch die Muttersprache geprägtes Konzept von Temporalität verfügen (von Stutterheim 1986: 1), das Problem bewältigen, dieses Konzept in der Zweitsprache – jedoch mit begrenzten sprachlichen Mitteln – ausdrücken (von Stutterheim 1984: 31). Sie untersucht im Rahmen ihrer als Querschnittsstudie angelegten Dissertation die Lernersprachen von zehn Zweitsprachenlernenden (zwei Frauen, acht Männer) mit Türkisch als Erstsprache auf unterschiedlichen Sprachkompetenzstufen (von Stutterheim 1986: 153f.). Es wurden zu zwei Zeitpunkten so genannte bilinguale Interviews[65] mit den ProbandInnen geführt, ergänzt um quasi-experimentelle Elizitierungstechniken wie z.B. Übersetzungsaufgaben (Türkisch → Deutsch, Deutsch → Türkisch) (von Stutterheim 1986: 156ff.). Die Analyse der Sprachdaten erfolgte auf Basis zuvor theoretisch entwickelter Kategorien bezogen auf das Konzept der Temporalität. Dabei geht sie davon aus, dass für die zeitliche Einordnung eines Sachverhaltes Zeit bzw. Zeitpunkte sowie Bezugszeit zur Orientierung gegeben sein sowie zeitliche Relationen (Verhältnis von (Zeit-)Punkt und Bezugszeit) bestimmt werden müssen (von Stutterheim 1986: 82). Dies erfolgt mittels dreier Mittel (von Stutterheim 1984: 32f.)[66]:

1. Zeitadverbiale
2. Zeitsystem (Zeitformen)
3. Diskursprinzipien

---

65 „To elicit data for comparison between L2 output and "underlying" intentions a method was used which I call the "bilingual interview". The interview was held by a Turkish and a German researcher. This situation formed a quasi natural basis for the informant to make use of both languages. A context where bilingual communication is not an artefact of the experiments as it is in translation tasks – but is a requirement or possibility produced by the bilingual discourse situation provided authentic data which allow for comparison between intentions – formulated in L1 – and L2 output." (von Stutterheim 1984: 44)

66 Für weitere Ausführungen zur Theorie des Temporalitätskonzepts vgl. von Stutterheim (1986: 56ff.) und Klein (1981).

Von Stutterheim (1986: 331) interpretiert ihre Ergebnisse dahingehend, dass für den Erwerb der Ausdrucksformen zur temporalen Referenz wesentliche Steuerungsfaktoren folgende sind:

a) Aufbau konzeptueller Repräsentation (als Voraussetzung von erwachsenen ZweitsprachlernerInnen)
b) bei Darstellung temporaler Strukturen abzudeckenden Diskursfunktionen
c) sprachimmanente Prinzipien, welche sich in der Auswahl bestimmter Ausdrucksmittel zeigen und
d) Eigenschaften der Erstsprache

So folgt der Erwerb des Adverbialsystems nach gleichen Mustern, wobei grammatische Funktionen eine nachgeordnete Funktion spielen (von Stutterheim 1986: 316ff.). Vielmehr werden dem Prinzip der konzeptuellen Relevanz folgend zunächst Grundkategorien abgedeckt: „Es werden Ausdrücke zur zeitlichen Verankerung, zur Markierung der drei aspektuellen Grundkonzepte Anfang, Dauer und Ende sowie zur Markierung zeitlicher Folgeverhältnisse erworben." (von Stutterheim 1986: 318). Allerdings werden dabei lexikalische Ausdrücke verwendet, die zwar Teile des zielsprachlichen Konzeptes umfassen, deren Bedeutung jedoch in der Lernersprache eine Erweiterung erfährt (von Stutterheim 1986: 318). Für die Entwicklung des Verbalsystems ergibt sich ein heterogenes Bild, wobei von Stutterheim unterschiedliche Formen temporaler Verbalmarkierung beobachtet. Allerdings erfolgt die temporale Markierung am Verb erst nachdem bereits Temporaladverbiale beherrscht werden. Zudem handelt es sich zunächst um aspektuelle Unterscheidungen, nicht um temporale Einordnungen (Tempus): „Die Funktion der temporalen Einordnung wird von Anfang an durch Adverbien abgedeckt, deiktische Tempuskategorien sind im Vergleich hierzu unpräziser und sind damit kein geeignetes Mittel, um dieses grundlegende temporale Konzept in einem Diskurs darzustellen." (von Stutterheim 1986: 322). Je geringer die Sprachkompetenzen, desto wichtiger ist der Einsatz von Diskursorganisationsprinzipien. Mit zunehmender Kompetenz werden sie „more and more a matter of choice" (von Stutterheim 1984: 43). Von Stutterheims Untersuchung illustriert, wie konzeptorientiert vorgegangen werden kann. Allerdings werden keine Angaben zur konkreten Vorgehensweise bei der Lernerdatenanalyse gemacht, sodass keine methodische Orientierung daran möglich ist.

Schroeder geht im Sinne des konzeptorientierten Ansatzes, der den Rahmen für seine Untersuchung stellt, davon aus, dass „[…] funktional gegründete sprachtypologische Erkenntnisse bestimmte Phänomene in lernersprachlichen Produktionen in der Zweitsprache Deutsch erklären können." (2009: 185). Die Forschungsfrage ist, ob es in deutschen Texten von SchülerInnen mit Türkisch als Erstsprache regelmäßige Muster der Verbalisierung von Bewegungsabläufen gibt, die mit der türkischen Struktur der Verbalisierung von Bewegungsereignissen in Zusammenhang gebracht werden können (Schroeder 2009: 190). Auf der Grundlage der Talmy'schen Beschreibung von Bewegungsereignissen sowie dessen Typologie von satellite-framed- und verb-framed-Sprachen (vgl. weiterführende Ausführungen dazu in 2.3.5) kann er anhand der Analyse von 67 Texten von SchülerInnen im Alter von 11 bis 13 Jahren (5.-7. Klassenstufe) drei Tendenzen aufzeigen, die er in diesem Sinne interpretiert.

Untersuchungen, die auf der Basis eines Konzept-orientieren Ansatzes angelegt sind, teilen in der Regel eine Reihe von Eigenschaften. Folgt man Bardovi-Harlig (2007: 62ff.), so ist vornehmlich der Output von erwachsenen Zweitsprachlernenden, also die Sprachproduktion, Untersuchungsgegenstand von Studien mit konzeptorientiertem Ansatz. In der Regel handelt es sich um longitudinal angelegte Studien, im Rahmen derer die Daten in möglichst natürlichen Situationen erhoben werden. Beispiele von von Stutterheim (1986, vgl. Ausführungen oben) und Schroeder (2009) zeigen, dass auch Querschnittsstudien konzeptorientiert angelegt sein können. Es kommen häufig kommunikative Aufgaben, z.B. das Erzählen oder Nacherzählen von Geschichten, zum Einsatz. Ziel ist es, möglichst freie bzw. natürliche Rede der ProbandInnen zu erheben. Neben diesen klassischen Erhebungsmethoden sind aber auch Sprachdaten kontrolliert elizitiert worden, um Hypothesen zu testen, wobei in diesem Zusammenhang auch Reaktionszeiten gemessen worden sind und Eye tracking[67] sowie auch Bild-Wort-Zuordnung zum Einsatz gekommen sind, jeweils mit statistischen Auswertungen (von Stutterheim & Carroll 2013: 112). Schließlich sind in den letzten Jahren auch bildgebende Verfahren wie fMRT[68] verwendet worden (von Stutterheim & Carroll 2013: 112). Im Fokus steht jeweils

---

67 Beim Eye tracking handelt es sich um eine experimentalpsychologische Methode, welche die Bewegungen und Fixationspunkte der Augen dokumentiert. Grundannahme dabei ist, dass Augenbewegungen Rückschlüsse auf kognitive Verarbeitungsprozesse zulassen, da sie zwischen Wahrnehmung und Kognition zu verorten sind (Zahn 2010: 75).
68 Die MRT ist eine Abkürzung für den Terminus Magnetresonanztomographie. Die fMRT (f steht für funktionelle) ist ein Verfahren zur Aufzeichnung der Gehirnstruktur bzw. von Gehirnaktivitäten. „Die funktionelle **MRT** basiert physiologisch gesehen auf dem Vorgang, dass sich der Sauerstoffgehalt des Blutes und damit die Relaxationszeiten der Sauerstoffatome im Blut in Abhängigkeit der Gehirnaktivität verändern. **MRT** und **fMRT** gehören zu den sog. bildgebenden Verfahren der →**Gehirnforschung**; die **fMRT** wird auch in der Forschung zur →**Sprachverarbeitung** und Sprachproduktion eingesetzt; funktionelle MR-Tomogramme ermöglichen dabei u.a. Einblicke in Struktur-Funktions-Beziehungen des Gehirns [...]." (Barkowski & Miltner 2010: 220; Hervorhebungen im Original, Anmerkung der Verfasserin).

die Untersuchung der Verbindung von Form und Funktion. Charakteristisch für die Analyse ist, dass untersucht wird, wie Lerner Sprache verwenden und konstruieren. Hingegen wird seltener darauf eingegangen, ob das von den Lernern Produzierte unter Orientierung an Zielsprachennormen richtig oder falsch ist bzw. geht mit dieser Ordnung keine Wertung im Sinne von positiv oder negativ einher. Kennzeichnend für die Analyse ist auch, dass zahlreiche sprachliche Ebenen berücksichtigt werden (Bardovi-Harlig 2007: 62ff.). Bardovi-Harlig spricht von „multi-level analysis" (Bardovi-Harlig 2007: 58), welche lexikalische, morphologische, syntaktische, diskursspezifische aber auch pragmatische Aspekte mitbedenkt. Als Beispiel kann erneut die Studie von von Stutterheim dienen, die das Adverbialsystem, das Verbalsystem sowie Diskursorganisationsprinzipien und deren gegenseitige Beeinflussung bzw. Abhängigkeit berücksichtigt.

2.3.4 Rolle des konzeptorientierten Ansatzes in vorliegender Arbeit

Es stellt sich die Frage, inwiefern ein konzeptorientiertes Vorgehen zur Bearbeitung der vorliegenden Forschungsfrage beitragen kann; der Frage, wie fachliche Inhalte im Kontext der Institution Schule sprachlich getragen werden. Im Sinne der in 2.2.2 dargestellten Ansätze zur Erforschung von Bildungssprache handelt es sich um einen top-down-orientierten Ansatz, der theoretische Vorüberlegungen an authentischen Sprachdaten überprüft. Der Vorteil dieser Vorgehensweise ist, dass sie über die Erfassung einzelner sprachlicher Merkmale hinausgeht, indem ein Konzept Gegenstand der Analyse ist. Gleichzeitig kann angenommen werden, dass ein übersprachliches Konzept fokussierbar ist auf seine Realisierung im Kontext spezifischer Inhalte (und Medien). Damit können sowohl fachliche Inhalte wie auch sprachliche Mittel, vor allem deren Zusammenwirken und somit auch mehrere Ebenen des Sprachgebrauchs, untersucht werden. Dadurch wäre eine solche Vorgehensweise trotz der Vorabformulierung theoretischer Annahmen offener im Hinblick auf Erfassung konkreter sprachlicher Merkmale, die zur Enkodierung eines Konzepts genutzt werden.

Somit wird in vorliegender Arbeit der Versuch unternommen, schulische Sprache bzw. Kommunikation konzeptorientiert zu analysieren. Allerdings ergeben sich aus diesem Erkenntnisinteresse und Untersuchungsgegenstand Unterschiede zu den eben dargestellten Charakteristika des Ansatzes. Zunächst handelt es sich nicht um eine Untersuchung zum Zweitspracherwerb, vielmehr steht Sprachproduktion von überwiegend SprecherInnen des Deutschen als Erstsprache im Fokus. Daraus ergibt sich auch, dass die Arbeit nicht sprachvergleichend angelegt ist. Dabei wird davon ausgegangen: Sowohl die LehrerInnen als auch die AutorInnen und LektorInnen von Schulbüchern und weitere Materialien verfügen in der Regel über voll entwickelte muttersprachliche Kompetenzen im Deutschen. Allerdings gilt dies für SchülerInnen nicht im selben Umfang, da sie in zunehmendem Maße eine, insbesondere auch (erst-)sprachlich gesehen, heterogene Gruppe darstellen. Demnach könnten sich der vorliegenden Studie Untersuchungen zum Zweitspracherwerb von SchülerInnen mit DaZ anschließen. Gleichzeitig ist in der Regel der Spracherwerb bei allen SchülerInnen noch nicht abgeschlossen. In Fachdidaktiken wird hierbei insbesondere der Übergang von Alltagssprache zur Fachsprache verstanden (z.B. Heitzmann 2010, vgl. auch Ausführungen in 2.2.1). Somit können insbesondere die Äußerungen von SchülerInnen als lernersprachlich im konzeptorientierten Sinn aufgefasst werden und ggf. unter dieser Perspektive ausgewertet und interpretiert werden.

Da Spracherwerb und damit verbunden die Entwicklung von Lernersprachen im Vordergrund stehen, handelt es sich häufig um longitudinal angelegte Studien. Im vorliegenden Fall wird ein Konzept modelliert und im Hinblick auf das Deutsche analysiert. Der Fokus liegt nicht auf dem Spracherwerb. Aufgrund dessen wird die Sprachproduktion zu einem bestimmten Zeitpunkt analysiert. Methodisch gesehen konnte gezeigt werden, dass im Kontext konzeptorientierter Forschungsarbeiten eine ganze Reihe sehr unterschiedlicher Verfahren zur Datenerhebung zum Einsatz kommen. Um eine möglichst hohe externe Validität zu erhalten, scheint im vorliegenden Fall eine Erhebung im „natürlichen Kontext", dem Klassenraum, die am besten geeignete Methode zu sein (vgl. auch Ausführungen in Kapitel 3).

Im folgenden Teilkapitel wird zunächst für die Auswahl des Konzepts „Bewegung" argumentiert und dieses im Anschluss daran modelliert. Im Ergebnis soll die Modellierung zur Analyse der empirischen Daten geeignet sein.

2.3.5 Das Konzept Bewegung

Im Sinne von von Stutterheim (1986: 24) ist es sinnvoll zur Analyse ein Konzept auszuwählen, welches aufgrund seines Referenzfeldes ein gewisses Maß an Objektivität aufweist: „Ist die interne, begriffliche Struktur eines Konzeptes im Wesentlichen durch Kategorien der Realität, bzw. deren logisch-systematischer Interpretation bestimmt, so ist ein hoher Grad an intersubjektiver Übereinstimmung gegeben." (von Stutterheim 1986: 24). Es soll sich demnach nicht um ein vornehmlich metaphorisch verwendetes Konzept handeln, sondern vielmehr um ein Konzept, welches seine Entsprechung in der Realität findet. Dies gilt für das Konzept der Bewegung, wenn man es im Sinne der Veränderung der Position, Lage oder Stellung (Götz, Haensch & Wellmann 2002: 162) von jemandem oder etwas versteht. Neben diesem verhältnismäßig „gegenständlichen" Verständnis von Bewegung existieren weitere Auffassungen und Formen, man denke z.b.an die Verwendung im metaphorischen bzw. übertragenen Sinne wie im Satz *Der Film hat mich tief bewegt*. Ein Sprecher will damit ausdrücken, dass durch den Film starke Gefühle hervorgerufen worden sind.[69] (Götz, Haensch & Wellmann 2002: 162)

Für die Modellierung des Konzepts der Bewegung stellen – wie noch eingehend darzustellen ist – Raum, Bewegung und Lokalisierung maßgebliche Größen dar. Diesbezüglich wird davon ausgegangen, dass der Raum den Rahmen für Bewegung stellt. In 2.3.5.1 wird daher auf diesen eingegangen und im Anschluss daran werden in 2.3.5.2 Bewegungsereignisse eingehend charakterisiert. Die Ausführungen beziehen sich wesentlich auf die Modelle von Talmy, da diese umfassend, verbreitet und für das vorliegende Erkenntnisinteresse geeignet, ferner da sie ebenfalls stark funktional orientiert sind (vgl. Ausführungen in 2.2.1, 2.3.2 und 2.3.4). Ergänzend wird in 2.3.5.3 auf Erkenntnisse zur Enkodierung von Bewegungsereignissen im Deutschen eingegangen. Dies schließt eine Fokussierung auf Bewegungsverben und Präpositionen ein. Abschließend wird in 2.3.5.4 ein Vorschlag zur Konzeptualisierung von Bewegung als Analysegrundlage für die Arbeit dargestellt und diskutiert.

2.3.5.1 Raum

Zwar existieren unterschiedliche zum Teil miteinander konkurrierende und sich ergänzende Raumkonzepte (Coen & Hoffmann 2008: 153). Coen & Hoffmann (2008: 153ff.) stellen eher klassisch-geographischen Raumbegriffe – Landschaftsgeographie und raumwissenschaftliche Geographie – den eher subjektiv-konstruktiven Raumbegriffen – Wahrnehmungsgeographie und konstruktivistische bzw. handlungstheoretische Geographie – gegenüber. Allerdings wird an dieser Stelle davon ausgegangen, dass für die sprachliche Enkodierung von Bewegungsereignissen insbesondere der klassisch-geographische Raumbegriff grundlegend ist und subjektiv-konstruktive Einflüsse insofern objektiviert werden, als Sprache habitualisiert ist und lediglich generalisierte Ausdrucksweisen

---

[69] Bezüglich der Formen wird z.B. ferner zwischen mechanischen, physikalischen, chemischen, biologischen und gesellschaftlichen Formen der Bewegung unterschieden (Diersch: 1972: 30 bezugnehmend auf ein Philosophisches Wörterbuch).

zur intersubjektiven Verständigung und Vermittlung (etwa in Schulbüchern) geeignet sind. Aufgrund dessen bildet der klassisch-geographische Raumbegriff die Grundlage für die weiteren Ausführungen.

Räumlichen Konzepten kommt eine wesentliche Bedeutung zu, da sie zu den elementaren Kategorien menschlicher Wahrnehmung und menschlichen Denkens gehören (Becker 2012: 32). Eine eingehende Auseinandersetzung mit Raum hat insbesondere in der Physik stattgefunden, wobei er hier als Grundbegriff zur Erfassung der gegenseitigen Anordnung von Körpern und Feldern dient (Lenk 1989: 802). In der klassischen Mechanik nach Newton dient er als eine Art „Behälter" für Materie und Felder, in der sich alle physikalischen Vorgänge – hierunter auch Bewegung – abspielen. In der menschlichen Erfahrung betrifft dies insbesondere die drei zueinander orthogonalen Dimensionen Höhe, Breite und Tiefe bzw. Abstand, Richtung und Höhe. Diese Dreidimensionalität wurde in der modernen Mechanik ergänzt um weitere Dimensionen, zentral ist hierbei die Dimension Zeit. Dieser Auffassung zufolge sind Raum und Zeit ein gemeinsames Gebilde, das vom Beobachter abhängig ist.

Auch in der Linguistik wurde das Raumkonzept untersucht, wobei Physik und Linguistik – im Sinne einer funktionalen Perspektive – einander bedingen, wie im Folgenden noch zu zeigen sein wird. Gemäß Talmy ermöglicht Sprache zwei grundlegende räumliche Unterscheidungen (vgl. auch Abbildung 11): Ein erstes Subsystem enthält alle schematischen Beschreibungen bzw. Entwürfe, statische und dynamische Konzepte. Ein zweites Subsystem fasst vornehmlich die Inhalte von Raum, Objekte und Masse (Talmy 2000a: 180f.).

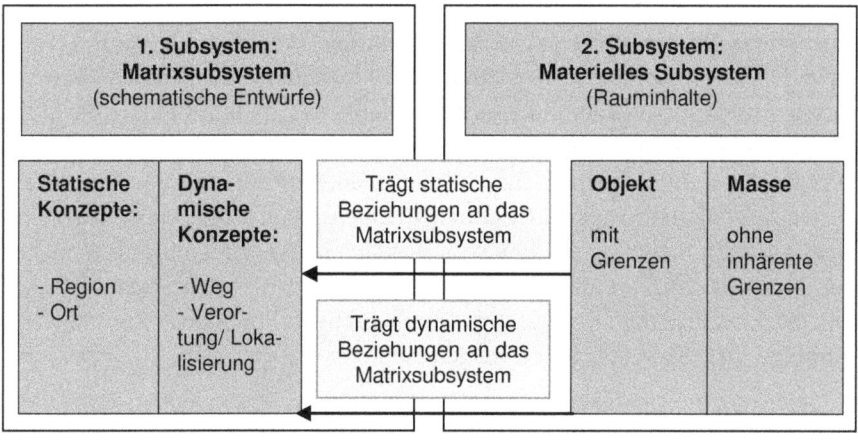

Abb. 11: Raum (nach Talmy 2000a: 180f.; eigene Darstellung)

Im ersten Subsystem unterscheidet Talmy statische und dynamische Konzepte. Statische Konzepte sind Region und Ort. Hier findet also keine Bewegung statt. Weg und Lokalisierung, Letzteres meint das Verorten an einem Ort oder in einer Region, stellen dynamische Konzepte dar. Im zweiten Subsystem unterscheidet Talmy Objekte mit Grenzen und Masse(n) ohne (eine ihrer Identität inhärente) Grenze. Diese tragen statische und dynamische Relationen bzw. Beziehungen in das 1. Sub¬system von Raum. Für das Konzept Bewegung scheinen zunächst insbesondere die dynamischen Konzepte von Interesse. Da Bewegung jedoch im Raum und im Verhältnis zu Regionen bzw. Orten, also den statischen Konzepten, erfolgt, sind auch diese für eine umfassende Modellierung von Bewegung zu berücksichtigen. Dies gilt ebenso für das 2. Subsystem und hier insbesondere die Objekte, da diese entweder im Raum statisch verortet sind oder werden bzw. sich in ihm bewegen. Daraus ergibt sich mit Blick auf Bewegungsereignisse die notwendige Auseinandersetzung mit Ort, Verortung, Weg und Objekten im anschließenden Teilkapitel 2.3.5.2.

Es sei aber an dieser Stelle noch angemerkt, dass in der Linguistik weitere Modellierungen von Raum existieren. Ein Beispiel stellt die Modellierung von Becker dar, deren Ausführungen zum Teil Überschneidungen mit denen Talmys aufweisen. Nach Becker (1994: 5) wird Raum in Orte und Teilräume gegliedert, wobei in der Regel von einem dreidimensionalen, infiniten und dichten Anschauungsraum ausgegangen wird. Er lässt sich in drei Arten von Teilräumen untergliedern: topologische und koordinatenbezogene Teilräume sowie Wege (Becker 1994: 13). Unter „topologische Teilräume" fallen Innenraum, Rand, der den Innenraum abschließt, Peripherie, die den Eigenort des Relatums – eines Objekts, das die Verortung eines anderen Objekts ermöglicht – umgibt sowie Randraum, der den Objektsaum darstellt und schließlich Außenraum (Becker 1994: 15ff.). Bei über ein System von Koordinatenachsen definierten Teilräumen lassen sich die Oben-Unten-Richtung (die Vertikale), die Vorn-Hinten-Richtung (die Transversale) und die Rechts-Links-Richtung (die Laterale) unterscheiden (Becker 1994: 18). Topologische Teilräume entsprechen folglich den bereits thematisierten zueinander orthogonalen Dimensionen Höhe, Breite und Tiefe bzw. Abstand, Richtung und Höhe. Diese sollen im Folgenden für die Modellierung berücksichtigt werden, ebenso wie Wege, die sowohl von Talmy als auch von Becker berücksichtigt werden. Topologische Teilräume werden zunächst aufgrund ihrer Spezifität außen vor gelassen.

2.3.5.2 Bewegung und Lokalisierung

Für eine Konzeptualisierung von Bewegung im Raum arbeitet Talmy mit vier Komponenten: Figur (‚Figure‘), Grund (‚Ground‘), Bewegung (‚Motion‘) und Weg (‚Path‘) (vgl. Talmy 2000b: 25ff.). Deren Bedeutung und damit einhergehend Talmys Verständnis von Bewegungsereignissen wird an dieser Stelle dargestellt und diskutiert. Unter den Termini Figur und Grund, die Talmy der Gestaltpsychologie entlehnt hat (Talmy 2000b: 26), versteht er Folgendes:

> The Figure is a moving or conceptually movable entity whose site, path, or orientation is conceived as a variable the particular value of which is the relevant issue.
> The Ground is a reference entity, one that has a stationary setting relative to a reference frame, with respect to which the Figure's site, path, or orientation is characterized.
>
> (Talmy 2000a: 184)

Damit stellt die Figur als bewegtes bzw. bewegbares Objekt gewissermaßen den „Hauptaktanten" einer Bewegung dar und entspricht den Objekten als Rauminhalte des 2. Subsystems. In Ergänzung dazu ist der Grund eine Referenzeinheit, die es ermöglicht, die Figur und damit auch deren Bewegung im Raum zu verorten. Auch hierbei handelt es sich also potentiell um Objekte aus dem 2. Subsystem. Denkbar wäre auch, dass eine Masse als Grund dient; z.B. das Universum als Grund für Planeten und deren Verortung. Prinzipiell können mehrere Objekte als Referenz dienen, wobei Referenzobjekte auch impliziert sein können; ein Beispiel wäre der Gebrauch von *im Norden*, der als Referenzobjekt die Erde impliziert (Talmy 2000a: 203ff.). Häufig dient ein Teil eines Referenzobjektes, durch klar erkennbare Teile, zur Verortung. Diese Teile ergeben sich vielfach durch die Bezugspaare: Vorderseite und Hinterseite, oben und unten sowie rechts und links (Talmy 2000a: 197). Weiterhin kann das Referenzobjekt in Kontakt mit der Figur sein, an diese angrenzen oder in einiger Entfernung von dieser sein (Talmy 2000a: 197ff.).[70] Talmy (2000b: 26) wendet sich gegen eine Unterscheidung von Quelle, Ziel und Weg, da seines Erachtens die Bezeichnung ‚Grund‘ die Gemeinsamkeit(en) dieser drei Aspekte zu kennzeichnen vermag und daher besser geeignet ist.

Talmy (2000b: 25f.) unterscheidet schließlich zwei grundlegende Bewegungsereignisse:

1. **Bewegung bzw. Lageveränderung eines Objekts** (der Figur) relativ zu einem anderen Objekt (Referenzobjekt oder Grund); das Referenzobjekt kann auch impliziert sein → MOVE

---

[70] Talmy erarbeitet weitere Spezifizierungen, die für die vorliegende Arbeit nur bedingt relevant sind und daher lediglich soweit notwendig berücksichtigt werden.

2. **Verortung eines Objekts** (der Figur) relativ zu einem anderen Objekt (Referenzobjekt oder Grund) bzw. statische Beibehaltung eines Ortes durch ein Objekt relativ zu einem anderen Objekt (Referenzobjekt oder Grund) → BE$_{LOC}$

Demnach versteht er Bewegung als 1. dynamisches und 2. (vornehmlich) statisches Ereignis. Die dritte Komponente, die Bewegung, verweist dementsprechend entweder auf Bewegung oder verortet sein. Ersteres bezeichnet er mit dem Label MOVE, zweiteres mit dem Label BE$_{LOC}$, als Abkürzung von „be located" (vgl. Talmy 2000b: 25).

Die zwei Arten von Bewegung, von welchen Talmy ausgeht, werden folgend an zwei Beispielen illustriert. Abbildung 12 stellt eine Bewegung im Sinne von MOVE dar, wie sie mit dem Satz *Der Hund läuft zum Haus* verbalisiert würde. Der Hund ist die Figur (F), die sich relativ zu einem Referenzobjekt (RO), dem Haus, auf einem Weg (W) bewegt. Aus dieser Form von Bewegung schließt Talmy selbst-begrenzte Bewegungen wie Rotation, Oszillation und Ausdehnung aus (Talmy 2000b: 26).

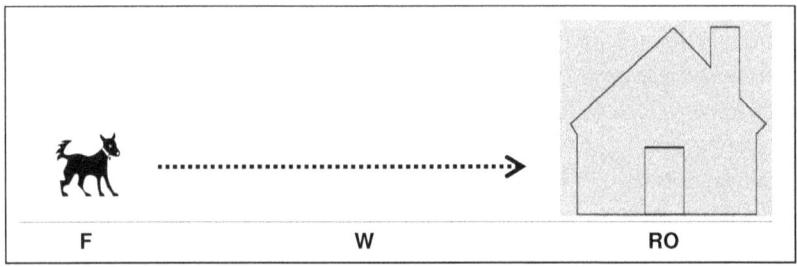

Abb. 12: Bewegung 'MOVE' (nach Talmy 2000b; eigene Darstellung)

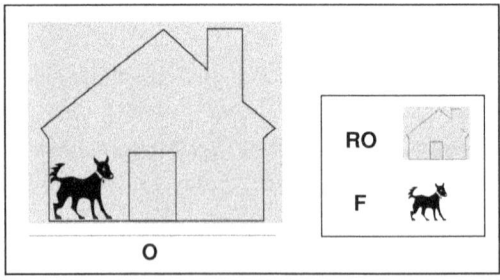

Abb. 13: Bewegung BELOC (nach Talmy 2000b; eigene Darstellung)

Im Gegensatz zu MOVE stellt Abbildung 13 eine Bewegung im Sinne von BE$_{LOC}$ dar, wie sie mit dem Satz *Der Hund ist im Haus* verbalisiert würde. Der Hund ist auch in diesem Fall die Figur (F) und das Haus fungiert erneut als Referenzobjekt (RO). Statt eines Weges gibt es einen Ort (O), an welchem sich der Hund befindet. Becker (1994) konzeptualisiert Lokalisierung ähnlich wie Talmy im Rahmen von BE$_{LOC}$. Demzufolge wird ein Objekt (das Thema) mit Hilfe eines Lokalisierungsausdrucks und relativ zu einem anderen Ort (dem Relatum) bestimmt (siehe auch Abbildung 14, Becker 1994: 3). Dabei nimmt das Objekt für eine bestimmte Zeit einen Raum ein. Dies nennt Becker Eigenraum (Becker 1994: 3).

Lokalisierung (Suchanweisung):			
Die Lampe	steht	auf dem	Tisch.
Die Lampe	steht	neben dem	Tisch.
Thema		Lokalisierungsausdruck	Relatum

Abb. 14: Lokalisierung (nach Becker 1994: 3; eigene Darstellung)

Die vierte Komponente, der Weg, wird von Talmy wie folgt beschrieben: „The **Path** (with a capital P) is the path followed or site occupied by the Figure object with respect to the Ground object. " (Talmy 2000b: 25, Hervorhebungen im Original, Anmerkung der Verfasserin) Daraus ergeben sich in Anlehnung an die Unterscheidung MOVE und BE$_{LOC}$ für die dritte Komponente Bewegung auch für die vierte Komponente, den Weg, zwei wesentliche Ausprägungen: einerseits als Weg, welchem eine Figur folgt und andererseits als Ort, welcher von der Figur eingenommen wird.

Typischerweise wird Weg im Sinne von Johnsons (Johnson 1987, zitiert nach Langacker 1999: 55) Schema[71] „source-path-goal" verstanden. Demzufolge gilt: „[...] eine Bewegung hat schematisch gesehen einen Ausgangspunkt und führt über einen Weg zu einem Ziel. Das Quelle-Weg-Ziel Schema beinhaltet a priori zwei Grundelemente, *Quelle* und *Ziel*, weitere Grundelemente können integriert werden, etwa so genannte *Meilensteine*, das heißt saliente Grundelemente, die

---

71 Die Ausführungen folgen der Auffassung, dass so genannte image schema (Johnson 1987) folgendermaßen zu definieren sind: „Solche Schemata sind einfache grundlegende Konzpete, die das Wahrnehmen der uns umgebenden physischen (und metaphorisch dann auch sozialen) Welt strukturieren." (Johnson 1987: 3)

als Zwischenstation den Weg der Figur situieren helfen." (Berthele 2004: 3). Grafisch lässt sich dies wie in Abbildung 15 darstellen, wobei hier gezeigt wird, wie sich Bewegungen Beckers koordinatenbezogenem Teilraum folgend auf den drei Achsen – vertikal, horizontal und transversal – verorten lassen.

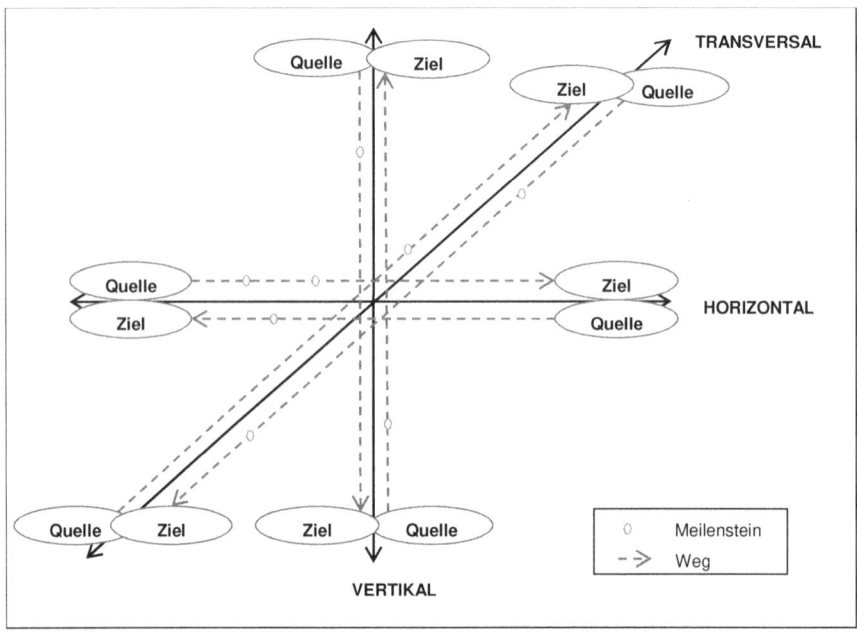

Abb. 15: Weg von Bewegungsereignissen auf den Axen Horizontale, Transversale und Vertikale; eigene Darstellung

Beckers Auffassung von Weg,[72] der als Teilraum strukturiert ist, entspricht in etwa dieser Auffassung: „Unter ‚Weg' ist ein Kontinuum von Orten mit einem Ausgangsort und einem Zielort zu verstehen." (Becker 1994: 5). Wegabschnitte lassen sich in Wegursprung, Ziel des Weges bzw. Wegendpunkt und intermedi-

---

72 Becker (1994: 12f.) unterscheidet ähnlich wie Talmy zwischen statischen und dynamischen Lokalisierungen. Bei dynamischen Lokalisierungen findet eine Ortsveränderung des Themas statt. Sie entsprechen also Talmys MOVE-Bewegung. Dem Unterschied zwischen statisch und dynamisch kann man entweder Rechnung tragen, indem man bei dynamischen Lokalisierungen zwei Eigenorte des Themas annimmt – Ausgangsort und Zielort – die das Thema zu verschiedenen Zeitpunkten einnimmt (vgl. auch Klein 1991).

äre Wegsegmente untergliedern. In der Regel verläuft ein Weg in Kurven, das heißt er kann die Richtung wechseln (Becker 1994: 23ff.).[73] Dementsprechend stellt Abbildung 15 eine wesentliche Vereinfachung dar, die komplexeren Bewegungsereignissen, welche Kurven u. Ä. beinhalten, nicht gerecht werden können. Ferner ist nicht in jedem Fall die eindeutige Identifikation von Quelle und Ziel möglich. Dennoch wird angenommen, dass grundlegend Bewegungsereignisse in diesem Sinne zu modellieren sind.

Talmy wendet sich wie bereits erläutert gegen eine Untergliederung von Weg in Quelle, Meilenstein und Ziel und zieht eine durchgängige Verwendung von Grund vor: „The notion of Ground captures the commonality-namely, function as reference object-that runs across all of Fillmore's separate cases „"Location," "Source," "Goal," and "Path."" (Talmy 2000b: 26) Es wurde bereits darauf hingewiesen, dass nicht in jedem Fall die (eindeutige) Identifizierung von Quelle, Meilenstein und Ziel möglich ist. In diesen Fällen wäre Talmys Grund tatsächlich eine geeignetere Bezeichnung. Allerdings soll in der vorliegenden Arbeit dennoch die Unterscheidung in Quelle, Meilenstein und Ziel übernommen werden, da sie eine Spezifizierung des Weges ermöglicht, die in Grund nicht angelegt ist. Insbesondere für fachliche Inhalte im schulischen Kontext wäre aber denkbar, dass eine Zergliederung des Weges und ein Verständnis dessen in diesem Sinn wichtig ist.

Bei der Konzeptualisierung von Raum spielt ferner der Prozess der Schematisierung eine entscheidende Rolle. Dabei werden systematisch bestimmte Aspekte einer Referenzszene ausgewählt, um das Ganze zu repräsentieren. Gleichzeitig werden andere Aspekte außen vor gelassen (Talmy 2000a: 177). Dies bedeutet, dass die vier Komponenten in unterschiedlicher ‚Ausprägung' auftreten bzw. auch gar nicht auftreten können. Im Rahmen des schematischen Systems der „configurational structure" (Talmy 2000a: 214) präsentiert Talmy „Bewegungsformeln" als universelle Grundstrukturen komplexerer Charak¬terisierung von Bewegung (O'Connor 2006: 1128). Diese berücksichtigen die möglichen Komponenten des Weges sowie auch den Aspekt Zeit (Talmy 2000b: 53f.). Ein Beispiel wäre die Formel „A point MOVE TO a point, at a point of time." Der Ausdruck a point stellt ein fundamentales Figurenschema dar. Im

---

73 Weg kann Becker (1994: 24f.) zufolge auf vier Weisen induziert werden: a) durch Bewegung eines Objektes von einem Ort zu einem anderen; hierunter fallen Bewegungen, die eine Ortsveränderung bewirken, b) durch subjektive Bewegungen, bei welchen mental ein Kontinuum von Orten auf ein Ziel hin durchlaufen wird, c) wenn ein Objekt mit einer Längserstreckung eine Strecke selbst abdeckt und d) wenn ein Weg mittels Orientiertheit eines Objektes bzw. einer Person etabliert wird.

Rahmen dessen erfolgt die Bewegung einem bestimmten Zeitpunkt von einem zu einem anderen Punkt, der im Sinne der obigen Darstellung das Ziel wäre. Erneut kann das MOVE-Beispiel aus Abbildung 12 – leicht ergänzt zur Illustration dienen: Der Hund läuft um 12:30 Uhr zum Haus.

Tab. 8: Bewegungsformeln (nach Talmy 2000b:, 53f.; leicht veränderte Darstellung)

	Bewegungsformel	Beispiel für das Englische
a.	A point BE$_{LOC}$ AT a point, for a bounded extent of time.	The napkin lay on the bed/ in the box for three hours.
b.	A point MOVE TO a point, at a point of time.	The napkin blew on to the bed/into the box at exactly 3:05.
c.	A point MOVE FROM a point, at a point of time.	The napkin blew off the bed/out of the box at exactly 3:05.
d.	A point MOVE VIA a point, at a point of time.	The ball rolled across the crack/past the lamp at exactly 3:05.
e.	A point MOVE ALONG an unbounded extent, for a bounded extent of time.	The ball rolled down the slope/along the ledge/ around the tree for 10 seconds.
e'.	A point MOVE TOWARD a point, for a bounded extent of time.	The ball rolled toward the lamp for 10 seconds.
e''.	A point MOVE AWAY-FROM a point, for a bounded extent, in a bounded extent of time.	The ball rolled away from the lamp for 10 seconds.
f.	A point MOVE ALENGTH a bounded extent, in a bounded extent of time.	The ball rolled across the rug/through the tube in 10 seconds. The ball rolled 20 feet in 10 seconds.
f'.	A point MOVE FROM-TO an extent bounded at a terminating point, at a point of time/in a bounded extent of time.	The ball rolled from the lamp to the door/from one side of the rug to the other in 10 seconds.
g.	A point MOVE ALONG-TO an extent bounded at a terminating point, at a point of time/ in a bounded extent of time.	The car reached the house at 3:05/in three hours.
h.	A point MOVE FROM-ALONG an extent bounded at a beginning point, since a point of time/for a bounded extent of time.	The car has been driving from Chicago since 12:05/for three hours.

Tabelle 8 listet die Bewegungsformeln auf, ergänzt um jeweils ein englisches Beispiel. Eine Präposition, in Großbuchstaben in Formeln repräsentiert, stellt einen Vektor dar und diesem folgt ein fundamentales Grundschema bzw. Referenzobjektschema.

Allerdings lexikalisiert jede Sprache ein eigenes Set an geometrischen Komplexen (Talmy 2000b: 54), daher können die in der Tabelle dargestellten Bewegungsformeln nicht ohne Weiteres auf das Deutsche übertragen werden. Auch dies kann als Beleg dafür gesehen werden, dass Konzepte einzelsprachlich unterschiedlich ausgeprägt sind und eine Übertragung daher nicht pauschal möglich ist.

Ein Bewegungsereignis kann zudem mit einem externen Ko-Ereignis assoziiert sein, das in der Regel Hinweise auf Art und Weise (*Manner*) sowie Ursache (*Cause*) der Bewegung gibt (Talmy 2000b: 26). Dabei handelt es sich um zwei weitere wesentliche Komponenten von Bewegungsereignissen.

Geht man die Beschreibung der Fortbewegungsverben von Schröder (1993) durch, dann lassen sich weitere Aspekte ableiten, die für die Beschreibung der Art und Weise von Bedeutung sind:

– Geschwindigkeit der Bewegung (schnell, langsam etc.)
– Spezifizierung mit Blick darauf, wen die Bewegung (typischerweise) betrifft (Menschen, Tiere, Flüssigkeiten etc.)
– Hinweise darauf, ob sich mit Transportmitteln oder eigenständig bewegt wird (z.B. *fahren* vs. *gehen*)
– Hinweise auf Kontext/Situation der Bewegung (z.B. *schwimmen* vs. *klettern*)
– Hinweise darauf, ob die Bewegung beabsichtigt ist oder nicht (z.B. *stolpern* vs. *springen*)
– Hinweise darauf, ob die Bewegung leicht oder schwer fällt, anstrengend ist, Hindernisse beinhaltet etc.
– Hinweise darauf, ob die Bewegung mit bestimmten Folgen bzw. Ursachen assoziiert wird (z.B. ist *klatschen* mit einem spezifischen Geräusch assoziiert)

Diese Auflistung ist nicht erschöpfend, zeigt aber auf, wie vielfältig Art und Weise von Bewegung sein kann. Mit Blick auf die Ursache unterscheidet Talmy (z.B. 2000b: 28) zwischen *nonagentive* (im Folgenden nonagentiv), *self-agentive* (im Folgenden selbst-agentiv) und *agentive* (agentiv). Diese beziehen sich wesentlich auf den „Verursacher" von Bewegung. Bei nonagentiv verbleibt dieser unklar, nicht unmittelbar zu identifizieren bzw. implizit, wie z.B. im Satz *Der Stein rollt*. Bei selbst-agentiv sind Verursacher der Bewegung und die bewegte

Figur identisch, wie z.B. im Satz *Ich renne*. Im Fall von agentiv sind Verursacher der Bewegung und bewegte Figur hingegen nicht identisch, wie z.B. im Satz *Ich werfe den Ball*.

Demnach würden Talmy zufolge Bewegungsereignisse sechs wesentliche (zu analysierende Komponenten) beinhalten, wobei in einer konkreten sprachlichen Äußerung nicht notwendigerweise alle expliziert werden bzw. vorhanden sein müssen. Der soeben thematisierte „Verursacher" von Bewegung soll an dieser Stelle als Komponente ergänzt werden, da er eine ganz wesentliche Komponente von Bewegungsereignissen darstellt und nicht – zumindest nicht in jedem Fall – mit der Ursache gleichzusetzen ist. Eine weitere Komponente ist die Richtung der Bewegung. Schließlich ist auch der Aspekt der Zeit, dem Talmy z.B. in seinen Bewegungsformeln Rechnung trägt, zu berücksichtigen. Demnach ergeben sich neun wesentliche Komponenten von Bewegungsereignissen:

1. FIGUR
2. GRUND bzw. Referenzobjekt
3. BEWEGUNG (bewegend: MOVE, lokalisiert: BE_{LOC})
4. WEG (Weg oder Ort)
5. Art und Weise der Bewegung
6. Ursache für Bewegung
7. Verursacher
8. Richtung
9. Zeit (Zeitpunkt bzw. Zeitabschnitt und Phasen)

Entsprechend der Grundannahmen des konzeptorientierten Ansatzes erfolgt die Enkodierung von Bewegungsereignissen nicht in allen Sprachen gleich. Talmy unterscheidet (2000b: 117ff.; vgl. auch Oliveira 2012: 8ff.) zwei Typen von Sprachen: *verb-framed* und *satellite-framed*. Unter einem Satellit versteht er Folgendes:

> This is an element that has not been generally recognized as such in the linguistic literature. We term it the **satellite to the verb** – or simply, the **satellite**, abbreviated "Sat." It is the grammatical category of any constituent other than a noun-phrase or prepositional-phrase complement that is in a sister relation to the verb root. It relates to the verb root as a dependent to a head.
>
> (Talmy 2000b: 101f., Hervorhebungen im Original, Anmerkung der Verfasserin)

Es handelt sich demnach um eine „Schwester" des Verbstamms, das heißt um eine sprachliche Kategorie, die in enger Verbindung zum Verb steht, jedoch in keinem Fall eine Nominal- oder Präpositionalphrase darstellt. Häufig gibt es dabei eine Überlappung zwischen der Kategorie Satellit und den Kategorien Präposition, Verb oder Nomen (Talmy 2000b: 102). Die Berechtigung von Satelliten als eigenständiger Kategorie sieht Talmy darin, dass diese beobachtbare Gemeinsamkeiten in sich zu vereinen ermöglicht (Talmy 2000b: 102). Ein Beispiel für Satelliten wären im Deutschen trennbare Präfixe von Verben, wie z.B. im Satz *Ich wasche auf.* Allerdings diskutiert Talmy selbst die Tatsache der zum Teil nicht eindeutigen Bestimmung dessen, was ein Satellit ist und was nicht (Talmy 2000b: 102f.). Wie bereits erwähnt unterscheidet Talmy typologisch zwischen *verb-framed* und *satellite-framed*, wobei das entscheidende Kriterium die Enkodierung des Weges (*Path*) ist, da dieser das ‚Kernschema' eines Bewegungsereignisses enthält, weil er Figur und Grund zueinander in eine spezifische Beziehung bzw. Relation setzt (Oliveira 2012: 14). Dies verdeutlicht Abbildung 16.

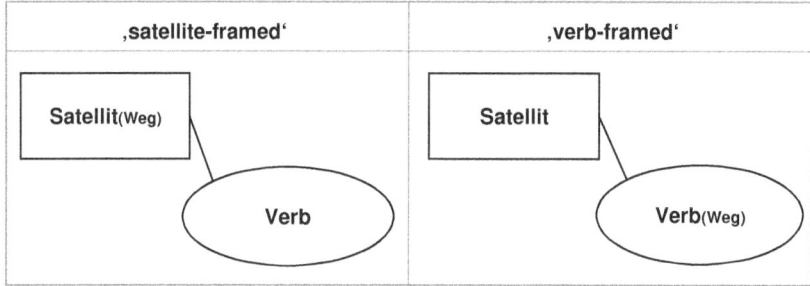

Abb. 16: 'satellite-framed' vs. 'verb-framed' (nach Talmy 2000b; eigene Darstellung)

In Sprachen, die der Bezeichnung ‚verb-framed' zuzuordnen sind, wird der Weg in einer Reihe bestimmter spezifischer Verben enkodiert. Zu diesen Sprachen gehören z.B. das Französische und das Spanische. In Sprachen, die der Gruppe ‚satellite-framed' zuzuordnen sind, wird der Weg in einem Element enkodiert, welches im Satellit des Verbs erscheint. Zu diesen Sprachen gehört das Deutsche (Oliveira 2012: 8). Ein Beispiel wäre der Satz: *Ich gehe hinauf. (hinaufgehen)* Hinauf stellt hier den Satelliten dar. Im Französischen hingegen würde der Satz heißen: *Je monte. (monter)* (Oliveira 2012: 14). Diese typologischen Charakteristika könnten demnach bereits erste Hinweise auf zu erwartende Analyseergebnisse liefern, was an anderer Stelle (vgl. 2.3.5.3) noch vertiefend diskutiert wird.

Damit hat Talmy Bewegungsereignisse grundlegend modelliert. Unklar bleibt in seinen Darstellungen allerdings die Daten- bzw. Analysegrundlage, wobei er sich auch nicht zum Verhältnis von medialer Mündlichkeit und Schrift-

lichkeit äußert und deren Auswirkungen auf die Enkodierung von Bewegungsereignissen hinterfragt. So kritisiert auch Berthele (2004), dass lediglich die
Standardsprache berücksichtigt wird und dialektale Varietäten außer Acht gelassen werden. Dies kann auch daran liegen, dass Talmy sich in den für Bewegung relevanten Ausführungen fast ausschließlich auf Verben sowie Präpositionen und deren Semantik bezieht. Andere sprachliche Mittel werden nur am
Rande und in der Regel isoliert voneinander betrachtet oder ganz außen vor
gelassen. Diese Schwierigkeit gilt denn auch für die von ihm vorgeschlagene
Typologie, die aufgrund der Fokussierung auf Verb und Satellit andere beteiligte Elemente sowie deren Interaktion außer Acht lässt. Dies ist eingehend kritisiert worden (vgl. Darstellung in Oliveira 2012: 19; er verweist auf Sinha & Kuteva 1995; Wälchli 2001; Wälchli & Zúñiga 2006; Cadiot, Lebas & Visetti 2006:
182), wobei insbesondere die als zu eng eingeschätzte Zweigliedrigkeit und die
Tatsache, dass sich viele Sprachen nur schwer in dieses Schema einteilen lassen, bemängelt wird (vgl. Darstellung in Oliveira 2012: 19; er verweist auf Zlatev
& Yangklang 2004, Zlatev 2007, Bohnemeyer, Enfield & Essegby 2007, Beavers,
Levin & Tham 2010: 331). Ferner bleibt die Bedeutung des Ko-Ereignisses zum
Teil unklar, insbesondere, inwiefern dieses als „extern" im Verhältnis zu den
Komponenten 1-4 anzusehen ist. Art und Weise sowie Ursache von Bewegung
können durchaus als ggf. optionale Bestandteile von Bewegungsereignissen
aufgefasst werden, die Zusatzinformationen liefern. Mangel an klaren Definitionen in Talmys Ausführungen wird denn auch im Allgemeinen kritisiert (Zlatev
& Yangklang 2004, zitiert nach Oliveira 2012: 19) und wie am Beispiel der Kategorie Satellit gezeigt, auch von Talmy selbst diskutiert. Ferner ist zu fragen, ob
die Bezeichnung nonagentiv zwei noch einmal zu differenzierende Aspekte
vereint: Einerseits einen impliziten, jedoch identifizierbaren Verursacher. Dieser kann ggf. über Weltwissen oder aus dem Kontext erschlossen werden und ist
ggf. sprachlich zumindest angedeutet. Im Deutschen wäre dies z.B. über das
Passiv möglich. Andererseits einen nicht zu identifizierenden Verursacher, der
dementsprechend weder sprachlich indiziert noch über Kontext oder Weltwissen erschließbar wäre. Zwar können hier zum Teil Grauzonen in der Abgrenzung entstehen, je nachdem auch wie eng/weit man Verursacher fasst. Relevant
ist diese Unterscheidung aber, weil Leser bzw. Hörer im ersteren Fall vor der
Aufgabe stehen, den Verursacher zu identifizieren, um den Input erfolgreich
bzw. vollständig dekodieren zu können. Im zweiten Fall ist dies nicht notwendig. Entscheidend ist für die Zuordnung von Figur und Grund auch die Analyse-
ebene. Denkbar ist, dass diese z.B. auf Text- aber auch auf Satzebene zu anderen Zuordnungen führt.

Trotz der soeben diskutierten und als kritisch einzuschätzenden Aspekte stellt Talmys Darstellung eine umfassende Modellierung von Bewegungsereignissen dar, die grundlegend geeignet scheint für eine konzeptorientierte Analyse, da die von ihm thematisierten Komponenten im Wesentlichen zielführend sind. Dass ein solches Vorgehen ausgehend von einem onzeptorientierten Ansatz möglich ist, belegt bereits die Untersuchung von Schroeder (2009). Allerdings ist für das vorliegende Erkenntnisinteresse noch eine entsprechende Anpassung vorzunehmen. Dabei soll nicht ein ausgewähltes sprachliches Mittel (z.B. Verbstamm) fokussiert werden, sondern vielmehr die Interaktion diverser Mittel zur Enkodierung aller Komponenten von Bewegungsereignissen. Talmy liefert somit ein geeignetes Instrumentarium zur Analyse, wobei allerdings typologische Aspekte in der vorliegenden Arbeit in den Hintergrund treten.

2.3.5.3 Enkodierung von Bewegungsereignissen im Deutschen

In diesem Teilkapitel werden zunächst Erkenntnisse zur Enkodierung von Bewegungsereignissen im Deutschen aufgearbeitet. Die Ausführungen nehmen ihren Ausgangspunkt in Talmys typologischer Unterscheidung von *satellite-framed-* und *verb-framed*-Sprachen, die bereits in 2.3.5.2 eingeführt wurde. Dies erfolgt insofern, als wesentliche Forschungserkenntnisse aus Untersuchungen auf der Grundlage der Talmy'schen Überlegungen zusammenfassend dargestellt werden. Aus diesen Ausführungen sowie weiteren Forschungserkenntnissen erfolgt die Auseinandersetzung mit der Rolle von Bewegungsverben und Präpositionen für die Enkodierung von Bewegungsereignissen im Deutschen. Schließlich wird versucht, den Blick auf weitere dafür relevante sprachliche Mittel zu erweitern, indem heuristisch weitere Möglichkeiten der Enkodierung dargestellt und diskutiert werden.

Die von Talmy eingeführte sprachtypologische Unterscheidung bildet die Grundlage für zahlreiche sprachwissenschaftliche Untersuchungen (vgl. z.B. Darstellung in Oliveira 2012: 12ff.). Wesentliche Ergebnisse fokussiert auf Bewegungsereignisse stellt Tabelle 9 dar. Das Deutsche als satellite-framed-Sprache sei folglich dadurch gekennzeichnet, dass der Weg im Satelliten enkodiert ist und zusätzlich ein reiches Vokabular an Verben für das Ausdrücken der Art und Weise bereithält.

Tab. 9: Bewegungsereignisse in satellite-framed- und verb-framed-Sprachen (nach Oliveira 2012: 12ff.; eigene Darstellung)

	„satellite-framed" ⮑ Deutsch	„verb-framed"
Sprachen	– Indo-europäische Sprachen (außer romanische), Chinesisch u.a.	– Romanische Sprachen, Japanisch u.a.
Weg (als Kernschema von Bewegungsereignissen)	→ Da, wo der Weg enkodiert ist, erscheinen in der Regel auch andere semantische Kategorien (z.B. linguistischer Aspekt, also das zeitliche Schema einer Handlung, oder eine für das Ereignis zentrale Zustandsänderung)	
	– Weg im Satelliten – Leichter, Weg-Angaben zu häufen und damit komplexe Wege zu bilden	– Weg im Verbstamm – Komplexe Wege müssen fragmentiert werden
Art und Weise	– Viele Möglichkeiten, Art und Weise darzustellen, häufig im Verb enkodiert, reiches Vokabular an Verben zur Art und Weise (Bewegungsverben)	– Art und Weise wird in zusätzlichen Elementen ausgedrückt → wenn ausgedrückt, dann besonders fokussiert – Vergleichsweise wenige Instrumente, um Art und Weise auszudrücken
Lokalisierung		– Tendenz zur ausführlichen Beschreibung der statischen Szene
Landmarks	– i.d.R. viele *landmarks* explizit erwähnt	– i.d.R. wenige ‚Landmarks' explizit genannt
Informationsdichte, Genauigkeit und Rolle von Kontext-/ Weltwissen	– Informationsdichte vergleichsweise hoch, da sowohl Art und Weise als auch Weg angegeben wird – Mehr Präzision bei Darstellung von Bewegungsereignissen	– Viele Informationen weggelassen, z.B. zur Art und Weise → führt zu Auswahl und Fokussierung relevanter Informationen – Mehr Spielraum für Kontext- und Weltwissen – Inferenzfähigkeit des Hörers wird antizipiert

Das reiche Vokabular an Verben führt zu einer hohen Informationsdichte und zu größerer Präzision bei der Darstellung von Bewegungsereignissen im Vergleich zu ‚verb-framed'-Sprachen. Oliveira dies folgendermaßen zusammen, wobei hier S für Satellit steht:

> In S-Sprachen wie Deutsch werden grundsätzlich kompakte und 'dichte' Darstellungen von Bewegungsereignissen wiedergegeben: Die syntaktischen Strukturen solcher Sprachen erleichtern es, viele Details relativ leicht auszuführen. Die Tendenzen einer S-Sprache prädisponieren die Sprecher dazu, eine höhere <u>Aufmerksamkeit auf mehr Komponenten</u> der Bewegungsereignisse zu richten und diese explizit zu nennen.
>
> (Oliveira 2012: 18)

Das Deutsche ist demnach durch eine explizite und detaillierte Enkodierung verhältnismäßig vieler Komponenten von Bewegung (vgl. dazu 2.3.5.2) gekennzeichnet. Herausgestellt wurde auch bereits die Relevanz von Verben zur Enkodierung der Art und Weise. Daher wird folgend die Rolle von Verben für Bewegungsereignisse eingehender dargestellt und diskutiert.

Diersch führt 1972 (36ff.) an, dass der Begriff Bewegungsverben in anleitender Stilistik und der Lexikologie sowie in Darstellungen deutscher Grammatiken ohne weitere Definition verwendet wird. Diese Beobachtung ist auch 2014 noch aktuell (vgl. z.B. Hentschel & Vogel 2009: 299f.). Behandelt werden Bewegungs- oder auch Fortbewegungsverben (vgl. auch Ausführungen im Folgenden zur Unterscheidung) in deutschen Grammatiken dann mit Blick auf die Verwendung von *haben* und *sein* bei der Perfektbildung.[74] Doch selbst Definitionsvorschläge sind zum Teil tautologischer Art. So versteht Kempgen (2005: 100) unter Bewegungsverben im weiteren Sinne[75] solche Verben, die „eine Bewegung ausdrücken" (Kempgen 2005: 100). Allerdings werden Gruppen von Bewegungsverben unterschieden, z.B. Transportverben (Ehrich 1996) und Fortbewegungsverben (Diersch 1972: 36f.), die dann jeweils definitorisch eingegrenzt werden.

Insbesondere die Gruppe der Fortbewegungsverben als Teilgruppe der Bewegungsverben steht im Fokus wissenschaftlicher Überlegungen. Daher wird auf diese folgend näher eingegangen. Fortbewegungsverben enkodieren die „Wiedergabe eines an wechselnder Lokalität orientierten Bewegungsprozesses verschiedener Art" (Schröder 1993: 5). Für Schröder zählen zu dieser Gruppe

---

74 Auf die Verteilung von *haben* und *sein* bei der Perfektbildung wird an dieser Stelle nicht weiter eingegangen. Weiterführende Hinweise finden sich z.B. in Hentschel & Vogel 2009: 299f.; Tschander 1999; Diersch 1972: 30ff.

75 Kempgen (2005: 100) versteht unter Bewegungsverben im engeren Sinne eine Gruppe von 14 russischen Verben, die jeweils in Paaren aufeinander bezogen und morphologisch charakterisiert sind, wobei sie eine Fortbewegung im Raum beschreiben. Bewegungsverben im weiteren Sinne beziehen sich auf Grammatiken anderer Sprachen als der Russischen zur semantischen Charakterisierung von Verben.

daher all diejenigen Verben, die folgenden Prozess beschreiben: „Ein X bewegt sich (mittels Y) von einem Bereich Z_1, Z_2 dabei passierend, auf den Ort Z_3 (und ihn erreichend) durch eigene Kraft (eigenbewirkt) oder durch einen ungenannten fremden Einfluß (fremdbewirkt) fort." (Schröder 1993: 11). Fortbewegungsverben sind demzufolge solche Verben, die Bewegung im Sinne von MOVE zu enkodieren vermögen. Z_1, Z_2 und Z_3 sind ferner im Sinne der obigen Ausführungen als Quelle, Meilenstein und Ziel zu interpretieren. Entscheidendes gruppenbildendes Merkmal ist außerdem die Eigenfortbewegung des Subjekts oder die Bewegung des Subjekts durch eine unbekannte Quelle der Fremdeinwirkung (Diersch 1972: 31; Schröder 1993: 10).

Diersch (1972) zeigt, dass Fortbewegungsverben Informationen über folgende Aspekte beinhalten können:

1. Art und Weise der Bewegung
2. Geschwindigkeit der Bewegung
3. Phase(n) der Bewegung bzw. ihre zeitliche Dimension
4. Raum- und Richtungshinweise von Bewegung

Insbesondere die Art und Weise der Bewegung ist Diersch zufolge an den Inhalt bzw. die Bedeutung des einfachen Verbs, des Simplex, gebunden (Diersch 1972: 44). Ähnliches gilt für die Geschwindigkeit. Als Beispiel kann *bummeln* dienen. Es handelt sich um eine Art der Fortbewegung, im Rahmen derer sich zu Fuß ohne ein äußerlich erkennbares Ziel fortbewegt wird (Schröder 1993: 30). Ferner handelt es sich um eine langsame Art der Fortbewegung – etwa im Vergleich zu *rennen* (Diersch 1972: 42), das eine sehr schnelle Fortbewegung zu Fuß darstellt, „[...] wobei der Bodenkontakt der Füße in schneller Folge wechselt und die Arme angewinkelt sind." (Schröder 1993: 89). Folgende Beispielsätze unterscheiden sich damit aufgrund der unterschiedlichen Art und Weise sowie Geschwindigkeit der Bewegung in ihrer Bedeutung wesentlich:

a) *Ich bummelte durch die Stadt.*
b) *Ich rannte durch die Stadt.*

Entscheidend für die Bedeutungsdifferenzierung ist hierbei das Verb. In den Beispielsätzen erfolgt zudem auch die Verortung des Bewegungsereignissen in der Zeit, konkret in der Vergangenheit, mittels der Tempusform Präteritum am Verb. Allerdings weist Diersch (1972: z.B. 37ff.) auch darauf hin, dass Informationen zur zeitlichen Dimension sowie zu Raum- und Richtungsangaben häufig erst im (Verb-)Kontext geliefert werden. Sie illustriert folgende zwei Möglichkeiten: erstens Verbzusätze und zweitens Einzelwörter und Wortgruppen.

Verbzusätze, die Kontextinformationen liefern, stellen zum Beispiel Präfixe wie *weiter-* in *weiterlaufen* oder *weitergehen* dar. Einzelwörter oder Wortgruppen hingegen können als Präpositionen bzw. Präpositionalgruppen und Adverbiale Kontextinformationen liefern. So wird in den obigen Beispielsätzen die Richtung maßgeblich durch die Präpositionalphrase *durch die Stadt* bestimmt.

Ferner geht Diersch (1972: 49ff.) auch auf Möglichkeiten der Enkodierung von Bewegung ein, bei welchen Fortbewegungsverben keine bzw. lediglich eine indirekte Rolle spielen. So können auch Substantiv+Verb-Verbindungen, z.B. *sich auf den Weg machen*, Bewegungsereignisse ausdrücken; *machen* ist nicht der Gruppe der Fortbewegungsverben zuzuordnen, das Funktionsverbgefüge beschreibt dennoch eindeutig ein Bewegungsereignis. Eine weitere Enkodierung ergibt sich aus der Nominalisierung von Fortbewegungsverben, wie in *Lauf, Gang, Ritt, Fahrt*. Schließlich können Bewegungsereignisse auch ohne Verben enkodiert werden. Diersch (1972: 50f.) führt hier als Beispiel Regieanweisungen im Theater an, z.B. *schnell ab durch den Haupteingang*. Sie relativiert folglich die Rolle von Fortbewegungsverben für die Enkodierung von Bewegungsereignissen, ohne jedoch deren Spitzenposition aufzugeben: „Ein Überblick über die Sprachmittel für den Fortbewegungsvorgang zeigt, daß dem Fortbewegungsverb als der dem Vorgang adäquaten Erfassungsweise die zentrale Rolle zukommt, daß daneben aber weitere Möglichkeiten der Bezeichnung durch das Zusammenspiel der Wörter im Kontext bestehen." (Diersch 1972: 47). Genau genommen handelt es sich bei dabei m. E. um ein Postulat, da die zentrale Rolle nicht eigentlich von Diersch, z.B. in Form von umfassenden Frequenzanalyse, untersucht wird. Die Auffassung vom Verb als zentral für die Enkodierung von Bewegung soll an dieser Stelle zumindest kritisch hinterfragt. So illustrieren bereits die Ausführungen von Diersch, dass die Relevanz der Verben in Abhängigkeit von Aspekten wie Textsorte – man denke an die Regieanweisungen ohne Verben – variieren kann. Weitere relevante Kriterien könnten das Medium (mündlich vs. schriftlich) sowie allgemein die Kommunikationssituation darstellen.

Eine Untersuchung von holländischen Bewegungsverben zeigt, dass Fortbewegungsverben meist menschliche Bewegungsschemata, im Besonderen die Ortsbewegung von Menschen, ausdrücken (Levelt, Schreuder & Hoenkamp 1976: 148, bezugnehmend auf Schreuder 1976). Dass dies auch für das Deutsche gilt, belegt Schröders (1993) ,Lexikon deutscher Verben der Fortbewegung', das ca. 250 Verben der Fortbewegung[76] beinhaltet, von denen ein Großteil sich auf die Bewegung von Menschen bezieht.

Tab. 10: Verben der Fortbewegung – *sich bewegen*, *fließen*, *gehen* und *kommen* (eigene Darstellung in Anlehnung an Lexikoneinträge in Schröder 1993)

Fortbewegungsverb	betrifft	Bedeutung	Beispielsatz
sich bewegen	Etwas, selten jemand	Den Standort verändern.	Der Festzug bewegt sich durch die Straßen der Stadt.
fließen	Flüssigkeiten	Sich gleichmäßig fortbewegen.	Wasser fließt (aus dem Hahn).
gehen 1	Menschen, einige Tiere	Sich aufrecht auf Füßen schrittweise fortbewegen können. Sich im Augenblick der Betrachtung so fortbewegen.	[Es war schön bei euch.] Wir gehen [jetzt]. Affen gehen.
gehen 2	Menschen, einige große Tiere	Wie oben charakterisiert sich (meist vom Sprecher weg) zielgerichtet und ohne spezifische Geschwindigkeitsmerkmale fortbewegen.	Sie ging (aus ihrem Zimmer)/ (aus dem Haus)/ (vom Platz).
gehen 3	Jemand	Jmd. überwindet (sportlich) mit o.g. Art der Fortbewegung eine bestimmte Distanz.	Er geht [heute nicht] die 50 km, sondern die 20 km.
kommen 1	Menschen, Tiere	Sich mit oder ohne Verkehrsmittel (meist) auf den Sprecher zu bewegen.	Der Zug / Das Schiff/ Das Flugzeug kommt.
kommen 2	Menschen, Tiere, Verkehrsmittel	Sich unter Angabe des jeweiligen lokalen Bereichs auf den nicht genannten Sprecherstandpunkt fortbewegen.	Das Reh kommt aus dem Wald. Peter kam in den Garten.

Folgend werden zur Illustration die Verben *sich bewegen*, *fließen*, *gehen* und *kommen* vorgestellt (vgl. auch Tabelle 10). So ordnet Schröder jeweils zu, wer

---

76 Es handelt sich hierbei um Simplicia (selbstständige Verben ohne Präfixe oder Ähnliches). Schröder (1993: 156ff.) geht in seinem Anhang noch auf Verben mit Adverbialzusatz oder Präfix ein, die das Merkmal „Eigenfortbewegung" enthalten.

bzw. was sich bewegt oder bewegt wird und erläutert, wie sich das Verb semantisch charakterisieren lässt. Im Fall von *fließen* etwa handelt es sich um Flüssigkeiten, die sich gleichmäßig fortbewegen, z.b. *fließt* das Wasser. *Kommen* können hingegen Menschen, Tiere und Verkehrsmittel, aber nicht Flüssigkeiten.

Für die Ausführungen von Schröder (1993) stellt sich allerdings die Frage, auf welcher Basis die Einträge verfasst sind. Leider werden diesbezüglich keine Angaben gemacht, etwa ob die Einträge auf Grundlage korpuslinguistischer Untersuchungen erarbeitet worden sind. Für *bewegen* wird angegeben, dass „Etwas", „Selten jemand" sich bewegt. Unklar ist, ob als jemand sowohl Menschen als auch Tiere zu verstehen sind, wie z.B. für *kommen 1* angegeben. Eine Abfrage des DWDS[77]-Kernkorpus zu *bewegen* ergibt 12588 Treffer. Eine Analyse der ersten zwanzig Treffer ergibt, das elf sich nicht auf Fortbewegung im obigen Sinne beziehen, z.b. in *Die Regierung werde sich durch Streikdrohungen nicht zu einer Änderung ihrer Haltung bewegen lassen* (Treffer Nr. 4). Von den neun übrigen beziehen sich fünf auf ‚Etwas', z.b. auf *Verkehr* (Treffer 11) und *Materieteilchen* (Treffer 20). Vier beziehen sich auf ‚Jemanden', z.b. auf *Mädchen* (Treffer 19) und *Mutter* (Treffer 14). Zwar handelt es sich um eine sehr kleine Stichprobe, aber für diese zeigt sich, dass ‚Jemand' im Verhältnis zu ‚Etwas' zumindest nicht selten auftritt. Es finden sich keine Beispiele für die Bewegung von Tieren, sondern ausschließlich von Menschen bzw. in einem Fall nicht näher spezifizierte *Wesen* (Treffer 3). Eine Abfrage zu *bewegen tiere* in Google ergibt 6.770.000 Ergebnisse.[78] Bereits eine oberflächliche Sichtung zeigt aber, dass in zahlreichen Treffern Tierbewegung im Sinne von Fortbewegung gemeint ist, z.b. *Wie bewegen sich Tiere im Wasser?*, *Wie sich Mensch und Tier bewegen*, *Die meisten Tiere können sich aktiv bewegen*. Folglich müssten im Lexikoneintrag in Anlehnung an *kommen 1* Tiere und Menschen als betreffende Akteure aufgeführt werden.

Die Verben *sich bewegen*, *fließen*, *gehen* und *kommen* sind mit Jacob (1998: 178) als Verben aus dem Grundwortschatz zu bezeichnen, sie werden jedoch auch häufig in fachsprachlicher – und damit spezifischer(er) – Bedeutung verwendet. Der typische Übertragungsweg besteht dabei im Übergang von der wörtlichen Bedeutung, in der Regel der Bewegung des menschlichen Körpers, zur historisch jüngeren metaphorischen Bedeutung (Jacob 1998: 178). Nimmt

---

77 Das Digitale Wörterbuch der deutschen Sprache (DWDS) stellt ein Wortauskunftssystem zur deutschen Sprache in Geschichte und Gegenwart dar. Weitere Informationen finden sich unter http://www.dwds.de. Die Abfrage wurde am 30.03.2014 gestellt, die Trefferanzeige erfolgte zufällig.
78 Die Abfrage wurde am 30.03.2014 gestellt.

man erneut das Beispiel *fließen* im Beispielsatz *Der Strom fließt*, so ist kaum zu bestreiten, dass Strom keine Flüssigkeit darstellt, sondern es sich hier um eine metaphorische Verwendung, sowie auch um ein durchaus gängiges (fachsprachliches) Funktionsverbgefüge handelt. Dies bedeutet gleichzeitig, dass im schulischen Kontext auch jeweils im Einzelfall zu klären wäre, welche Verben aus dem Grundwortschatz der Fortbewegungsverben in welcher Bedeutung verwendet werden.

Aus den Ausführungen zum Thema (Fort-)Bewegungsverben ergibt sich, dass sie nur für einen Teil des oben erarbeiteten Bewegungskonzeptes greifen, nämlich für den auf Dynamik fokussierten MOVE-Bereich. Und bereits Diersch (1972: 34) weist darauf hin, dass zur Versprachlichung von (Fort-)Bewegung alle Wortarten bzw. eine Vielzahl sprachlicher Mittel verwendet werden. Es stellt sich darüber hinaus die Frage, inwiefern diese Verben in den zu untersuchenden fachlichen Kontexten greifen bzw. in welcher Bedeutung sie verwendet werden.

Neben den Verben der (Fort-)Bewegung wird auch die Rolle der Präpositionen im Deutschen für Bewegungsereignisse hervorgehoben, wobei deren Bedeutung im Gegensatz zu Bewegungsverben insbesondere zur Lokalisierung hervorgehoben wird (z.B. Becker 1994: 33; Berthele 2004: 4): „Entscheidend ist, dass die räumliche Relation, also das, worum es im Lokalisierungsausdruck in zentraler Weise geht, im deutschen in den Präpositionen sowie in der von der Präposition regierten NP steht." (Berthele 2004: 4).[79]

Becker hat sich im Rahmen eines konzeptorientierten Ansatzes eingehend mit dem Raumkonzept, hier insbesondere mit Lokalisierung, auseinandergesetzt (Becker 2012; Becker 1994; Becker & Carroll 1997), wobei sie sich inhaltlich, nicht terminologisch, an Talmys Ausführungen anlehnt bzw. auf diesen aufbaut. Als sprachliche Mittel mittels derer Lokalisierungen durchgeführt werden, führt sie lokale Nomina, lokale Adpositionen (Prä- oder Postpositionen), lokale Adverbien und Kasusmarkierungen an; Bewegungsverben schließt sie im Rahmen ihrer Analyse aus (Becker 1994: 33). Dabei zeigt sich ein starker Fokus vor allem auf Prä- und Postpositionen.

Die obigen Ausführungen stellen die Rolle der Verben sowie der Präpositionen für die Enkodierung von Bewegungsereignissen heraus. Zu fragen ist aber, ob nicht vielmehr das Zusammenspiel dieser sowie weiterer sprachlicher wie nicht-sprachlicher Mittel für die Enkodierung relevant sind. Dies könnte insbe-

---

79 Die Abkürzung NP im Zitat steht für Nominalphrase.

sondere auch für die Unterscheidung von medial mündlich und medial schriftlich gelten.

2.3.5.4 Theoretisches Modell zur Analyse von Bewegungsereignissen

In der folgenden Abbildung 17 wird daher eine heuristische Annäherung mit
möglichst großer Reichweite versucht, wobei hier zunächst die Text-, Satz- und
Wortebene unterschieden werden.

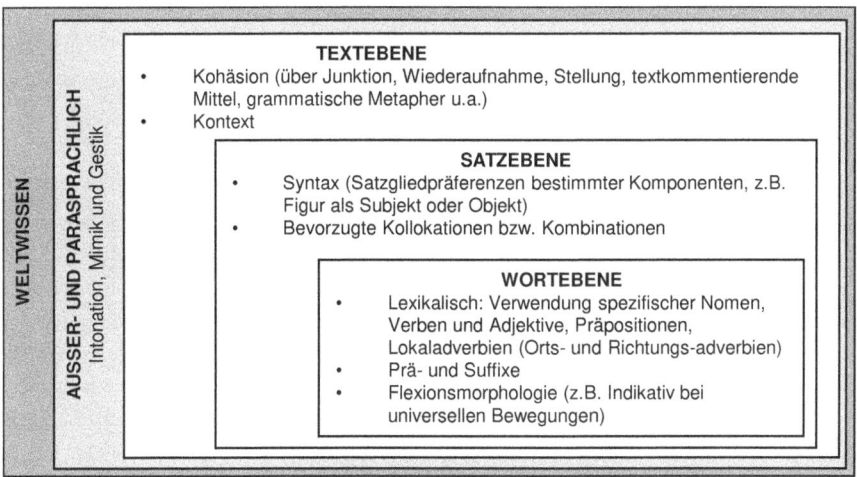

Abb. 17: Versprachlichung des Bewegungskonzepts

Ein Wort kann im Rahmen dieser heuristischen Annäherung aus einem oder
mehreren Morphemen bestehen. Ein Satz besteht aus einem oder mehreren
Wörter, die eine in sich geschlossene Einheit bilden. Ein Text wiederum stellt
eine in der Regel längere zusammenhängende Äußerung dar. Tatsächlich ist
insbesondere die Abgrenzung von Text und Satz nicht ganz unproblematisch.
Eine Unterscheidung dieser drei Ebenen scheint angebracht, da jede Ebene mit
je spezifischen Möglichkeiten der Enkodierung einhergeht und dies für die Analyse zu berücksichtigen ist. Dabei schließt die Satzebene die Möglichkeiten der
Enkodierung auf Wortebene ein. Die Textebene wiederum schließt die Möglichkeiten der Enkodierung von Satz- und Wortebene ein. Hinzu kommt schließlich
eine außer- bzw. parasprachliche Ebene. Mittel stellen hier Intonation, Mimik
und Gestik dar. Es wird angenommen, dass diese wesentlich zur Enkodierung
von Bewegungsereignissen beitragen können. Einen Einfluss darauf, ob und in

welcher Art und Weise dies geschieht hat dabei die Kommunikationssituation. In einer medial wie konzeptionell schriftlichen Kommunikationssituation können z.B. Abbildungen auf dieser Ebene agieren. In einem medial wie konzeptionell mündlichen Gespräch zwischen sich kennenden Personen etwa könnte der Ausruf „Da hin." mittels entsprechender Gestik (☞) überhaupt erst verständlich werden. Insbesondere die außer- bzw. nicht-sprachliche Ebene kann dabei die sprachliche Enkodierung von Bewegungsereignissen nicht nur unterstützen, sondern sogar vollständig ersetzen. Für die Enkodierung – sprachlich wie nicht-sprachlich – kommt dem Weltwissen, hierunter auch dem Sprachwissen, zudem eine entscheidende Rolle zu.

Wort-, Text- und Textebene werden an dieser Stelle noch näher charakterisiert. Auf Wortebene stellt ein wesentliches Mittel die Enkodierung von Komponenten eines Bewegungsereignisses über Wortbedeutungen dar. Dies gilt nicht nur für die Wortarten Nomen, Verb und Adjektive, im Sinne von *Lauf, laufen, laufend*). Hinzu kommen Präpositionen wie *in* und Lokaladverbien wie *dort*. Ferner spielen, wie bereits mit Hilfe der Ausführungen von Talmy gezeigt, auch Prä- und Suffixe eine wesentliche Rolle im Deutschen. Weiterhin ist die Flexionsmorphologie aufzuführen, die z.B. über den Tempusgebrauch aspektuelle Informationen beinhaltet. Auf Textebene sind insbesondere die Syntax und hier Satzgliedpräferenzen bestimmter Komponenten von Bewegungsereignissen zu verorten. So tritt die Figur in der Regel als Subjekt oder Objekt in Erscheinung. Relevant ist für die Satzebene zudem die Verwendung bevorzugter Kollokationen, z.B. im Sinne von Funktionsverbgefügen (*Zähne putzen*, nicht **Zähne waschen*). Auf Textebene treten schließlich Mittel der Köhäsionsherstellung, wie pronominale Verweise, hinzu. Schleppegrell (2004: 117f.) führt den Begriff der „grammatischen Metapher" ein. Darunter versteht sie die Rekonstruktion von Prozessen – in der Regel enkodiert in Verben – in Form von Nominalisierungen, wobei die Agenten des Prozesses entrücken: „Using *explore* as a verb in a clause requires a subject, so someone has to be named as the one who *explores*. Using *exploration*, on the other hand, does not require an agent, as the process itself can serve as the subject of a clause." (Schleppegrell 2004: 118). Diese grammatische Metapher kommt insbesondere in wissenschaftlichen Texten zum Einsatz, die damit abstrakter werden. Auf Textebene spielt zudem der Kontext eine wesentliche Rolle; *es* kann nur sinnvoll analysiert werden, wenn der vorhergehende Satz miteinbezogen wird, aus dem zu erschließen ist, dass es sich um ‚*das Blut*' handelt.

An dieser Stelle erfolgt der Versuch, ein theoretisches Modell zur Analyse von Bewegungsereignissen, das auf der Propositionsebene agieren soll, aus den obigen Ausführungen abzuleiten. Als Proposition wird der semantische Gehalt einer Äußerung aufgefasst. Im Rahmen der vorliegenden Untersuchung handelt es sich bei einem Bewegungsereignis um eine Proposition. Da innerhalb eines Satzes auch mehrere Bewegungsereignisse enkodiert werden können und weil sich ferner bei der Analyse des SFI die Identifizierung von satzwertigen Äußerungen nicht unproblematisch gestalten kann, werden Propositionen analysiert.

Tab. 11: Analyseraster; eigene Darstellung

Bewe- **gungs(teil)ereignis**	– Bewegung von Objekten MOVE – Verortung eines Objektes BE_{LOC}
Aktanten	– Bewegte Figur – Verursacher der Bewegung (implizit nonagentiv oder nicht-identifizierbar nonagentiv, selbst-agentiv, agentiv) – Referenzobjekte
Weg	– Quelle/Ursprung – Meilenstein$_1$, Meilenstein$_2$, Meilenstein$_n$ – Ziel – Unspezifisch → Weg ohne Quellen-/Ursprungs-/Meilenstein-spezifizierung/ Grund
Spezifizierung der **Bewegung**	– Art und Weise – Ursache – Richtung (allgemein bzw. ≠ Axen und ≠ relativ zur Figur/ zum Sprecher) – Richtung der Bewegung (Axen: Vertikale → ←, Transversale → ←, Laterale → ← – Richtung relativ zum Sprecher/ zur Figur (in Abhängigkeit zum Sprecher/ zur Figur entweder zum Sprecher/ zur Figur hin ← oder vom Sprecher/ von der Figur weg → – Geschwindigkeit (schnell, langsam, unspezifisch)
Zeit/Phase	– Zeit (Zeitpunkt/ Verortung in der Zeit, Zeitspanne – z.B. auch iterativ) – Phase (der Bewegung – Beginn, unbestimmt in Bewegung, Ende)

Tabelle 11 stellt dieses zusammenfassend dar. Grundlegend sind dafür die von Talmy identifizierten Komponenten. Für eine konzeptorientierte Analyse von Bewegung wäre demnach zunächst zu analysieren, ob es sich um eine Bewegung im Sinne von MOVE oder im Sinne von BE_{LOC} handelt. Ferner sind die Aktanten zu identifizieren. Dies betrifft Figur(en) und (ggf. implizite) Referenzobjekte. Im Unterschied zu Talmy werden an dieser Stelle im Hinblick auf das

Konzept Bewegung solche Aktanten unterschieden, welche bewegt werden (Figur, bewegte) und solche, welche bewegen (Verursacher), wobei diese identisch sein können (selbst-agentive Figur), aber nicht müssen. Weiterhin wird der Weg der Figur – entgegen Talmys Position – mittels Bestimmung von Quelle(n), ggf. Meilensteinen und Ziel(en) nachgezeichnet. Denkbare wäre aber auch, dass diese implizit sind und inferiert werden müssen. Zudem sind Überschneidungen mit Referenzobjekten und Wegkomponenten erwartbar. Die Spezifizierung der Bewegung erfolgt einerseits (fakultativ) über Hinweise zur Art und Weise sowie Ursache der Bewegung. Darüber hinaus ist die Richtung der Bewegung mittels Bezugnahme auf die Achsen (Vertikale, Transversale und Laterale) zu beschreiben. Es stellt sich die Frage, mit welchen sprachlichen Mittel diese Informationen enkodiert werden, wobei anzunehmen ist, dass Informationen auch mehrfach kodiert werden können.

2.3.6 Zusammenfassung

In diesem Kapitel 2.3 wurden zunächst die Grundlagen funktionaler Ansätze zur Sprachbetrachtung dargestellt. Demzufolge ist die Hauptfunktion von Sprache Kommunikation, und formale Aspekte von Sprache entwickeln sich in einem engen Zusammenspiel mit der Bedeutung, welche durch sie ausgedrückt wird. Dabei spielen externe Faktoren - z.B. biologische und soziokulturelle - eine wesentliche Rolle. Daran anschließend wurde der konzeptorientierte Ansatz als ein funktionaler vorgestellt. Er geht davon aus, dass übersprachlich Konzepte existieren, z.B. Temporalität/Zeit, die jedoch ggf. in verschiedenen Sprachen unterschiedlich enkodiert werden. Der vornehmlich in der Zweitspracherwerbsforschung verwendete Ansatz wird in zwei Stufen umgesetzt. In einem ersten Schritt wird ein Konzept modelliert, im zweiten Schritt werden Sprachdaten im Hinblick darauf analysiert. Es wurde ferner dafür plädiert, dass der Ansatz im Sinne der in 2.2.4 formulierten Frage geeignet ist zu untersuchen, wie fachliche Inhalte sprachlich getragen werden. Im Anschluss daran erfolgte die Modellierung des Konzeptes Bewegung in 2.3.5. Sie ist demzufolge Teil räumlicher Konzepte, wobei in der Regel eine Lokalisierung der Bewegung vorausgeht oder nebengeordnet ist. Weiterhin wurden vorliegende Erkenntnisse zur Enkodierung von Bewegungsereignissen im Deutschen aufgearbeitet. Dabei zeigt sich eine Fokussierung auf einzelne Aspekte bzw. sprachliche Mittel wie Präpositionen und Bewegungsverben. Eine solche Einschränkung erschien für das vorliegende Erkenntnisinteresse zu eng. Aufgrund dessen wurde ein heuristisches Modell vorgestellt, das Wort-, Satz- und Textebene für die Enkodierung von

Bewegungsereignissen berücksichtigt und eine zu frühe Verengung der Analyse verhindern soll. Abschließend wurde auf Basis aller theoretischen Ausführungen des Kapitels ein Raster zur Analyse von Bewegungsereignissen auf Propositionsebene vorgestellt.

Da angenommen wird, dass der Kontext Einfluss auf die Enkodierung hat und der jeweilige fachliche Inhalt als Teil dieses Kontext anzusehen ist, wird im Folgenden ein fachliches Thema bearbeitet, im Rahmen dessen Bewegung eine wesentliche Rolle spielt. Ausgewählt wurde das Fach Biologie und das Thema „Blut- und Körperkreislauf". Im Anschluss an die Darstellung fachlicher Inhalte wird das soeben vorgestellte Bewegungskonzept heuristisch auf dieses bezogen.

2.4 Unterrichtsthema: Das menschliches Kreislaufsystem

Die Ausführungen in 2.2. und 2.3 haben aufgezeigt, dass Sprache und Inhalt einander stets bedingen. Aufgrund dessen muss eine Analyse der Sprache als Teil der Wissensvermittlung und -aneignung in der Schule auch den Kontext und die fachlichen Inhalte berücksichtigen. Folglich ist neben der theoretischen Aufarbeitung sprachwissenschaftlicher Aspekte wie sie in 2.3.5 vorgestellt wurde auch eine eingehende Auseinandersetzung mit fachlichen Inhalten notwendig. Diese ist Gegenstand des vorliegenden Kapitels. Für das fachliche Thema ergeben sich zwei Anforderungen:
1. Das zu untersuchende Konzept der Bewegung sollte für das ausgewählte Thema zentral sein.
2. Das Thema sollte für den schulischen Kontext relevant sein.

Ausgewählt wurde das biologische Thema „Das menschliche Kreislaufsystem". Dass das Konzept der Bewegung für diesen fachlichen Zusammenhang zentral ist, lässt sich bereits am Terminus Kreislauf festmachen, wird aber im Folgenden noch weiter ausgeführt. In einem ersten Schritt steht in 2.4.1 daher die fachwissenschaftliche Aufarbeitung des Themas mit Fokus auf die zentralen Unterthemen Blut, Herz sowie Kreislauf- und Gefäßsystem im Vordergrund. Ferner wird davon ausgegangen, dass es sich auch um ein für den schulischen Kontext, genauer den Biologieunterricht[80], relevantes Thema handelt. Dies zu

---

80 Es finden sich unterschiedliche Fächerbezeichnungen, denen biologische Themen zugeordnet werden. Neben Biologie sind zum Beispiel MNT (Mensch Natur Technik), oder die Fächerkombination Physik/Chemie/Biologie u.a. gängig. Folgend wird ausschließlich der Terminus Biologie bzw. Biologieunterricht verwendet.

belegen ist Gegenstand der Ausführungen in 2.4.2. Es wird eine Fragen-geleitete Dokumentenanalyse von Lehrplänen aus sechs Bundesländern durchgeführt, da Lehrpläne[81] in ihrer Funktion als Instrumente staatlicher Regulierung (Christ 2010: 187) Ziele, Inhalte und Methoden eines Faches offiziell eingrenzen und festschreiben. Damit haben sie einen wesentlichen Einfluss auf Unterricht und können Informationen dazu liefern, ob und in welchem Umfang das ausgewählte Thema im schulischen Kontext relevant ist.

Damit legt dieses Kapitel die Grundlagen für eine Verknüpfung des Konzeptes Bewegung und der fachlichen Inhalte des Themas „Das menschliche Kreislaufsystem". Eine solche erfolgt anschließend in Kapitel 2.5 zunächst theoretisch und heuristisch. Die Untersuchung der so gewonnenen Hypothesen an empirischen Daten schließlich ist Teil der Hauptanalyse.

2.4.1 Das menschliche Kreislaufsystem

Folgend steht die die fachwissenschaftliche Aufarbeitung des Themas „Das menschliche Kreislaufsystem" im Vordergrund. Eine Sichtung einschlägiger Grundlagenwerke[82] (Engele 2010; Aust 2010; Campbell & Reece 2009; Clauss & Clauss 2009; Menche 2003) ergibt, dass hierfür unterschiedliche Aspekte relevant sind, insbesondere sind Stoffaustausch, Atmung, Blut, Herz sowie Kreislauf- und Gefäßsystem zu nennen. Da Stoffaustausch und Atmung häufig als gesonderte Teilthemen behandelt werden, wird der Fokus auf die Teilthemen Blut, Herz sowie Kreislauf- und Gefäßsystem gelegt und diese eingehend aufgearbeitet.

2.4.1.1 Blut

Das menschliche Blut besteht zu etwa 40 bis 45 % aus festen Bestandteilen, den Blutzellen (bzw. Blutkörperchen, Aust 2010: 133), und zu etwa 55 bis 60 % aus

---

81 Im Unterschied dazu wird unter Curriculum eine „[...] auf eine bildungstheoretisch begründete, mit den Mitteln der Wissenschaft entwickelte und durch eine ständige Revision an die wechselnden Anforderungen der Gesellschaft angepasste und öffentlich verantwortete Darstellung dessen, was und wie unter welchen Bedingungen gelehrt und gelernt werden soll" (Hofer 2010: 40) verstanden.

82 „Einschlägig" bezeichnet hier Literatur, die im Kontext der BiologielehrerInnenausbildung an deutschen Hochschulen verwendet wird. Die Auswahl wurde in Rücksprache mit zwei Expertinnen, die u.a. auch Biologielehrerinnen sind, getroffen.

flüssigen Bestandteilen, dem Blutplasma (Menche 2003: 216), wobei sich die Blutzellen im Plasma verteilen (Campbell & Reece 2009: 1259).

Wesentliche Aufgaben des Blutes sind die folgenden (Menche 2003: 218):

- Transportfunktion: Blut befördert z.b. Sauerstoff und Nährstoff.
- Abwehrfunktionen: Ein Teil der Blutzellen fungiert als Abwehrzellen.
- Wärmeregulationsfunktionen: Ständige Blutzirkulation ermöglicht eine gleichbleibende Körpertemperatur.
- Blutgerinnung: Mittels Blutgerinnung sorgt das Blut für eine Abdichtung von Gefäßwanddefekten.
- Stabilisierung des pH-Wertes: Im Blut enthaltene Puffersysteme gleichen Schwankungen des pH-Wertes aus.

Bei erwachsenen Menschen wird Blut hauptsächlich im Knochenmark gebildet (Aust 2010: 135). Dabei stammen alle Blutzellen von einer multipotenten hämatopischen Stammzelle, die sich in jede Blutzelle entwickeln kann (Aust 2010: 134). Betrachtet man die Zusammensetzung des Blutes eingehender, so lassen sich die Blutzellen weiterhin in drei Gruppen unterteilen: Bei den Erythrozyten handelt es sich um die so genannten roten Blutkörperchen, welche vor allem Sauerstoff und Kohlenstoffdioxid transportieren (Menche 2003: 218). Sie beinhalten Hämoglobin, ein eisenhaltiges Protein (Campbell & Reece 2009: 1260), welches ihnen die typisch rote Farbe gibt (Menche 2003: 221). Leukozyten, auch weiße Blutkörperchen genannt, dienen vornehmlich der „Abwehr von Krankheitserregern und sonstigen körperfremden Stoffen" (Menche 2003: 219), meist indem sie Mikroorganismen sowie auch Überreste körpereigener Zellen einschließen und verdauen (Campbell & Reece 2009: 1260), und lassen sich in die drei Gruppen Granulozyten, Lymphozyten und Monozyten aufteilen (Menche 2003: 219). Diese werden auch zwei Systemen der Immunabwehr zugeordnet: dem unspezifischen, angeborenen System und dem spezifischen, erworbenen bzw. adaptiven System, dem die T- und B-Lymphozyten zuzuordnen sind, die fremde und eigene Antigene unterscheiden können (Aust 2010: 138). Die Leukozyten befinden sich im Gegensatz zu Erythrozyten auch außerhalb des Kreislaufsystems und zwar in der interstitiellen Flüssigkeit, also der Flüssigkeit in den Zellzwischenräumen, sowie in der Lymphflüssigkeit (Campbell & Reece 2009: 1261). Damit ist sichergestellt, dass sie ihre Aufgaben für die Immunabwehr im gesamten Körper erfüllen können. Die dritte Gruppe von Blutzellen, die Thrombozyten (auch Blutplättchen genannt) sind an der Blutgerinnung beteiligt (Menche 2003: 219). Bei der Blutgerinnung (auch Hämostase genannt) greifen drei Reaktionsabläufe ineinander: Zunächst wird durch eine Verengung des verletzten Blutgefäßes und durch das Zusammenrollen des Gefäßendothels (innere Gewebsschicht der Gefäße) der Blutverlust vermindert. Neben dieser Gefäßreaktion erfolgt eine Blutstillung durch kurzzeitigen Verschluss der Wunde mittels eines Thrombozytenpropfes. Ein langfristiger Verschluss der Wunde wird schließlich durch die Bildung eines Fibrinfasernetzes erreicht (Menche 2003: 227).

Blutplasma besteht zu 90% aus Wasser, zu 8% aus Proteinen, welche u.a. als Transportvehikel dienen, zur Blutgerinnung beitragen und Abwehrfunktionen erfüllen, sowie zu 2% aus weiteren Substanzen wie Ionen, Glukose, Vitaminen, Hormonen, Enzymen u.a. (Menche 2003: 220). Das Wasser dient vornehmlich als Lösungsmittel (Campbell & Reece 2009: 1260). Bei den Proteinen unterscheidet man zwischen Albumin, das zu 60% im Blutplasma vorkommt, und den Globulinen (α_1, α_2, β und γ), welche zu 40% im Blutplasma zu finden sind (Aust 2010: 133). Albumin spielt eine entscheidende Rolle für das Aufrechterhalten des osmotischen Druckes (Aust 2010: 133). Globuline übernehmen Abwehrfunktionen (Campbell & Reece 2009: 1260).
Jeder Mensch besitzt eine der vier Blutgruppen A, B, AB und 0:

> Im Blutplasma von Menschen mit den Blutgruppen A, B und 0 befinden sich Antikörper gegen die Antigene auf den Erythrozytenoberflächen der jeweils *anderen* Blutgruppen. So enthält Plasma der Blutgruppe A Antikörper gegen Erythrozyten der Blutgruppe B (kurz: Anti-B) und umgekehrt. Plasma der Blutgruppen 0 enthält Antikörper gegen Blutgruppe A und B sowie AB (also Anti-A und Anti-B). Nur Plasma der Blutgruppe AB ist frei von solchen Antikörpern.
>
> (Menche 2003: 223)

Antigene sind unterschiedliche Oberflächenstrukturen auf den roten Blutkörperchen, mit A bzw. B benannt. Bei der Blutgruppe 0 gibt es sie nicht. Auch wenn bei der Transfusion von Blut eine passende Blutgruppe verwendet wird, kann es zu Unverträglichkeitsreaktionen kommen. Darüber hinaus besteht auch immer ein Infektionsrisiko (Menche 2003: 224).

2.4.1.2 Herz

Das Herz ist ein „[...] in zwei Hälften geteilter Hohlmuskel, der den Blutstrom antreibt." (Menche 2003: 233). Es liegt zwischen den beiden Lungenflügeln im Mediasinum, dem Mittelfell (Menche 2003: 234). Das menschliche Herz ist etwa faustgroß und wiegt circa 300 Gramm (Menche 2003: 235; Clauss & Clauss 2009: 247).

Durch die Herzscheidewand wird es in zwei Teile geteilt: Eine rechte Herzhälfte, welche sauerstoffarmes Blut aus dem Venensystem des Körpers aufnimmt und in den Lungenkreislauf pumpt, wo es mit Sauerstoff angereichert wird. Und eine linke Herzhälfte, in die das Blut aus der Lunge gelangt und dann über die Aorta zurück in den Körperkreislauf gepresst wird (Menche 2003: 234). Jede Herzhälfte teilt sich in einen kleinen muskelschwachen Vorhof (Atrium) und eine Kammer (Ventrikel): Blut wird von den Vorhöfen in die Kammern und aus den Kammern in die Lungenschlagader und die Aorta geleitet (Menche 2003: 235). Zwischen den Vorhöfen und Kammern befinden sich so genannte Segelklappen, die Mitralklappe und die Trikuspidalklappe, welche ein Zurückfließen des Blutes aus der Kammer in die Vorhöfe verhindern (Menche 2003: 235). Auch zwischen den Kammern und den großen Schlagadern befinden sich Klappen, die Pulmonal- und die Aortenklappe, welche ebenfalls ein Zurückfließen des Blutes verhindern. Sie werden Taschenklappen genannt (Menche 2003: 236; siehe auch Abbildung 18).

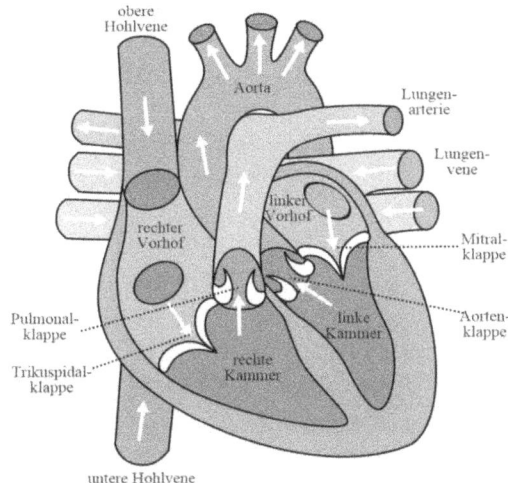

Abb. 18: Das menschliche Herz[83]

Die Herzwand gliedert sich in drei Schichten: das Endokard, eine dünne Endothelschicht, die den gesamten Innenraum des Herzens auskleidet, das Myokard, welches die arbeitende Herzmuskelschicht ist, durch deren Kontraktionen das Blut hinausgedrückt wird und das Epikard, die Herzaußenhaut (Menche

---

83 http://commons.wikimedia.org/wiki/File:Diagram_of_the_human_heart_(cropped)_de.-svg?uselang=de (31.08.2014).

2003: 238). Das Herz selbst wird wie andere Organe auch mit Blut versorgt. Dies geschieht über die Koronararterien (Menche 2003: 250f.).

Typischerweise schlägt das Herz 70-mal pro Minute (Menche 2003: 249). Jeder Herzzyklus[84], bei dem sich der Blutdruck in den weiteren Kreislauf ausbreitet, besteht dabei aus Diastole und Systole: Die Diastole besteht aus zwei Phasen, der Entspannungs- und der Füllungsphase: Zuerst führt die Entspannung des Myokards zur Senkung des Kammerdrucks und alle Klappen sind geschlossen. In der daran anschließenden Füllungsphase sinkt der Kammerdruck weiter bis unter den Vorhofkammerndruck – die Segelklappen öffnen sich und das Blut strömt aus den Vorhöfen in die Kammern. Die Segelklappen schließen sich. Auch die Systole teilt sich in zwei Teilphasen, in Anspannungs- und Austreibungsphase. In ersterer sind die Kammern mit Blut gefüllt, die Segel- und Taschenklappen sind geschlossen. Durch Anspannung des Myokards wird auf das Blut Druck ausgeübt. In der daran anschließenden Austreibungsphase übersteigt der Druck in den Kammern den Druck in den beiden Hauptschlagadern. Dadurch werden die Taschenklappen aufgestoßen und Blut in die Arterien getrieben. Gegen Ende dieser Teilphase schließen sich die Taschenklappen erneut. (Menche 2003: 240)

Das Herz arbeitet autonom, da der Antrieb für die Herztätigkeit im Herzen selbst liegt (Menche 2003: 242). Dies wird als Autorhythmie bezeichnet (Campbell & Reece 2009: 1251). Ermöglicht wird dies durch ein System spezieller Herzmuskelzellen, welche Erregungen bilden und weiterleiten (Menche 2003: 242). Eine entscheidende Rolle spielt dabei der Sinusknoten, von welchem in der Regel alle Erregungen des Herzens ausgehen (Menche 2003: 242). Sie werden am AV-Knoten verzögert und wandern über das His-Bündel weiter zur Herzspitze, wo sich die Signale mittels der Purkinje-Fasern über die Ventrikel ausbreiten (Campbell & Reece 2009: 1251). In diesem Erregungsleitungssystem ist es in der Regel der Sinusknoten, der die Herzfrequenz bestimmt (Menche 2003: 242). Während der Plateauphase kann kein neues Aktionspotenzial am Sinusknoten ausgelöst werden; die Refraktärzeit ist hier länger als in Neuronen und beträgt 200–300 ms (Clauss & Clauss 2009: 250). Die Stromflusskurve des Herzens, welche an Brustwand, Armen und Beinen gemessen werden kann, heißt Elektrokardiogramm (kurz EKG) und ermöglicht es, den Herzrhythmus zu beurteilen und so z.B. Herzrhythmusstörungen aufdecken (Menche 2003: 243).

---

84 Der Vorhofzyklus wird hier nicht weiter betrachtet.

2.4.1.3 Kreislauf- und Gefäßsystem

Das Herz bildet gemeinsam mit den Blutgefäßen als Transportwegen das Herz-Kreislauf-System: Es versorgt alle Zellen des Körpers mit Sauerstoff und Nährstoffen und sorgt gleichzeitig für den Abtransport von Stoffwechselprodukten wie Kohlendioxid und von Stoffen, die ausgeschieden werden müssen (Menche 2003: 255; Clauss & Clauss 2009: 244). Als Transportmittel fungiert hierbei das Blut (Clauss & Clauss 2009: 244). Eine weitere wichtige Funktion des Gefäßsystems ist die Temperaturregulation, indem es mittels verschiedener Mechanismen dazu beiträgt, die Körperkerntemperatur möglichst konstant zu halten (Menche 2003: 269).

Im menschlichen Gefäßsystem fungieren verschiedene Blutgefäße als Transportwege: Arterien und Venen. Sie enthalten einen zentralen Hohlraum, auch Lumen genannt, (Campbell & Reece 2009: 1252) und ihre Wand wird aus den drei Schichten Tunica externa, Tunica media und Tunica intima[85] gebildet (Engele 2010: 118). Unterschiede ergeben sich in der Ausprägung der einzelnen Wandschichten. So ist die gut ausgebildete Tunica media der Arterien dadurch gekennzeichnet, dass sie neben glatten Muskelzellen auch elastische Fasern enthält. Diese sorgen, vor allem in Arterien elastischen Typs[86], für einen kontinuierlichen Blutfluss (auch Windkesselfunktion genannt; Engele 2010: 119f.). Die Tunica media der Venen hingegen, die insgesamt schwach ausgebildet ist, enthält glatte Muskelzellen und Kollagenfasern (Engele 2010: 119). Die Arterien führen das Blut, das vom Herzen weg strömt (Menche 2003: 256). Das arterielle System verfügt wie bereits erläutert über sehr elastische Gefäßwände, welche die vom Herz erzeugten Druckschwankungen dämpfen und somit als Druckreservoir fungieren (Clauss & Clauss 2009: 261). Sie führen im Körperkreislauf sauerstoffreiches, im Lungenkreislauf sauerstoffarmes Blut. Die Aorta ist die größte Schlagader des Körpers, die sich in andere große Schlagadern, die Arterien und schließlich kleinere Äste, Arteriolen, verzweigt. Die Venen hingegen führen das Blut zum Herzen (Menche 2003: 256). Der venöse Blutdruck ist niedrig und die Strömungsgeschwindigkeit gering (Clauss & Clauss 2009: 263). Die Venen enthalten im Körperkreislauf sauerstoffarmes und im Lungenkreislauf sauerstoffreiches Blut. Dabei vereinen sich die kleineren Venolen zu immer größeren Venen, bis hin zu den beiden größten Venen, der unteren und der

---

85 Ausgenommen davon sind die Kapillaren sowie (postkapilläre) Venolen (Engele 2010: 119).
86 Weiterhin unterscheidet man Arterien vom muskulären Typ. Bei diesen handelt es sich um herzferne Arterien, deren Media vorwiegend aus glatten Muskelzellen besteht und die über die Veränderung des Gefäßvolumens die Organdurchblutung mitsteuern können (Engele 2010: 121).

oberen Hohlvene (Menche 2003: 256). Die Kapillaren verbinden Arterien mit Venen. Diese sehr feinen Gefäße, in denen der Blutfluss verlangsamt ist (Campbell & Reece 2009: 1253), ermöglichen durch ihre semipermeable Membran den Stoffaustausch.[87] Bis auf die Blutkörperchen und die Riesenmoleküle der Plasmaeiweiße können alle Substanzen die Kapillarenwände passieren (Menche 2003: 257). Der Stoffaustausch erfolgt vornehmlich über Filtration oder Fenestration (Clauss & Clauss 2009: 265). Das Volumen des menschlichen Kreislaufsystems wird konstant gehalten. Dabei befinden sich in Herz und Lunge in der Regel 15% des Blutvolumens, im arteriellen System etwa 10% und in den Kapillaren etwa 5%. Im venösen System befinden sich, bedingt durch deren relativ großes Lumen (Engele 2010: 126), demnach ca. 70% des gesamten Blutvolumens (Clauss & Clauss 2009: 259; Engele 2010: 126, spricht von 80%). Aufgrund dessen sowie aufgrund der Elastizität der Venen dient das venöse System als Volumenreservoir (Clauss & Clauss 2009: 263) und Venen werden auch als Kapazitätsgefäße bezeichnet (Engele 2010: 126).

Der Mensch verfügt über einen Körper- und Lungenkreislauf, auch als großer und kleiner Kreislauf bezeichnet (Engele 2010: 115).[88] Es handelt sich um ein geschlossenes Kreislaufsystem, dessen Volumen – wie bereits erläutert – konstant gehalten wird (Clauss & Clauss 2009: 259). Durch aktive Bewegungsprozesse, auch Vasomotorik genannt, regulieren die Arterien und die Arteriolen die Organdurchblutung (Engele 2010: 127).

Der Lungenkreislauf führt das Blut zur Lunge und nach dem Gasaustausch zum Herzen zurück (Engele 2010: 115). In diesem fungiert die rechte Herzhälfte als Pumpe (Campbell & Reece 2009: 1247). Der Körperkreislauf führt dem Körper Sauerstoff zu und transportiert Kohlenstoffdioxid ab (Engele 2010: 115). In diesem fungiert die linke Herzhälfte als Pumpe (Campbell & Reece 2009: 1247). Die Abschnitte dieser beiden Kreisläufe lassen sich folgendermaßen beschreiben: Die linke Herzkammer presst sauerstoffreiches Blut in die Aorta, welche sich in Arterien verzweigt. Diese führen das Blut vom Herzen in die verschiedenen Körperregionen. Dabei verzweigen sich die Arterien immer weiter in die Arterio-

---

87 Man unterscheidet kontinuierliche Kapillaren, fenestrierte Kapillaren und Sinusoide, die jeweils durch einen unterschiedlichen Grad an Permeabilität ihrer Membran gekennzeichnet sind (Engele 2010: 124).

88 Das Lymphgefäßsystem, dessen Funktionen vornehmlich in Entwässerung des Gewebes sowie der Immunabwehr liegen (Clauss & Clauss 2009: 266), das aber auch die Transportfunktion des Blutkreislaufs unterstützt (Engele 2010: 128), wird an dieser Stelle nicht weiter berücksichtigt. Für nähere Informationen siehe z.B. Engele 2010: 128ff. und Campbell &Reece 2009: 1258f.

len, welche dann in die Kapillaren übergehen: Über deren Gefäßwand erfolgt der Stoffaustausch zwischen Gewebe und Blut. Gleichzeitig sind die Kapillaren das Verbindungsglied zwischen Arterien und Venen, da die Venolen das jetzt sauerstoffarme Blut aus den Kapillaren in sich aufnehmen und in größeren Venen vereinigen bis sie schließlich in den beiden Hohlvenen enden und diese das Blut in den rechten Herzvorhof zurückführen. Die rechte Herzkammer pumpt das Blut in den Lungenkreislauf, der wie der Körperkreislauf aufgebaut ist: Die Arterien verzweigen sich bis auf Kapillardicke und im Kapillarennetz wird das Blut mit Sauerstoff angereichert bei gleichzeitiger Abgabe von Kohlendioxid. Die Lungenvenen führen dann das Blut zurück zum Herzen in den linken Vorhof (Menche 2003: 255f.). Eine Besonderheit des menschlichen Kreislaufsystems ist das Pfortadersystem, bei welchem das Blut nach Durchtritt durch ein Kapillargebiet nicht sofort zum Herzen zurückfließt, sondern zunächst durch ein zweites, nachgeschaltetes Kapillargebiet geleitet wird (Engele 2010: 114): Das venöse Blut aus den Bauchorganen vereinigt sich zunächst in einer großen Vene, der Pfortader, und führt das nährstoffreiche Blut in die Leber. Diese entgiftet gefährliche Substanzen und verändert ggf. aufgenommene Stoffe in der Art, dass sie von den Körperzellen weiter verarbeitet werden können. Nach der Leberpassage fließt das Blut über die untere Hohlvene zurück in den rechten Vorhof (Menche 2003: 262).

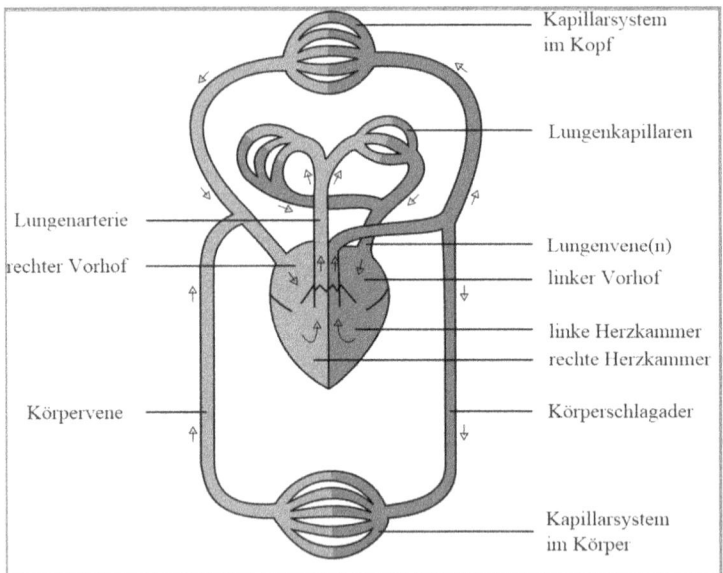

Die folgenden Labels erscheinen in der Abbildung:

Kapillarsystem im Kopf

Lungenkapillaren

Lungenarterie

rechter Vorhof

Lungenvene(n)

linker Vorhof

linke Herzkammer

rechte Herzkammer

Körpervene

Körperschlagader

Kapillarsystem im Körper

Abb. 19: Der menschliche Blutkreislauf[89]

Die Blutströmung selbst wird ermöglicht durch Druckgefälle im Kreislaufsystem (Menche 2003: 264).[90] Sie wird mittels verschiedener Mechanismen und mit dem Ziel der Gewährleistung einer ausreichenden Durchblutung der lebenswichtigen Organe reguliert und damit an wechselnde Sauerstoff- und Nährstoffbedarfe angepasst (Menche 2003: 265f.). Dabei erfolgt die Regulation sowohl über Mechanismen in der Gefäßwand als auch mittels systemischer Regulation über das vegetative Nervensystem und Hormone (Clauss & Clauss 2009: 268). Der Blutdruck schließlich ist die Kraft, welche das Blut auf die Gefäßwände ausübt (Menche 2003: 264).

Nimmt man den Aspekt der Bewegung im Kontext der soeben präsentierten fachlichen Informationen in den Blick, so spielt dieser eine wesentliche Rolle. Beispielsweise ist ein wichtiger Teil der Beschäftigung mit dem Blutkreislauf die

---

89 By A-kreislauf01.jpg: Jörg Rittmeisterderivative work: Vezixig, Anka Friedrich - A-kreislauf01.svg, own work, CC BY-SA 4.0, https://commons.wikimedia.org/w/index.php?curid=56624429 (07.09.2017)
90 Engele (2010: 115) unterscheidet das Hochdrucksystem, das den arteriellen Schenkel des Körperkreislaufs umfasst, und das Niederdrucksystem, das den Lungenkreislauf sowie den venösen Schenkel des Körperkreislaufs umfasst.

Nachzeichnung des Weges, dem das Blut hierbei folgt sowie die Bewegung der einzelnen Bestandteile des Blutes oder der Stoffe, die im Blut transportiert und in dieses aufgenommen oder abgegeben werden, etwa in Form des Stoffaustausches in den Lungenkapillaren. Aufgrund dessen ist davon auszugehen, dass eine Anwendung des Bewegungskonzeptes auf diese fachlichen Inhalte sinnvoll ist. Zu fragen bleibt, ob es sich hierbei um ein für den schulischen Kontext relevantes Thema handelt. Dem wird im folgenden Teilkapitel nachgegangen.

2.4.2 „Das menschliche Kreislaufsystem" als Lehrplaninhalt

In 2.4.1 wurden fachliche Aspekte des Themas ‚Das menschliche Kreislaufsystem' aufgearbeitet. Nun wird untersucht, ob es sich dabei um einen unterrichtsrelevanten fachlichen Gegenstand handelt. Die Untersuchung erfolgt mittels einer Dokumentenanalyse. Untersuchungsgegenstand sind Lehrpläne, als Indikatoren für Unterrichtsziele, -inhalte und -methoden eines Faches (Christ 2010: 187). Deren Analyse eröffnet zudem Hinweise auf inhaltliche Schwerpunktsetzungen bezogen auf das Thema. In 2.4.2.1 werden die konkrete Fragestellung sowie die Vorgehensweise bei der Analyse erläutert und daran anschließend in 2.4.2.2 die Ergebnisse der Lehrplananalyse dargestellt.

2.4.2.1 Lehrplananalyse: Fragestellung und Vorgehensweise

Dokumentenanalysen stellen eine Form der Beobachtung dar, bei der Dokumente – als Aufzeichnung oder Beleg für einen Vorgang oder Sachverhalt (Wolff 2007: 503) – untersucht werden, um Rückschlüsse auf menschliches Denken, Fühlen und Handeln (Mayring 2002: 47) bzw. auf gesellschaftliche Werte und Überzeugungen (Aronson, Wilson & Akert 2004: 35) zu ziehen. Es handelt sich um eine nichtreaktive Datenerhebungsmethode, da die analysierten Dokumente „nicht für wissenschaftliche Untersuchungszwecke" (Diekmann 2011: 629, Mayring 2002: 47) produziert worden sind. Eine solche Datenerhebung kann die Gefahr einer Verfälschung der Ergebnisse, die durch Versuchsleiterartefakte u. Ä. entstehen können, verringern.[91] Versteht man Lehrpläne als amtliche Doku-

---

91 „Reaktiv heißt, dass nichtkontrolliert Merkmale des Messinstruments, des Anwenders des Messinstruments (Verhalten des Versuchsleiters, des Interviewers) oder der Untersuchungssituation das Ergebnis der Messung systematisch beeinflussen können. Kurz und einfach formuliert: Erhebungsmethoden sind reaktiv, wenn die Gefahr besteht, dass der Messvorgang das

mente, so fungieren sie als institutionalisierte Spuren und lassen Schlussfolgerungen über Aktivitäten, Absichten und Erwägungen ihrer Verfasser bzw. der durch sie repräsentierten Organisationen zu (Wolff 2007: 53). Lehrpläne konstituieren folglich auch die Organisation Schule mit, indem sie den Auftrag festlegen, den diese zu erfüllen hat. Aufgrund dessen lässt die Untersuchung von Lehrplänen Schlüsse auf fachliche Foki und damit verbunden auch gesellschaftliche Überzeugungen hinsichtlich als ‚wichtig‘ aufgefasster – weil zu vermittelnder – Bildungsinhalte zu.

Die hier durchgeführte Dokumentenanalyse erfolgt Fragengeleitet. Folgende Aspekte stehen dabei im Vordergrund:

1. In welcher Klassenstufe bzw. in welchen Klassenstufen ist das Thema „Das menschliche Kreislaufsystem" verortet?
2. Welchen übergeordneten Themenfeldern ist dieses Thema zugeordnet – bzw. stellt es ein eigenes übergeordnetes Thema dar?
3. In welchem Umfang ist das Thema zu bearbeiten? Dies betrifft einerseits Spezifizierung und Umfang der inhaltlichen Schwerpunkte und andererseits Angaben zu Anzahl der Unterrichtsstunden bzw. -einheiten, im Rahmen derer das Thema zu behandeln ist.
4. Gibt es Unterschiede zwischen verschiedenen Bundesländern bezüglich der Fragen 1. bis 3.?

Als Dokumente sind Gegenstand der Analyse online zugängliche aktuelle Lehrpläne für das Fach Biologie, jeweils für die Klassenstufen 5-10, der Schularten Real-, Regel- bzw. Mittelschule,[92] die in der Regel als pdf unbeschränkt zugänglich und von jedermann herunterzuladen sind. Als Lehrpläne stellen sie ‚intendierte‘ (Mayring 2002: 48) und für schulische Belange verbindliche Dokumente dar.

Messergebnis beeinflussen und verfälschen kann." (Diekmann 2011: 627). Er unterscheidet im Hinblick auf nichtreaktive Methoden die beiden Hauptgruppen Feldexperimente und Erhebung von Verhaltensspuren. Ein Beispiel für Letzteres wäre z.B. die Untersuchung von Hausmüll, um Rückschlüsse auf Ernährungsgewohnheiten zu ziehen (Diekmann 2011: 629ff.).

92 Je nach Bundesland finden sich unterschiedliche Schularten. Aus Gründen der Vergleichbarkeit und aufgrund der Passung zu den im empirischen Teil zu analysierenden Daten wurde die Schulart Gymnasium nicht berücksichtigt. Es finden sich nach Schularten getrennt mehrere Lehrpläne, allerdings existieren auch Lehrpläne, die Hinweise für alle Schularten beinhalten, indem z.B. Hinweise für das Gymnasium entsprechend gekennzeichnet sind. Gegenstand der Analyse sind in diesem Fall – soweit trennbar bzw. eindeutig dargestellt – jeweils die Vorgaben, welche auf den mittleren bzw. den Realschulabschluss zielen.

Per Zufallsstichprobe wurden sechs Bundesländer ausgewählt und deren Lehrpläne recherchiert sowie analysiert. Es handelt sich um die Bundesländer Bayern (Staatsinstitut für Schulqualität und Bildungsforschung München o.J.), Berlin (Senatsverwaltung für Bildung, Jugend und Sport 2006), Hessen (Hessisches Kultusministerium o.J.), Sachsen (Sächsisches Staatsinstitut für Bildung und Schulentwicklung 2004/2009), Schleswig-Holstein (MBWFK o.J.) und Thüringen (TMBWK 1999). Im Fall von Bayern wurden zwei Lehrpläne, für Realschule und zur Erreichung der Mittleren Reife, analysiert. Zwar plädiert Wolff (2007: 511) für eine Dokumentenanalyse, die Dokumente nicht allein als Informationscontainer, sondern vielmehr als methodisch gestaltete Kommunikationszüge anzusehen, und rät daher von rein inhaltsanalytischen Paraphrasierungs- und Reduktionstechniken ab, die ausschließlich auf den vermeintlichen Informationsgehalt abzielen. Für das vorliegende Erkenntnisinteresse ist ein inhaltsanalytisches Vorgehen allerdings angemessen. Lehrpläne legen fest, über welches Wissen und welche Kompetenzen SchülerInnen bzw. Bundesbürger, die die Schule besucht haben, verfügen (sollten). Sie definieren damit, was unter Bildung und „gebildet sein" zu verstehen ist und verfügen über eine starke normative und lenkende Komponente und suggerieren Objektivität. Interessant ist diesbezüglich insbesondere der Vergleich der unterschiedlichen Lehrpläne, da eine weitgehende Deckungsgleichheit mit Blick auf die oben formulierten Fragen 1. bis 3. anzunehmen wäre.

Für die konkrete Analyse wurde daher nach erster Sichtung der Lehrpläne induktiv eine Stichwortliste erstellt und im Anschluss daran systematisch erhoben, inwiefern diese Aspekte in den untersuchten Lehrplänen identifizierbar sind. Es handelt sich um folgende Stichpunkte:

- Zusammensetzung des Blutes
- Aufgaben/Funktion des Blutes
- Blutgruppen (unterscheiden)
- (Auf-)Bau des Herzens
- Funktion des Herzens
- Blutkreislauf
- Blutgefäße
- Körper- und Lungenkreislauf

2.4.2.2 Ergebnisdarstellung der Lehrplananalyse

Die Ergebnisse der Lehrplananalyse sind in Tabelle 12 überblickshaft dargestellt und werden den zuvor aufgestellten Forschungsfragen folgend dargestellt und diskutiert.

Tab. 12: Ergebnisse der Lehrplananalyse

Bundes-land	Schulart	Thema	Thema im Themenfeld	K	ZdB	A/FdB	Blgr	ABdH	A/FdH	BKL[93]	Blge	KuLKL
Bayern	RS	Ernährung, Kreislauf und Atmung	Der Körper des Menschen und seine Gesunderhaltung	5	✓					✓		
	RS			8	✓	✓						
	MS[94]	Blutkreislauf des Menschen	Luft – Lebensgrundlage und Lebensraum	7	✓	✓	✓	✓		✓	✓	
Berlin	RS	Blut und Kreislauf - Weg durch den Körper	Bau und Leistungen des menschlichen Körpers 1	7/8	✓	✓	✓	✓	✓	✓	✓	✓
Hessen	RS	Blutkreislauf und Atmung	Mensch – gesund leben	5	✓	✓						✓
Sachsen	MS	Kreislaufsystem und Blut	Bau und Funktionen des menschlichen Körpers	7	✓	✓	✓	✓	✓		✓	
Schleswig-Holstein	RS	Der Körper des Menschen und seine Gesunderhaltung – Atmung und Blutkreislauf		6	✓			✓	✓	✓		
Thüringen	RS	Herz-Kreislauf-, Atmungs- und Verdauungssystem	Gesunderhaltung des menschlichen Körpers	8	✓					✓		

*Transportmittel; Erklärungen für Abkürzungen: K = Klassenstufe, ZdB = Zusammensetzung des Blutes, A/FdB = Aufgaben/ Funktionen des Blutes, Blgr = Blutgruppen (unterscheiden), ABdH = (Auf-)Bau des Herzens, A/FdH = Aufgaben/ Funktionen des Herzens, BKL = Blutkreislauf, Blge = Blutgefäße, KuLKL = Körper- und Lungenkreislauf

An erster Stelle stand die Frage danach, in welcher Klassenstufe bzw. in welchen Klassenstufen das Thema „Das menschliche Kreislaufsystem" verortet ist.

---

93 Weg der Blutzellen durch den Körper
94 hier für Mittlere Reife

Diesbezüglich scheint es keine unmittelbare Systematik zu geben, da entsprechende Lehrplaninhalte in den Klassenstufen 5-8 identifiziert wurden. In einem Fall (Bayern, RS) wird das Thema zunächst in Klassenstufe 5 aufgeführt und in Klassenstufe 8 vertiefend wiederaufgegriffen. Davon abgesehen handelt es sich folglich um vier Klassenstufen, in denen das Thema vertreten sein kann. Die SchülerInnen werden demnach im Alter von etwa 10 bis 15 Jahren mit dem Thema konfrontiert. Das bedeutet aber auch, dass das Thema nicht gegen Ende der Sekundarstufe I (9. bzw. 10. Klasse) verortet ist.

Zweitens wurde danach gefragt, welchen übergeordneten Themenfeldern das Thema „Das menschliche Kreislaufsystem" zugeordnet ist. Die Analyse ergibt, dass es sich in der Regel um ein Themenfeld handelt, das sich als ‚Der menschliche Körper – dessen Bau, Funktion und Gesunderhaltung' zusammenfassen lässt. Interessant ist hier, dass Gesunderhaltung gar nicht erwähnt wird (z.b. Sachsen, Berlin), ein Teil des Themenfeldes ist (z.b. Bayern, RS) oder aber gar das Themenfeld konstituiert (z.b. Thüringen, Hessen). Schließlich ist das Themenfeld „Luft – Lebensgrundlage und Lebensraum" (Bayern, MS) zu erwähnen, das nur bedingt bzw. eher indirekt Rückschlüsse darauf zulässt, dass das Thema „Das menschliche Kreislaufsystem" darin verortet sein könnte. Als Unterrichtsthema sind in der Regel Termini *Blut*, *Kreislauf* bzw. *Blutkreislauf* vertreten und es wird in Verbindung mit den Themen Atmung (z.b. Bayern, RS, Hessen, Schleswig-Holstein) sowie ggf. Ernährung (Bayern, RS, Thüringen – hier konkret „Verdauungssystem") aufgeführt.

Drittens wurde danach gefragt, in welchem Umfang das Thema zu bearbeiten ist. In der Regel werden nach der Themenüberschrift in Stichpunkten Lehr- und Lernziele, meist in der Art von Kann-Beschreibungen, formuliert. Als Beispiel können die Vorgaben für den einfachen Standard[95] in Berlin dienen:

Die Schülerinnen und Schüler:
– beschreiben die Aufgaben des Blutes und unterscheiden Blutgruppen,
– beschreiben die Funktion des Herzens,
– beschreiben den Weg der Blutzellen durch den menschlichen Körper,
– üben Hilfemaßnahmen (z.B. Druckverband anlegen),
– begründen die Maßnahmen beim Herzstillstand,
– messen Blutdruck und Puls in Ruhe sowie bei Belastung und erklären die Bedeutung der Werte.

(Senatsverwaltung für Bildung, Jugend und Sport 2006, 26)

---

95 Einfacher Standard gilt für Hauptschule und Gesamtschule, G/A-Kurse (Senatsverwaltung für Bildung, Jugend und Sport 2006).

Bei dieser Darstellung handelt es sich bereits um eine verhältnismäßig umfangreiche Auflistung. Für die inhaltlichen Aspekte ergibt sich folgende Verteilung: Einziger inhaltlicher Aspekt, der in allen Lehrplänen auftritt, sind die *Aufgaben des Blutes*, wobei in zwei Fällen explizit und ausschließlich die Transportfunktion aufgeführt wird, die lediglich eine von zahlreichen Aufgaben des Blutes darstellt. In fünf Lehrplänen ist der Aspekt *Blutkreislauf* aufgeführt, in jeweils vier der sieben Lehrpläne sind die Aspekte *Zusammensetzung des Blutes* und *(Auf-)Bau des Herzens* vertreten. Die anderen Aspekte sind in drei bzw. zwei vertreten. Folglich ergibt sich auch bezüglich der konkreten Inhalte keine Systematik.

Zur Frage nach dem Umfang zählte auch die Untersuchung der Angaben zur Anzahl der Unterrichtsstunden bzw. -einheiten, im Rahmen derer das Thema zu behandeln ist. Hierüber können kaum Hinweise aus den Lehrplänen entnommen werden. In drei Fällen (Berlin, Bayern MS, Thüringen) werden keine Angaben zum Stundenumfang gemacht. In den anderen fünf Lehrplänen beziehen sich diesbezügliche Hinweise auf unterschiedliche Größen, gemeint sind damit unterschiedlich große Themenfelder und variieren von 8 bis 35 Unterrichtseinheiten.[96]

Viertens wurde die Frage gestellt, welche Gemeinsamkeiten bzw. Unterschiede sich zwischen den verschiedenen Bundesländern bzw. Lehrplänen bezüglich der Fragen 1. bis 3. feststellen lassen. In allen sieben untersuchten Lehrplänen konnte das Thema „Der menschliche Blutkreislauf" identifiziert werden. Allerdings findet sich eine beträchtliche Differenz mit Blick auf die Klassenstufe sowie inhaltliche Schwerpunkte des Themas. Von einer weitgehenden Deckungsgleichheit kann also nicht gesprochen werden. Sie liefern demnach für die Reduzierung fachwissenschaftlicher Inhalte eine erste grobe Orientierung. Es obliegt folglich LehrerInnen bzw. SchulbuchautorInnen, inhaltliche Schwerpunktsetzungen vorzunehmen bzw. das Thema inhaltlich im Unterricht auszugestalten.

Für die vorliegende Arbeit ist bezogen auf die fachlichen Inhalte auch von Interesse, welche Kompetenzen von den SchülerInnen erworben werden sollen. Die Lehrpläne wurden daher auch im Hinblick auf diesen Aspekt untersucht, indem Kann- bzw. Kompetenz- und Inhaltsbeschreibungen und deren Verbalwortschatz für die oben aufgeführten inhaltlichen Aspekte analysiert wurden. Tabelle 13 stellt die Ergebnisse dar. Es zeigt sich, dass *kennen(lernen)* am häufigsten verwendet wird. Damit scheint das Ziel des Kennens und damit

---

96 Es werden keine Angaben zur konkreten Dauer einer Unterrichtseinheit gemacht.

wahrscheinlich *Benennens* vordergründig zu sein.[97] Ausdrücke wie *einen Überblick gewinnen* sowie *Verständnis anbahnen* weisen zudem darauf hin, dass (noch) keine vertieften Kenntnisse angestrebt werden.

Tab. 13: Zielkompetenzen für ausgewählte inhaltliche Aspekte des Unterrichtsthemas Blutkreislauf

Bundesland	Klassenstufe	Verbalwortschatz
Bayern (MS)	7	kennenlernen einen Überblick gewinnen
Bayern (RS)	5/8	-
Berlin	7/8	beschreiben vergleichen (Körper- und Lungenkreislauf)
Hessen	5	-
Sachsen	7	kennen
Schleswig-Holstein	6	kennenlernen Verständnis anbahnen
Thüringen	8	ableiten/begründen können

Im Fall von Bayern (RS, 5/8) und Hessen werden Inhalte in Form von Nominalphrasen, z.B. *Bestandteile des Blutes und ihre Aufgaben* (Hessisches Kultusministerium o.J.: 10), formuliert. Interessant ist die Formulierung, die im Thüringischen Lehrplan gewählt wurde:

> Der Schüler kann [...]
> auf der Grundlage folgender biologischer Kenntnisse ableiten bzw. begründen:
> – grundlegende Funktionen von Herz-Kreislauf-, Atmungs- und Verdauungssystem sowie die Bedeutung des Blutes als Transportmittel, [...]
>
> (TMBWK 1999: 13)

Nicht ganz eindeutig erscheint in diesem Fall zunächst, was als Wissensvoraussetzung und was als Ziel(-Kompetenz) einzuschätzen ist. SchülerInnen sollen wohl in einem ersten Schritt das Herz-Kreislauf-System kennenlernen („biologische Kenntnisse") und darauf aufbauend dessen Funktionen begründen bzw. ableiten können. Einerseits geht es hierbei also um Wissen und andererseits um

---

[97] Es sei an dieser Stelle jedoch angemerkt, dass im Hinblick auf weitere Aspekte des Themas z.B. Messungen durchgeführt werden sollen. Demnach sind weitere Aktivitäten und Zielkompetenzen Teil des übergeordneten Themas.

die Nutzung desselben zu eigenständigem weiterführendem Gebrauch desselben, demgemäß um Können/Handeln. Angestrebt werden soll wahrscheinlich ein Verständnis für Form-Funktionszusammenhänge. Allerdings ist die Formulierung hier sprachlich ambig und aufgrund dessen ungünstig.

Die vorgenommene Lehrplananalyse von insgesamt sieben Lehrplänen aus sechs Bundesländern ergibt, dass das Thema „(Blut-)kreislauf" Bestandteil aller untersuchten Lehrpläne und damit einen grundlegenden Bestandteil des Themenkanons des Faches Biologie darstellt, auch wenn die Verortung desselben bezogen auf die Klassenstufe stark variiert. Darüber hinaus zeigt die Analyse, dass Zusammensetzung und Aufgaben des Blutes sowie (Auf-)Bau des Herzens wesentliche Aspekte des Themas „Das menschliche Kreislaufsystem" bilden. Weiterhin ergibt die Lehrplananalyse, dass die Zielkompetenz für diese Aspekte vornehmlich das Kennen(lernen) ist.

Zu Beginn des Teilkapitels wurden zwei Anforderungen dafür formuliert, weshalb das ausgewählte fachliche Thema als Untersuchungsgegenstand geeignet ist. Erstens sollte das zu untersuchende Konzept der Bewegung dafür zentral und zweitens sollte es für den schulischen Kontext als Unterrichtsthema von Bedeutung sein. Mittels Aufarbeitung der Fachinhalte und einer Lehrplananalyse wurde belegt, dass „Das menschliche Kreislaufsystem" beiden Anforderungen entspricht. Auf der Basis der bisherigen Ausführungen werden im folgenden Kapitel erste konkrete Überlegungen zur Verknüpfung des Bewegungskonzeptes mit dem inhaltlichen Thema angestellt.

2.5 Das Konzept der Bewegung als Teil des menschlichen Kreislaufsystems

Ziel des vorliegenden Kapitels ist es, die Überlegungen aus 2.3.5 zum Bewegungskonzept und aus 2.4.1 zum Unterrichtsthema miteinander in Verbindung zu bringen und aus diesen Ausführungen erste Hypothesen für die themenspezifische Enkodierung abzuleiten. Das bedeutet, es handelt sich hierbei vornehmlich um die Bewusstmachung der eigenen Annahmen, die sich aus der eingehenden Auseinandersetzung mit den Themen ergeben haben. Die Überlegungen lassen sich wie in Tabelle 14 dargestellt zusammenfassen.

Tab. 14: Analyseraster; eigene Darstellung

	ANALYSERASTER	HYPOTHESEN (Blut-/Blutkreislauf)
Bewegungs-(teil)ereignis	– Bewegung von Objekten MOVE – Verortung eines Objektes BE_{LOC}	– Vornehmlich MOVE über diverse Meilensteine
Aktanten	– Bewegte Figur – Verursacher der Bewegung (implizit nonagentiv oder nicht-identifizierbar nonagentiv, selbst-agentiv, agentiv) – Referenzobjekte	– Blut, Blutbestandteile (Erythrozyten, Leukozyten etc.) – Herz (Pumpfunktion) und Blutgefäße (durch Kontraktion) – Körper und dessen Organe im Allgemeinen; vgl. außerdem Meilensteine
Weg	– Quelle/Ursprung – Meilenstein$_1$, Meilenstein$_2$, Meilenstein$_n$ – Ziel – Unspezifisch → Weg ohne Quellen-/Ursprungs-/Meilenstein-spezifizierung/ Grund	– Herz, linke Herzkammer, Aorta, Arterien, Kapillaren, Venen, obere und untere Hohlvene, rechter Vorhof, rechte Herz-kammer, Lungenarterie, Lunge, Lungenkapillaren etc. alle als Meilensteine, da im Kreislauf kein Anfang und Ende existiert
Spezifizierung der Bewegung	– Art und Weise – Ursache – Richtung (allgemein bzw. ≠ Axen und ≠ relativ zur Figur/ zum Sprecher); Axen: Vertikale → ←, Transversale → ←, Laterale → ← – Richtung relativ zum Sprecher/ zur Figur (in Abhängigkeit zum Sprecher/ zur Figur entweder zum Sprecher/ zur Figur hin ← oder vom Sprecher/ von der Figur weg → – Geschwindigkeit (schnell, langsam, unspezifisch)	– Fließen – Pumpfunktion des Herzens und Kontraktion der Blutgefäße – →; Axen nicht geeignet zur Bestimmung der Richtung – Kein Sprecherbezug; Richtung relativ zu Referenzobjekten – Geschwindigkeit unspezifisch
Zeit/Phase	– Zeit (Zeitpunkt/ Verortung in der Zeit, Zeitspanne – z.B. auch iterativ) – Phase (der Bewegung – Beginn, unbestimmt in Bewegung, Ende)	– Unspezifisch bzgl. Zeit und Phase

Es ist anzunehmen, dass Blut gewissermaßen als „Hauptfigur" fungiert, deren Bewegung durch den Körper nach-/mitverfolgt wird. Dabei werden verschiedene Zwischen¬stationen bzw. Meilensteine auf Propositionsebene identifiziert (z.B. im Herzen), die neben dem Körper im Allgemeinen und weiteren Organen auch als Referenzobjekte dienen. Es kann diesbezüglich davon ausgegangen werden, dass Relationen zwischen Figur und Grund sich in Abhängigkeit vom jeweiligen Meilenstein verändern. Verursacher dieser Bewegung sind das Herz sowie die Blutgefäße. Konkrete Versprachlichung von Verursacher bzw. Ursache in den unterschiedlichen Inputtypen scheint insofern ein interessanter Analysefokus, da deren Verständnis ein wesentlicher Lernschritt mit Blick auf das menschliche Kreislaufsystem ist, gleichzeitig eine explizite Nennung bzw. Erwähnung im Rahmen aller Propositionen unwahrscheinlich und sicher auch unökonomisch wäre.

Weiterhin wird an dieser Stelle vermutet, dass die Bewegung in der Tendenz unterspezifiziert wird. Für die Unterkategorie Richtung wäre anzunehmen, dass die Axen Vertikal, Transversal und Lateral nur bedingt auf den Raum Körper bzw. das Kreislaufsystem angewendet werden (können). Es sind mehrheitlich allgemeine Richtungsangaben im Sinne von → zu erwarten, da ein Zurückfließen auszuschließen ist. Ähnliches gilt für die Frage danach, ob die Bewegung zum Sprecher hin oder von diesem weg führt, da sich die Richtung relativ zu den Referenzobjekten ergibt, und ein Sprecher in der Regel nicht – zumindest nicht im Sinne der Theorie – vorhanden ist. Auch die Spezifizierung der Geschwindigkeit scheint fachlich nicht relevant zu sein und es wird daher davon ausgegangen, dass diese sprachlich kaum Berücksichtigung findet. Ähnliches gilt für den Aspekt der Zeit bzw. Phase, wesentlich ist diesbezüglich hingegen das nicht-fakultative Nacheinander der Stationen. Das heißt, dass die Phasen des Blutflusses nicht variiert werden können.

Für die konkret-sprachliche Ebene lassen sich demnach folgende Vermutungen anstellen: Denkbar wäre eine häufige Wiederaufnahme der Figur jeweils als Subjekt. Damit verbunden sind pronominale Verweise u.a. Wiederaufnahmen. Hier könnte auch das Konzept der grammatischen Metapher für die Analyse von Bedeutung sein (z.B. Schleppegrell 2004). Weiterhin würde die Relation jeweils vornehmlich in den Verben spezifiziert. Denkbar wäre aber auch die Versprachlichung mittels Nomen und Attributen. Als Beispiel können Verben wie *transportieren* und *pumpen* und Nomen wie *Transport* und *Rückfluss* dienen. Der konkrete Weg mittels Präpositionalphrasen (ggf. Wechselpräpositionen im Akkusativ für dynamische und Wechselpräpositionen im Dativ für statische Relationen) und ggf. bestimmten Objektkonstellationen (Dativ- und Akkusativobjekte für Spezifizierung von Quelle und Ziel). Da es sich um Beschreibung von Bewegungen mit universell gültigem Charakter handelt, die unabhängig von zeitlichen Aspekten sind, sollten bei der Darstellung sprachliche Mittel zum Ausdruck kommen, die den Bewegungsprozess in den Vordergrund stellen. Temporal würde dies für die Verwendung des Präsens und modal für die Verwendung des Indikativs sprechen. Die Mehrheit der Sätze wären damit „einfache" Aussagesätze. Für eine Darstellung, die den universellen Charakter der Bewegungen in den Vordergrund treten lässt, wäre zudem eine unpersönliche Darstellungsweise wahrscheinlich. Dies würde Verwendung von Passiv, Passiversatzformen und die Vermeidung von Personen bzw. 1. Ps. Sg. und Plural sowie 2. Ps. Sg. und Plural bedeuten. Allerdings kann dies auch mit fachsprachenähnlicher Darstellungsweise zusammenhängen (vgl. z.B. Roelcke 2010).

3 Methode und Datenbasis

In diesem Kapitel wird die methodische Vorgehensweise vorgestellt und diskutiert. Da das vorliegende Promotionsprojekt im Rahmen des Projektverbunds
Fachunterricht und Deutsch als Zweitsprache (Fach-DaZ) verortet ist, werden
zunächst in 3.1 Erkenntnisinteresse und Anlage dieses Projektes dargestellt,
bevor im Anschluss daran in 3.2 das Forschungsdesign mit Blick auf die im
theoretischen Teil herausgearbeiteten Forschungsfragen dargestellt wird. Da
ein triangulatives Vorgehen gewählt wurde, wird in diesem Zusammenhang
auch auf das für die Arbeit gewählte Triangulationskonzept eingegangen. Daran
schließt sich eine eingehende Beschreibung der verwendeten Methoden Videographie (3.3) sowie Fragebogen, C-Tests und Leitfaden-gestützter Interviews
(3.4) an. Die Darstellung gliedert sich jeweils wie folgt:

1. Theoretische Grundlagen der Methode
2. ggf. Beschreibung des verwendeten Instruments
3. Durchführung der Datenerhebung
4. Aufbereitung der erhobenen Daten
5. Vorgehensweise bei der Analyse der Daten

Die Darstellung der theoretischen Grundlagen kann interessierten bzw. mit der
jeweiligen Methode wenig vertrauten LeserInnen zur Orientierung dienen. Die
sich anschließenden Punkte sichern die Transparenz bezüglich des Umgangs
mit den Verfahren im Rahmen der vorliegenden Arbeit und ermöglichen eine
umfassendere Diskussion wie auch Begründung der gewählten Vorgehensweisen.

3.1 Projektverbund Fachunterricht und Deutsch als
Zweitsprache (Fach-DaZ)

Hauptanliegen des Fach-DaZ-Projekts[98] ist es, die sprachlichen Mittel der Wissensvermittlung in der Schule (vgl. auch 2.2) auf einer empirischen Basis für

---

98 Das Fach-DaZ-Projekt ist in einer Arbeitsgruppe zum Lexikerwerb im Bereich Deutsch als
Zweitsprache (bestehend aus den Mitgliedern Bernt Ahrenholz, Ernst Apeltauer, Wilhelm
Grießhaber, Werner Knapp, Beate Lütke, Ingelore Oomen-Welke, Martina Rost-Roth) entwi-
ckelt worden und wird von der Jenaer Fach-DaZ-Gruppe (Bernt Ahrenholz, Diana Maak, Julia
Ricart Brede, Britta Hövelbrinks, Seanna Doolittle) mitentwickelt und umgesetzt. Weitere

https://doi.org/10.1515/9783110521917-150

verschiedene Fächer und Altersgruppen zu beschreiben (Ahrenholz 2013). Dabei stehen vier relevante Kontexte im Vordergrund, die auch aus der Darstellung in der Anlage des Projekts deutlich werden (Abbildung 20):

- Schriftlicher Input
- Mündlicher Input
- Schriftlicher Output
- Mündlicher Output

Ahrenholz fasst dies wie folgt zusammen:

> Die Bereiche Input (in Form von Schulbüchern und Unterrichtsbeiträgen) und Output (in Form von mündlichen und schriftlichen Schülerproduktionen) sollen in Abhängigkeit von Fach, Alter und Schulart unter Berücksichtigung der Sprachkompetenzen der ein- und mehrsprachigen Schülerinnen und Schüler untersucht werden. Zur Absicherung der Befunde werden in einem triangulierenden Verfahren zudem Daten zur Sprachkompetenz (mittels C-Test) und zur Sprachbiographie erhoben; außerdem werden in leitfadengestützten Interviews die Perspektiven der Beteiligten (Lehrende und Lernende) einbezogen.
>
> (Ahrenholz 2013: 89)

Ziel ist es, ein umfassendes Korpus zu erstellen, das sowohl Unterrichtsinteraktion, Versuchsprotokolle als auch Schulbuchtexte und andere für den schulischen Fachunterricht relevante Texte beinhaltet. Dieses Korpus kann dann im Hinblick auf unterschiedlichste sprachwissenschaftliche und methodisch-didaktische Fragestellungen hin untersucht werden. Damit können perspektivisch Aussagen über besondere sprachliche Anforderungen im Fachunterricht getroffen und Empfehlungen für eine Förderung abgeleitet werden.

Informationen zum Projekt finden sich unter http://www.dafdaz.uni-jena.de/Forschung+_+-Entwicklung/Arbeitsstellen/Deutsch+als+Zweitsprache.html (letzter Zugriff 19.10.2017)

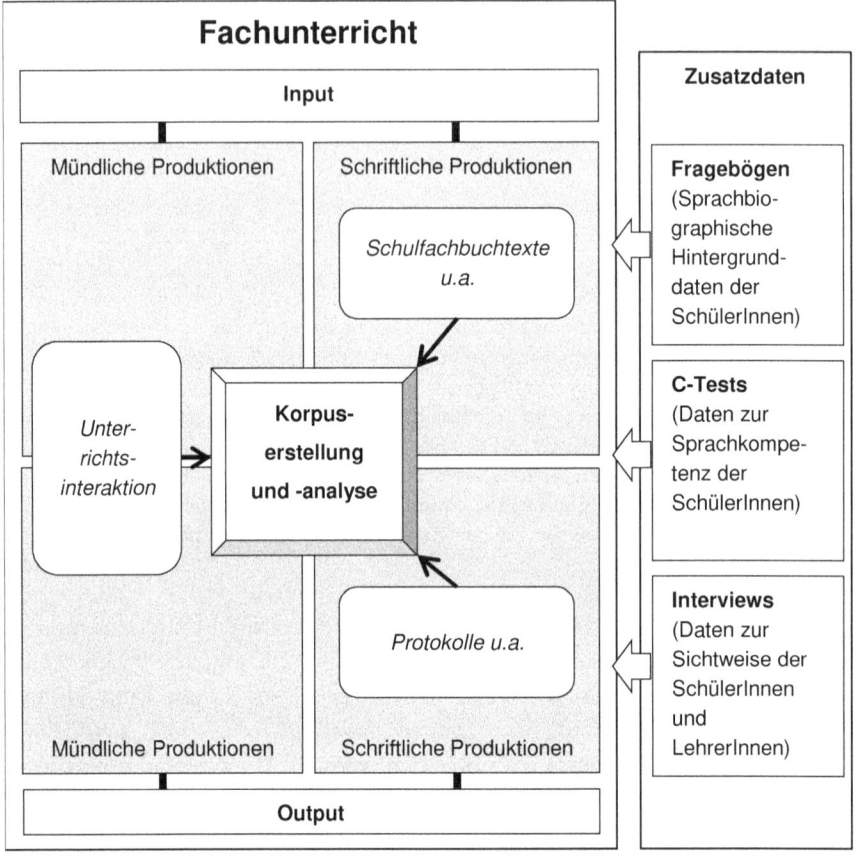

Abb. 20: Anlage des Fach-DaZ-Projektverbundes (nach Ahrenholz 2013; leicht angepasst)

3.2 Erkenntnisinteresse, Untersuchungsgegenstand und Forschungsdesign

Auch die vorliegende Arbeit fokussiert analog zum Erkenntnisinteresse des Fach-DaZ-Projektes die sprachlichen Formen der Wissensvermittlung in der Schule. Es findet seine Spezifizierung in folgenden Forschungsfragen:

1. Inhaltliche Forschungsfragen:

   1.1. Wie erfolgt die Versprachlichung des in 2.3.5 erarbeiteten Bewegungs-konzeptes im biologischen Fachthema „Blutkreislauf" (vgl. Ausführungen in Teilkapitel 2.4) **im SFI** in Form von Schulbuch, Tafelanschrieb, Arbeitsblatt und Overhead-Folien?

1.2. Wie erfolgt die Versprachlichung des in 2.3.5 erarbeiteten Bewegungskonzeptes im biologischen Fachthema „Blutkreislauf" (vgl. Ausführungen in Teilkapitel 2.4) **im MFI** in Form von LehrerInnen- und SchülerInnensprache?

1.3. Welche Gemeinsamkeiten und Unterschiede lassen sich im Vergleich zwischen SFI und MFI identifizieren?

2. Methodische und didaktische Forschungsfragen:

2.1. Welche konkrete methodische Vorgehensweise ist geeignet, um SFI und MFI von Unterricht angemessen zu erheben und aufzubereiten?

2.2. Ist der hier für den theoretischen Rahmen gewählte konzeptorientierte Ansatz geeignet, um sprachliche Formen der Wissensvermittlung zu analysieren und in ihren Eigenschaften zu beschreiben (vgl. Ausführungen in Teilkapitel 2.2)?

2.3. Gestattet die gewählte Vorgehensweise die Generierung von Ergebnissen, die über kaum aufeinander bezogene Merkmalsbündelungen hinausgehen (vgl. Ausführungen in den Teilkapiteln 2.2 und 2.3)

2.4. Haben die Ergebnisse eine Relevanz für die Praxis des Fachunterrichts und der Sprachförderung im Fach?

Demnach findet im Rahmen der hier vorliegenden Studie und mit Blick auf das Fach-DaZ-Projekt eine Eingrenzung auf zwei Inputtypen statt: SFI und MFI bilden den Untersuchungsgegenstand der vorliegenden Arbeit, wie Abbildung 21 illustriert:

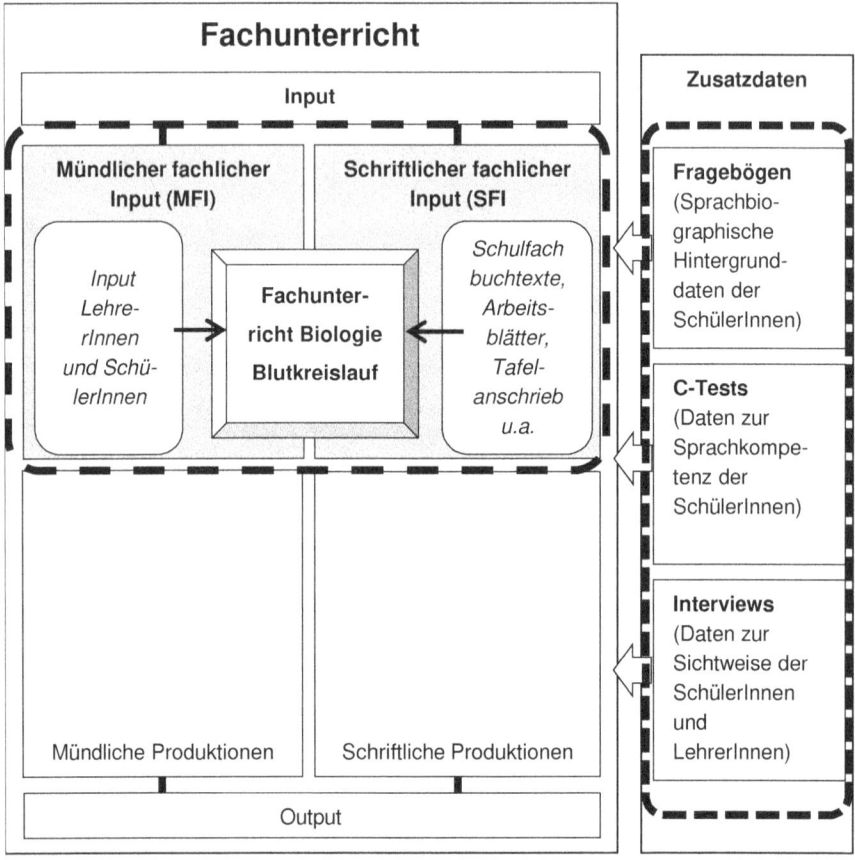

Abb. 21: Anlage der Untersuchung (nach Ahrenholz 2013; angepasst)

Der Abbildung ist auch zu entnehmen, dass im Mittelpunkt der Untersuchungen der Fachunterricht Biologie. Es wird eine Unterrichtseinheit[99] zum Thema Blut und Blutkreislauf bzw. das menschliche Kreislaufsystem erhoben und analysiert. Diese Fokussierung wird in den Ausführungen unter 2.4 beschrieben und begründet. Da die vorliegende Arbeit explorativer Natur ist, wird die Analyse auf eine Unterrichtseinheit in einer 8. Klasse, im Folgenden als 03081 bezeich-

---

99 Unter Unterrichtseinheit werden mehrere aufeinander folgende Unterrichtsstunden, die das gleiche Thema behandeln, verstanden. Dieser Zugang wird gewählt, da eine Unterrichtsstunde eine sehr begrenzte Momentaufnahme ist und zudem interessiert, wie ein Unterrichtsthema fachlich über mehrere Unterrichtsstunden entwickelt wird.

net, mit einer Lehrerin, im Folgenden als 03081L01 bezeichnet, begrenzt. Fokussiert wird im Kontext dieser Unterrichtseinheit ausschließlich auf SFI und MFI, was für das Bewegungskonzept relevant ist.

Der Untersuchungsgegenstand lässt sich also wie folgt zusammenfassen:

> Untersuchungsgegenstand der vorliegenden Arbeit sind der SFI und MFI mit Bezug zum Bewegungskonzept, den SchülerInnen im Rahmen einer Unterrichtseinheit zum Thema Blut und Blutkreislauf erhalten. Untersucht wird demnach Fachunterricht und im Rahmen dessen getätigte fachlich-inhaltliche Äußerungen, nicht aber unterrichtsorganisatorische Äußerungen. Ferner wird die Sprache von Lehrenden und SchülerInnen in Plenumsphasen, nicht etwa in Partner- und Gruppenarbeitsphasen, fokussiert.

Videographische Datenerhebung als wissenschaftliche, also zielgerichtete, systematische, methodisch kontrollierte und intersubjektiv nachvollziehbare Form der Online-Beobachtung (Ricart Brede 2014: 137ff.) kann diesen Untersuchungsgegenstand erfassbar machen. So kann der fachlich-inhaltliche Input dauerhaft festgehalten und mittels Transkription in einer Weise dokumentiert werden, die konkret-sprachliche Analysen ermöglicht. So unterstreichen auch Becker-Mrotzek und Vogt, dass das kommunikative Geschehen im Unterricht so komplex sei, „[...] dass es überhaupt erst im Transkript rekonstruierbar wird." (Becker-Mrotzek & Vogt 2009: 62). Aber auch videographische Daten erfassen nicht „alles", was im Klassenraum passiert. Daher sollte auch das, was nicht sichtbar ist, jedoch einen Einfluss auf das Geschehen hat bzw. potentiell haben kann, erhoben werden. Hierunter fallen z.B. Kontextinformationen zum videographierten Unterricht, zu den beteiligten AkteurInnen, im Unterricht verwendete Arbeitsblätter und Schulbuchtexte.

Zusatzinformationen zu den AkteurInnen und deren Perspektive werden in der vorliegenden Arbeit vornehmlich mittels des Einbezugs von weiteren erhobenen Daten aus sprachbiographischen Fragebögen, C-Tests sowie Leitfadengestützten qualitativen Interviews gewonnen. Die Auswertung auch dieser Zusatzdaten ist u.a. notwendig, da die Unterrichtsanalyse auf Basis der Annahme erfolgt, dass SchülerInnen mit unterschiedlichen Voraussetzungen – sprachlich wie kulturell – dem gleichen Input folgen. Dies wird in der Stichprobenbeschreibung noch zu belegen sein.

Es handelt sich folglich um ein triangulatives Vorgehen, wobei unter Triangulation die Betrachtung eines Forschungsgegenstands von mindestens zwei Punkten aus verstanden wird (Flick 2011: 11; 2007: 309 u.a.): „Triangulation beinhaltet die Einnahme unterschiedlicher Perspektiven auf einen untersuchten Gegenstand oder allgemeiner: bei der Beantwortung von Forschungsfragen." (Flick 2011: 12). Aktuell wird darin mehrheitlich ein Mittel zur Erkenntniserweiterung verstanden, das es ermöglicht, den untersuchten Gegenstand adäquater zu erfassen (Flick 2007: 309f.) und der Analyse zu mehr Tiefe und Weite verhelfen kann. Es handelt sich nicht um ein Mittel zur Validierung und Reliabilätssicherung (vgl. z.B. Flick 2011: 12ff.; Aguado & Riemer 2001: 250ff.). Dies wird z.b. damit begründet, dass im Rahmen einer Methodentriangulation jede Methode den Untersuchungsgegenstand auf spezifische Weise konstituiert und demgemäß kein einheitlich-stimmiges Ergebnis zu erwarten sei (Flick 2011: 17ff.):

> Zusammenfassend ist also festzustellen, dass in neueren Konzeptionen der Triangulation in erster Linie die Funktion zugeschrieben wird, den untersuchten Gegenstand adäquater zu erfassen. Das heißt, divergente oder komplementäre Befunde werden nicht nur als wahrscheinlich, sondern auch als notwendig betrachtet, da sie zu neuen Erkenntniszusammenhängen führen können.
>
> (Aguado & Riemer 2001: 250)

Lamnek (1995: 256f.) weist darauf hin, dass ein multimethodisches Vorgehen nicht per se angemessen sein muss, sondern dessen Eignung abhängig von Erkenntnisinteresse und Untersuchungsgegenstand der jeweiligen Studie sowie auch forschungspragmatischen Aspekten ist. So sehen Aguado & Riemer (2001: 254) den Einsatz der Investigator-Triangulation für jede empirische Studie als wünschenswert an, die jedoch lediglich im Rahmen größerer drittmittelgeförderter Projekte zu realisieren sei.

Im Rahmen der vorliegenden Studie wird entsprechend der obigen Ausführungen angenommen, dass eine triangulative Vorgehensweise vertiefte Analysen ermöglicht. Im Mittelpunkt steht die Triangulation schriftlicher und mündlicher Daten.[100] Ziel ist es dabei, unterschiedliche Aspekte desselben

---

100 Es werden gemeinhin vier Arten der Triangulation unterschieden: (1) Im Rahmen einer Daten-Triangulation werden unterschiedliche Datenquellen einbezogen. Zum Beispiel kann ein Phänomen zu verschiedenen Zeiten, an verschiedenen Orten und ProbandInnen untersucht werden (Flick 2011: 13). (2) Wenn zur Analyse und Interpretation der Daten verschiedene Theorien hinzugezogen werden, spricht man hingegen von Theorien-Triangulation (Aguado & Riemer 2001: 247). (3) Werden mehrere BeobachterInnen, InterviewerInnen eingesetzt (Flick 2011: 14) bzw. mehrere ForscherInnen mit denselben Daten konfrontiert und die jeweiligen Interpretationen systematisch miteinander verglichen, bezeichnet man dies als Investigator-Triangulation (Aguado & Riemer 2001: 247). (4) Schließlich können auch mehrere Methoden zum Einsatz kommen bzw. innerhalb einer Methode trianguliert werden (Flick 2011: 15). Dies nennt man Methoden-Triangulation (Flick 2011: 15) bzw. in den Sozialwissenschaften „multiple Operationalisierung" (Aguado & Riemer 2001: 247). Die Darstellung der vier Arten beruht im Wesentlichen auf den Ausführungen von Denzin (1989; 1970), dessen Konzeption zu Triangulation im Kontext qualitativer Forschung eingehend rezipiert und diskutiert wurde. Für eine Darstellung der wesentlichen Aspekte dieser Diskussion sei auf Flick (2011: 12ff.) verwiesen.

Phänomens zu erfassen (Kelle & Erzberger 2007: 303). Unter Phänomen ist hierbei die Enkodierung von Bewegung zu verstehen. Die Triangulation schriftlicher und mündlicher Daten ist insofern eine methodische Herausforderung als beide Inputformen durch spezifische Charakteristika gekennzeichnet sind (vgl. auch Ausführungen in 2.1.2, 2.1.3 und 2.1.4) und die gewählte Vorgehensweise beiden Typen gerecht werden sollte. Es stellt sich die Frage, ob das gewählte konzeptorientierte Vorgehen dies leisten kann.

Gleichzeitig wird darüber hinaus angenommen, dass der Einsatz von Triangulation auch die Güte der Forschung positiv beeinflussen kann. Hierunter wird nicht das Streben nach einer „objektiven Wahrheit" verstanden. Da subjektive Einzelperspektiven sich wechselseitig ergänzen, bereichern oder kontrollieren können (Seipel & Rieker 2003: 225), nimmt die Investigator- bzw. Forscher-Triangulation in der Arbeit einen wichtigen Stellenwert ein. Als Beispiel sei auf das konsensuelle Kodieren der Interviewdaten (vgl. 3.4.3.4) verwiesen: Indem die gleichen Daten von zwei Personen kodiert werden und darüber eine Verständigung erfolgt, wird einerseits der oft kritisierten „Willkür" qualitativer Analyse entgegengewirkt. So weisen ähnliche Kodierungen bzw. Kodierschwerpunkte auf angemessene Analysen hin. Ferner sind in jedem Fall des konsensuellen Kodierens abweichende Kodierungen zu erwarten, welche einen Anlass bzw. Ursprung für Erkenntniszuwachs darstellen.

Das Triangulationskonzept der vorliegenden Arbeit lässt sich demnach wie folgt zusammenfassen:

> Mittels videographischer Beobachtung wird das Unterrichtsgeschehen, in dem im vorliegenden Fall Lehrerin und die SchülerInnen einer Klasse agieren, dokumentiert. Dies ermöglicht eine genaue Dokumentation des SFI und MFI, wobei die Triangulation dieser Daten im Mittelpunkt der Untersuchung steht. Ein Interview liefert Hintergrunddaten zur Perspektive der Lehrerin auf ihren Unterricht und ihre SchülerInnen. Fragebögen erheben Informationen zur Sprachbiographie der SchülerInnen, C-Tests zudem Daten zur Sprachkompetenz der SchülerInnen im Deutschen. Schließlich ermöglichen die Interviews mit einzelnen SchülerInnen die Berücksichtigung der SchülerInnenperspektive auf Unterricht und Unterrichtsgeschehen.
>
> Insbesondere im Rahmen der Datenanalyse werden außerdem Formen der Investigator-Triangulation eingesetzt, die Gelegenheit für eine mehrperspektivische Analyse der Daten geben und so die Möglichkeit für einen Erkenntniszuwachs mit Blick auf das untersuchte Phänomen eröffnen, gleichzeitig aber auch die Angemessenheit und (über ihre Dokumentation) die Nachvollziehbarkeit der Analyse sichern.

Im Rahmen der folgenden Teilkapitel werden die einzelnen Methoden unter Berücksichtigung der oben genannten Punkte (1. Theoretische Grundlagen der Methode, 2. ggf. Beschreibung des verwendeten Instruments, 3. Durchführung der Datenerhebung, 4. Aufbereitung der Datenerhebung und 5. Vorgehensweise bei der Datenanalyse) vorgestellt.

3.3 Videographische Unterrichtsforschung

3.3.1 Theoretische Grundlagen videographischer Unterrichtsforschung

Bei vorliegender Untersuchung handelt es sich um videographisch orientierte Forschung. Im Sinne von Corsten (2010: 8) wird darunter die Verwendung von Filmmaterial als Datenbasis im Rahmen wissenschaftlicher Untersuchungen verstanden. Dabei werden in der Regel Videoaufzeichnungen von ForscherInnen selbst generiert (Corsten 2010: 8). Allerdings können auch Aufnahmen von Amateuren (z.B. Dokumentation besonderer Anlässe wie Geburtstage) oder aber von berufsmäßigen Filmemachern mit künstlerischem oder journalistischem Anspruch die Datengrundlage bilden (Corsten 2010: 8).[101] Im Folgenden wird zunächst auf Vor- und Nachteile sowie Möglichkeiten und Grenzen von Videographie eingegangen und im Anschluss daran der Einsatz der Videographie mit Blick auf die Erforschung von Unterricht dargestellt (für eine allgemeine Einführung vgl. auch Schramm 2014).

Für den Einsatz videographisch orienterierter Forschung spricht zunächst, dass Videoaufnahmen die Vorteile von Ton- und Einzelbildaufnahme kombinieren und darüber hinaus das beobachtete Geschehen in Echtzeit zu dokumentieren vermögen (Dinkelaker & Herrle 2009: 14). Selbst Videoaufnahmen können kein vollständiges Abbild der Realität liefern. Zum einen erfassen sie ausschließlich einen Ausschnitt des Beobachteten – nicht zuletzt auch, da sie sich auf zwei Wahrnehmungskanäle beschränken (Dinkelaker & Herrle 2009: 16). Zum anderen erheben sie das unmittelbare Erleben der an der Interaktion Beteiligten nur unzureichend bis gar nicht (Dinkelaker & Herrle 2009: 16). Als größter Vorteil videographisch orientierter Forschung wird aber die Möglichkeit der Iteration gesehen: Videodaten können wiederholt, zu verschiedenen Zeitpunkten und bezogen auf neue Untersuchungsaspekte von einem oder verschiedenen Beobachtern analysiert werden (vgl. z.B. Petko et al. 2003: 265 oder Schramm & Aguado 2010: 186ff.). In diesem Punkt ist videographisch orientierte

---

101 Als Beispiel kann die Durchführung einer qualitativen Videoanalyse – genauer einer hermeneutisch-wissenssoziologischen Sequenzanalyse – am Beispiel der Fernsehsendung *24 Stunden*-Reportage von Reichertz & Englert (2011) dienen.

Forschung der teilnehmenden Beobachtung[102] durch WissenschaftlerInnen weit überlegen. Im Vergleich zu anderen Erhebungsmethoden wie Fragebögen, Interviews und Unterrichtsbeobachtungen sehen Petko et al. darüber hinaus die weniger subjekt- und theoriegebundene Qualität von Videodaten als Vorteil, da analytische Fragestellungen und Kategorien nicht bereits vor der Erhebung festgelegt werden müssen (Petko et al. 2003: 265). Corsten verweist weiterhin darauf, dass die Beobachtung von Unterrichtsverhalten mittels Videodaten „[...] hinsichtlich der Gütekriterien der Exaktheit, Lückenlosigkeit und Zuverlässigkeit als Beobachtungsprotokoll kaum zu übertreffen [...]" (Corsten 2010: 9) ist. Ferner können Videodaten neben der wissenschaftlichen Analyse auch der Lehreraus- und -fortbildung dienen (vgl. z.B. Helmke et al. 2007) und so eine Brücke zwischen Theorie und Praxis bauen (vgl. Petko et al. 2003: 265; Knapp & Ricart Brede 2012: 220ff.).

Videographische Datenerhebung ist mit erheblichem Aufwand verbunden. Dazu zählt auch die zeit- und arbeitsaufwändige Erschließung des Feldes, da Videoaufnahmen in Schulen in der Regel von Kultusministerien, SchulleiterInnen, beteiligten LehrerInnen und SchülerInnen bzw. deren Erziehungsberechtigten genehmigt werden müssen. Nicht selten führt die häufig anzutreffende Skepsis von Lernenden und Lehrenden gegenüber der Anfertigung von Bildaufnahmen zu geringerer Teilnahmebereitschaft an wissenschaftlichen Untersuchungen. Ferner sind Einwilligungen oft zweistufig – das bedeutet, dass selbst bei Einverständnis zur Aufnahme ggf. nicht das Einverständnis zur Veröffentlichung der Daten erteilt wird (Dinkelaker & Herrle 2009: 18). Dies erschwert eine transparente und überprüfbare Darstellung von Forschungsprozessen und -ergebnissen.

Abgesehen vom Aufwand ist die Frage der Invasivität zu diskutieren. Dabei handelt es sich um den durch die Filmsituation und die Kamera(-personen-)-präsenz verursachten Einfluss auf die Situation. In Lehr-Lernkontexten ist eine Beeinflussung der Lehrenden sowie auch der Lernenden denkbar, die sich verbal, paraverbal und/oder nonverbal sowie bezogen auf fachliche, didaktische und soziale Inhalte durch untypisches (Nicht-)Handeln zeigen kann (Maak & Ricart Brede 2014: 151f.). Für die videographische Lehr-Lernforschung stellt sich demnach die Frage, ob Videodaten die Unterrichtswirklichkeit widerspiegeln (vgl. z.B. Petko et al. 2003; Helmke 2004: 179). Helmke (2009: 301) geht davon aus, dass jeder Unterricht durch routinehafte Abläufe geprägt ist und sich wünschbare Verhältnisse nur selten kurzfristig herstellen lassen. Ähnlich unterstreichen auch Petko et al. (2003: 270), dass kurzfristige Änderungen des

---

102 Für einführende Hinweise zur Beobachtung vgl. z.B. Ricart Brede 2014.

Unterrichtsstils einer Lehrperson unwahrscheinlich seien, räumen aber ein, dass Lehrende einen aus ihrer Sicht idealen Unterricht zu halten versuchen. Stigler spricht von einer idealisierten Version dessen, was der Lehrende normalerweise im Klassenraum täte (Stigler 1998: 141). Maak und Ricart Brede, die (beobachtbare) Invasivität in 10 Unterrichtsstunden untersuchten, kommen zu dem Schluss, dass es sich eher um eine veränderte Version dessen handelt, was normalerweise im Klassenraum geschieht, da Invasivität dazu führen könne, weniger Unterrichtsgeschehen, nicht notwendigerweise anderes Unterrichtsgeschehen aufzunehmen (Maak & Ricart Brede 2014: 167f.). Eine weitere Möglichkeit der Erfassung von Invasivität ist die Befragung von SchülerInnen und LehrerInnen mittels Fragebogen oder retrospektiver Interviews. Im Rahmen der TIMSS Videostudie 1999 wurden Lehrkräfte schriftlich zur Typikalität des videographierten Unterrichts befragt. 75% schätzen das Verhalten der SchülerInnen als *normal* ein; 86% waren der Auffassung, der Unterricht verlief wie üblich und 88% hielten das Anspruchsniveau der Inhalte für üblich (Petko et al. 2003: 270). Da es sich in diesen Fällen um Selbsteinschätzungen handelt, welche z.B. aufgrund einer Beantwortung im Sinne von sozialer Erwünschtheit[103] Verzerrungen unterliegen, was auch vergleichende Metaanalysen bestätigen (Seidel & Shavelson 2007: 478), müssen diese Aussagen entsprechend vorsichtig interpretiert werden. Sowohl für das Unterrichtsgeschehen im Allgemeinen als auch für das sprachliche Verhalten des Lehrenden kann zusammenfassend davon ausgegangen werden: Von einer kurzfristigen systematischen Veränderung des Beobachteten ist nicht auszugehen. Videographisch erhobene Daten sollten jedoch jeweils auch auf den Aspekt der Invasivität hin kritisch hinterfragt werden.[104]

In den letzten Jahren erfolgte die Durchführung einer Reihe von größeren Studien, im Rahmen derer Unterricht bzw. (Sprach-)Förderung videographiert und ausgewertet wurde, z.B. in der TIMSS-Schulleistungsstudie. Im Zuge dieser Studie konnten auch methodische Folgerungen für videogestützte Forschung abgeleitet werden (vgl. z.B. Petko et al. 2003). Dies gilt ebenso für die IPN-

---

103 Soziale Erwünschtheit bezeichnet die Orientierung von ProbandInnen an verbreiteten Normen und Erwartungen durch konformes Verhalten bei der Teilnahme an Untersuchungen, das durch Angst vor sozialer Verurteilung motiviert ist (Bortz & Döring 2006, 232f., bezugnehmend auf Edwards 1957; 1970). Für Fragebogenuntersuchungen bedeutet dies z.B., dass ProbandInnen entgegen ihrer tatsächlichen Meinung ankreuzen.
104 Dass dies noch nicht Standard ist, zeigt bereits ein Blick in den Band „Unterrichtskommunikation" von Becker-Mrotzek & Vogt (2009). Es finden sich einige Transkriptauszüge, die Episoden mit invasivem Charakter aufweisen, vgl. z.B. S. 117f. und S. 121, ohne dass dies für die Analyse der Unterrichtskommunikation weiter thematisiert würde.

Videostudie "Lehr-Lern-Prozesse im Physikunterricht" (IPN steht für „Institut für die Pädagogik der Naturwissenschaften", vgl. z.B. Seidel, Prenzel & Kobarg 2005a), die DESI-Videostudie (vgl. z.B. Helmke et al. 2008), welche den Leistungsstand von SchülerInnen in Englisch und der aktiven Beherrschung der deutschen Sprache untersuchte sowie das Projekt „Sag' mal was", in welchem Maßnahmen zur Sprachförderung von Vorschulkindern umgesetzt und evaluiert wurden (vgl. z.B. Knapp & Ricart Brede 2012).

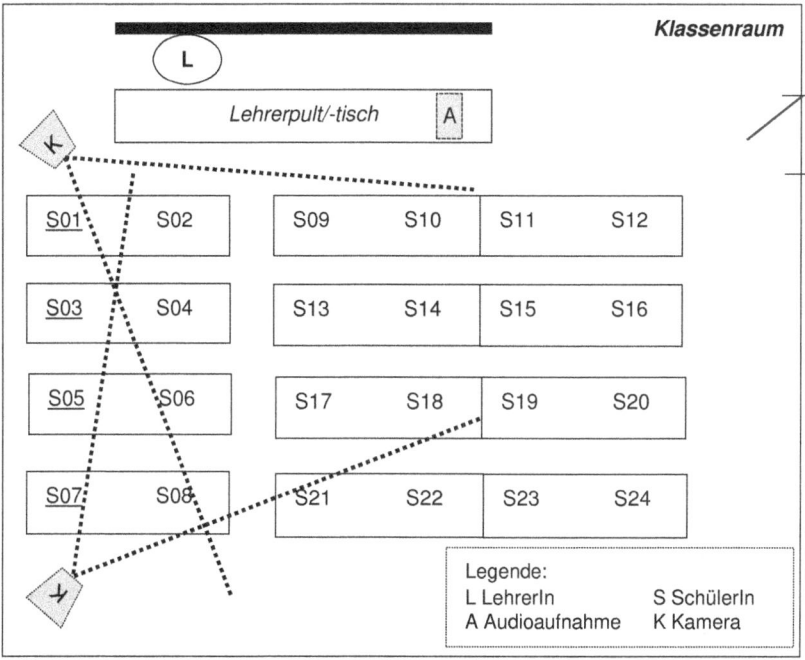

Abb. 22: Kamerastellung bei Unterrichtsaufnahmen, Frontalunterricht; eigene Darstellung

Für die Datenerhebung von Unterricht in Schulklassen mittels Videographie wird in der Regel empfohlen wie in Abbildung 22 dargestellt mit zwei Kameras aufzunehmen, wobei eine Kamera die Lehrperson(en) bzw. den vorderen Bereich des Klassenraums, in welchem sich Tafel und „Lehrerpult" befinden, fokussiert. Eine weitere Kamera erfasst nach Möglichkeit in der Totale alle SchülerInnen im Klassenzimmer (vgl. z.B. Irion & Knecht 2010: 1, Dinkelaker & Herrle

2009: 25, Seidel, Dalehefte & Meyer 2005b: 31f.). SchülerInnen, welche keine Erlaubnis zur Aufnahme von Videodaten[105] gegeben haben, werden außerhalb des von der Kamera erfassten Sichtfeldes platziert (Seidel, Dalehefte & Meyer 2005b). In Abbildung 22 beträfe dies die SchülerInnen S01, S03, S05 und S07 (gekennzeichnet durch Unterstreichung). Zwar handelt es sich um ein forschungsethisches und gesetzliches Muss, allerdings ist dieses Vorgehen forschungspraktisch gleichzeitig als problematisch einzuschätzen, da ein Umsetzen der SchülerInnen ein Eingreifen in das Untersuchungsfeld und dessen Veränderung bedeutet und ggf. zu verändertem Verhalten führen kann.

Bezogen auf die Kamerapersonen wird häufig empfohlen, durch entsprechend zurückhaltendes Verhalten dieser Invasivitätsereignisse auf ein Minimum zu reduzieren (Petko et al. 2003: 270; Ricart Brede 2011: 95; Maak & Ricart Brede 2014). Zu zurückhaltendem Verhalten gehört unauffällige Kleidung, wenig Bewegung, also ein möglichst statisches Stehen hinter der Kamera sowie die Vermeidung von Blickkontaktaufnahme mit LehrerInnen und SchülerInnen, indem immer durch die Kamera geblickt wird. Allerdings wird an anderer Stelle auch empfohlen, insbesondere zu Beginn der Aufnahmen, die Beteiligten mit der Kamera und den Kamerapersonen vertraut zu machen. Dem liegt die Annahme zugrunde, über ein so aufgebautes Vertrauen werde „natürliches" Verhalten bzw. Agieren wahrscheinlicher: „Statt uns unsichtbar zu machen, machten wir uns zunächst sichtbar. Wir stellten uns den Kindern vor, erklärten ihnen, was wir tun, und gaben ihnen Antwort, wenn sie von sich aus danach fragten." (Huhn et al. 2000: 195). Für Forschungsprojekte ist entscheidend, dass jeweils einheitlich vorgegangen wird. Daher bietet es sich an, ein Skript bzw. einen Leitfaden für die Erhebung zu erstellen und die Datenerhebenden entsprechend vorab zu schulen (vgl. für weiterführende Erläuterungen Seidel et al. 2005a und für ein konkretes Beispiel Ricart Brede 2011).

Häufig ist es erforderlich, die erhobenen Videodaten zu transkribieren:

---

105 Das heißt, dass selbstverständlich grundsätzlich die Erlaubnis zur Teilnahme an der Studie und somit zur Erhebung von Audioaufnahmen, Interviews etc. erteilt wurde, eingeschränkt lediglich in Bezug auf Bildaufnahmen.

Unter Transkription versteht man den Prozess der medialen Überführung von der Mündlichkeit zur Schriftlichkeit, wobei in der methodologischen Diskussion Konsens darüber besteht, dass der gesprochene und der geschriebene Text nicht isomorph sind (vgl. dazu v. a. Ochs 1979), sondern dass mit der Transkription immer bereits Selektions- und Interpretationsprozesse verbunden sind, die zum einen vom Erkenntnisinteresse der Forschenden und zum anderen von der jeweils zugrunde gelegten Sprachtheorie bestimmt werden.

(Schramm & Aguado 2010: 194)[106]

Transkriptionen ermöglichen – im Gegensatz zu Abschriften und in Abhängigkeit von ihrer Genauigkeit und der gewählten Konvention – den Erhalt der Besonderheiten und genauen Formen mündlicher Kommunikation. Erst sie erlauben eine detaillierte Untersuchung sprachlicher Handlungen oder Formulierungen (Brünner 2012: 55). So lässt sich das komplexe kommunikative Unterrichtsgeschehen überhaupt erst im Transkript rekonstruieren (Becker-Motzek & Vogt 2009: 62): „Die detaillierte Dokumentation des kommunikativen Geschehens, das heißt die möglichst umfassende und genaue Verschriftlichung der verbalen und non-verbalen Anteile, ist die notwendige Voraussetzung für die Analyse und Erklärung der beobachteten Lehr-Lern-Prozesse." (Becker-Motzek & Vogt 2009: 62). Ehlich & Rehbein (1983: 11) weisen auf den erheblichen Zeitaufwand hin, welcher mit Aufzeichnung und Transkription schulischen Geschehens einhergeht. Sie sehen dies als Ursache dafür, dass Analysen zunächst vornehmlich einzelne kommunikative Erscheinungen in umfassendem Detail untersuchen. Aufwändig bedeutet in der Regel ein durchschnittliches Transkriptionsverhältnis[107] von 1:20 bis 1:60[108].

Zur Transkription können je nach Erkenntnisinteresse und dem notwendigen Detailliertheitsgrad unterschiedliche Konventionen verwendet werden. Bei Erforschung von Lehr-Lernkontexten finden häufig das Gesprächsanalytische Transkriptionsverfahren (kurz GAT, vgl. Selting et al. 2009; 1998) und die Halbinterpretative Arbeitstranskription (kurz HIAT, vgl. Ausführungen

---

106 An dieser Stelle sei angemerkt, dass auch die Übertragung von handschriftlichen Daten, z.B. Aufsätzen von SchülerInnen in eine Word-Datei, also das „Abschreiben" bzw. „Abtippen" von Schriftlichem als Transkription bezeichnet wird.

107 Das Transkriptionsverhältnis gibt an, wie viel Transkriptionszeit für eine Minute Aufnahme notwendig war. 1:30 heißt demnach, dass die Transkription einer Unterrichtsminute im Schnitt jeweils 30 Minuten dauerte. In der Regel gilt: je genauer die Transkription, desto höher ist das Verhältnis. Ein weiterer wichtiger Faktor ist jeweils, um welche Art von Daten es sich handelt. Transkription von Interviews mit zwei Beteiligten erfordert meist ein geringeres Transkriptionsverhältnis als Transkription von Unterricht mit bis zu 30 Beteiligten.

108 Diese Richtwerte für Transkriptionen von Unterricht stammen aus dem Fach-DaZ-Projekt, im Rahmen dessen TranskribentInnen die benötigte Zeit dokumentieren.

in Dittmar 2009 für weiterführende Hinweise zu Transkription und Transkriptionskonventionen) Verwendung. Zudem kann die Transkription in Transkriptionseditoren bzw. -programmen wie ELAN, EXMARaLDA oder FOLKER erfolgen, welche diese einerseits erleichtern und andererseits häufig bereits erste Analysen oder zumindest den Export in weitere Programme zur Analyse ermöglichen.

Da Unterrichtstranskripte gesprochene Sprache erfassen, kann ggf. eine Normalisierung der Transkripte notwendig sein (vgl. für umfassende Hinweise z.B. Winterscheid et al. 2013). Unter Normalisierung ist eine Vereinheitlichung zu verstehen – etwa wenn an einer Transkriptstelle *habm*, an einer anderen *ham* transkribiert wurde, werden beide Stellen zu *haben* in einer normalisierten Variante. Die Normalisierung ist insbesondere dann relevant, wenn korpuslinguistische Analysen vorgenommen werden sollen. Dabei ist unter Korpus Folgendes zu verstehen: „*Ein Korpus ist eine Sammlung schriftlicher oder gesprochener Äußerungen in einer oder mehreren Sprachen. Die Daten des Korpus sind digitalisiert, das heißt auf Rechnern gespeichert und maschinenlesbar.*" (Lemnitzer & Zinsmeister, 2010: 40). Zusätzlich zu diesen Primärdaten können, wie Abbildung 23 zeigt, ferner Metadaten weitere wichtige beschreibende Daten liefern, z.B. über die Sprecher von Tonaufnahmen oder die AutorInnen von Texten. In der Regel beziehen sich Metadaten auf ganze Texte oder zusammenhängende Äußerungsfolgen. Darüber hinaus werden mittels linguistischer Annotationen weitere Informationen, z.B. zu Wortarten und grammatischen Funktionen, ergänzt (Lemnitzer & Zinsmeister 2010: 9). Die automatische morhposyntaktische Annotation wird im Englischen auch *Part-of-Speech* Tagging genannt (kurz POS Tagging). Ein Tag ist dabei ein Label, das dem einzelnen Wort zugewiesen wird und dessen grammatikalische Klasse beschreibt. Standard für deutschsprachige Korpora ist das Stuttgart-Tübingen-Tagset (kurz STTS, Lemnitzer & Zinsmeister 2010: 66). Neben morphosyntaktischen Annotationen sind weitere Annotationen möglich, wobei ein Großteil nicht automatisch, sondern manuell erfolgen muss, was in der Regel einen beträchtlichen Mehraufwand im Vergleich zum automatischen Annotieren bedeutet. Die Anreicherung von Primärdaten um Metadaten und Annotationen ist zum Teil zeitaufwändig, erweitert jedoch Such- und Analysemöglichkeiten und damit den Wert des Korpus in der Regel erheblich (Lemnitzer & Zinsmeister 2010: 9, 62, McEnery, Xiao & Tono 2006: 30ff.). Korpuslinguistische Analyseverfahren sind z.B. das Auswerten von Konkordanzen und Häufigkeitszählungen (Lüdeling & Walter 2009: 2).

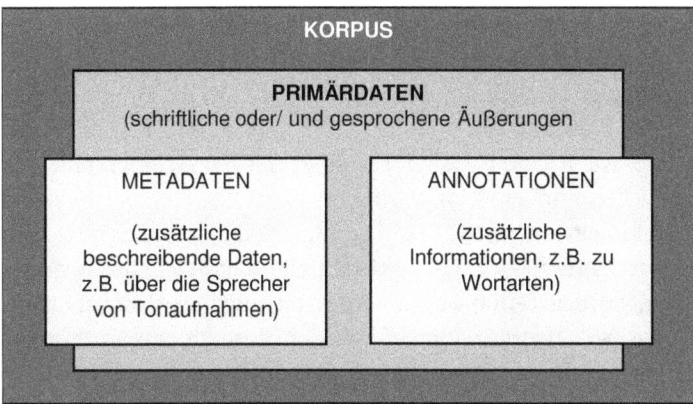

Abb. 23: Aufbau von Korpora; eigene Darstellung

Für die Analyse von Videodaten steht eine Fülle von Möglichkeiten zur Verfügung auf welche hier nicht vertiefend eingegangen werden kann (für erste Hinweise siehe z.B. Dinkelaker & Herrle 2009). Zur Unterstützung der Analyse existiert mittlerweile eine ganze Reihe von Programmen mit zum Teil sehr unterschiedlichen Eigenschaften. Als Beispiel sei das Programm Videograph® erwähnt, welches die Analyse von Sichtstrukturen[109] ermöglicht.

Die Entscheidung für eine videographisch orientierte Datenerhebung im Rahmen des Fach-DaZ-Projektes ergibt sich vornehmlich aus den oben geschilderten Vorteilen, hierunter ist der Aspekt der Iteration entscheidend. Weiterhin sollten neben Interaktion im Klassenraum auch Tafelanschriebe u. Ä. dokumentiert werden. Dies wäre bei Audioaufnahme kaum möglich gewesen. Auch die Zuordnung von Sprechern zu Äußerungen im Rahmen der Transkription der Daten würde sich bei Audioaufnahmen äußerst schwierig bis nahezu unmöglich gestalten. Im Folgenden wird die konkrete Durchführung der videographischen Unterrichtsforschung des vorliegenden Dissertationsvorhabens eingehend beschrieben.

---

109 Sichtstrukturen sind sichtbare, das heißt direkt beobachtbare Merkmale einer Lehr-Lern-Situation, die über niedrig-inferente Kategorien erfasst werden können (vgl. auch Ricart Brede 2011: S. 92 f.).

3.3.2 Durchführung der Datenerhebung mittels Videographie

Vorab ist zur Erhebung der videographierten Daten zunächst festzuhalten, dass ihre Durchführung im Wesentlichen in Anlehnung an die in 3.3.1 berücksichtigten Studien erfolgte. Nach einem ersten Telefonat mit der Schulleiterin und Weiterleitung an die Lehrerin 03081L01 wird diese ebenfalls in einem Telefonat über das Fach-DaZ-Projekt informiert. Als das Einverständnis der Schule bzw. der Schulleiterin, der Lehrerin 03081L01 sowie der Eltern bzw. SchülerInnen der Klasse 03081 vorlag, wurden Termine für die Aufnahmen mit der Lehrerin abgesprochen. Der Klassenraum wurde vor dem Unterricht besucht, um Sitzordnung und Kameraposition vorab zu klären. Das Projekt und die Kamerapersonen wurden von 03081L01 kurz zu Beginn der Stunde vorgestellt. Durch mehrmalige Erhebungsbesuche sowie die Erhebung von Protokollen und sprachbiographischen Fragebögen im Unterricht (vgl. Ricart Brede in Vorb.) waren den SchülerInnen die Kamerapersonen bereits bekannt.

In der Regel erfolgte die Aufnahme bei Frontalunterricht wie bereits erläutert und in 3.3.1 noch einmal dargestellt mit einer „Schülerkamera" und einer „Lehrerkamera". Letztere dokumentierte zudem Tafelanschriebe und Overhead-Folien. Entweder wurde auf diese im Unterricht gezoomt oder sie wurden im Anschluss an die Unterrichtsstunde abgefilmt, sofern dies noch möglich war. Aus forschungspraktischen Gründen war in der Regel eine Kameraperson anwesend, welche hinter der Lehrerkamera stand. Dies hatte einerseits den entscheidenden Vorteil, dass die SchülerInnen nicht noch durch eine weitere Person, die zudem im Blickfeld stehen würde, abgelenkt wurden. Andererseits hatte es den Nachteil, dass während der Aufnahme nicht geschwenkt oder gezoomt werden konnte, z.B. wenn sich kurzfristige Veränderungen ergaben. In diesem Fall war die Kameraperson gezwungen, vom hinteren Teil des Klassenraums zur vorderen, die SchülerInnen fokussierenden Kamera zu gehen. Schließlich fallen technische Probleme dieser Kamera während der Aufnahme nicht auf. In den gefilmten Stunden ergaben sich keine grundlegenden Probleme bei den Aufnahmen. In der Regel wurde ein zusätzliches Audioaufnahmegerät auf das Lehrerpult gelegt.[110] SchülerInnen, die kein Einverständnis zur Aufnahme von Videodaten gegeben hatten, saßen außerhalb des von der Kamera erfassten Sichtfeldes, was in der Regel eine für die Klasse 03081 leichte Veränderung der Sitzordnung bedeutete. Da sich die Sitzordnung im Rahmen der vier untersuch-

---

110 Dementsprechend sind (geflüsterte) Gespräche zwischen einzelnen SchülerInnen nicht (in ihrer Gänze) erfasst worden.

ten Unterrichtseinheiten mehrmals veränderte, ist in Abbildung 24 die normale Sitzordnung dargestellt.

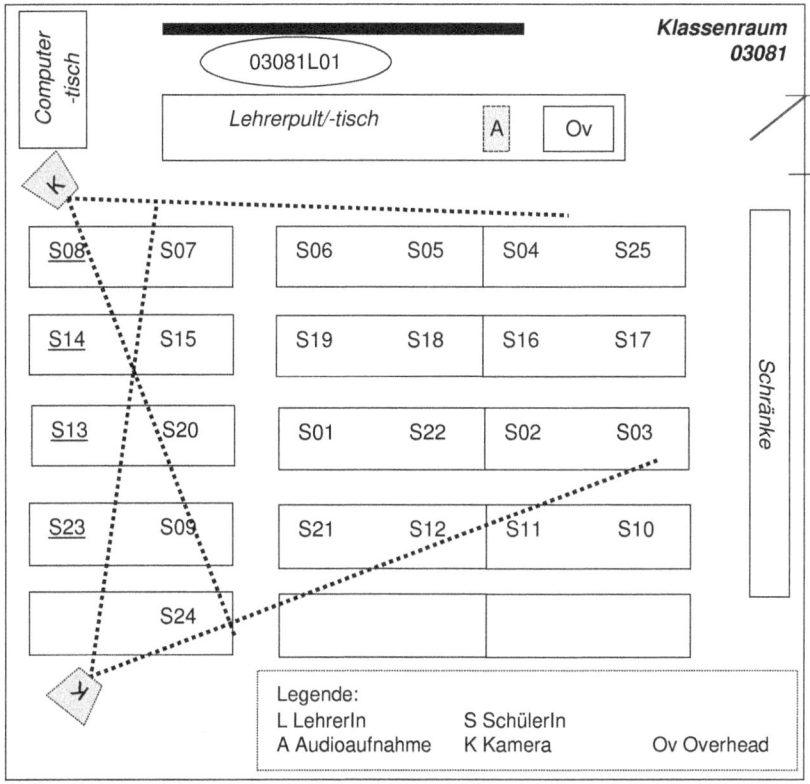

Abb. 24: Datenerhebung bei Frontalunterricht in der Klasse 03081; eigene Darstellung

Die SchülerInnen arbeiteten im Laufe der vier Doppelstunden auch in Gruppen. Damit veränderte sich die in Abbildung 24 dargestellte Aufnahmesituation hin zu der in Abbildung 25 festgehaltenen neuen Sitz- und Aufnahmesituation. Neben einem Audioaufnahmegerät auf dem Lehrerpult wurden bei Gruppenarbeit nach Möglichkeit bzw. Verfügbarkeit zusätzliche Audioaufnahmegeräte auf die Arbeitstische gestellt. Durchschnittlich kamen zwei weitere Aufnahmegeräte zum Einsatz.

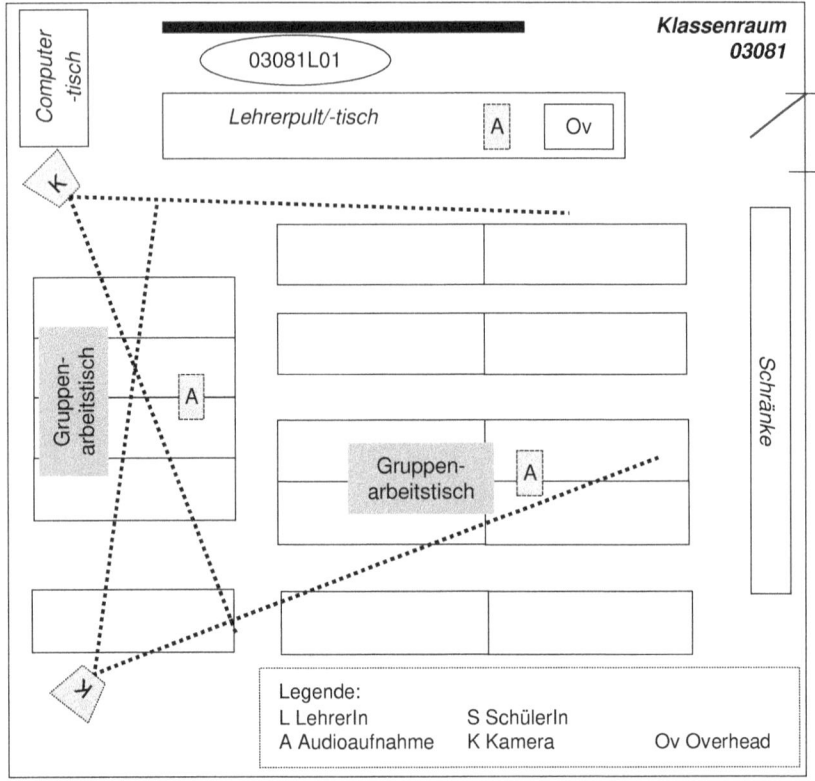

Abb. 25: Datenerhebung bei Gruppenarbeit in der Klasse 03081; eigene Darstellung

Für die vorliegende Untersuchung steht das sprachliche Verhalten der Lehrperson und der SchülerInnen der 03081 im Plenum im Vordergrund. Daher war der Einsatz von zwei Kameras sowie mindestens einem zusätzlichen Audioaufnahmegerät jeweils ausreichend. Da die Interaktion der SchülerInnen in Gruppenarbeitsphasen wie auch Nebengespräche während des (Frontal-)Unterrichts im Rahmen der Studie von nachrangigem Interesse waren, wurde bewusst vom Einsatz weiterer Audio- und Videotechnik Abstand genommen. Deren Einsatz bedeutete im vorliegenden Fall nicht nur einen beträchtlichen Zuwachs an zu vernachlässigenden Daten und eine damit einhergehende unnötige Erhöhung des Zeitaufwands z.B. mit Blick auf die Datenaufbereitung, sondern ggf. auch eine Steigerung der invasiven Einflussnahme auf Lehrkraft und SchülerInnen.[111]

Bei der Erhebung waren die Kamerapersonen angehalten, sich möglichst zurückhaltend zu verhalten, um den Grad an Invasivität so gering wie möglich zu halten. Dies bedeutet, dass sie die Kontaktaufnahme zu LehrerInnen und SchülerInnen vermeiden sollten und auf Kontaktaufnahmeversuche von deren Seite nicht oder möglichst knapp reagierten. Für sieben der acht aufgezeichneten Unterrichtsstunden wurde zudem von Maak & Ricart Brede (2014) untersucht, inwiefern sich beobachtbare Invasivität in Form von Blickkontakten mit der Kamera oder Interaktionen mit der Kamera bzw. Kameraperson(en), in den Daten zeigt.

Tab. 15: Auftreten beobachtbarer Invasivität im Rahmen der Unterrichtseinheiten der Stichprobe

Lehr-Lern-Situation	Anzahl der analysierten Stunden (à 45 Min.)	Fälle gesamt	Dauer der Invasivität gesamt (in Min.)	Invasive Unterrichtszeit in % (bezogen auf die pro Lehr-Lernsituation videographierte Zeit
03081V02	2	78	05:26	5,6 %
03081V03	2	139	14:55	15,0%
03081V04	2	93	07:32	7,4 %
03081V05[112]	1	53	03:19	7,2 %

Tabelle 15 gibt einen Überblick über die Ergebnisse der Analyse der vier Doppelstunden 03081V02 bis 03081V05. Demnach sind in 03081V03 beträchtlich mehr Invasivitätseffekte zu beobachten. 03081V03 wurde von einem Aufnahmeteam erhoben, das lediglich kurz über die Vorgehensweise im Projekt informiert wer-

---

111 Im Rahmen des Fach-DaZ-Projekts erzählte zum Beispiel ein Schüler während einer Gruppenarbeit einen Witz für die Forschenden auf das Audioaufnahmegerät anstatt die eigentlichen Aufgaben zu bearbeiten. Auch zeigte sich, dass die Audioaufnahmegeräte und damit verbunden die Aufnahmesituation insbesondere in Gruppenphasen immer wieder punktuell von den SchülerInnen thematisiert wurden.

112 Hier wurde die erste Unterrichtsstunde der Doppelstunde für die Kodierung berücksichtigt.

den konnte und sich zum Teil nicht in Übereinstimmung mit den Vorgaben verhalten hat, z.B. indem sie das Gespräch mit der Lehrerin 03081L01 gesucht hat. Demnach ist ein zurückhaltendes Verhalten der Kamerapersonen für zukünftige Untersuchungen empfehlenswert.[113]

Ferner wurde die Typikalität der videographierten Unterrichtseinheiten während eines Interviews (vgl. 2.4.3), das mit der Lehrerin 03081L01 im Anschluss an die erste videographierte Doppelstunde 03081V01 geführt wurde, thematisiert. Auf die Frage, ob die SchülerInnen sich in den videographierten Stunden anders verhalten haben, antwortet 03081L01 knapp, aber eindeutig verneinend.[114] Bezogen auf sich selbst gibt sie zunächst die gleiche Antwort, ergänzt dann noch Folgendes:

> „DOCH. in der stunde vo:rige woche war ich total angespannt als ich gesehen habe dass das nicht so geht (.) wie ich mir das gedacht habe. [(-)] da dacht ich so OCH ausgerechnet DIEse stunde wird videographIERT. ((lacht)) [...] also da: (.) wär ich am liebsten RAUSgegangen zwischendrin."
>
> (03081L01_I1, Zeile 90ff.)

Da die videographierte Einheit in der Wahrnehmung der Lehrerin weniger gut als geplant lief, war sie in dieser Stunde angespannt. Das Zitat macht deutlich, dass sie sich während der Stunde der Kamera bzw. der Aufnahmesituation durchaus bewusst war und diese reflektiert hat, wobei aber die Stunde insofern untypisch war, als der Unterricht entgegen den Erwartungen der Lehrerin verlief. Dies begründet sie im Folgenden mit der Arbeitsweise der SchülerInnen, nicht mit den besonderen Bedingungen der Aufnahmesituation. Die Aussagen der Lehrerin 03081L01 lassen demnach zunächst den vorsichtigen Schluss zu, dass die Aufnahmesituation bewusst wahrgenommen wird, jedoch nicht zu

---

113 Da bisher noch keine vergleichbaren Untersuchungen im Fach existieren, können keine gesicherten Aussagen darüber gemacht werden, ob es sich um „hohe" oder „niedrige" Werte für beobachtbare Invasivität handelt. Die exemplarischen quantitativen und qualitativen Auswertungen von Maak und Ricart Brede weisen darauf hin, dass Invasivität auftritt, diese jedoch in eher geringerem Maße Auswirkungen sowohl auf die Qualität als auch auf die Quantität des Unterrichtsgeschehens hat (Maak & Ricart Brede 2014). Dies spricht im Wesentlichen für die Validität der Daten, vgl. auch 3.3.1 zum Thema Invasivität.

114 Sie sagte „nö" (03081L01_I1, Zeile 87). Die Aussagen von 03081L01 beziehen sich in diesem Fall nicht auf die videographierten Einheiten, welche im Rahmen der vorliegenden Arbeit untersucht werden, sondern auf zeitlich diesen vorausgehende Einheiten. Es kann jedoch aufgrund von Gesprächen nach den folgenden Aufnahmen davon ausgegangen werden, dass die Aussagen in ihrer Tendenz auch für die weiteren videographierten Stunden gelten.

verändertem Verhalten auf Seiten der SchülerInnen und der Lehrerin 03081L01 geführt hat.

Der SFI in Form von Tafelanschrieben und Overhead-Folien wurde, wie bereits erläutert, ebenfalls gefilmt. Der SFI in Form von Schulbuch sowie weiterer Arbeitsblättern wurde im Anschluss an die videographierten Stunden erhoben, in der Regel stellte die Lehrerin diese Daten zur Verfügung.

3.3.3 Aufbereitung der Unterrichtsdaten

Zur Untersuchung wird ein kleines[115] monolinguales nicht-repräsentatives Spezialkorpus[116] erstellt, das gesprochene und geschriebene Sprache dokumentiert und unter synchronen Aspekten analysiert wird.[117] Im Folgenden wird die Aufbereitung der Daten getrennt nach SFI und MFI vorgestellt.

Schulbücher und Arbeitsblätter wurden mittels des Texterkennungsprogramms Abbyy Fine Reader digitalisiert und durch Anfertigung eines Scans in ihrer Gesamtheit dokumentiert. Tafelanschriebe sowie Overhead-Folien mit Text wurden transkribiert. Als Grundlage dafür dienten die videographischen Daten. Hierbei entstand zum Teil ein Datenverlust durch die Bearbeitung und Veränderung der Tafelanschriebe und Overhead-Folien sowie durch die Qualität der Videoaufnahmen. Die Dokumentation der Beschriftung von Overhead-Folien im Unterrichtsgeschehen erwies sich als besonders schwierig. Einerseits sind diese selbst bei guter Kameraqualität häufig nur schwer lesbar, andererseits werden sie oft verdeckt, z.B. von der Lehrerin, die auf der Folie schreibt. So zeigt Abbildung 26 die Transkription einer Overhead-Folie. Die Füllungen für (11) und (12) konnten trotz Video, zusätzlicher Tonspur durch ein Audioaufnahmegerät und Transkription nicht rekonstruiert werden. Die beiden im Rahmen der Unterrichtseinheit bearbeiteten Overhead-Folien – eine zum Herzen und eine zur

---

115 Für diese Einschätzung dient Scherers Definition von Korpusgrößen als Grundlage: „Neben kleineren (bis 1 Mio. Textwörter), mittleren (mehrere Mio. Textwörter) und großen Korpora (über 100 Mio. Textwörter) existieren inzwischen auch sehr große Korpora (über eine Milliarde Textwörter)." (Scherer 2006: 16).

116 Da es sich um einen spezifischen Ausschnitt aus der deutschen Gegenwartssprache handelt – mündliche und schriftliche Unterrichtssprache zum Thema Blut, Herz, Blut- und Körperkreislauf der 8. Klasse – und in der vorliegenden Arbeit eine Unterrichtseinheit mit insgesamt sieben Unterrichtsstunden à 45 Minuten untersucht wird, handelt es sich um ein nicht-repräsentatives Spezialkorpus.

117 Diese Einschätzung bezieht sich vor allem auf die Klassifizierungsmerkmale, die von Lemnitzer & Zinsmeister (2010, Kapitel 5) und Scherer (2006: Kapitel 2) dargestellt werden.

Blutzusammensetzung – enthalten so wenige Bewegungspropositionen (n=3), dass diese im weiteren Verlauf der Untersuchung nicht weiter berücksichtigt werden.

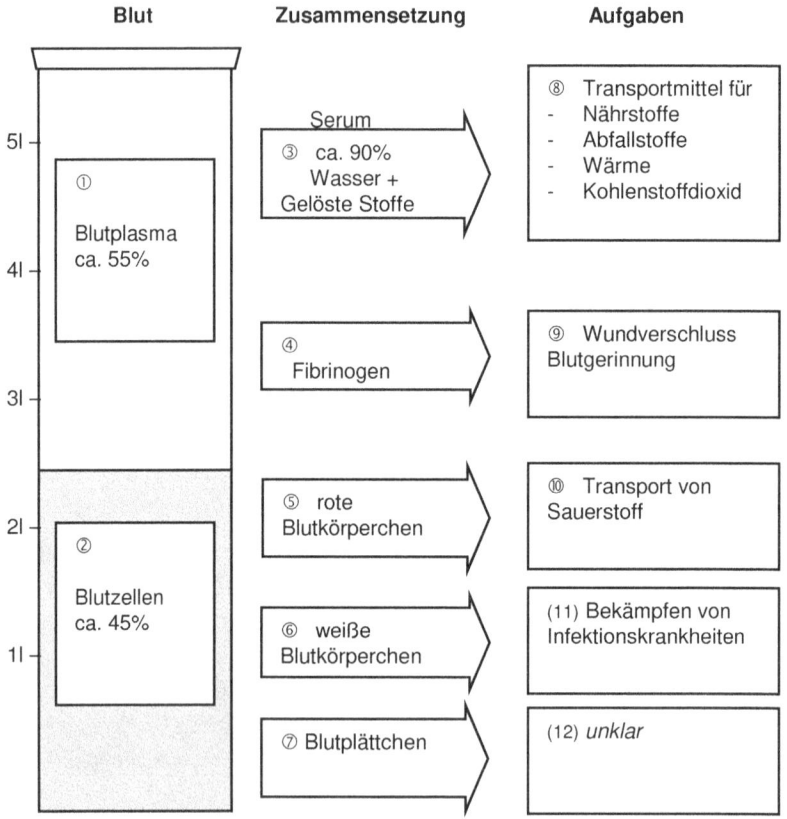

Abb. 26: Transkript einer Overheadfolie zur Blutzusammensetzung in 03081V05

Für die Arbeitsblätter zeigte sich mit einer Ausnahme[118], dass diese keinen Bewegungskonzept-relevanten SFI beinhalten. Es handelt sich in der Regel um schematische Darstellungen, z.B. der Blutzusammensetzung oder des Herzens,

---

118 Hierbei handelte es sich um einen Lückentext, den die SchülerInnen als Hörtext bearbeitet haben, der aufgrund seiner Metaphorik von der Analyse ausgeschlossen wurde (vgl. Ausführungen in 4.4.1).

die noch zu beschriften bzw. auszufüllen sind. Daher werden diese nicht weiter für die Auswertung berücksichtigt.

Die mündlichen Unterrichtsdaten wurden im Programm ELAN transkribiert. Als Transkriptionskonvention diente das Minimaltranskript von GAT 2, leicht verändert und angepasst an die Gegebenheiten im Fach-DaZ-Projekt (vgl. Anhang). In der folgenden Tabelle ist jeweils die Anzahl der Unterrichtsstunden (sowie Dauer), mit Angabe des ersten Transkribenten und zweiten Transkribenten sowie das Transkriptionsverhältnis angegeben.

Tab. 16: Transkriptionsverhältnisse für die videographierten Stunden

Klasse Stunden	Transkribentin	Transkriptions-verhältnis	Kontrolliert durch	Verhältnis
03081V02	DM	1:9	-	-
03081V03	AD, AK	1:21	DM	1:4
03081V04	KH	1:33	DM	1:3
03081V05	AK	1:29	DM	1:4

Da Gruppen- und Partnerphasen nicht bzw. oberflächlich mit Fokus auf für alle SchülerInnen hörbare Äußerungen transkribiert wurden, ist das Transkriptionsverhältnis für Unterrichtsaufnahmen recht niedrig. Im Rahmen der Kontrolle wurden vornehmlich Aspekte der Pseudonymisierung, Zuordnung der Äußerungen zu den richtigen SchülerInnen nachgeprüft und grobe bzw. zum Teil systematische Transkriptionsfehler überarbeitet. Grobe Transkriptionsfehler sind z.B. falsch gehörte Wörter. Ein Beispiel für einen systematischen Transkriptionsfehler stellt die Dokumentation von langgezogenen Vokalen vor dem h dar, etwa a:::h statt ah:::. Solche systematischen Fehler ergaben sich trotz umfangreicher Schulung bei fast allen transkribierenden Hilfskräften.

Bereits bei der Transkription zeigte sich, dass eine Unterscheidung der MFI-Daten in Lehrervortrag und Schülerpräsentation für das vorliegende Erkenntnisinteresse nicht zielführend ist. Zwar werden in den untersuchten Unterrichtsstunden Schülerpräsentationen gehalten. Diese stellen aber in der Regel keine in sich geschlossenen Vorstellungen von Inhalten ausschließlich durch die präsentierenden SchülerInnen dar. Vielmehr werden sie sowohl durch Beiträge anderer SchülerInnen als auch Fragen und Kommentare der Lehrerin ergänzt. Aufgrund dessen werden alle MFI-relevanten Äußerungen zusammengefasst und nicht weiter nach der Inputform differenziert.

Für das Korpus ist abschließend zu diskutierten, inwieweit es als repräsentativ angesehen werden kann und Rückschlüsse auf die Grundgesamtheit zulässig sind. Bezogen auf die einzelne Lehrerin und die jeweiligen Unterrichtseinheiten kann angenommen werden, dass die erhobenen Daten durchaus als repräsentativ anzusehen sind. Denn eine systematische Veränderung ihres sprachlichen Outputs über sieben Unterrichtsstunden hinweg ist unwahrscheinlich. Ohne Zweifel kann auf Basis des vorliegenden Korpus nicht auf die Grundgesamtheit – den Input zum gleichen Thema aller BiologielehrerInnen in Deutschland – geschlossen werden. Es können jedoch Hypothesen zu dessen Typikalität abgeleitet werden. Tatsächlich lässt sich die Grundgesamtheit für den gewählten Sprachausschnitt zudem nicht exakt bestimmen (Lemnitzer & Zinsmeister 2010: 51), und daher blieben auch bei einer wesentlich größeren Stichprobe Zweifel an der Repräsentativität. McEnery et al. drücken dies folgendermaßen aus: „Claims of corpus representativeness and balance, however, should be interpreted in relative terms and considered as a statement of faith rather than as fact, as presently there is no objective way to balance a corpus or to measure its representativeness." (McEnery, Xiao & Tono 2006: 21). Dennoch sind Erkenntnisse, die aus der Korpusanalyse gewonnen werden, nicht ohne Weiteres generalisierbar und beziehen sich in erster Linie auf dieses Korpus (Lemnitzer & Zinsmeister 2010: 52).

3.3.4 Analyse

Ein ganz wesentlicher Aspekt im Hinblick auf die Datenanalyse ist deren Güte. Daher wird – bevor die Vorstellung der Vorgehensweise bei der Analyse erfolgt – an dieser Stelle noch auf die Maßnahmen eingegangen, welche im Rahmen der vorliegenden Arbeit eingesetzt wurden, um die Nachvollziehbarkeit und möglichst hohe Qualität der Analyse zu garantieren bzw. diese zu optimieren. Ein wesentlicher Garant für eine nachvollziehbare Vorgehensweise ist die transparente und möglichst genaue Darstellung der Vorgehensweise. Neben den folgenden Erläuterungen im vorliegenden Teilkapitel wird dies durch ein Analysemanual (vgl. Anhang) gewährleistet. Es beinhaltet konkrete Angaben zur Vorgehensweise, zum Umgang mit Zweifelsfällen und Ankerbeispiele.

Um darüber hinaus zu gewährleisten, dass die Analysequalität möglichst hoch ist, wurden zu verschiedenen Zeitpunkten und unterschiedlichen Teilthemen Datensitzungen durchgeführt, im Rahmen derer diverse Aspekte wie Verständlichkeit und Angemessenheit des Analysemodells bzw. Kategorienschemas, Zweifelsfälle bei der Kodierung sowie Ergebnisinterpretationen besprochen wurden. Tabelle 17 gibt einen Überblick. Die Sitzungen wurden mit unterschiedlichen Personen geführt, um möglichst viele Perspektiven auf die Daten berücksichtigen zu können. Alle Personen haben einen fachlichen Hintergrund im Bereich der Sprachwissenschaft bzw. Sprachdidaktik und Fachwissenschaft Biologie und sind damit geeignete GesprächspartnerInnen.

Tab. 17: Übersicht über durchgeführte Datensitzungen

Datum	Person	Thema
21.05.2014	WZ	Bewegungskonzept, Bestimmung von Kodiereinheiten
22.05.2014	BWK	Bewegungskonzept, Bestimmung von Kodiereinheiten
29.05.2014	IF	Besprechung von Zweifelsfällen bei Bestimmung von Kodiereinheiten (SFI)
04.06.2014	BHÖ	Besprechung von Zweifelsfällen bei der Kodierung (SFI)
21.07.2014	IF	Besprechung von Zweifelsfällen bei Bestimmung von Kodiereinheiten (MFI)

Die Qualitätskontrolle bzw. -sicherung von Daten, Analysen und Schlussfolgerungen mittels Datensitzungen hat neben den bereits thematisierten Vorteilen und Möglichkeiten auch Grenzen. So wurden diejenigen Aspekte bzw. Daten diskutiert, die der Autorin zu einem bestimmten Zeitpunkt als relevant erschienen. Das heißt, es handelt sich um eine ‚verzerrte' Auswahl. Der Einsatz umfassenderer Verfahren zur Qualitätskontrolle, z.B. die Kodierung aller Daten durch zwei KodiererInnen, wäre zwar wünschenswert, ist allerdings im Kontext des Promotionsprojekts nicht realisierbar gewesen. Das gewählte Vorgehen hat sich allerdings für die vorliegende Arbeit durchaus bewährt und war dem Gegenstand angemessen.

Im Folgenden wird die Analyse der Daten vorgestellt, die in zwei Schritten erfolgt: 1.) Bestimmung derjenigen Einheiten bzw. Äußerungen aus dem Gesamtkorpus (vgl. 3.3.4.1), auf die 2.) das entwickelte Bewegungs-Modell angewendet wird (vgl. 3.3.4.2).

3.3.4.1 Erster Analyseschritt: Auswahl zu analysierender Einheiten

Voraussetzung für die valide Auswahl zu analysierender Einheiten ist eine genaue Beschreibung dessen, was erfasst werden soll. Untersuchungsgegenstand der vorliegenden Arbeit sind solche Bewegungsereignisse, im Rahmen derer Blut oder Blutbestandteile sich im Sinne von MOVE oder BE$_{LOC}$ bewegen (vgl. Ausführungen in 2.3.5.2). Im Forschungsprozess erfolgten diesbezüglich weitere Konkretisierungen, welche im Analysemanual dokumentiert worden sind. Als Beispiel kann der Umgang mit unterschiedlichen fachlichen Unterthemen dienen. So wird das Thema Blutübertragung/-transfusion berücksichtigt und im Sinne der MOVE-Bewegung kodiert, da sich das Blut bei Übertragungen tatsächlich bewegt bzw. bewegt wird. Nachdem der Untersuchungsgegenstand ausreichend spezifiziert war, konnte die Auswahl der zu analysierenden Einheiten erfolgen.

Nach Sichtung und entsprechender Analyse der Daten durch die Autorin ergaben sich Zweifelsfälle, die dokumentiert wurden. Alle zweifelsfreien und alle mit Zweifel behafteten Einheiten wurden in Word-Dateien aufgenommen, die als Grundlage für die anschließende Kodierung in MAXQDA dienten. Eine zweite Kodiererin erhielt zunächst das Analysemanual mit Hinweisen zur Vorgehensweise. In einem anschließenden Vorgespräch konnte sie Fragen und Unklarheiten zum Manual klären. Dann erhielt sie alle Word-Dateien, um darin die entsprechend markierten Zweifelsfälle zu analysieren. In anschließenden Datensitzungen erfolgte eine Besprechung der Zweifelsfallkodierungen. In diesem Zuge wurde auch das Analysemanual angepasst. Während der Besprechungen wurde in MAXQDA dokumentiert, welche Zweifelsfälle für die Analyse aus welchen Gründen ausgeschlossen worden sind. Dieses Vorgehen als praktikabel, da die Datei effektiv von Zweifelsfällen bereinigt werden konnte. Durch diese intensive Auseinandersetzung mit Zweifelsfällen im Team konnte auch ein vertieftes Verständnis und eine gemeinsame Verständigung über das Bewegungskonzept erfolgen, so dass auch dessen Theorie und praktische Anwendung validiert wurde.

3.3.4.2 Zweiter Analyseschritt: konzeptorientierte Analyse

Aus dem der Arbeit zugrunde liegenden Bewegungskonzept wurde ein Kategorienschema abgeleitet, dessen Kategorien in Abbildung 27 dargestellt sind. Im Wesentlichen wurden diese aus der Theorie abgeleitet (vgl. 2.3.5), zum Teil ergaben sie sich – insbesondere ihre Unterkategorien bzw. die konkrete Spezifizierung – während der Probeanalyse sowie bei Analyse der eigentlichen Daten. Als Hauptkategorien werden Aktanten, Bewegungstyp, Weg, die Spezifizierung der Bewegung und die Zeit bzw. Phase einer Bewegung unterschieden und für die Analyse berücksichtigt.

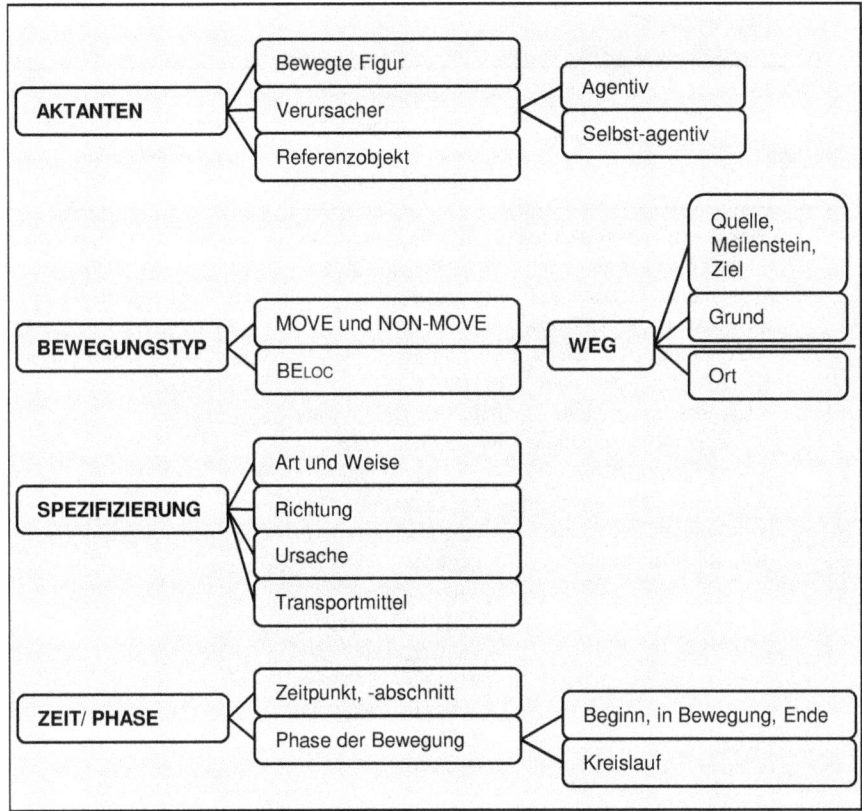

Abb. 27: Übersicht zur Modellierung des Bewegungskonzepts; eigene Darstellung

3.3.4.2.1 Das Kategoriensystem

Das erarbeitete Bewegungskonzept wurde für die Analyse in einem Kategoriensystem abgebildet, das im Lauf des Forschungsprozesses sukzessive weiterentwickelt und angepasst wurde. Es ist in Tabelle 18 vollständig abgebildet und
enthält die sechs Oberkategorien Bewegungsproposition, Bewegungstyp,
Aktanten, Weg, Spezifizierung und Zeit/Phase. Diese werden zum Teil in Unterkategorien auf maximal zwei Ebenen weiter differenziert. Die Tabelle enthält für
jede (Unter-)Kategorie eine Beschreibung und Ankerbeispiele. Ferner wurden je
nach Bedarf weitere Hinweise zur Anwendung des Kategoriensystems ergänzt,
z.B. zu Zweifelsfällen.

Tab. 18: Kategoriensystem

Kategorie/ Unterkategorie	Kategorienbeschreibung	Ankerbeispiele (unterstrichene Einheit = kodierte bzw. relevante Einheit für Kategorie)	Kommentare, Hinweise (z.B. Zweifelsfälle)
Bewegungsproposition	Eine Bewegungsproposition enthält ein Bewegungsereignis (Blut/ Blutkreislauf + Bewegung). Diese Propositionen werden im nächsten Schritt in MOVE- oder BE$_{LOC}$-Bewegungen unterschieden. Als Proposition können ganze Sätze/ Äußerungen aber auch Wortgruppen und Einzelwörter kodiert werden.	Es [das Blut] strömt in einem Kreislauf durch den Körper. (S_201_1_06) Der Körperkreislauf. (S_204_1_22) Bsp. für zwei Propositionen in einem Satz: – Hier [die Kapillaren der Lunge] wird Kohlenstoffdioxid abgegeben und Sauerstoff aufgenommen. – Hier [die Kapillaren der Lunge] wird Kohlenstoffdioxid abgegeben und Sauerstoff aufgenommen. (S_204_1_44)	Die Anzahl der Bewegungspropositionen ist gleich der Anzahl der Bewegungsereignisse (gesamt MOVE + NON-MOVE + BELOC)
Bewegungsereignis: MOVE ↗ MOVE	Als MOVE wird jede Bewegungsproposition kodiert, die die Bewegung bzw. Lageveränderung eines Objekts (der bewegten Figur, vgl. Kategorie Aktanten) relativ zu einem anderen Objekt (Referenzobjekt oder Grund, vgl. Kategorie Aktanten) beinhaltet.	Es [das Blut] strömt in einem Kreislauf durch den Körper. (S_201_1_06)	Das Referenzobjekt kann allerdings auch impliziert sein.

Kategorie/ Unterkategorie	Kategorienbeschreibung	Ankerbeispiele (unterstrichene Einheit = kodierte bzw. relevante Einheit für Kategorie)	Kommentare, Hinweise (z.B. Zweifelsfälle)
Bewegungsereignis: MOVE → NON-MOVE	NON-MOVE-Bewegungen sind Bewegungen, die nicht stattfinden. Zur Bestimmung kann eine „Ersatzprobe" dienen: Lässt man Verneinungen/ Negationen weg oder ersetzt für das Verb ein Antonym, wird es zu einer eindeutigen MOVE-Bewegung. Achtung: Bewegungen, die enden, gestoppt werden etc. werden als MOVE-Bewegungen kodiert. Dann handelt es sich um die Endphase (vgl. Kategorie Zeit/ Phase) einer Bewegung.	<u>Taschenklappen verhindern den Rückfluss [von Lymphe in Lymphgefäßen].</u> (S_211_1_18)	Im Fall von NON-MOVE kann ggf. ein Verursacher der Nicht-Bewegung identifiziert werden, der in der Kategorie Aktanten – Verursacher kodiert, aber mit einem entsprechenden Kommentar (Verursacher der Nicht-Bewegung) versehen wird.
Bewegungsereignis: BE$_{LOC}$	Als BE$_{LOC}$ werden Verortungen eines Objekts (der „bewegten" Figur) relativ zu einem anderen Objekt (Referenzobjekt oder Grund) bzw. statische Beibehaltung eines Ortes durch ein Objekt relativ zu einem anderen Objekt (Referenzobjekt oder Grund) kodiert.	wo kommt <u>das blut</u> her, (.) <u>das</u> in der RECHTEN herzhälfte. (-) zu finden <u>is.</u> (U_VN4_L_01) na vielleicht äh sieben <u>liter blut</u> in unserm <u>körper.</u> (U_V03_S_03)	Hierunter fallen nicht: selbst-begrenzte Bewegungen wie Rotation, Oszillation und Ausdehnung.
Aktanten: Bewegte Figur	Hierbei handelt es sich um ein bewegtes bzw. bewegbares Objekt (Objekt hier im weitesten Sinne verstanden).	In jeder Minute wird <u>fast das gesamte Blut</u> einmal durch den Körper gepumpt. (S_204_1_34)	

Kategorie/ Unterkategorie	Kategorienbeschreibung	Ankerbeispiele (<u>unterstrichene Einheit</u> = kodierte bzw. relevante Einheit für Kategorie)	Kommentare, Hinweise (z.B. Zweifelsfälle)
Aktanten: Verursacher der Bewegung → agentiv	Im Fall von agentiv sind Verursacher der Bewegung und die bewegte Figur nicht identisch, wie z.B. im Satz *Ich werfe den Ball.* (Der Ball ist die bewegte Figur, ich der Verursacher) Im Fall von Passiv und Passiversatzformen wie *man* werden diese Konstruktionen als agentive kodiert, da sie Hinweise darauf liefern, dass ein anderer Aktant als die bewegte Figur Verursacher der Bewegung ist. Achtung: Auch bei Passivverwendung kann der Verursacher explizit genannt werden.	<u>Die linke Herzkammer</u> pumpt das Blut in die große Körperschlagader, die Aorta. (S_204_1_23) In jeder Minute <u>wird</u> fast das gesamte Blut einmal durch den Körper <u>gepumpt</u>. (S_204_1_34) vs. Aktant identifizierbar trotz Passiv: Sie [Wärme] <u>wird vom Blut</u> im Körper <u>verteilt</u>. S_204_1_18) Weitere Abfallstoffe, die bei der Zelltätigkeit entstehen, <u>werden vom Blut</u> zu den Ausscheidungsorganen <u>gebracht</u>, zum Beispiel der Harnstoff zu den Nieren. (S_204_1_12)	Bei nonagentiv verbleibt der Verursacher unklar, bzw. ist nicht unmittelbar zu identifizieren/ implizit, wie z.B. im Satz *Der Stein rollt.* → in diesen Fällen erfolgt keine Kodierung. Im Fall von NON-MOVE kann ggf. ein Verursacher der Nicht-Bewegung identifiziert werden, der in der Kategorie Aktanten – Verursacher kodiert, aber mit einem entsprechenden Kommentar (Verursacher der Nicht-Bewegung) versehen wird. Nicht (sebst-)agentiv: Im Fall von *transportieren* und *befördern* ist der Transportierende (sofern

Kategorie/ Unterkategorie	Kategorienbeschreibung	Ankerbeispiele (unterstrichene Einheit = kodierte bzw. relevante Einheit für Kategorie)	Kommentare, Hinweise (z.B. Zweifelsfälle)
Aktanten: Verursacher der Bewegung → **selbst-agentiv**	Bei selbst-agentiv sind Verursacher der Bewegung und die bewegte Figur identisch, wie z.B. im Satz *Ich renne*. Bsp.: *wandern* (Sauerstoff/Blut wandert), *sich bewegen* Hinweis: In diesem Fall wird für bewegte Figur und Verursacher folglich die gleiche Einheit kodiert. Nicht selbst-agentiv: *fließen*, *verschwinden* (hört auf zu existieren), *strömen* (wie fließen). Selbst-agentiv: *zurückkehren* (zurückkommen und kommen = eigenständige Bewegung), *verlassen*. Verursacher im Fall von: *bringen, aufnehmen, abgeben, verteilen, wegführen, verteilen*	Im Gegensatz zu den roten Blutzellen bewegen <u>sie [weiße Blutzellen oder Leukocyten]</u> sich wie Amöben selbstständig fort, auch entgegen dem Blutstrom. (S_208_06)	angegeben) jeweils als Transportmittel, nicht als (selbst-)-agentiv zu kodieren (aufgrund der Verbsemantik) Bsp.: Die Venen sind dünne, unelastische Blutgefäße, die das Blut zum Herzen zurücktransportieren. S_203, 10 → Venen als Transportmittel, nicht als Verursacher

Kategorie/ Unterkategorie	Kategorienbeschreibung	Ankerbeispiele (unterstrichene Einheit = kodierte bzw. relevante Einheit für Kategorie)	Kommentare, Hinweise (z.B. Zweifelsfälle)
Aktanten: Referenzobjekt	Referenzobjekte ermöglichen die Verortung der bewegten Figur im Raum. Prinzipiell können mehrere Objekte als Referenz dienen, wobei Referenzobjekte auch lediglich impliziert sein können (in diesem Fall erfolgt keine Kodierung). Häufig dient ein Teil des Referenzobjektes, durch klar erkennbare Teile, zur Verortung. Referenzobjekte können in Kontakt mit der Figur stehen, an diese angrenzen oder in einiger Entfernung von dieser sein (Talmy 2000a: 197ff.).	Das Blut wird mit einem hohen Blutdruck aus dem Herzen in die Arterien gepumpt. (S_203_1_04) → zwei Kodierungen „aus dem Herzen" und „in die Arterien" wo kommt das blut her, (.) das in der RECHTEN herzhälfte. (-) zu finden is. (U_VN4_L_01)	In der Regel werden alle Referenzobjekte im Rahmen der Weg-Kodierung erneut kodiert. Deiktische Verweise auf *dort, da, dahin* o.Ä. werden nicht als Referenzobjekte kodiert, wenn keine eindeutige Zuordnung zu einem Referenzobjekt auf Propositionsebene hergestellt werden kann. Als Teil des Weges hingegen bzw. als Grund werden diese mitkodiert.
Weg: (NON-) MOVE → Quelle	Als Quelle ist der Ausgangspunkt, der Wegursprung, einer Bewegung zu verstehen.	Damit wird der Blutfluss vom Herzen in den Arm eingeengt […]. (S_202_1_01)	Die Einteilung in Quelle, Meilenstein und Ziel bezieht sich jeweils auf die einzelne Proposition, und die Kodierung wird nicht propositionsübergreifend vorgenommen. Wenn Quelle und Ziel zusammenfallen, wird das entsprechende Referenzobjekt zweimal kodiert, und dies entsprechend im Kommentar vermerkt.
Weg: (NON-) MOVE → Meilenstein	Neben Quelle und Ziel sind Meilensteine saliente Grundelemente, die als Zwischenstation (intermediäre Wegsegmente) den Weg der Figur situieren helfen.	Von dort [in den einzelnen Körpervenen] wird es schließlich über die beiden Hohlvenen dem rechten Herzvorhof zugeführt. (S_204_1_33)	
Weg: (NON-) MOVE → Ziel	Mit Ziel ist der Wegendpunkt, die „Endstation", einer Bewegung gemeint.	Damit wird der Blutfluss vom Herzen in den Arm eingeengt […]. (S_202_1_01)	

Kategorie/ Unterkategorie	Kategorienbeschreibung	Ankerbeispiele (unterstrichene Einheit = kodierte bzw. relevante Einheit für Kategorie)	Kommentare, Hinweise (z.B. Zweifelsfälle)
Weg: (NON-) MOVE → Grund	Nicht in jedem Fall ist die eindeutige Identifikation von Quelle, Meilenstein(en) und Ziel möglich. Als Grund werden in der Regel Referenzobjekte kodiert, die nicht Quelle/Meilenstein/Ziel zugeordnet werden können, und die gewissermaßen den Rahmen stellen für die Bewegung und diese verorten helfen.	Die rechte Herzkammer pumpt das Blut <u>über die Lungenarterie</u> in den Lungenkreislauf. (S_206_1_08)	Wenn Quelle und/oder Meilenstein und/oder Ziel kodiert wurde, dann kann kein Grund mehr kodiert werden.
Weg: BE_LOC: Ort	Die Ort-Kodierung kann nur für Bewegungspropositionen vorgenommen werden, die als BE_LOC-Bewegungsereignisse kodiert wurden. Es ist der Ort, welcher von der Figur eingenommen wird.	wo kommt das blut her, (.) das <u>in der RECHTEN herzhälfte.</u> (-) zu finden is. (U_VN4_L_01) na vielleicht äh sieben liter blut <u>in unserm körper.</u> (U_V03_S_03)	Ein Ort kann nur für BE_LOC-Propositionen kodiert werden.

Kategorie/ Unterkategorie	Kategorienbeschreibung	Ankerbeispiele (unterstrichene Einheit = kodierte bzw. relevante Einheit für Kategorie)	Kommentare, Hinweise (z.B. Zweifelsfälle)
Spezifizierung: Art und Weise	Art und Weise spezifiziert, wie die Bewegung konkret verläuft, geschieht bzw. getan wird.	Das Blut [...] bringt es [Kohlenstoffdioxid] zur Lunge (S_204-205, 10) Er [Sven E.] verliert viel Blut. (S_210_1_01) Wo gehtn das blut HIN aus der linken herzkammer? (-) letzten ENdes, (U_V04_L13)	Dazu gehören: Geschwindigkeit der Bewegung (schnell, langsam etc.); Hinweise darauf, wen betrifft die Bewegung (typischerweise: Menschen, Tiere, Flüssigkeiten etc.); Hinweise auf (spezifische) Transportmittel; Hinweise auf Kontext/ Situation der Bewegung (z.B. *schwimmen* vs. *klettern*); Hinweise darauf, ob die Bewegung beabsichtigt ist oder nicht (*stolpern* vs. *springen*); Hinweise darauf, ob die Bewegung leicht/ schwer fällt, anstrengend ist, Hindernisse hat etc.; Hinweise darauf, ob die Bewegung mit bestimmten Folgen/Ursachen assoziiert ist (z.B. Klatschen mit Geräusch)

Kategorie/ Unterkategorie	Kategorienbeschreibung	Ankerbeispiele (unterstrichene Einheit = kodierte bzw. relevante Einheit für Kategorie)	Kommentare, Hinweise (z.B. Zweifelsfälle)
Spezifizierung: Richtung	Richtung ergibt sich aus Referenzobjekten und Weg und muss aus diesen (+ ggf. weitere Informationen) rekonstruiert werden. – → hin zu etwas, relativ zu Referenzobjekt bzw. bewegter Figur – ← weg von etwas, relativ zu Referenzobjekt bzw. bewegter Figur – Rekonstruktion der Richtung relativ zum Raum (Körper) über Wegangaben – -|-> durch etwas (im Raum Körper) – ⊖ Kreislauf	Blutübertragungen <u>von Tieren auf den Menschen</u> (S_201_1_07) Die Venen sind dünne, unelastische Blutgefäße, die das Blut <u>zum Herzen zurücktransportieren.</u> (S_203_1_10) blut<u>KREIS</u>lauf. (U_V03_L_01)	*Ursprüngliche Beschreibung: Richtung kann auf Axen (Vertikale, Transversale, Laterale im dreidimensionalen Raum) und/ oder in Abhängigkeit zum Sprecher erfolgen.*
Spezifizierung: Ursache	Als Ursache werden Informationen kodiert, die erklären, was die jeweilige Bewegung verursacht bzw. bewirkt hat; es handelt sich also um den eigentlicher Anlass/ Grund/ Auslöser für die Bewegung.	<u>Die Saugwirkung des Herzens ermöglicht,</u> dass das Blut in den Venen auch entgegen der Schwerkraft zum Herzen zurückgeführt wird. (S_203_1_11)	
Spezifizierung: Transportmittel	Als Transportmittel dienen solche „Vehikel", welche die bewegte Figur transportieren.	<u>Mit dem Plasma</u> gelangen die Hormone zu den Zellen […]. (S_204_1_15)	
Zeit:	Unter Zeit werden Angaben zu einem bestimmten Zeitpunkt oder Zeitabschnitt (Zeitspanne), zu/in dem die Bewegung stattfindet bzw. stattgefunden hat, kodiert.	wo geht das blut <u>JETZ</u> hin. ↑ (U_V04_L_89)	Zeitpunkte können in Form von Uhrzeiten, Datumsangaben u. Ä. vorkommen; Zeitabschnitte durch die Angabe von Dauer, z.B. *zwei Wochen lang.*

Kategorie/ Unterkategorie	Kategorienbeschreibung	Ankerbeispiele (unterstrichene Einheit = kodierte bzw. relevante Einheit für Kategorie)	Kommentare, Hinweise (z.B. Zweifelsfälle)
Phase: Beginn	Beginn einer Bewegung.	In den ableitenden Kapillaren beginnt nun der Rückfluss zum Herzen. (S_204_1_31)	Alle kodierten Bewegungspropositionen werden mit Blick auf die Kategorie Phase kodiert. Wenn die Phase nicht eindeutig bestimmbar ist, dann wird die Kategorie „nicht bestimmbar" kodiert. NON-MOVE- Ereignisse werden immer als „nicht-bestimmbar" kodiert – da keine Bewegung stattfindet, kann diese folglich sich nicht in einer Phase befinden. Ähnliches gilt für BE_LOC-Propositionen Für die Kategorie Phase ist immer die ganze Bewegungsproposition zu kodieren, ggf. Anmerkungen im Kommentar machen.
Phase: in Bewegung	Wenn die Bewegung stattfindet, weder Anfang noch Ende (noch Kreislauf).	gasaustausch. (U_V04_L_34) Das Blut wird mit einem hohen Blutdruck aus dem Herzen in die Arterien gepumpt. (S_203_1_04)	
Phase: Ende der Bewegung	Endphase bzw. Ende einer Bewegung bzw. beendete Bewegung (Bewegung ist dabei beendet zu werden).	In der Regel kommt die Blutung durch Wundschorfbildung schnell zum Stillstand. (S_214_1_08)	
Phase: Kreislauf	Kreislauf bildet eine Extrakategorie, da ein Kreislauf genau genommen weder einen Beginn noch ein Ende hat. Kodiert wird die explizite Kreislauferwähnung, auch im Sinne von „das hört nie auf".	Der Körperkreislauf. (S_204_1_22) okay.↑ blutKREISlauf.↑ (U_V03_L_01) es [[beim Blutkreislauf des Menschen]] geht IMMER (-) rundrum im KÖRper ↑ (U_V04_L_39)	
Phase: nicht bestimmbar	Nicht bestimmbar sind NON-MOVE- und BE_LOC-Propositionen, sowie ggf. Propositionen mit Modalverben und elliptische Propositionen.	na vielleicht äh sieben liter blut in unserm körper. (U_V03_S_03)	

3.3.4.2.2 Kodierung und Analyse

Für die Kodierung wurde das Programm MAXQDA (Version 10) gewählt. Es ist eines der derzeit gebräuchlichsten QDA-Programme (Kuckartz 2010: 251) zur qualitativen Datenanalyse von Texten, Videos, Bilder oder Tabellen. QDA-

Software unterstützt maßgeblich die Auswertungsarbeit, indem sie einen systematischen Umgang mit Texten erleichtert (für ausführliche Hinweise vgl. Kurckartz 2010: 12ff.). Ausschlaggebend für die Wahl von MAXQDA als Programm war dessen einfache Handhabbarkeit, sowie die Nutzungsmöglichkeit folgender Funktionen:

- Anlegen eines Kategoriensystems und Kodierung der Daten entsprechend dem Kategoriensystem: beides ist in MAXQDA einfach durchzuführen. Die Darstellung kann mittels verschiedener Möglichkeiten, z.B. durch Vergabe von Farbcodes, anschaulich und übersichtlich gestaltet werden.
- Memofunktion: Memos sind Aufzeichnungen von ForscherInnen, welche es ermöglichen, eigene Ideen, Gedanken und Hypothesen im Forschungsprozess zu dokumentieren und ordnen (Kuckartz 2010: 133ff.).
- Exportmöglichkeiten in Excel: Ergebnistabellen mit allen wesentlichen Informationen (z.B. Fundstelle, Kommentare zur Kodierung u.a.) können in Excel exportiert und dort zur weiteren Analyse genutzt werden.[119]
- Kommentarfunktion: Kodierte Einheiten können kommentiert werden. Dies war insbesondere wichtig, da als Nachteil bei MAXQDA anzusehen ist, dass Kodierungen nicht in jedem Fall so genau wie gewünscht erfolgen können. So ist es nicht möglich, eine Kodierung für zwei in der Äußerung getrennt voneinander stehende Einheiten gemeinsam vorzunehmen. Entweder wird nur ein Teil kodiert oder aber auch dazwischen liegende Einheiten, die für die Kodierung keine Relevanz haben. Dies erschwert ggf. die weitere Analyse. Entsprechende Informationen konnten aber im Kommentar vermerkt werden. Dies wäre z.B. im Programm EXMARaLDA nicht möglich.

Das entwickelte Kategorienschema (vgl. Abbildung 31 und Tabelle 18) wurde in MAXQDA angelegt. Abbildung 28 zeigt einen Ausschnitt. Zu sehen sind die untereinander angeordneten und mit Hilfe von Farbcodes systematisierten Kategorien, das Vorhandensein von Code-Memos sowie die Anzahl der Kodierungen für jede Kategorie.

---

119 Ein Export in SPSS ist über Excel ebenfalls möglich, wurde allerdings nicht genutzt, da eine Erprobung dieser Funktion ergab, dass die Ausgaben für das Erkenntnisinteresse nicht spezifisch genug waren.

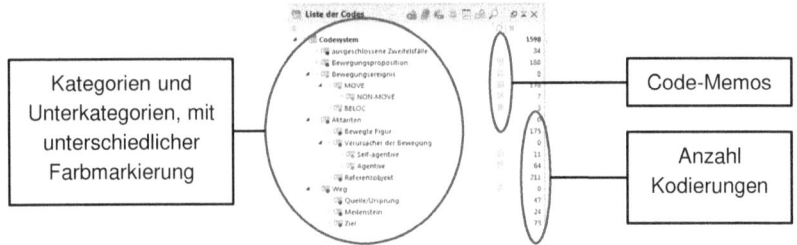

Abb. 28: Auszug aus dem in MAXQDA angelegten Kategorienschema (Stand 06/2014)

Insgesamt erwies sich die Arbeit mit MAXQDA als praktikabel und geeignet für das Vorhaben, da die Funktionen des Programms eine reibungslose Kodierung der Daten ermöglichte. Die Komplexität des vorliegenden Forschungsprojekts manifestiert sich u.a. in der Anzahl und Art der Kodierung der Daten. Abbildung 29 zeigt einen Datensatz wie er durch MAXQDA generiert wurde. Wie sich hier deutlich abzeichnet, ist MAXQDA hinsichtlich der Übersichtlichkeit, Korrektheit und Transparenz des Verfahrens einer rein händischen Analyse ohne Werktool vorzuziehen, wenngleich auch hier die Übersichtlichkeit mitunter leidet.

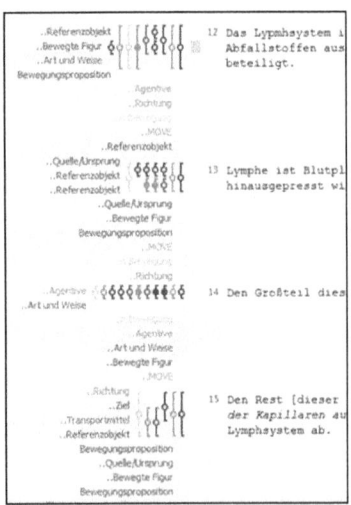

Abb. 29: Kodierung in MAXQDA (Screenshot)

Da MAXQDA keine systematischen statistischen Analysen ermöglicht, wurde im Anschluss an die Kodierung in MAXQDA zusätzlich eine SPSS-Datenmaske angelegt und die Kodierungen durch die Eingabe in SPSS[120] vom empirischen Relativ in ein numerisches Relativ übertragen. Abbildung 30 gibt einen Überblick über die in SPSS angelegten Variablen, die das entwickelte Kategoriensystem abbilden.

	Name	Beschriftung	Typ
1	Inputtyp	Inputtyp	Numerisch
2	Abschnitt_Stunde	Schulbuchabschnitt bzw. Stunde	Zeichenf...
3	Personengruppe	Personengruppe (Schulbuch, LehrerInnen, SchülerInnen, Ko-Ko...	Numerisch
4	SchülerIn	SchülerIn	Numerisch
5	Laufnummer	Laufnummer	Zeichenf...
6	Einwortereignis	Einwortereignis	Numerisch
7	Bewegungsereignis	Bewegungsereignis	Numerisch
8	Figur_bewegt	bewegte Figur	Numerisch
9	Figur_Verurs	Verursacher	Numerisch
10	Referenzobjekt	Anzahl der Referenzobjekte	Numerisch
11	Weg_Quelle	Anzahl der Quellen	Numerisch
12	Weg_Meilenst	Anzahl der Meilensteine	Numerisch
13	Weg_Ziel	Anzahl der Ziele	Numerisch
14	Weg_Grund	Anzahl der Grundangaben pro Proposition	Numerisch
15	Weg_Ort	Anzahl der Ortsangaben	Numerisch
16	Spezifiz_Art	Spezifizierung der Art und Weise	Numerisch
17	Spezifiz_Ursache	Spezifizierung der Ursache	Numerisch
18	Spezifiz_Richtg	Spezifizierung der Richtung	Numerisch
19	Spezifiz_Transportm	Spezifizierung des Transportmittels	Numerisch
20	Zeit	Kodierung von Zeitpunkten/-abschnitten	Numerisch
21	Phase	Phasenkodierung der Bewegung	Numerisch

Abb. 30: Übersicht über Variablen in SPSS (Screenshot)

Die Laufnummer (Variable 5 in Abbildung 30) ist zehnstellig und ermöglicht durch ihre Eineindeutigkeit den Zugang zur Originaldatenquelle in MAXQDA in Form einer Bewegungsproposition. Zur Veranschaulichung der Vorgehensweise bei der Übertragung kann die Variable 9, *Figur_Verursacher*, dienen. In MAXQDA ist die Kategorie folgendermaßen abgebildet (vgl. auch Abbildung 28):

---

120 SPSS ist ein weit verbreitetes Programm zur statistischen Datenanalyse, das durch einfache Handhabung gekennzeichnet ist.

Aktanten

↲ Verursacher

↲ selbst-agentiv
↲ agentiv

In SPSS entspricht dies Variable 9 in Abbildung 30 und sie enthält die Ausprägungen 0 für nicht kodiert, 1 für selbst-agentiv und 2 für agentiv. So wurde mit allen Kategorien aus MAXQDA verfahren.

3.3.4.3 Auswertung der Daten

In den folgenden Ausführungen wird die Auswertung der Daten überblickhaft vorgestellt. Im zweiten Analyseschritt (vgl. 3.3.4.2) erfolgten im Wesentlichen qualitative und interpretative Kodierungen, die für die Darstellung der Ergebnisse einerseits quantitativ zusammengefasst werden, um Tendenzen bzw. Systematiken in den Daten aufzuzeigen. Andererseits werden bestimmte Aspekte, die Teil von Ausgangshypothesen sind oder bei der Kodierung auffällig erscheinen, ggf. qualitativ vertiefend analysiert und diskutiert.

Für deskriptiv-statistische Auswertungen wurde, wie bereits erwähnt, eine entsprechende Datenmaske angelegt und SPSS verwendet. In der Auswertung werden vornehmlich die Maße der zentralen Tendenz[121] sowie deskriptiv-statistische Häufigkeitstabellen berücksichtigt. Da es sich in der Regel um nominal- sowie ggf. ordinalskalierte Daten handelt, können über Kreuztabellierungen systematische Zusammenhänge aufgedeckt und mittels Anwendung des Chi-Quadrat-Tests ggf. auf Signifikanz geprüft werden. Das Signifikanzniveau wird dabei auf $p = .050$ festgelegt. Da es sich in der Regel um verhältnismäßig kleine Fallzahlen handelt, sind Ergebnisse entsprechend kritisch zu reflektieren.

Für weiterführende, auch qualitative Analysen der MAXQDA-Kodierungen werden diese in Excel exportiert. MAXQDA gibt eine Codings-Datei aus, in welcher z.B. Kodierungskommentare, das kodierte Segment selbst, dessen Ursprungsdokument, Anfang und Ende der Segmentkodierung und das Datum der Erstellung, angegeben werden. Dies ermöglicht auch bei Analysen in Excel

---

121 Gemeint sind der Modus als häufigste Merkmalsausprägung, der Median als mittelster Wert, der eine geordnete Messreihe in die oberen und unteren 50% teilt, sowie der Durchschnitt als arithmetisches Mittel.

immer den Rückgriff auf die Originaldaten. Excel dient zudem zur Erstellung von Diagrammen, da diese einfach anzufertigen sind und Excel eine große Bandbreite von Gestaltungsmöglichkeiten und die einfache Anpassung eigenen Ansprüchen entsprechend gewährleistet.

Die Daten werden zunächst getrennt nach SFI und MFI ausgewertet und dann vergleichend betrachtet. Für den MFI wird zudem eine Untersuchung der Spezifika in Abhängigkeit vom Sprecher vorgenommen. Hierbei werden zur Interpretation der Daten nach Bedarf Ergebnisse der zusätzlichen Datenerhebungsverfahren hinzugezogen. Dabei handelt es sich um einen sprachbiographischen Fragebogen (3.4.1), einen C-Test zur Erfassung von Sprachkompetenz (3.4.2) und Leitfaden-gestützte Interviews (3.4.3), die im Folgenden vorgestellt werden.

3.3.4.4 Probeanalyse

Eine Probeanalyse sollte aufzeigen, inwieweit die gewählte Vorgehensweise geeignet war. Für diese wurden ein Unterrichtstranskript von einer Biologiestunde in einer 7. Klasse einer Gesamtschule in Nordrhein-Westfalen zum Thema „Atmung und Blutkreislauf" (abgedruckt in Redder 1982: 1-44) sowie ein Lehrbuchauszug (NEB[122] für die 7. und 8. Klassenstufe) ausgewählt. Die Daten stammen nicht aus dem Zielkorpus, haben jedoch fachlich-inhaltlichen Bezug zum Untersuchungsgegenstand „Blut und Blutkreislauf". Dieses Vorgehen hat den Vorteil, dass das theoretisch abgeleitete Bewegungskonzept dann nicht ausschließlich auf die eigenen Daten anwendbar ist bzw. auf diese zugeschnitten wird, aufgrund der thematischen Nähe aber bereits auch die Beschaffenheit der Ergebnisse mit Blick auf die Beantwortung der Forschungsfragen eingeschätzt werden konnte. Zur Analyse wurden anfänglich die Programme EXMARaLDA und Excel verwendet. Da sich diese Kombination als weniger geeignet erwies, wurden zur Hauptanalyse die Programme MAXQDA, Excel und SPSS verwendet (vgl. auch Ausführungen in 3.3.4.1 und 3.3.4.2).

Neben der Programmtauglichkeit lieferte die Probeanalyse Hinweise darauf, dass die Modellierung von Bewegung grundlegend angemessen war, jedoch an einigen Stellen noch erweitert werden musste. Außerdem ließen erste Ergebnisse der Probeanalyse bereits interessante Rückschlüsse auf die Enkodierung von Bewegung zu.

---

122 Der Auszug entstammt dem Schulfachbuchkorpus des Fach-DaZ-Projekts.

3.4 Weitere Datenerhebungsverfahren

Im vorliegenden Teilkapitel erfolgt die Darstellung der weiteren Datenerhebungsverfahren. Es handelt sich um einen sprachbiografischen Fragebogen (3.4.1) sowie um ein Verfahren zur Sprachstandserhebung, den C-Test (3.4.2), welche die SchülerInnen bearbeiten sollten und um Leitfaden-gestützte Interviews (3.4.3), die mit der Lehrerin 03081L01 und drei Schülern der 03081 (alle männlich) geführt wurden. Dabei wird in Analogie zum Kapitel zur videographisch orientierten Forschung zunächst auf theoretische Grundlagen eingegangen, daran anschließend das verwendete Instrument sowie die Datenerhebung, -aufbereitung und -analyse beschrieben.

3.4.1 Sprachbiographischer Fragebogen

3.4.1.1 Theoretische Grundlagen sprachbiographischer Fragebögen

Bei schriftlichen Befragungen werden Fragen bzw. Fragebögen vorgelegt, welche von den Befragten selbstständig beantwortet werden (Bortz & Döring 2006: 252). In der Regel handelt es sich um stark standardisierte Instrumente (Bortz & Döring 2006: 237). Dabei dienen die Antworten der Befragten dazu, die den formulierten Fragen zugrundeliegenden theoretischen Konzepte und Zusammenhänge zu überprüfen (Porst 2011 14; Porst 1996: 738). In diesem Sinn stellt ein Fragebogen das zentrale Verbindungsstück zwischen Theorie und Analyse dar (Porst 2011: 14; Porst 1996: 738). Fragen sollten demnach theoretisch begründet und systematisch präsentiert werden (Porst 2011: 14). Bei Fragebögen, welche vornehmlich geschlossene bzw. halboffene Fragen beinhalten, handelt es sich um eine zeitsparende und kostengünstige Untersuchungsvariante (Bortz & Döring 2006: 252). Nachteil ist dabei jeweils die mangelnde Flexibilität von Fragebögen, die dazu führen kann, dass wichtige Informationen verborgen bleiben (Eid, Gollwitzer & Schmitt 2013: 29).

In der Regel werden Fragebögen konstruiert, um wissenschaftliche Hypothesen zu testen. Ein sprachbiographischer Fragebogen hingegen wird zunächst nicht mit diesem Ziel entwickelt. Vielmehr erhebt er für das jeweilige Forschungsprojekt relevante persönliche Angaben zur Person, welche ggf. später zur Unterstützung der Hypothesengewinnung und -überprüfung dienen können. Eine wichtige Rolle kommt dabei – insbesondere im Kontext der Fremd-

und Zweitsprachenlehr- und lernforschung[123] – der Erfassung in der eigenen Biographie gemachter Lehr-/Lernerfahrungen mit Sprachen zu. In der Regel wird versucht, diese so umfassend und vollständig wie möglich zu erheben. Damit wird dem Sachverhalt Rechnung getragen, „[...] dass Menschen sich in ihrem Verhältnis zur Sprache bzw. zu Sprachen und Sprachvarietäten in einem Entwicklungsprozess befinden, der von sprachrelevanten lebensgeschichtlichen Ereignissen beeinflusst ist." (Tophinke 2002: 1).

Anzumerken ist an dieser Stelle, dass der Terminus Biographie in der Soziologie als Lebensgeschichte, die auf Lebenszeit als Erfahrungs- und Handlungszusammenhang verweist, dem Terminus Lebenslauf entgegengestellt wird, der sich wiederum auf äußerlich beobachtbare Zustände und Ereignisse beschränkt (Kohli 2010: 159f.). Solche biographische Daten mittels eines (vornehmlich geschlossene bzw. halb-offene Fragen beinhaltenden) Fragebogens zu erheben ist nur sehr eingeschränkt möglich. Demzufolge geben die Daten eher Hinweise auf den Lebenslauf der befragten ProbandInnen und „sprachbiographisch" ist von daher in diesem Sinne zu verstehen.

Quantitative standardisierte Befragungen von Kindern und Jugendlichen stellen keine Ausnahmen mehr dar (vgl. z.B. Überblick zur Kindheitsforschung in Heinzel 2000). Dabei wird davon ausgegangen, dass bereits ab einem Alter von acht bis zehn Jahren – abhängig von den zu erfassenden Aspekten – valide Aussagen gemacht werden können (vgl. z.B. Grunert & Krüger 2006). Reinders plädiert dafür, Jugendliche ausschließlich zu solchen Themen zu befragen, die für diese Zielgruppe wichtige soziale Ressourcen darstellen. Als Beispiele nennt er Familie, Schule und Peers (Reinders 2005: 55). Seine Ausführungen beziehen sich auf Interviews mit Jugendlichen, es kann jedoch davon ausgegangen werden, dass diese Aussage auch auf den Einsatz von Fragebögen übertragen werden kann. Zu beachten ist ferner, dass die sprachliche Gestaltung des Fragebogens den Sprachgewohnheiten der Zielgruppe entspricht (Bortz & Döring 2006: 253). Für die Zielgruppe der SekundarstufenschülerInnen ist zu antizipieren: Deutsch wird insbesondere von SchülerInnen mit DaZ in unterschiedlichem Maße beherrscht. Daher sind Fragebögen möglichst so zu konstruieren, dass sie auch bei einem niedrigen Sprachniveau (A2) bearbeitbar sind. Darüber hinaus ist zu prüfen, inwieweit Termini verstanden werden, da in Abhängigkeit von Bundesland, Schulart und zum Teil sogar Schule Bezeichnungen aber auch Bedeutungen unterschiedlich sein können. Der Terminus „Deutschförderung"

---

123 Als Beispiel sei das Forschungsprojekt Deutsch & PC genannt, im Rahmen dessen ebenfalls sprachbiographische Angaben systematisch erfasst wurden (http://spzwww.uni-muenster.de/griesha/dpc/index.html letzter Zugriff 03.09.2013) kann sich z.b. sowohl auf Deutsch-als-Zweitsprache-Förderung im engeren Sinne beziehen als auch auf Deutsch-Nachhilfe zur Unterstützung für das Lernen im Fach Deutsch.

Die systematische Erfassung sprachbiographischer Angaben von GrundschülerInnen mittels Fragebogen erfolgte bereits für Hamburg. Hier wurde eine überarbeitete Fassung eines in Tilburg für die „home language surveys" erarbeiteten Fragebogens eingesetzt (vgl. Fürstenau, Gogolin & Yağmur 2003; Extra et al. 2001 und die Diskussion in Chlosta & Ostermann 2006). Basierend auf den Tilburger und Hamburger Erfahrungen wurde in Essen ein neuer Fragebogen für GrundschülerInnen entwickelt, wobei starke Veränderungen, insbesondere im Hinblick auf kindgerechtes Layout vorgenommen wurden (vgl. z.b. Chlosta & Ostermann, 2006; Chlosta, Ostermann & Schroeder 2003).[124] Zu Beginn wurde bereits darauf hingewiesen, dass standardisierte Fragebögen den Nachteil haben, dass wichtige Informationen verborgen bleiben, welche zum Beispiel in qualitativen Interviews zu Tage treten (können). So konnte Brizić (2007; 2006) zeigen, dass Angaben zu Herkunftssprachen zum Teil sogar bewusst verschwiegen werden. Solche Aspekte sind für die Erfassung von Angaben zur Mehrsprachigkeit zu berücksichtigen.

Zur Gewährleistung einer hohen Qualität und Vergleichbarkeit der Daten ist die Durchführung von Fragebogenerhebungen zu standardisieren. Einerseits sollten Befragtenhinweise, also technische Anweisungen zur Bearbeitung des Fragebogens im Fragebogen selbst, über die Vorgehensweise bei der Beantwortung informieren (Porst 2011: 145). Es bietet sich andererseits an, die Erhebungssituation zu kontrollieren, indem eine untersuchungsleitende Person die Erhebung im Klassenverband durchführt (Bortz & Döring 2006: 252), da dies die Durchführungsobjektivität entscheidend erhöhen kann. Im Kontext von Erhebungen in Schulen ist jeweils auch die Lehrperson anwesend, welche ggf. unterstützend zur Seite stehen kann. Nachteilig kann sich auswirken, dass Lehrkräfte SchülerInnen falsche Antworten vorgeben oder diese unzulässig beeinflussen. Zur Realisierung der Durchführungsobjektivität ist in Studien jeweils vorab zu klären, welche Rolle LehrerInnen zukommen soll. Empfehlenswert, wenngleich nicht immer möglich zu gewährleisten, scheint ein zurückhaltendes LehrerInnenverhalten (vgl. auch Maak, Zippel & Ahrenholz 2013 zur Diskussion der Rolle der Lehrkraft als unterstützender bzw. störender Faktor bei Durchführung von Fragebogenerhebungen im Grundschulbereich).

---

124 Seither wurden sprachbiographische Daten auch in Freiburg (vgl. z.B. Decker & Schnitzer 2012) und Thüringen (vgl. z.B. Ahrenholz & Maak 2013) erhoben. Zusätzlich wurde im Rahmen des MaTS-Projektes auch eine Fragebogenvariante für SekundarschülerInnen erarbeitet.

Der jeweils erste Schritt zur Aufbereitung ist die Überführung des empirischen Relativs in das numerische, den empirischen Daten sind dementsprechend Zahlenausprägungen zuzuordnen. Dazu ist jeweils eine Eingabemaske zu erstellen und zu erproben. Für die die Daten eingebenden Personen sollte ein Manual zur Verfügung stehen, welches das vollständige Kodierschema sowie Hinweise zu Zweifelsfällen enthält. Ggf. sind Änderungen an diesem, welche sich im Laufe der Aufbereitung ergeben, zu dokumentieren. Als Programme können z.B. Excel und SPSS genutzt werden (für eine eingehende Darstellung vgl. z.B. Kuckartz et al. 2010: 13ff.). In der Regel sind stichprobenhafte Kontrollen angeraten. Eingabefehler können zum Teil auch im Zuge einer ersten deskriptiven Auswertung identifiziert und bereinigt werden. In Abhängigkeit des Skalenniveaus der Daten können im Anschluss an die Aufbereitung unterschiedliche Analysen erfolgen. Für sprachbiographische Fragebogendaten handelt es sich meist um deskriptiv-statistische Analyse. Insbesondere in Kombination mit weiteren Daten sind sie auch zur inferenzstatistischen Analyse geeignet. Dazu können als gängige Programme SPSS, Mplus und R verwendet werden, wobei die letzteren beiden syntaxbasiert sind.

3.4.1.2 Beschreibung des eingesetzten sprachbiographischen Fragebogens

Der sprachbiographische Fragebogen sollte die Sprachbiographie für Erst-, Fremd- und Zweitsprache(n) so umfassend wie möglich erheben. Dies beinhaltet u.a. Aspekte von Sprachbeherrschung und Sprachgebrauch. Er wurde in Anlehnung an die Instrumente der Vorgängerstudien, insbesondere mit Blick auf die SPREEG-Studie (SPREEG steht für „Sprachenerhebung Essener Grundschulen", vgl. auch 3.4.1.1), entwickelt und, da er in der Sekundarstufe I eingesetzt werden sollte, entsprechend adaptiert.[125] Zur Erstellung eines altersangepassten Instruments wurden mehrheitlich kurze, geschlossene bzw. halboffene Fragen verwendet, welche in thematischen Frageblöcken, etwa der Sprachgebrauch zu Hause, zusammengefasst wurden. Die Fragen wurden nach Möglichkeit so formuliert, dass auch SchülerInnen mit geringeren Sprachkompetenzen diese lesen und verstehen konnten. Bei halboffenen Fragen war in der Regel die Ergänzung von einzelnen Wörtern erforderlich. Dabei handelte es sich etwa um Angaben zu Herkunftsland und zu Erstsprache, von denen angenommen werden konnte, dass auch sprachlich schwächere SchülerInnen diese beantworten konnten. Somit war keine Übersetzung des Fragebogens in andere Sprachen notwendig. Nach ersten Erprobungen im Rahmen des Fach-DaZ-Projektes wur-

---

125 Vgl. für eingehende Hinweise zur Entwicklung von Fragebögen z.B. Porst (2009).

de der Fragebogen überarbeitet und angepasst (zur Relevanz von Pretests vgl. z.B. Porst 2011: 185f.).

Der schließlich eingesetzte dreiseitige Fragebogen mit 25 Fragen, die im Anhang abgedruckt sind, erfasst u.a. folgende Aspekte: Angaben zu Geburtsland der SchülerInnen und deren Eltern, Sprachen, die zu Hause (mit Vater, Mutter, jüngeren und älteren Geschwistern) bzw. mit Freunden gesprochen werden, Besuch von Herkunftssprachenunterricht, DaZ-Förderung und außerschulischem Sprachunterricht. Weiterhin sollten die SchülerInnen ihre Sprachkompetenz in allen von ihnen beherrschten Sprachen auf einer dreistufigen Skala (☺, ☺, ☹) einschätzen.

3.4.1.3 Durchführung der Erhebung von Fragebogendaten

Die SchülerInnen der Klasse 03081 schrieben zunächst zwei Protokolle zur Beobachtung biologischer Experimente (vgl. Beschreibungen zum Fach-DaZ-Projekt in 3.1). Im Anschluss daran erhielten sie den sprachbiographischen Fragebogen. Die Untersuchungsdurchführende informierte über den Inhalt des Fragebogens sowie die Vorgehensweise bei der Beantwortung und stand während der Bearbeitung für Nachfragen als Ansprechpartnerin zur Verfügung. Auch die Lehrkraft unterstützte die SchülerInnen ggf. Es gab keine Zeitbegrenzung zur Bearbeitung, da die Fragebögen möglichst ausführlich und genau bearbeitet werden sollten. Die meisten SchülerInnen benötigten 10 bis 15 Minuten zur Beantwortung und füllten den Fragebogen ohne größere Probleme bzw. größere Nachfragen[126] aus.

3.4.1.4 Aufbereitung und Analyse der Fragebogendaten

Die Daten wurden von zuvor geschulten Hilfskräften in eine vorgefertigte Excel-Maske manuell eingegeben. Zur Unterstützung erhielten die Hilfskräfte eine Anleitung, die u.a. auch Hinweise zum Umgang mit Zweifelsfällen enthielt. Die Eingaben wurden stichprobenhaft von Projektmitarbeiterinnen überprüft.

---

126 Nachfragen, welche im Rahmen der Erhebungen im Fach-DaZ-Projekt im Allgemeinen häufiger auftraten, bezogen sich vornehmlich auf die Termini Staatsangehörigkeit und Deutsch-als-Zweitsprache-Förderung (auch in Abgrenzung zu Deutsch-Nachhilfe für muttersprachlich deutschsprachige SchülerInnen) sowie auf die Selbsteinschätzung. Diese Erfahrungen decken sich mit denen des MaTS-Projektes. Maak, Zippel & Ahrenholz (2013) kommen hier für die Datenerhebung in der Grundschule zu dem Schluss, dass trotz Nachfragebedarf von reliablen Werten auszugehen ist.

Die Daten wurden aus Excel in SPSS importiert. Alle Berechnungen wurden in diesem Programm vorgenommen. Es handelt sich in der Regel um deskriptiv-statistische Auswertungen.

3.4.2 C-Test

3.4.2.1 Theoretische Grundlagen des C-Test-Verfahrens

Der C-Test ist ein Instrument zur „globalen Erfassung von Sprachkompetenz in Erst-, Zweit- und Fremdsprachen" (Grotjahn 1992a: 2). Baur & Meder argumentieren hingegen dafür, dass C-Tests nicht in der Lage sind, kommunikativ-interaktive Sprachbeherrschung zu messen, sondern vielmehr sekundäre Sprachfähigkeiten im Sinne von Cummins' CALP (Cummins 1991; Cummins 1984; Cummins 1979), welche mit dem Lesen und Schreiben verbunden sind (Baur & Meder 1994). So könnte er denn auch keine direkten Aussagen über Kompetenzen in den Fertigkeiten Hören und Sprechen treffen (Baur, Grotjahn & Spettmann o.J.: 2).

Grotjahn (2006a: x) vertritt die Auffassung, dass kaum noch ernsthaft bestritten werde, es handele sich beim C-Test um ein psychometrisch äußerst solides und sehr ökonomisches Verfahren zur Messung von Sprachkompetenz: So wird gemeinhin für den C-Test eine vergleichsweise hohe Reliabilität und eine hohe Durchführungsobjektivität belegt sowie auch von einer objektiven Auswertung ausgegangen. Die Validität betreffend zeigt sich, dass zum Teil hohe Korrelationen von C-Tests mit Außenkriterien wie Schulnoten und Ergebnissen in anderen Sprachtests nachgewiesen werden können (Grotjahn 1992a: 7); allerdings bleiben Fragen im Hinblick auf die Konstruktvalidität offen (Grotjahn 2006a: x). Grundlegend wird kritisiert, dass eine Explikation des theoretischen Konstrukts „allgemeine Sprachkompetenz" fehlt, auch Versuche der Außenvalidierung werden kritisiert. Es wird argumentiert, dass auch eine hohe Korrelation mit anderen Sprachtests, Schulnoten u.a. nicht notwendigerweise bedeutet, dass dieselben zugrunde liegenden Fähigkeiten erfasst werden (vgl. z.B. Freese 1994). Die eingehende Untersuchung des Verfahrens wird schließlich als ein weiteres Kriterium für dessen „Güte" angesehen (vgl. beispielsweise Beiträge in Grotjahn 2010b; 2006b; 1996; 1994; 1992b). Schließlich wird die Ökonomie des Verfahrens (vgl. z.B. Baur, Grotjahn & Spettmann o.J.) für den Einsatz im schulischen Kontext hervorgehoben. Ferner kann das C-Test-Verfahren bereits für zahlreiche Sprachen, z.B. neben Deutsch auch für Chinesisch, Englisch und Türkisch, eingesetzt werden (vgl. Grotjahn 1992a: 6) und findet in zahlreichen Kontexten Anwendung (Grotjahn 2010a: ix). Auch im

Deutsch-als-Zweitsprache-Kontext kamen C-Tests zur Erfassung von Sprachkompetenz bereits mehrfach zum Einsatz (vgl. z.B. Linnemann 2010; Baur & Spettmann 2008, Kniffka, Linnemann & Thesen 2007, Baur, Grotjahn & Spettmann 2006). So wurden im Essener Forschungsprojekt „Zweisprachigkeit und Schulerfolg ausländischer Kinder" bereits zu Beginn der 1990er Jahre des 20. Jahrhunderts C-Tests zur Erfassung der Sprachkompetenzen von SchülerInnen in der Zweitsprache Deutsch sowie in den Erstsprachen Kroatisch und Türkisch entwickelt und eingesetzt (Baur & Meder 1994). Es ist demnach festzuhalten, dass der C-Test zur Erfassung der allgemeinen Sprachkompetenz von SchülerInnen mit Deutsch als Erst- und Zweitsprache ein geeignetes Verfahren darstellt.

C-Tests bestehen in der Regel aus vier bis sechs Texten unterschiedlicher Thematik, damit TeilnehmerInnen mit Spezialwissen nicht bevorzugt behandelt werden (Grotjahn 1992a: 2). Grotjahn formuliert folgende Anforderungen an die ausgewählten Texte: „Die gewählten Texte sollen jeweils eine Sinneinheit bilden, inhaltsneutral und interessant sein, kein Spezialvokabular enthalten, kein Spezialwissen verlangen, zielgruppenadäquat und so weit wie möglich authentisch sein." (1992a: 2). Im Schulkontext werden häufig Schulbuchtexte aus Lehrwerken für die Klassenstufe unter der Klassenstufe der zu testenden Adressatengruppe ausgewählt (Baur & Spettmann 2010: 431).

In den ausgewählten Texten werden im Unterschied zum – jedoch auch in Anlehnung an – das Cloze-Test-Prinzip[127] in systematischer Weise Wortteile, nicht ganze Wörter, getilgt, welche von den ProbandInnen ergänzt werden müssen. Dabei sind in jedem Text 20 bzw. 25 Lücken zu ergänzen. Die Grundlage für dieses Vorgehen liegt im Konzept der reduced redundancy: je sprachkompetenter LernerInnen sind, desto besser können sie die natürliche Redundanz in Texten nutzen und damit den Test besser lösen (Grotjahn 1992a: 1). Im Rahmen des klassischen Tilgungsprinzips wird jeweils die zweite Worthälfte jedes zweiten Wortes getilgt, wobei der erste und letzte Satz des Textes frei von Tilgungen bleiben (Grotjahn 1992a: 1). Es wird empfohlen entwickelte C-Test-Texte zunächst von Muttersprachlern ausfüllen zu lassen und nur solche Texte mit einer Lösungshäufigkeit von mehr als 90 % zu verwenden. Daran sollten sich Voruntersuchungen zur Abschätzung der Schwierigkeit der einzelnen Texte bei der jeweiligen Lernergruppe anschließen und Reliabilitäten des Gesamttests ermittelt werden. Allerdings weist Grotjahn in diesem Zusammenhang darauf hin, dass umfangreichere Pilotuntersuchungen zwar wünschenswert

---

127 Vgl. die Ausführungen von Raatz & Klein-Braley (2002: 77f.) zum Cloze-Test-Prinzip und dessen Kritik.

sind, jedoch häufig auch für erstmals eingesetzte C-Tests sehr gute Testkennwerte belegt werden konnten, was er als Robustheit des C-Test-Prinzips interpretiert (1992a: 4f.). In der Sekundarstufe I setzen Baur und Spettmann für DaZ-LernerInnen C-Tests bestehend aus vier Texten mit je 20 Lücken ein, welche nach dem Prinzip der 3er-Tilgung beschädigt werden, da das klassische Tilgungsprinzip sich als zu schwer für die Zielgruppe erwies und zudem bei fünf Texten à 25 Lücken Konzentrationsprobleme auftraten (Baur & Spettmann 2010: 432). Ein Teiltext sollte laut Baur, Grotjahn & Spettmann (o.J.: 11) zudem nicht mehr als 200 Wörter beinhalten, da dies die Konzentrationsfähigkeit der ProbandInnen überfordern würde. Eine Begründung für diesen Wert geben Baur, Grotjahn & Spettmann nicht. Die Empfehlungen zur Veränderungen in Tilgung und Lückenanzahl gelten insbesondere für jüngere SchülerInnen: Baur & Spettmann (2008) beziehen sich auf Tests für die Klassenstufen vier bis sieben, Baur, Grotjahn & Spettmann (o.J.) auf die Altersgruppe der Viert- bis Sechstklässler.

Zur Erhebung von C-Test-Daten im Schulkontext empfehlen Baur & Spettmann (2010: 432f.), eine Doppelstunde zu reservieren. Die SchülerInnen sollten zunächst in das Testformat eingeführt werden, indem gemeinsam ein Beispieltest besprochen wird. Daran kann erläutert werden, dass jeweils nur fehlende Teile und nicht ganze Wörter ergänzt werden sollen, dann jeweils zur nächsten Lücke übergangen werden sollte, wenn den SchülerInnen die Ergänzung der Lücke nicht möglich ist und diese ggf. beim zweiten Lesen noch einmal bearbeitet werden kann. Erst im Anschluss daran erfolgt die Austeilung der Testbögen und Texte, auf deren Bearbeitung jeweils fünf Minuten zu verwenden sind. Die SchülerInnen sollten entsprechend dieses Zeitintervalls daran erinnert werden, zum nächsten Text überzugehen. Die Einhaltung der Gesamtbearbeitungszeit ist hierbei für die Vergleichbarkeit der Ergebnisse entscheidend. Grotjahn (2010a: xxxviii) sieht die Gesamtdarbietung von C-Tests als „bad practice" an, u.a. da nicht gewährleistet werden kann, dass für jeden Text die gleiche Zeit zur Bearbeitung verwendet wird. Zudem wird die Gefahr vergrößert, im letzten Text null Punkte zu erreichen, da nicht ausreichend Zeit bleibt, diesen zu bearbeiten (Grotjahn & Allner 1996: 325). Es wird eine Einzeldarbietung mit textbezogener Zeitmessung oder das Geben von Zeithinweisen während der Bearbeitung empfohlen (Grotjahn & Allner 1996: 324ff.).

Die „klassische" Auswertung von C-Tests erfolgt derart: Für jede korrekt ergänzte Lücke wird ein Punkt vergeben. Rechtschreibfehler werden als Fehler gezählt. Alternativlösungen sind, Raatz & Klein-Braley zufolge, selten, aber denkbar und für diese muss vorab geklärt werden, wie sie gewertet werden (Raatz & Klein-Braley 2002: 75). Das Vorgeben eines systematischen Umgangs mit Zweifelsfällen bzw. das Dokumentieren und ebenfalls systematische Berücksichtigen alternativer Lösungsmöglichkeiten ist entscheidend für eine objektive Auswertung (Baur & Spettmann 2008: 100; Linnemann 2010: 199; für weitere Hinweise zur Aufbereitung und Auswertung von C-Tests vgl. auch Baur & Spettmann 2008). Das Gesamtergebnis schließlich errechnet sich aus der Summe der Punkte für alle Texte. Das Ergebnis ist ein Wert, welcher gleich anderen Testergebnissen eine Schätzung des zugrundeliegenden Merkmals darstellt (Raatz & Klein-Braley 2002: 75). Baur und Spettmann schlagen eine erweiterte Analyse von C-Tests vor. Sie empfehlen die Ermittlung eines Richtig-Falsch-Wertes, kurz RF-Wert sowie eines Worterkennungs-Wertes, kurz WE-Wert, sowie eines Differenzwertes. Der RF-Wert gibt Auskunft über den Grad der allgemeinen sprachlichen Kompetenz im Lesen und Textverstehen sowie auch über grammatikalische und orthografische Fähigkeiten. Wenn eine Lücke semantisch, orthografisch und grammatikalisch korrekt ergänzt wurde, wird ein Punkt je Lücke vergeben (Baur & Spettmann 2008: 98). Der WE-Wert hingegen erfasst vornehmlich die rezeptive sprachliche Kompetenz. Wenn das Wort erkannt, jedoch nicht formalsprachlich korrekt ergänzt wird, wird dennoch ein Punkt vergeben (Baur & Spettmann 2008: 99f.). Die Begründung für diese Unterscheidung von RF- und WE-Wert ist, dass Fehler nicht gleich Fehler ist: „Ein Schüler, der eine fehlerhafte Kasusendung einsetzt, weiß offensichtlich mehr als ein Schüler, der eine Lücke gar nicht erschließen kann." (Baur & Meder 1994: 168). Aus der Differenz der beiden Werte kann zudem der Differenzwert errechnet werden, welcher Rückschlüsse auf das Verhältnis zwischen produktiven und rezeptiven Fähigkeiten zulässt und so Interpretationen bezüglich der individuellen Leistungen und eines möglichen Förderbedarfes zulässt (Baur & Spettmann 2008: 100).

Die Interpretation der Ergebnisse kann kriterienorientiert oder normorientiert erfolgen (Raatz & Klein-Braley 2002: 75f.): Eine kriterienorientierte Interpretation überprüft, inwiefern ein bestimmtes Kompetenzlevel erreicht wird. Eine normorientierte Interpretation vergleicht die C-Test-Ergebnisse einer Person mit den Ergebnissen, welche andere Personen im gleichen Test erlangt haben. Die Grundlage für die Ermittlung von Normwerten bilden für SchülerInnen mit Deutsch als Zweitsprache bei Baur & Spettmann (2008: 103ff.), wie auch bei Baur, Grotjahn & Spettmann (o.J.: 7) die Ergebnisse der monolingual deutschen SchülerInnen. Begründet wird dies damit, dass in Abhängigkeit des Anteils mehrsprachiger SchülerInnen an einzelnen Schulen oder Kommunen unterschiedliche Referenzwerte gebildet werden könnten. Auch würde eine Orientierung an einer Norm, welche sowohl monolinguale als auch mehrsprachige SchülerInnen berücksichtigt, das Anspruchsniveau insgesamt absenken (Baur , Grotjahn & Spettmann o.J.: 7).

3.4.2.2 Beschreibung des eingesetzten C-Tests

Im Rahmen des Fach-DaZ-Projektes wurden C-Tests als Zusatzinformationen erhoben, da sie Hinweise auf die Sprachkompetenz der SchülerInnen zulassen. Die C-Test-Daten können für unterschiedliche Fragestellungen von Projektmitgliedern genutzt werden. In der vorliegenden Arbeit dienen sie vornehmlich der Stichprobenbeschreibung.

Der im Rahmen der Untersuchung verwendete C-Test wurde von Wilhelm Grießhaber zur Verfügung gestellt. Er ist für die 8. Klassenstufe und für SchülerInnen sowohl mit Deutsch als Erst- sowie auch Deutsch als Zweitsprache konzipiert. Er besteht aus vier Texten mit je 25 Lücken, die dem Prinzip der klassischen 2er-Tilgung folgen; insgesamt verfügt der Test über 100 zu ergänzende Lücken. Die Erstellung folgte den klassischen Prinzipien nach Grotjahn (1992a, vgl. auch 3.4.3.1), da für die 8. Klasse angenommen werden kann, dass die Konzentrationsfähigkeit in der Regel ausreichend ausgeprägt ist für das Bearbeiten von vier Texten mit jeweils ca. 100 Wörtern und 25 Lücken. Die Lücken wurden mittels durchgezogener Linien der gleichen Länge markiert.[128] Die Texte handeln von folgenden Themen: Schriftstellerin Gudrun Pausewang (112 Wörter), Unrecht an armen Kindern (96 Wörter), Schlechte Noten für Aldi (98 Wörter) und Autobiographie der Kinderbuchautorin Christine Nöstlinger (ein Auszug, 103 Wörter).[129]

3.4.2.3 Erhebung der C-Test-Daten

Die Erhebung der C-Test-Daten erfolgte durch einen Tutor.[130] Aufgrund mangelnder zeitlicher und personeller Ressourcen war es nicht möglich, dass Projektmitarbeiterinnen die Erhebung durchführten. Die Lehrerin 03081L01 erhielt eine Anleitung, welche die einzelnen Schritte zur Durchführung erläuterte und den Tutoren ebenso die C-Tests in ausreichender Anzahl weitergeleitet wurden.

---

128 Baur, Grotjahn & Spettmann (o.J.: 6) begründen dieses Vorgehen damit, dass bei einer Unterstreichung pro Buchstabe ggf. Blockaden beim Ausfüllen entstehen können bei abweichenden bzw. anderen Lösungsvarianten oder orthografischen Vorstellungen der ProbandInnen.

129 Weitere Informationen zur Erstellung und Erprobung des C-Tests liegen nicht vor.

130 An der 03-Schule fand am Nachmittag zusätzlicher Unterricht statt, der von TutorInnen geleitet wurde, und im Rahmen dessen die Möglichkeit bestand, die C-Test-Daten zu erheben.

Die Erhebung fand am Nachmittag statt. Nach einer Einführung in das Testformat sollten die SchülerInnen die vier Texte bearbeiten, wobei die Bearbeitungszeit pro Text fünf Minuten nicht überschreiten sollte. Die Durchführenden waren u.a. angehalten, auch auf die Einhaltung der Zeit zu achten. Auch wenn Grotjahn (2010a: xxxviii) die Gesamtdarbietung von C-Tests als „bad practice" ansieht (vgl. auch 3.4.2.1), konnte aus praktischen Gründen eine Einzeldarbietung mit textbezogener Zeitmessung (Grotjahn & Allner 1996) nicht realisiert werden. Es wurde nicht von Schwierigkeiten oder Problemen bei Durchführung des C-Tests berichtet. Vielmehr war das Interesse am Testformat seitens der Lehrerin 03081L01 sowie weiterer LehrerInnen an der Schule hoch, so dass weiterführende Informationen zur Erstellung und Auswertung von C-Tests gegeben wurden.

Zusammenfassend lässt sich sagen, auch wenn mittels standardisierter Anleitungen der Versuch unternommen wurde, die Durchführungsobjektivität zu sichern (vgl. Linnemann 2010: 199), indem ein Tutor in der Klasse an der Schule vor Ort die C-Test-Daten erhob, stehen nur sehr begrenzt Informationen über die Erhebung der C-Test-Daten zur Verfügung und eine Verfälschung der Daten kann nicht ganz ausgeschlossen werden. Nach ersten Analysen kann davon ausgegangen werden, dass dies nicht – zumindest nicht systematisch – der Fall ist.

3.4.2.4 Aufbereitung und Analyse der C-Test-Daten

Zuvor geschulte studentische Hilfskräfte gaben zunächst die SchülerInnen-Items in eine vorbereitete Excel-Maske ein. Daran anschließend vergaben sie jeweils Punkte für den RF-Wert sowie den WE-Wert. Da keine Förderempfehlungen gemacht werden sollten, wurde der Differenzwert zunächst nicht errechnet. Zusätzlich zu einer Einführung erhielten die studentischen Hilfskräfte zudem eine Anleitung, die auch den Umgang mit Zweifelsfällen bzw. ggf. alternative Lösungsmöglichkeiten erläuterte, da dies, wie bereits in 3.4.2.1 dargestellt, entscheidend für eine objektive Auswertung ist. Die Eingaben wurden stichprobenhaft von Projektmitarbeiterinnen überprüft. In der Regel waren keine Korrekturen notwendig. Mittels Excel wurden die Summen der Werte gebildet und die Prozentsätze ermittelt. Abschließend wurde eine Gesamttabelle für die Werte aller SchülerInnen (RF-Wert absolut und prozentual bezogen auf die vier Einzeltexte sowie den Gesamttestwert) in Excel erstellt, die anschließend für weitere Analysen im Projekt genutzt werden konnte.

Nach Aufbereitung der Daten in Excel erfolgte ein Import in SPSS. Mit Hilfe dieses Programms wurden alle weiteren Auswertungen vorgenommen. Unter folgenden Bedingungen wurden die Ergebnisse der SchülerInnen für die Berechnungen berücksichtigt: Die SchülerInnen mussten alle Texte bearbeitet und sie mussten mindestens 50% der Lücken ausgefüllt haben. Dabei war nicht relevant, ob es sich um eine korrekte Lösung handelte oder nicht. SchülerInnen, deren Tests diese beiden Kriterien nicht erfüllten, wurden ausgeschlossen, weil einerseits alle vier Texte bearbeitet werden sollten, um zuverlässige Aussagen über die Sprachkompetenz zu erhalten und weil andererseits nicht erschlossen werden konnte, warum so wenige Lücken ausgefüllt wurden. Dies muss nicht an mangelnder Sprachkompetenz liegen, sondern könnte auch in mangelnder Testmotivation begründet sein. Von den n=20 SchülerInnen der Klasse 03081, die den C-Test bearbeitet haben, betrifft dies einen Schüler, 03081S07. Er hat den Testtext 4 nicht bearbeitet und zudem kann aus den von ihm ausgefüllten C-Test-Lücken geschlossen werden, dass die Bearbeitung derselben nicht mit ausreichender Ernsthaftigkeit vorgenommen wurde.[131]

Da im Rahmen der Auswertung auch die Ergebnisse aller im Fach-DaZ-Projekt erhobenen C-Tests als Referenz- und Vergleichswerte hinzugezogen werden, sei angemerkt, dass insgesamt 222 C-Tests ausgefüllt und aufbereitet wurden (Stand 09/2013). Acht C-Tests, einschließlich der von 03081S07, erfüllen die oben genannten Kriterien nicht[132] und sind daher von der Analyse ausgeschlossen worden. Damit beträgt die Gesamtstichprobengröße, einschließlich der Ergebnisse der Klasse 03081, n=213.

Die individuellen Ergebnisse der SchülerInnen werden normorientiert interpretiert. Als Referenznormwert, nicht als absolute Normen, dient der Durchschnitt aller SchülerInnen. Liegt der individuelle Testwert mehr als eine Standardabweichung unter dem Referenznormwert, so wird von einer gering ausgeprägten allgemeinen Sprachkompetenz ausgegangen.

---

131 Zum Beispiel ergänzte er die folgenden beiden Lücken statt: „dass dort die Arbeitsbedingungen" folgendermaßen: „danke dort ditter bolen Arbeitsbedingungen" und gab einen falschen Namen auf den Arbeitsblättern des C-Tests an. 03081S07 erreichte mit einem RF-Wert von 24 und einem WE-Wert von 42 den niedrigsten Wert in der Klasse. Die zum Teil „kreativ" ausgefüllten Lücken lassen jedoch die Vermutung zu, dass er über wesentlich bessere Sprachkompetenzen verfügt.

132 Betroffen sind folgende SchülerInnen (Prozentangaben beziehen sich sich auf Anteil der ausgefüllten Lücken in Relation zum gesamten C-Test): 0108bS14 (18%; keine Lücken ausgefüllt: in Text 2, in Text 3, in Text 4), 03083S08 (24%; keine Lücken ausgefüllt: in Text 3, in Text 4), 03084S16 (36%; keine Lücken ausgefüllt: in Text 2), 03086S03 (37%), 03083S05 (46%), 0108dS06 (keine Lücken ausgefüllt: in Text 3), 03083S07 (keine Lücken ausgefüllt: in Text 4), 03085S11 (keine Lücken ausgefüllt: in Text 4). Auffällig ist, dass gleich drei SchülerInnen der Klasse 03083 betroffen sind.

3.4.3 Leitfaden-gestützte Interviews

3.4.3.1 Theoretische Grundlagen Leitfaden-gestützter Interviews

Will man die subjektive Sichtweise von AkteurInnen erfassen, bieten sich Formen der qualitativen Befragung an (Bortz & Döring 2006: 308). Hierunter hat sich das qualitative Interview als ein wichtiger Forschungszugang etabliert (Reinders 2005: 96; er zitiert Lamnek 1995: 35ff.). Es eignet sich Reinders zufolge in besonderem Maße dazu, Meinungen, Werte, Einstellungen, Erlebnisse, subjektive Bedeutungszuschreibungen und Wissen zu erfragen (Reinders 2005: 97). Unter qualitativen Interviews werden dabei verabredete Zusammenkünfte verstanden, bei welchen in einer Gesprächssituation von InterviewerInnen Fragen gestellt werden, die Befragte beantworten (Lamnek 2010: 301; Friebertshäuser & Langer 2010: 438).

Lamnek zufolge werden alle Interviewformen als Leitfadeninterviews bezeichnet, welche ein Interviewende unterstützendes Instrument vorsehen (Lamnek 2010: 326) und diese damit vorstrukturieren (Friebertshäuser & Langer 2010: 439). Leitfaden-gestützte Interviews als teil-strukturierte Verfahren und als gängigste Form qualitativer Befragungen bieten den Vorteil, dass der Interviewthemen und -fragen beinhaltende Leitfaden ein Gerüst sowohl für Datenerhebung als auch -analyse darstellt und damit die Vergleichbarkeit unterschiedlicher Interviews gewährleistet. Gleichzeitig ermöglicht eine flexible Handhabung des Interviewleitfadens es dem Interviewten, selbst spontan während des Interviews Themen einzubringen. So können auch nicht vorab antizipierte Aspekte im Rahmen der Untersuchung einbezogen werden (vgl. Hopf 2007: 353f.; Bortz & Döring 2006: 314; Reinders 2005: 153 u.a.), wenn die viel zitierte „Leitfadenbürokratie" (Hopf 2007: 358) vermieden wird. Auch bezüglich der Gestalt wird Offenheit gefordert: So werden neue Informationen und Aspekte im Laufe des Forschungsprozesses berücksichtigt und nach Möglichkeit in den Leitfaden aufgenommen (Reinders 2005:153).

Bei qualitativen Befragungen kommt dem Interviewer nach Bortz & Döring (2006: 308f.) die Rolle „[...] eines engagierten, wohlwollenden und emotional beteiligten Gesprächspartners, der flexibel auf den »Befragten« eingeht und dabei seine eigene Reaktion genau reflektiert." zu. Wichtig ist zudem, dass die Asymmetrie zwischen „Fragenden" und „Befragten" zwar keine unübliche Alltagssituation darstellt – eine Person erzählt und eine andere hört interessiert zu (Lamnek 2010: 324f.) – aber auch bei weichem bis neutralem Verhalten des Interviewenden erhalten bleibt (Lamnek 2010: 313f.). In diesem Sinne verhalten sich Interviewende im qualitativen Interview zurückhaltend (Lamnek 2010: 319 und 324) und passen sich an Sprachniveau und -vermögen der Befragten an, etwa indem wissenschaftliche Terminologie vermieden wird (Lamnek 2010: 366). Dies ist insbesondere für Interviews mit Jugendlichen zu beachten, da in der Regel ein Bildungs- und Kompetenzvorsprung der – meist universitär ausgebildeten – Interviewenden besteht, die in der Regel über eine höhere Sprachkompetenz bzw. eine elaboriertere Ausdrucksweise verfügen. Zudem besteht eine grundlegende Asymmetrie zwischen Jugendlichen und Erwachsenen (Reinders 2005: 196).

Leitfaden-Interviews laufen in der Regel in mehreren Phasen ab. Folgende Erläuterungen beziehen sich auf Darstellungen von Reinders (sofern nicht anders angegeben 2005: 203f.): Im Rahmen der Einstiegsphase informiert der Interviewer über Form, Inhalt und Ziel des Interviews. Ferner wird die Erlaubnis zur Audio- oder Videoaufzeichnung eingeholt. Reinders vertritt die Auffassung, dass Audioaufnahmen für qualitative Aufnahmen ausreichend seien, da körpersprachliche Aspekte protokolliert und anschließend ins Transkript eingefügt werden können. Ferner führen Videoaufnahmen tendenziell zu mehr Verzerrungen im Verhalten der Jugendlichen (Reinders 2005: 191). Daran schließt sich die Warm-up-Phase an, welche dazu dient, die Interviewten mit der Interviewsituation und dem dazugehörigen Interaktionsschema vertraut zu machen sowie durch das Stellen von Fragen in das Thema einzuführen. Darauf folgen die beiden Hauptphasen des Interviews. Einerseits werden die Fragen aus dem Leitfaden gestellt, wobei sich im Idealfall ein Gespräch entwickelt, bei welchem der Interviewte stärker die Steuerung übernimmt, anstatt in einem starren Frage-Antwort-Schema zu verharren, mit welchem diese Phase häufig beginnt. Fragen aus dem Leitfaden werden dann passend zu den Erzählungen des Interviewten eingebracht. Es ist folglich wichtig, dass der Interviewer den Leitfaden sehr gut kennt, um im Laufe des Interviews flexibel damit umzugehen (Reinders 2005: 193). Andererseits werden in der zweiten Hauptphase vornehmlich solche Fragen aus dem Leitfaden gestellt, welche noch nicht thematisiert wurden oder für die sich bis zu diesem Zeitpunkt keine Anknüpfungspunkte fanden. Die Steuerung des Gesprächs liegt hauptsächlich beim Interviewer. Die Ausklangsphase dient dazu, ein abruptes Ende des Interviews zu vermeiden und den Befragten sanft aus dem Gespräch zu geleiten. Nach Abschluss des Interviews sollten Interviewende sich Notizen zum Interviewverlauf und zu eigenen Eindrücken und Gedanken in einem Postskript machen (vgl. z.B. Reinders 2005: 122; Jaeggi, Faas & Mruck 1998: 6). Reinders (2005: 183) empfiehlt aufgrund der hohen Konzentrationsleistung, welche die Durchführung eines Interviews fordert, nur ein Interview pro Tag zu absolvieren, nicht zuletzt auch, weil bei einem höheren Pensum die Möglichkeit aus bereits geführten Interviews zu lernen eingeschränkt wird.

Für Interviews mit Jugendlichen gilt, dass diese in der Regel Interview-ungewohnt sind (Reinders 2005: 179). Die Interviewsituation ist neu und daher ist es wichtig, in Einstiegs- und Warm-up-Phase eine angenehme Atmosphäre zu schaffen. Dabei sollte Ziel der Interviewführung sein, dass der Jugendliche das Gefühl bekommt, sich in einer „(fast ganz) normalen Unterhaltung" zu befinden (Reinders 2005: 200). Häufig erwarten Jugendliche, dass die Initiative im Gespräch von Interviewenden kommt, nicht zuletzt auch, da das Interview auf deren Initiative zustande kam. Oft erkennen sie erst im Laufe des Inter-views, dass sie selbst „Tiefe und Weite" des Gesprächs mitbestimmen können (Reinders 2005: 197). Die Länge und durchschnittliche Wortdichte von Inter-views mit Jugendlichen variiert Reinders zufolge in Abhängigkeit der Faktoren Alter und Schulart: Interviews mit älteren GymnasialschülernInnen sind ten-denziell länger als solche mit jüngeren SchülerInnen der Real- oder Gesamt-schule (Reinders 2005: 215). Je jünger die SchülerInnen sind, desto geringer sind darüber hinaus die Wortdichte und damit tendenziell auch die Informations-qualität (Reinders 2005: 217f.).

Für die Wahl des Interviewortes wird in der Regel die Durchführung im all-täglichen Milieu bzw. einer natürlichen Umgebung der Befragten empfohlen, was die Wahrscheinlichkeit, authentische Informationen zu erhalten, erhöht (Lamnek 2010: 325 und 354). Natürliche Umgebung bezieht sich vor allem auf einen Ort, der den Befragten nicht fremd oder gar unangenehm ist (Girtler 1984: 151). Dies gilt auch für Jugendliche (Reinders 2005: 184). Wichtig ist weiterhin, dass Störungen während des Interviews, z.B. durch externe Quellen wie das Hinzukommen anderer Personen, die den Raum ebenfalls in Pausen nutzen, soweit möglich vermieden werden.

Im Zuge der Stichprobenziehung für qualitative Interviews wird in der Regel eine Varianzmaximierung angestrebt. Demzufolge sollten die befragten Perso-nen in relevanten Merkmalen so heterogen wie möglich sein, da damit auch eine Erwartung von hoher Aussagevarianz einhergeht (Reinders 2005: 135). Je nach Erkenntnisinteresse und Rahmenbedingungen der Studie können unter-schiedliche Verfahren der Stichprobenziehung, ggf. auch in Kombination, zum Einsatz kommen (vgl. z.B. die Übersicht in Reinders 2005: 135ff.). Im Kontext der Befragung von SchülerInnen einer Schulklasse bedeutet Varianzmaximierung, dass die Stichprobe auch in Abhängigkeit von für das Erkenntnisinteresse rele-vanter Variablen gezogen wird. Z.B. könnte darauf geachtet werden, dass Schü-lerInnen unterschiedlichen sprachlichen wie kulturellen Hintergrunds befragt werden.

Die Aufbereitung von Interviews besteht in der Regel in der Transkription der Audio- bzw. Videodaten. Hier sei auf entsprechende Erläuterungen in 3.3.1

verwiesen. Anzumerken ist, dass im Unterschied zur Transkription von Unterricht qualitative Interviews mit einem bis vier Befragten in der Regel ein geringeres Transkriptionsverhältnis aufweisen.

Für die Auswertung qualitativer Interviews gibt es eine große Zahl von Analyseverfahren. An dieser Stelle sei exemplarisch auf die häufig eingesetzte Grounded Theory nach Glaser & Strauß (z.B. Glaser & Strauss 2010) und die qualitative Inhaltsanalyse nach Mayring (2010) verwiesen. Zum Teil werden für Leitfaden-gestützte Interviews spezielle Vorgehensweisen vorgeschlagen (Schmidt 2012; 2010). In der Regel steht im Zentrum der Analyse das Kodieren von Daten. Kodieren bedeutet dabei, dass Aussagen der Befragten bestimmten Themen bzw. häufig Kategorien zugeordnet werden, welche sich induktiv aus dem Material ergeben oder deduktiv entwickelt und an dieses herangetragen werden. Auswertungsverfahren zur Analyse qualitativer Interviews sind in der Regel für mehrere Interviews konzipiert (vgl. z.B. Mayring 2010; Schmidt 2012, 2010; Jaeggi, Faas & Mruck 1998 u.a.), welche fall- oder inhaltsbezogen gegenübergestellt bzw. verglichen werden. QDA-Software, z.B. MAXQDA und ATLAS.ti, kann den Prozess der qualitativen wie auch quantitativen Datenanalyse unterstützen (vgl. für nähere Hinweise Kuckartz 2010; Kelle 2007).

3.4.3.2 Beschreibung eingesetzter Interviewleitfäden

Im Rahmen des Fach-DaZ-Projektes dient der Einsatz von Leitfaden-gestützten Interviews zunächst der Erfassung und Analyse der subjektiven Perspektive der Bobachteten (vgl. Hopf 2007: 350), andererseits sollten Kontextinformationen zu den Beteiligten, aber auch zum beobachten Unterrichtsgeschehen erhoben werden. Schließlich sollte im Rahmen der Interviews auch erfragt werden, inwieweit der videographierte Unterricht als „typisch" eingeschätzt wurde. Somit beinhaltete der Leitfaden thematisch-inhaltliche Fragen einerseits und „messmethodische" Fragen zur Güte der Datenerhebung andererseits. Interviewt werden sollten beteiligte LehrerInnen und SchülerInnen. Für diese beiden Akteursgruppen wurde jeweils ein Interviewleitfaden entwickelt. Beide fokussierten im Wesentlichen die gleichen Inhalte, enthielten jedoch akteurspezifische Fragen. Im Forschungsprozess wurden die Leitfäden überarbeitet und ergänzt.

Im Folgenden werden die beiden Interviewleitfäden in Kürze dargestellt. Einen thematischen Schwerpunkt der Interviews mit LehrerInnen stellte der videographierte Unterricht dar. Sie wurden dazu befragt, inwieweit sie ihr eigenes Verhalten sowie das der SchülerInnen als typisch wahrnahmen und gebeten, die zu vermittelnden Kernbegriffe und -konzepte des beobachteten Unterrichts zusammenfassend darzustellen. Einen weiteren Schwerpunkt bildeten die

Themen Fachunterricht und Sprache sowie DaZ-SchülerInnen: So wurden die LehrerInnen dazu befragt, welche Rolle Sprache bzw. sprachliches Lernen in ihrem Fachunterricht spielt bzw. ggf. spielen sollte und ferner darum gebeten einzuschätzen ob bzw. inwiefern sich die DaM- und DaZ-SchülerInnen bezogen auf den Fachunterricht unterscheiden. Abschließend wurden die LehrerInnen gefragt, ob sie noch etwas hinzufügen oder ergänzen wollten. Außerdem wurde ermittelt, ob es Fragen gäbe, welche den SchülerInnen gestellt werden sollten bzw. welche Fragen sie als LehrerInnen an die SchülerInnen hätten.[133] Eine Lehrerin gab hier an, dass sie gerne wüsste, wie die SchülerInnen den videographierten Unterricht wahrgenommen hätten. Schließlich bestand die Gelegenheit, Fragen zum Projekt zu stellen.

Die SchülerInnen wurden zunächst zu ihren Lieblingsfächern sowie dazu befragt, wie sie das Fach Biologie finden. Weiterhin wurden sie gebeten zu berichten, welche Themen in den vorangegangenen Stunden behandelt worden waren. Auch wurden ihnen Fragen zu den Inhalten des videographierten Unterrichts gestellt. Ferner wurden sie dazu befragt, was sie tun, wenn sie im Fachunterricht etwas nicht verstehen und auch sie wurden gebeten einzuschätzen, inwieweit die videographierten Unterrichtsstunden „typischen" Unterrichtsstunden entsprachen. Schließlich bestand auch für die SchülerInnen abschließend die Gelegenheit, etwas zu ergänzen oder hinzuzufügen sowie Fragen zum Projekt zu stellen.

3.4.3.3 Durchführung der Interviews[134]

Vorab ist für die Durchführung der Interviews festzuhalten, dass diese mitunter stark vom Interviewleitfaden abwichen. Ursache dafür waren sowohl praktische wie situative Gründe.[135] Dies ist zwar im Hinblick auf die Vergleichbarkeit der

---

133 Diese Frage diente dazu, Raum für neue nicht-antizipierte Aspekte zu lassen, die im weiteren Verlauf der Untersuchungen ggf. noch berücksichtigt werden können. Interviewaussagen der SchülerInnen wurden den LehrerInnen ausschließlich mittels allgemeiner mündlicher Zusammenfassungen und in jedem Fall pseudonymisiert zugänglich gemacht.

134 Alle im Rahmen des Fach-DaZ-Projektes durchgeführten Interviews wurden mittels Audioaufnahme dokumentiert. Alle Beteiligten wurden über die Freiwilligkeit der Teilnahme und die Möglichkeit zum Abbruch des Interviews informiert. Weiterhin wurde kurz das Projekt vorgestellt sowie die Pseudonymisierung der Daten versichert.

135 Für die SchülerInnen einer Klasse bestand lediglich die Möglichkeit, die Interviews vor der Beobachtung von Unterrichtsstunden zu führen. Entsprechend konnten die SchülerInnen nicht zu videographiertem Unterricht befragt werden. Im Gegensatz dazu bestand gelegentlich ausreichend Zeit, um die videographierte Stunde zu reflektieren, so dass Auffälligkeiten (wie

Interviews eher als Nachteil zu sehen. Da die Datenerhebungen – sowohl die Beobachtungen als auch die Interviews – zum Teil auch einen explorativen Charakter hatten und sich die Situation je nach Schule sehr unterschiedlich darstellte, bildet die situative Anpassung mittels einer größeren Offenheit gegenüber den von den Befragten eingebrachten Aspekten zugleich einen wesentlichen Vorteil.

Bezogen auf die Klasse 03081 wurde ein Interview mit der Lehrerin 03081L01 und ein weiteres mit drei Schülern der Klasse geführt. Das Interview mit der Lehrerin 03081L01 wurde in einem Vorbereitungsraum[136] in einer Freistunde der Lehrkraft geführt und durch eine Audioaufnahme dokumentiert. Aufgrund von technischen Problemen wurde die Audioaufnahme kurzzeitig unterbrochen. Da die Erhebung in der Schule in einem Raum, welcher der Lehrerin vertraut war, und dieser somit als „alltägliches Milieu der Befragten" anzusehen ist, stattfand, wurde, wie bereits erwähnt, die Wahrscheinlichkeit erhöht, authentische Informationen zu erhalten (Lamnek 2010: 325, 354). Das Interview wurde von zwei Interviewerinnen durchgeführt.[137] Eine Interviewerin stellte die Fragen und führte das Gespräch im Wesentlichen. Eine weitere Interviewerin beobachtete, machte sich ggf. Notizen und stellte im Anschluss an den Hauptteil Nachfragen, z.B. zu Aspekten, die vergessen wurden oder die sich im Laufe des Interviews ergaben und deren Vertiefung relevant schien. Dieses Vorgehen kann die Datenqualität – z.B. mit Blick auf die Vergleichbarkeit der Interviews – steigern und der Komplexität des Interviewgeschehens besser gerecht werden. Zuvor war bereits eine Doppelstunde videographiert sowie die Protokollerhebung in der Klasse durchgeführt worden. Während des Interviews betrat eine weitere Lehrerin kurz den Raum, wobei das Gespräch weitergeführt wurde.

Das Interview mit den Schülern, es handelte sich um drei männliche Schüler, fand in einer großen Pause in einem freien Klassenzimmer statt. Es handelte sich dabei um den Raum, in welchem auch der Biologieunterricht stattfand. Es wurde von einer Interviewerin im Anschluss an die Protokollerhebung in einer großen Pause geführt, wobei in der Woche zuvor bereits eine erste Doppelstunde videographiert worden war. Die Auswahl der Interviewten erfolgte nicht

---

etwa der Eindruck, dass bestimmte Inhalte nicht verstanden wurden) gezielt im Rahmen des Interviews retrospektiv berücksichtigt werden konnten.

136 Dieses Lehrerzimmer wurde vornehmlich von den LehrerInnen genutzt, welche naturwissenschaftliche Fächer unterrichteten.

137 Friebertshäuser & Langer bezeichnen solche Interviews, bei denen zwei Forschende gemeinsam eine Person befragen, als Tandem-Interviews (2010: 438).

systematisch. Vielmehr wurden diejenigen SchülerInnen interviewt, die sich freiwillig zum Interview bereit erklärten. Aufgrund mangelnder zeitlicher und personeller Ressourcen handelt es sich um ein Kleingruppeninterview mit den drei Schülern 03081S08, 03081S16 und 03081S17, das von einer Interviewerin geführt wurde, die den Schülern zum Zeitpunkt des Interviews bereits durch mehrmalige Besuche in der Klasse bekannt war.

3.4.3.4 Aufbereitung und Analyse der Interviewdaten

Das Interview mit der Lehrerin 03081L01 dauerte insgesamt 24 Minuten, das Interview mit den Schülern 03081S08, 03081S16 und 03081S17 13 Minuten.

Tab. 19: Übersicht zur Transkription der Interviews

Interview	Dauer in Min.	TV* Tran-skription	Transkribent	TV Gegen-transkription	Gegen-transkribent
03081L01_I1	24	1:11	DM	1:8	IF
03081S_I1	13	1:15	DM	1:8	IF

*TV = Transkriptionsverhältnis

Die Interviews wurden transkribiert. Als Transkriptionskonvention diente das GAT-Basistranskript (Selting et al. 1998, vgl. auch Konventionen im Anhang). Das Transkriptionsverhältnis für das Interview mit 03081L01 betrug 1:11, für das Interview mit den Schülern lag es mit 1:15 etwas darüber. Dies lässt sich einerseits damit erklären, dass mehr Personen am Interview beteiligt war und andererseits dadurch, dass sich die Schüler häufiger gegenseitig ins Wort fielen sowie die Zuordnung der Aussagen zu den drei Schülern zum Teil aufgrund des gleichen Geschlechts und ähnlicher Stimmen erschwert war. Die Gegentranskription erforderte ein Transkriptionsverhältnis von 1:8.

Wie bereits in 3.4.3.1 erläutert, sind Auswertungsverfahren für die Analyse qualitativer Interviews in der Regel für mehrere Interviews konzipiert, welche fall- oder inhaltsbezogen gegenübergestellt bzw. verglichen werden. Ein solches Vorgehen ist hier nicht umsetzbar,[138] da jeweils ein Interview je Akteursgruppe

---

138 Da weitere Interviews mit anderen LehrerInnen und SchülerInnen anderer Klassen geführt worden sind, wäre ein solches Vorgehen zwar theoretisch möglich. Für das Erkenntnisinteresse der Arbeit ist dies allerdings nicht von Belang.

vorliegt und analyserelevant ist. Aus diesem Grund wird nachfolgend ein auf das Erkenntnisinteresse der vorliegenden Studie zugeschnittenes Vorgehen vorgestellt. Die Anpassung von Auswertungsverfahren mit Fokus auf das eigene Erkenntnisinteresse wird auch in der Literatur empfohlen (vgl. z.B. Schmidt 2012: 448). Das im Folgenden erläuterte Verfahren kombiniert verschiedene Techniken bzw. Arbeitsschritte, wobei es sich dabei stark an den von Mayring (2010), Schmidt (2012; 2010) und Jaeggi, Faas & Mruck (1998) vorgeschlagenen Vorgehensweisen orientiert.

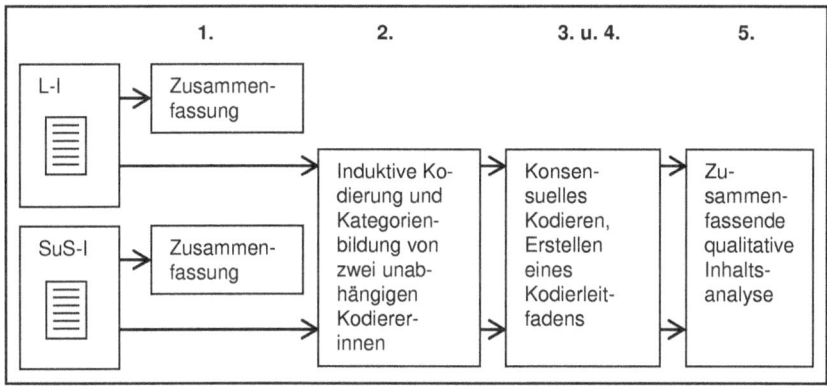

Abb. 31: Vorgehensweise für die Interviewanalyse; eigene Darstellung

Abbildung 31 stellt die Vorgehensweise bei der Analyse im Überblick dar. In einem ersten Schritt wurde zu beiden Interviews eine Zusammenfassung verfasst, welche die wesentlichen Inhalte der Gespräche beinhaltet (vgl. Jaeggi, Faas & Mruck 1998: 8) und die jeweils im Anhang abgedruckt ist. Anders als bei Jaeggi, Faas & Mruck (1998: 8) geht es hierbei nicht um das Setzen von Interpretationsschwerpunkten, sondern vielmehr um einen ersten groben Überblick über Verlauf und Inhalte der beiden Interviews. Im zweiten Schritt wurden die Auswertungskategorien am Material induktiv durch mehrmaliges Lesen bei gleichzeitigem Kodieren entwickelt (vgl. Schmidt 2010: 475), wobei die Kodierungen in MAXQDA vorgenommen wurden. Dabei wurde für beide Interviews ein gemeinsames Kategoriensystem entwickelt, wobei nur ein Teil der Kategorien in beiden Interviews vorkam. Ein solches Vorgehen bot sich an, da – wie bereits angesprochen – die Interviewverläufe und -inhalte häufig von den Interviewleitfäden abwichen. Die beiden Interviews wurden dergestalt von zwei unabhängigen Kodiererinnen bearbeitet. Die zweite Kodiererin führte auch die Gegentranskription der Interviews durch, war allerdings darüber hinaus nicht mit dem Projekt bzw. den Projektdaten vertraut. Für die Kodierung bringt dies den Vorteil, dass das Material von dieser Kodiererin nicht eigenen theoretischen Vorannahmen folgend bearbeitet und damit ggf. auf „passende" Textstellen reduziert werden konnte (vgl. auch Schmidt 2012: 450). Durch die Gegentranskription war sie jedoch bereits mit dem Datenmaterial vertraut. Die Kodiererin wurde vor der Kodierung mit dem Programm MAXQDA vertraut gemacht und erhielt Hinweise zur induktiven Vorgehensweise bei Kodierung und Kategorienbildung. Sie besaß bereits Erfahrungen mit der Auswertung von Interviews. In einem dritten Schritt wurden im Sinne des konsensuellen Kodierens (vgl. Schmidt 2010: 479f.) die Ergebnisse des zweiten Schrittes verglichen und die Zuordnungen diskutiert. Bei Diskrepanzen gelangte man mittels Aushandlung zu einer konsensuellen Einschätzung. Abschließend wurde viertens ein Kodierleitfaden entsprechend den vorangegangenen Ergebnissen erstellt (vgl. Schmidt 2010: 476f.). Dieser dient im Rahmen der vorliegenden Arbeit vornehmlich zur transparenten Darstellung bezogen auf das Vorgehen bei der Analyse sowie deren Ergebnisse, könnte zudem als Ausgangspunkt für die Analyse weiterer im Projekt geführter Interviews genutzt werden (vgl. Überblick zu den Kategorien Abbildung 32), wobei aufgrund der Offenheit der Interviews und der geringen Datengrundlage davon ausgegangen werden kann, dass das vorgeschlagene Kategoriensystem der Erweiterung bedarf.

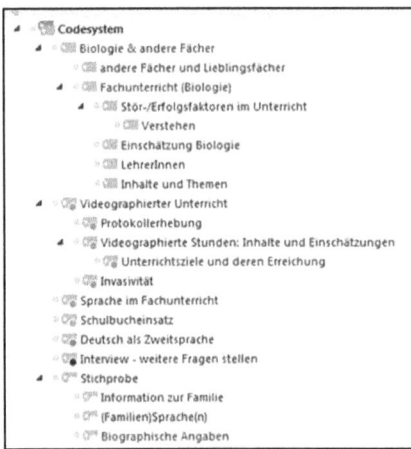

Abb. 32: Induktiv entwickeltes Kategoriensystem für Interviews mit SchülerInnen und LehrerInnen (Screenshot aus MAXQDA, Stand 08/2014)

Für vorliegende Untersuchung werden nur jene Kategorien weiter ausgewertet, die für das Erkenntnisinteresse von Belang sind. Die kodierten Segmente dieser Kategorien wurden in einem fünften Schritt im Sinne einer zusammenfassenden Inhaltsanalyse nach Mayring (2010: 67ff.) weiter analysiert: Das relevante Material wurde schrittweise und systematisch verallgemeinert. Zunächst wurden die ausgewählten Kodiereinheiten paraphrasiert und generalisiert. Inhaltsgleiche und unwichtige Paraphrasen wurden daran anschließend in einer ersten Reduktion gestrichen. In einer zweiten Reduktionsphase wurden im Wesentlichen Paraphrasen mit gleichen bzw. ähnlichen Inhalten gebündelt und zusammengefasst.

Die Auswertung der Ergebnisse erfolgt an unterschiedlichen Stellen in der Arbeit, da sie zur Erweiterung verschiedener thematischer und methodischer Aspekte dienen. Es erfolgt keine für sich allein stehende Auswertung der Interviews.

4 Ergebnisdarstellung

Im Folgenden werden die Ergebnisse der Untersuchung im Detail dargestellt und diskutiert. Im ersten Schritt wird in 4.1 ausführlich die Stichprobe beschrieben. Dabei werden die SchülerInnen und die Lehrerin 03081L01 der Klasse 03081 sowie der videographierte Unterricht vorgestellt. Dies ist wichtig, da diese Informationen zur Interpretation der Ergebnisse hinzugezogen werden. Im Anschluss daran erfolgt die Vorstellung der Resultate für die Analyse des SFI in 4.2 für das Schulbuch und in 4.3 für die Tafelanschriebe. Darauf folgt die Präsentation der Analyseergebnisse für den MFI in 4.4. Das Kapitel schließt mit einer Gegenüberstellung und Diskussion der SFI- und MFI-Ergebnisse in 4.5.

4.1 Stichprobe

Die Unterrichtseinheit zum Thema Blutkreislauf, die Gegenstand der Untersuchung ist, wurde im Schuljahr 2010/11 erhoben. Im Folgenden werden die SchülerInnen der Klasse 03081 in Teilkapitel 4.1.1., die Lehrerin 03081L01 in Teilkapitel 4.1.2 und die konkreten Unterrichtsstunden der Einheit in Teilkapitel 4.1.3 vorgestellt.

4.1.1 Die Klasse 03081

Grundlage für die Stichprobenbeschreibung der SchülerInnen bildet zunächst die Auswertung des sprachbiographischen Fragebogens (vgl. 3.4.1) und der C-Tests (vgl. 3.4.2). Mit Blick auf den Fragebogen werden folgende Aspekte analysiert:
- Geschlecht
- Alter
- Migrationshintergrund
- Mehrsprachigkeit
- SeiteneinsteigerIn
- Teilnahme an DaZ-Förderung

Bevor die Ergebnisse vorgestellt werden, erfolgt die Bestimmung Termini Migrationshintergrund, Mehrsprachigkeit und Seiteneinsteiger, die Grundlage für die vorgenommenen Berechnungen bilden. In der Regel wird dem Begriff Migrationshintergrund. Deren Definition des Statistischen Bundesamtes (2011) zugrun-

https://doi.org/10.1515/9783110521917-214

de gelegt, nach der SchülerInnen dann ein Migrationshintergrund zugeschrieben wird, wenn mindestens ein Elternteil im Ausland geboren ist. Dieses Begriffsverständnis wird z.b. im Rahmen der PISA-Studie verwendet (vgl. z.b. Stanat 2003). Hier kommt eine leicht veränderte Definition zur Anwendung. Danach verfügt eine Person über einen Migrationshintergrund, wenn mindestens ein Elternteil und/oder die SchülerInnen selbst nicht in Deutschland geboren sind. Dieses Begriffsverständnis von Migrationshintergrund wurde in Studien zur Erfassung der Sprachbiographie (vgl. z.b. Baur et al. 2004 für Essen und Decker & Schnitzer 2012 für Freiburg) sowie in nationalen Teilanalysen der PISA-Daten (nationaler Bericht, Baumert et al. 2003: 244) häufig genutzt.

Im Alltagsverständnis werden die Begriffe Migrationshintergrund und Mehrsprachigkeit oft synonym verwendet. Demnach haben mehrsprachige Personen auch einen Migrationshintergrund. Dass dies nicht der Fall ist, belegen z.b. Ahrenholz et al. (2013) an Daten aus dem Projekt Mehrsprachigkeit an Thüringer Schulen (MaTS). Auch für Mehrsprachigkeit können unterschiedliche Definitionen verwendet werden. Eine Möglichkeit besteht darin, nach den Mutter- bzw. Erstsprachen der SchülerInnen zu fragen, eine weitere, die sich ebenfalls in Studien zur Erfassung der Sprachbiographie bewährt hat (vgl. Baur et al. 2004, Decker & Schnitzer 2012), die Frage nach der Sprache bzw. den Sprachen, die mit Familienmitgliedern (Mutter, Vater, Geschwister) gesprochen werden. Mehrsprachig ist demnach, wer mehr als eine Sprache mit mindestens einem Familienmitglied spricht.[139]

Als (DaZ-)SeiteneinsteigerInnen werden solche SchülerInnen bezeichnet, die ihre Schullaufbahn nicht im deutschen Schulsystem begonnen haben bzw. im Alter von sechs Jahren und älter nach Deutschland einreisen. Meist verfügen SeiteneinsteigerInnen über sehr geringe bzw. über keine Kenntnisse in der Zweitsprache Deutsch (Maak 2014: 319f.). Es zeigt sich, dass SeiteneinsteigerInnen spezifische Erwerbsbedingungen und Sprachförderbedürfnisse aufweisen und daher gesondert zu betrachten sind.

Bei der Klasse 03081 handelt es sich um eine Schulklasse einer deutschen Gesamtschule der 8. Klassenstufe in einer deutschen Großstadt mit 25 SchülerInnen (15 männlich, 10 weiblich). 19 SchülerInnen füllten einen sprachbio-

---

139 Hierbei hat sich zum Teil als Problem erwiesen, dass SchülerInnen häufiger als erwartet – und auch nicht in weiteren Fragebogenangaben begründet – Englisch angeben (vgl. z.b. Maak, Zippel & Ahrenholz 2013 für Fragebogenerhebungen in der Grundschule). In der untersuchten Klasse trat diese Problematik nicht auf.

graphischen Fragebogen aus und 20 SchülerInnen bearbeiteten einen C-Test zur Einschätzung ihrer allgemeinen Sprachkompetenz.[140]

Zum Zeitpunkt der Erhebung waren die SchülerInnen im Durchschnitt 14 Jahre alt (Maximum 15 Jahre, Minimum 13 Jahre). Mit 47% (n=9) verfügt knapp die Hälfte der SchülerInnen über einen Migrationshintergrund. Von diesen SchülerInnen geben zwei an, selbst nicht in Deutschland geboren zu sein. 48% (n=10)[141] der SchülerInnen haben laut Angaben im Fragebogen (auch) eine andere Erstsprache als Deutsch. Als Erstsprachen werden neben Deutsch Kurdisch, Polnisch, Türkisch, Russisch und Kroatisch angegeben.[142] Angaben zu den zu Hause gesprochenen Sprachen machten 18 SchülerInnen. Als mehrsprachig (nach Familiensprachen) sind von diesen 32% (n=6) der SchülerInnen zu bezeichnen. 32% (n=6) geben an, mit der Mutter (auch) eine andere Sprache als Deutsch zu sprechen. Für den Vater berichten dies 22% (n=4). Demnach ist die Zahl der mehrsprachigen SchülerInnen geringer als man annehmen könnte, wenn man von der Vermutung ausgehen würde, dass SchülerInnen mit Migrationshintergrund auch mehrsprachig seien. Keiner der SchülerInnen der Klasse 03081 ist als SeiteneinsteigerIn zu bezeichnen. Von den 16 SchülerInnen, die die Frage beantwortet haben, gibt ein Schüler an, zum Zeitpunkt der Befragung am DaZ-Förderunterricht teilgenommen zu haben.

Zusätzlich zu den sprachbiographischen Angaben wurden auch die C-Tests der SchülerInnen ausgewertet. Für die SchülerInnen der Klasse 03081 ergibt die Auswertung der C-Tests einen durchschnittlichen RF-Wert von 75% (s=11, Min=57, Max=92) und einen durchschnittlichen WE-Wert von 86% (s=9, Min=68, Max=99). Der Gesamtdurchschnitt für alle SchülerInnen im Rahmen des Fach-DaZ-Projektes[143] beträgt 74% für den RF-Wert (s=16, Median=78, Modus=83, Min=23, Max=96) und 85% für den WE-Wert (s=13, Median=88, Mo-

---

140 An dieser Stelle sei noch einmal darauf hingewiesen, dass der Schüler 03081S07 bei der Bearbeitung des sprachbiographischen Fragebogens und des C-Tests nicht in jedem Fall wahrheitsgetreu bzw. ernsthaft geantwortet hat. Rücksprachen mit 03081L01 und die Angaben seines Zwillingsbruders ermöglichen dennoch Rückschlüsse bezüglich seiner Sprachbiographie. Der C-Test jedoch wurde von der Auswertung ausgeschlossen.
141 Die Stichprobe hat eine Größe von n=21, da die SchülerInnen auf dem Deckblatt des C-Tests gebeten wurden, ihre Erstsprache(n) anzugeben und für SchülerInnen, die den C-Test, nicht aber den sprachbiographischen Fragebogen bearbeiteten, aufgrund dessen dennoch Informationen zu Erstsprache(n) vorliegen.
142 Weiterhin gibt ein Schüler Gebärdensprache an. Gebärdensprache spricht er laut den Angaben mit Mutter und Vater.
143 Alle Angaben beziehen sich auf den Projektstand vom 26.03.2013. Später erhobene Daten werden nicht berücksichtigt.

dus=96, Min=38, Max=100), jeweils bezogen auf n=213. Die Ergebnisse der SchülerInnen der Klasse 03081 finden sich in Tabelle 20.[144]

Tab. 20: C-Testergebnisse der Klasse 03081 absteigend nach RF-Wert

Schüler-kennung	Ge-schlecht	Migrations-hintergrund	RF-Wert in %	WE-Wert in %	Selbstein-schätzung Lesen (Deutsch)	Selbstein-schätzung Schreiben (Deutsch)
03081S09	Männlich	Nein	92	99	☺	☺
03081S03	Männlich	Nein	91	99	☺	☹
03081S18	Männlich	Ja	84	93	☺	☺
03081S04	Weiblich	Nein	83	92	☺	☺
03081S05	Weiblich	Ja	83	93	☺	☺
03081S20	Weiblich	k.A.	83	92	k.A.	k.A.
03081S10	Weiblich	Nein	80	91	☺	☺
03081S12	Männlich	Nein	79	87	☺	☺
03081S06	Weiblich	Nein	78	91	☺	☺
03081S08 I	Männlich	Nein	77	87	☺	☺
03081S01	Männlich	Ja	76	88	☺	☺
03081S19	Männlich	Ja	76	86	☺	☺
03081S11	Weiblich	Ja	73	87	☺	☺
03081S13	Weiblich	Nein	71	82	☺	☺
03081S14	Männlich	Ja	66	79	☺	☺
03081S21	Weiblich	k.A.	63	73	k.A.	k.A.
03081S17 I	Männlich	Nein	58	68	☺	☺
03081S15	Männlich	Ja	57	69	☺	☺
03081S16 I	Männlich	Ja	57	72	☺	☺
03081S07[145]	*Männlich*	*Ja*	*25*	*42*	☺	☺

---

144 Die erste Linie trennt SchülerInnen, die über und unter dem Gesamt-Durchschnitt von 74% im RF-Wert liegen, unter der zweiten Linie liegen SchülerInnen, die mehr als eine Standardabweichung unter diesem Durchschnitt liegen.

145 0301S07 wird in der Auswertung wie bereits erläutert nicht berücksichtigt. Seine Ergebnisse sind an dieser Stelle der Vollständigkeit halber aufgeführt.

Zwölf SchülerInnen der Klasse 03081 liegen bezogen auf den RF-Wert über dem Gesamt-SchülerInnen-Durchschnitt, sieben SchülerInnen liegen unter dem Gesamt-SchülerInnen-Durchschnitt, davon 03081S15 und 03081S16 mehr als eine Standardabweichung (jedoch lediglich um einen Prozentpunkt).

Tabelle 20 ist absteigend nach dem RF-Wert geordnet. Es zeigt sich, dass relativ gesehen mehr SchülerInnen ohne Migrationshintergrund über dem Durchschnitt liegen. Mit 58% entspricht dies sieben SchülerInnen ($n_{ohneMiHi}$=12). 33% der SchülerInnen mit Migrationshintergrund liegen über dem Durchschnitt ($n_{mitMiHi}$=7). Für 8% liegen keine Angaben zum Migrationshintergrund vor. Andererseits liegen durchschnittlich mehr SchülerInnen mit Migrationshintergrund unter dem Gesamt-SchülerInnen-Durchschnitt. Mit 57% entspricht dies vier SchülerInnen ($n_{mitMiHi}$=7). Bei SchülerInnen ohne Migrationshintergrund betrifft dies 29% ($n_{ohneMiHi}$=12, bei 14% liegen diesbezüglich keine Angaben vor). Ferner haben 03081S15 und 03081S16, die mehr als eine Standardabweichung unter dem Durchschnitt liegen, einen Migrationshintergrund. In ihrem Fall wäre von Sprachförderbedarf auszugehen. Bei dem Schüler, der angab, DaZ-Förderunterricht zu bekommen, handelt es sich um 03081S19. Seine C-Test-Ergebnisse sind im Mittelfeld der Klasse zu verorten. In der Tendenz erzielen die SchülerInnen mit Migrationshintergrund schlechtere Leistungen im C-Test. Allerdings sind diese Aussagen aufgrund der geringen SchülerInnenzahl mit Vorsicht zu betrachten.

Der Tabelle 20 ist ferner in den letzten beiden Spalten die Selbsteinschätzung mit Blick auf die Fertigkeiten Lesen und Schreiben im Deutschen zu entnehmen. Diese war Teil des sprachbiographischen Fragebogens und die SchülerInnen konnten die Einschätzung auf einer dreistufigen Skala (verwendete Icons ohne weitere verbale Erläuterungen: ☺, ☺, ☹) vornehmen. Bis auf 03081S03[146] kreuzten alle SchülerInnen ☺ oder ☺ an und schätzen demnach ihre Schreibfertigkeit im Deutschen als positiv bzw. als mittel ein. In der Fertigkeit Lesen kreuzten die SchülerInnen noch häufiger ☺ und in keinem Fall ☹ an. Die Selbsteinschätzungen scheinen nicht immer mit den C-Test-Ergebnissen übereinzustimmen. So schätzt 03081S16 seine Schreibkompetenz im Deutschen als positiv ein, erzielt allerdings im RF-Wert 57 von möglichen 100 Punkten, was auf schwach ausgeprägte allgemeine Sprachkompetenzen hinweist.

---

146 Dieser Schüler hat für die Einschätzung seiner Lese- und Sprechkompetenz im Deutschen jeweils ☹ angekreuzt. Damit lässt sich ausschließen, dass Frage- bzw. Antwortformat nicht verstanden wurden. Insofern steht das C-Test-Ergebnis des Schülers – das zweitbeste im Klassenvergleich – im Gegensatz zur entsprechenden Selbsteinschätzung.

Die Lehrerin 03081L01 selbst sieht keine Unterschiede in der Mitarbeit und auch keine Unterschiede bezogen auf das laute Vorlesen von Texten zwischen SchülerInnen mit und ohne Migrationshintergrund: „da können teilweise die schüler mig[/] mit migrationshintergrund besser le:sen (-) als die anderen." (03081L01_I1, Zeile 193f.). Unterschiede sieht sie hingegen „in der erLEdigung SCHRIFTlicher arbeiten- (-) DA seh ich [UN]terschiede." (03081L01_I1, Zeile 176f.). Auf Rückfrage konkretisiert sie dies. Es handelt sich demzufolge um grammatische Schwierigkeiten sowie um fehlende Begriffsvorstellungen: „MANchmal fehlt ih:nen och so n begriff dass se sichs nicht VORstellen können [...] was man darunter verSTEH:T." (03081L01_I1, Zeile 200ff.). Mit Begriffen meint 03081L01 nicht ausschließlich Fachbegriffe. Dies ergibt sich aus weiterer Ausführungen dazu, dass die SchülerInnen zum Nachschlagen der fehlenden Begriffe mittels Duden und anderen Möglichkeiten angehalten werden – allerdings nur dann, wenn es sich nicht um Fachbegriffe handelt. Demnach würden die Einschätzungen der Lehrerin die C-Test-Ergebnisse tendenziell stützen.

Im Rahmen des Schüler-Interviews wurde auch das Interesse am Fach erfragt. Die drei Schüler 03081S08, 03081S16 und 03081S17 geben an, Biologie gut zu finden. Zwei der Schüler geben Sport als Lieblingsfach, einer Biologie und Chemie als Lieblingsfächer an. Als Begründungen dafür, dass Biologie ein gutes Fach ist, wird u.a. angeführt, dass man etwas lernen kann und es relativ spannend sei. Da sich die drei Schüler freiwillig zum Interview bereit erklärt haben, ist zu fragen, ob es sich eventuell um eine verzerrte Stichprobenziehung handelt und die Antworten der drei auf die Frage nach dem Lieblingsfach sozial erwünschte sind. Denn immerhin geben alle drei an, Biologie gut zu finden. Insbesondere 03081S17 ist auch in den videographierten Unterrichtseinheiten sehr aktiv mit Redebeiträgen vertreten und er präsentiert einmal allein am Overhead vor. Ferner wird er an einer Stelle von 03081L01 nach vorn an den Lehrertisch geholt und eine Aufgabe mit ihm individuell besprochen, da er früher als die anderen damit fertig ist.

Bezogen auf die anderen SchülerInnen der Klasse macht 03081S17 folgende Aussage: „die meisten finden nur den biounterricht langWEIlig (.) also das WEIß ich weil sies auch in der klasse sagen" (03081S_I1, Zeile 266ff.). Dieses Desinteresse begründen die Schüler folgendermaßen: 03081S??[147] sagt „also ich glaub die findens langweilig irgendwie weil sies ähm nicht WIssen und au[/] auch nicht wissen wollen oder so" (03081S_I1, Zeile 292ff.). 03081S17 ergänzt: „weils sie EINfach nicht interessiert." (03081S_I1, Zeile 295). Gleichzeitig wird

---

[147] Zwei Fragezeichen am Ende der SchülerInnenkennung zeigen an, dass die Äußerung nicht eindeutig einem Schüler zugeordnet werden konnte.

von SchülerInnen berichtet, die übereifrig seien, die Ersten sein wollten und reinrufen würden. Auch die Lehrerin äußert sich zum Interesse am Fach. Generell – nicht bezogen auf die Klasse 03081 – beklagt sie eine mangelnde Neugier bzw. einen mangelnden „Forscherdrang" (03081L01_I1, Zeile 385).

4.1.2 Die Lehrerin 03081L01

03081L01 ist eine Gesamtschullehrerin, welche in den Klassenstufen 7 bis 13 Chemie und Biologie unterrichtet. In der Klasse 03081L01 unterrichtet sie beide Fächer – Biologie im Umfang von zwei Unterrichtsstunden à je 45 Minuten pro Woche. Sie ist in Deutschland geboren und zum Zeitpunkt der Erhebung seit über 30 Jahren als Lehrerin tätig.

Da die Lehrerin 03081L01 und ihre Sprache als Teil des mündlichen Inputs sowie auch ihre Einstellung zu Fachunterricht und Sprache eine wesentliche Rolle für den Untersuchungsgegenstand spielen, werden im Folgenden die Ergebnisse der Interviewauswertung für die Kategorien Fachunterricht Biologie (LehrerInnen) und Sprache im Fachunterricht dargestellt (vgl. Hinweise unter 3.4.3 und das Kategoriensystem im Anhang).

Im Interview ergaben sich mit Blick auf Unterricht und SchülerInnen zwei Schwerpunkte, die von 03081L01 selbst gesetzt wurden. Einerseits ist es ihr ein Anliegen, dass Fachunterricht die SchülerInnen zur Ehrlichkeit erzieht. Dies wird an mehreren Stellen angesprochen. Teil dieser Ehrlichkeit ist, dass SchülerInnen anzeigen, wann sie etwas nicht verstanden haben, indem sie z.B. Fragen stellen. Andererseits weist 03081L01 auf eine fehlende Neugier bzw. einen fehlenden Forscherdrang seitens der SchülerInnen hin. Sie erläutert dies konkret am Beispiel einer 9. Klasse, deren SchülerInnen ein Arbeitsblatt bearbeiten sollten, wozu weiterführende Aktivitäten erforderlich gewesen wären. 03081L01 gibt an „entTÄUSCHT" (03081L01_I1, Zeile 383) gewesen zu sein. Es zeigt sich demnach, dass es 03081L01 ein Anliegen ist, bei Ihren SchülerInnen Interesse am Fach Biologie zu entwickeln bzw. zu erhalten. Gleichzeitig verfolgt sie mit der Erziehung zur Ehrlichkeit ein über fachliche Ziele hinaus gehendes Anliegen. Die im Leitfaden-gestützten Interview befragten Schüler 03081S08, 03081S16 und 03081S17 äußern sich kaum zu 03081L01. An einer Stelle weisen Sie jedoch darauf hin, dass sie nicht glauben, dass MitschülerInnen etwas nicht verstehen. Begründet wird dies zunächst so: „03081L01 machts wirklich [DEUTlich]" (03081S_I1, S17, Zeile 303). Weiterhin gibt sie den Schülern zufolge allen eine Chance, indem sie auch diejenigen drannehmen würde, welche sich nicht meldeten. Auch hier ist zu fragen, inwieweit es sich um verlässliche Angaben handelt, da alle drei Schüler angeben, den Biologieunterricht gut zu finden und sich auch freiwillig zum Interview bereit erklärt hatten.

03081L01 gibt an, dass Sprache eine „TRA:gende rolle" (03081L01_I1, Zeile 393) spielt: „denn vieles LÄUft ja über gesprÄ:ch. [...] und DANN (-) rausfinden was ist jetzt das WE:sentliche und dann das ganze öh: als MERKsatz oder [...] (-) so etwas dann IN den HEFter ZU bringen." (03081L01_I1, Zeile 395ff.). Damit dient Sprache einerseits zur Aushandlung von Verstehensprozessen und andererseits zum Festhalten wichtiger Kerninhalte des Unterrichts. 03081L01 achtet auf eine sprachlich korrekte und altersstufenangemessene Darstellung im eigenen Ausdruck: „ich beMÜH:e mich wenn ich nich gerade selber SPRACHschwierigkeiten habe das ganze schon (---) mit der entsprechenden FACHsprache? öh STEIgend von klasse sieben (.) nach klasse (.) [zehn] dreizehn öh [...] mit der entsprechenden FACHsprache und (-) wenns möglich ist grammatikalisch auch RICHtig (-) DARzustellen." (03081L01_I1, Zeile 405ff.). Was genau sie unter ihren eigenen Sprachschwierigkeiten versteht, ist in diesem Zusammenhang unklar. In ihren Ausführungen finden sich zudem Hinweise auf sprachliche Aufgaben und Übungen auf unterschiedlichen Ebenen: Zunächst gibt sie an, häufig laut vorlesen zu lassen, um die Aussprache der Fachbegriffe zu überprüfen, die ggf. noch einmal im Klassenchor wiederholt werden. Weiterhin wechselt sie die Darstellungsformen (vgl. Leisen 2010), indem Sie mit Hilfe der Lektüre eines Textes Abbildungen zum Thema beschriften lässt. Texte entlastet sie in der Regel nicht vor, da die SchülerInnen sehr unterschiedliche Begriffe nicht verstehen und es ihr wichtiger ist, dass die SchülerInnen lernen, gezielt Fragen zu Unverstandenem zu stellen. Schließlich gibt 03081L01 an, dass sie SchülerInnen mit Migrationshintergrund unbekannte Begriffe – sofern es sich nicht um Fachbegriffe handelt – im Duden nachschlagen lässt. Es zeigt sich, dass 03081L01 sowohl bezogen auf die Sprache der SchülerInnen als auch bezogen auf ihre eigene Sprache sprachaufmerksam ist.

4.1.3 Die Unterrichtseinheit „Blut und Blutkreislauf"

Im Folgenden wird ein allgemeiner Überblick über die Inhalte der vier Doppelstunden in Biologie gegeben, die Gegenstand der Analyse sind 03081V02 bis 03081V05. Dieser gibt einen ersten Einblick zu inhaltlichen Schwerpunkte der Unterrichtseinheit. Tabelle 21 beinhaltet eine Übersicht über die videographierten Unterrichtsstunden, die die lehrplanrelevante Unterrichtseinheit „Herz- und Blutkreislauf" in dieser Klasse konstituieren. Durch Absprachen mit der Lehre-

rin 03081L01 wurde sichergestellt, dass in vorhergehenden und nachfolgenden
Unterrichtseinheiten das Thema Blut nicht (mehr) behandelt wurde.

Tab. 21: Übersicht über videographierte Unterrichtsstunden zum Thema „Blut und Blutkreislauf" in der Klasse 03081

Stunde	Dauer in Min.	Thema
03081V02[148]	ca. 30 von 90	Vorwissensaktivierung Blut (Mindmap)
03081V03	90	Blut (Zusammensetzung, Aufgaben) und Blutkreislauf (Blutgefäße, Aufbau des Herzens)
03081V04	90	Wiederholung Aufbau des Herzens, Blutkreislauf: Blutgefäße, Körper- und Lungenkreislauf
03081V05	90	Zusammensetzung des Blutes

Zu Beginn der Doppelstunde 03081V02 wird zur Wiederholung ein Arbeitsblatt
mit einem Lückentext zum Thema „Die Reise eines Sauerstoffmoleküls durch
den Körper" ausgeteilt. Der Hörtext zu den ersten sieben (von 12) fehlenden
Begriffen wird eingespielt. Im Anschluss liest 03081L01 jeweils einen Absatz
vor, die SchülerInnen nennen die fehlenden Begriffe (z.B. Nasenhöhle, Bronchien, Kapillaren). An einer Overhead-Folie (Abbildung der Kapillaren) wird die
Osmose besprochen und im Anschluss daran ein weiteres Arbeitsblatt (Lückentext und Zuordnung von Begriffen zu Abbildung) bearbeitet und im Plenum
besprochen. Hierbei zeichnet 03081L01 ein Lungenbläschen an und ergänzt
neben den Begriffen zusätzliche Inhalte (Stoffe, die in der Luft sind u.a.).

Die Unterrichtseinheit „Blut- und Blutkreislauf" beginnt in den letzten 30-
35 Minuten der 03081V02-Doppelstunde. Die SchülerInnen sollen in Partnerarbeit auf einem von der Lehrerin 03081L01 ausgeteilten Blatt Papier den Begriff
Blut in die Mitte schreiben und eine Mindmap erstellen. Im Anschluss an die
Partnerarbeit schreiben die SchülerInnen jeweils einen Begriff bzw. eine Wortgruppe an die Tafel. Die so entstandene Mindmap wird nachbesprochen, die
Begriffe gruppiert und weitere ergänzt. Abschließend wird als Thema für die
kommenden Stunden von der Lehrerin die folgende Frage formuliert: „welche

---

148 Die letzten 30 Minuten leiten das neue Thema „Blut/Blutkreislauf" ein. Nur diese Unterrichtszeit wird im Rahmen der vorliegenden Arbeit berücksichtigt.

bedeutung hat das blut und den blutKREISlauf. damit könnten wir jetzt ma anfangen, (-) wenn wir hier (-) das thema blut beARbeiten." (V02, 360ff.).

Die Doppelstunde 03081V03 beginnt mit einer Zusammenfassung der vorherigen Doppelstunde (03081V02). Im Anschluss daran sammelt die Lehrerin gemeinsam mit den SchülerInnen Fragen zu den zwei Themenschwerpunkten „Blut und Kreislauf". Die SchülerInnen wählen ein Thema aus und bearbeiten zu diesem zunächst in Einzelarbeit, dann in Gruppenarbeit Arbeitsblätter und Fragen mit Hilfe des Schulbuchs. Die Fragen zu den Themenschwerpunkten, die auch an der Tafel festgehalten werden, lauten:

1. Kreislauf:

Welche Blutgefäße gibt es?

Wie sind sie aufgebaut?

Welche Aufgabe haben sie?

Wie ist das Herz aufgebaut?

2. Blut:

Wie viel Blut hat ein Mensch?

Wie ist das Blut zusammengesetzt?

Welche Bestandteile gibt es?

Welche Aufgaben hat das Blut?

Ordne den Bestandteilen eine Aufgabe zu.

Zum Ende der zweiten Stunde stellen zwei Schülerinnen der Gruppe „Kreislauf" ihre Ergebnisse vor. Es werden Blutgefäße (Arterien, Venen, Kapillaren) benannt, deren Aufbau beschrieben und der Aufbau des Herzens an einer Folie bearbeitet.

Am Anfang der dritten Doppelstunde 03081V04 zum Thema ergänzen die SchülerInnen an einer Abbildung vom Herz fehlende Begriffe auf einem Arbeitsblatt, das von der Lehrerin auch als Folie aufgelegt wird.[149] Im Plenum werden die Begriffe besprochen, wobei ein Schüler an der Folie steht und die Begriffe nennt, die anderen SchülerInnen ggf. ihm nicht bekannte Begriffe ergänzen. Im Anschluss daran wird der menschliche Blutkreislauf an einem Schaubild und mit Hilfe eines Arbeitsblattes erarbeitet, wobei dieser rot für sauerstoffreiches bzw. blau für sauerstoffarmes Blut angemalt wird. Nach der Pause wird ein von der Lehrerin an die Tafel geschriebener Lückentext zu den

---

149 Die SchülerInnen dürfen keine Hilfsmittel verwenden und müssen Name und Datum auf ihr Blatt schreiben. Es scheint sich daher um einen Test zu handeln. Nach Beendigung der Aufgabe fragt die Lehrerin, wer abgeben möchte, worauf sich niemand freiwillig meldet. Der „Test" wird daran anschließend nicht eingesammelt, sondern gemeinsam besprochen.

Blutgefäßen ausgefüllt und abgeschrieben sowie die Termini *geschlossener* und *doppelter* Blutkreislauf erarbeitet. Am Schaubild werden die Stationen des Körper- und des Lungenkreislaufs besprochen, abschließend kohlenstoffdioxidreiche Stationen blau und sauerstoffreiche rot unterstrichen. Daraufhin wird ein Hörtext mit Lücken (Fortsetzung „Die Reise eines Sauerstoffmoleküls durch den Körper" aus vorletzter Doppelstunde, vgl. 03081V02) gehört und die fehlenden Begriffe ergänzt.

In der letzten Doppelstunde der Unterrichtseinheit 03081V05 schreiben die SchülerInnen einen Test (Weg eines Sauerstoffmoleküls, Blutgefäße). Im Anschluss daran werden die Aufgaben des Tests nachbesprochen. Es erfolgt ein Wechsel zum Thema Blut – diejenigen, die dieses Thema bereits bearbeitet haben (vgl. 03081V03), sollen ihre Notizen noch einmal durchgehen. Diejenigen, die nicht in der Gruppe *Blut* waren, sollen im Schulbuch nachlesen. Zwei Schüler präsentieren an der Folie zum Arbeitsblatt (Blutzusammensetzung) die Ergebnisse der Gruppe Blut, zum Teil unter Nachfragen und Kommentaren. Daran anschließend sollen Begriffe, welche von der Lehrerin an die Tafel geschrieben worden waren, dem Arbeitsblatt zugeordnet werden. Nach einer Einzelarbeitsphase wird dies im Plenum besprochen. Daran anschließend sollen die SchülerInnen die Begriffe an der Tafel ohne Hilfsmittel systematisieren und ein Schema daraus erstellen.

Das Thema „Blut und Blutkreislauf" wird also mit einer Mindmap begonnen, dann erfolgt schwerpunktmäßig eine Auseinandersetzung mit den Themen *Blutgefäße*, *Herz*, *Blutkreislauf* und *Blutbestandteile*. Vergleicht man die Inhalte der Einheit mit den in der Lehrplananalyse (vgl. 2.4.2) identifizierten Themenfeldern, zeigt sich, dass alle bis auf eines – das der Blutgruppen – Gegenstand der Unterrichtseinheit sind. Im Folgenden wird auf die Unterrichtseinheiten 03081V02, 03081V03, 03081V04 und 03081V05 jeweils verkürzt mit V02, V03, V04 und V05 verwiesen.

4.1.4 Zusammenfassung der Stichprobenbeschreibung

Zusammenfassend lässt sich festhalten, dass es sich bei 03081 um eine Schulklasse handelt, in der etwa die Hälfte der SchülerInnen über einen Migrationshintergrund verfügt, wobei ein Drittel aller SchülerInnen als mehrsprachig zu kategorisieren ist. Die C-Test-Ergebnisse weisen auf eine im Deutschen im Wesentlichen gut ausgeprägte allgemeine Sprachkompetenz. Allerdings liegen zwei SchülerInnen mehr als eine Standardabweichung unter dem Gesamtdurchschnitt. Die drei im Interview befragten Schüler finden das Fach Biologie gut, meinen aber, dass die meisten anderen SchülerInnen der Klasse das Fach langweilig fänden.

Die Lehrerin 03081L01 verfügt über eine 30-jährige Berufserfahrung. Es ist ihr ein Anliegen, das Interesse am Fach Biologie zu wecken bzw. zu erhalten. Sie schreibt der Sprache im Fachunterricht eine wesentliche Rolle bei der Aushandlung von Verstehensprozessen sowie beim Festhalten wichtiger Kerninhalte des Unterrichts zu.

Die inhaltlichen Schwerpunkte der Unterrichtseinheit lassen sich mit folgenden Stichpunkten zusammenfassen:
- Zusammensetzung und Aufgaben des Blutes
- Kennenlernen der Blutgefäße (Arterien, Venen und Kapillaren) sowie deren Eigenschaften
- Aufbau des Herzens
- Stationen des Körper- und Lungenkreislaufs mit Fokus auf Gasaustausch-kennenlernen

Damit entsprechen die Unterrichtsinhalte im Wesentlichen den Lehrplanvorgaben (vgl. 2.4.2).

4.2 Schriftlicher fachlicher Input – das Schulbuch

Im vorliegenden Teilkapitel werden die Ergebnisse der Analyse des SFI in Form des im Unterricht verwendeten Schulbuchs vorgestellt. Es werden dabei die Kategorien berücksichtigt, die als relevant für das Bewegungskonzept herausgearbeitet wurden (vgl. die Ausführungen in 2.3.5). In der Darstellung wird jeweils auf die Charakteristika der Kategorie eingegangen (für umfassende Hinweise vgl. 3.3.4 und die Ausführungen im Analysemanual). Daran anschließend werden die Ergebnisse deskriptiv-statistisch für die Gesamtheit der kodierten Bewegungspropositionen sowie getrennt nach Einwort- und Mehrwortpropositionen ausgewertet. Als Einwortpropositionen werden solche verstanden, die aus einem Wort bestehen. Bestimmte und unbestimmte Artikel werden in diesem Fall nicht mitgezählt. Die Unterscheidung zwischen Einwort- und Mehrwortpropositionen wird vorgenommen, da davon ausgegangen wird, dass sich die Enkodierung wesentlich unterscheidet. Der deskriptiv-statistischen Auswertung, die einen ersten Überblick über die Ergebnisse ermöglicht, folgt eine qualitative Analyse der einzelnen Kategorien.

Gegenstand der Analyse sind Bewegungspropositionen. Diese enthalten ein Bewegungsereignis und können aus einem oder mehreren Wörtern bestehen. Insgesamt wurden 184 Bewegunspropositionen im Schulbuch identifiziert und entsprechend dem entwickelten Kategoriensystems kodiert und analysiert. Darunter befinden sich Einzelkonzeptnennungen, die aus einem Wort[150] bestehen – in der Regel handelt es sich um Komposita. Sie werden im Folgenden der Einfachheit halber als Einwortpropositionen bezeichnet. Ein Beispiel für eine solche Einwortproposition ist *Der Lungenkreislauf* (S_204_1_40). Interessant ist für diese, dass sie in einem Wort gewissermaßen das ganze fachliche Bewegungskonzept des Themas Blutkreislauf enkodieren, ohne dass dies notwendigerweise weiter ausgeführt wird. Sie treten sowohl als Teil solcher Äußerungen auf, die keine weitere Nähe zum Aspekt Bewegung aufweisen, als auch als Teil von Äußerungen, die weitere Bewegungsvorgänge enkodieren. Von den 188 im Schulbuch identifizierten Propositionen handelt es sich in 22 Fällen um die hier beschriebenen Einwortpropositionen. Sofern nicht anders angegeben, beziehen sich alle Ergebnisdarstellungen im Folgenden auf diese Grundgesamtheiten. In der Darstellung der Ergebnisse werden für Beispiele aus den Daten zehnstellige Laufnummern, bestehend aus Buchstaben und Zahlen, in Klammern angegeben, die keine inhaltliche Bedeutung haben, aber eine eineindeutige Zuordnung und Rückbezug zur Fundstelle in MAXQDA (nicht im Transkript) ermöglichen, z.B. *S_203_1_13*.

4.2.1 Einsatz des Schulbuchs im Unterricht

An dieser Stelle soll kurz die Rolle des Schulbuchs aus Lehrerperspektive und dessen Einsatz in den beobachteten Unterrichtseinheiten skizziert werden. Dies ist insofern relevant, als die Vorannahme für die Schulbuchanalyse davon ausging, dass dieses als Quelle für fachlichen Input dient.

Nach dem Stellenwert des Schulbuchs im Unterricht gefragt weist 03081L01 diesem eine wesentliche Rolle im Unterricht zu. Dies wird maßgeblich mit dessen Anschaulichkeit durch Modelle u.Ä. begründet. Es dient dabei sowohl der Erarbeitung von Fachwissen als auch zu dessen Festigung.

> also das SCHULbuch IST ein wesent[/]!EIN! (.) EIN bestandteil des unterrichts [...] weil gerade in biologie also in den naturwissenschaften; ja auch ganz vieles über anschauungsmaterial was man so hat moDELLe (-)öh verSUCHe [...] und so WEIter (-) öhm (--) geKLÄ:RT wird [...] um möglichst viele SINNe anzusprechen; öh das SCHULbuch dient (--) ja; zur FESTigung zur zusammenfassung des GANzen, ABER auch [/] wird auch eingesetzt wo es sich anbietet zur zum zu[/] zur erARbeitung [...]der (--) unterrichtsinhalte. also s ist ver-

---

150 (Un-)Bestimmte Artikel, die auftreten, werden in diesem Fall nicht in der Zählung berücksichtigt.

schIE:den. auf jeden fall WIRD es (--) hoffe ich zumindest i[/] bei allen kollegen aber doch öh INtensiv genutzt.

(03081L01_I1, Zeile 425ff.)

Für 03081L01 nimmt das Schulbuch folglich einen wichtigen Platz im Unterricht ein. Allerdings berichtet sie davon, dass immer wieder andere Schulbücher ausprobiert werden, aber keines sich als ganz passend erwiesen hat: „ja, das is [/] das ist das (.) TRAUrige an der sache. das ist das was mich so n bisschen traurig stimmt es gibt eigentlich (--) KEIN biobuch wo ich sagen würde das ist OPtimal für das gen[/] genau das is es ((klopft mit der Hand auf den Tisch)) was ich so für den unterricht benutzen kann." (03081L01_I1, 419ff.).

Im Schulbuch (Bergmann et al. 2006), das Gegenstand der folgenden Analysen ist, werden auf 15 Seiten unter der Kapitelüberschrift „Blutkreislauf und Blut" folgende Unterthemen bearbeitet: Blutgefäße, Blutkreislauf, Herz, Blut und Blutbestandteile, Blutgruppen, Wundverschluss und Lymphe, Erste Hilfe bei Blutungen. Am Ende des Kapitels werden wesentliche Inhalte noch einmal auf zwei Seiten zusammengefasst.

Im Rahmen der beobachteten Unterrichtseinheit kommt das Schulbuch an mehreren Stellen zum Einsatz. Am Ende der V02 gibt 03081L01 eine Art Empfehlung zur Auseinandersetzung mit dem Schulbuch zur Vorbereitung der nächsten Stunden, wenn sie sagt: „ihr könnt schonmal im buch nachle:sen, da findet ihr bestimmt was dazu. im LEHRbuch." (03081L01, V02, Zeile 376f.). In der Stunde V03 werden die SchülerInnen von der Lehrerin angehalten, die aufgestellten Fragen (vgl. 4.1.3) mit Hilfe des Schulbuchs zu bearbeiten: „als HILFSmittel habt ihr eure LEHRbücher . beziehungsweise ihr könnt euch aus dem schrank DREI auch ein biobuch RAUSnehmen, wenn ihr keins (-) MIThabt . ↑" (03081L01, V03, Zeile 183ff.) Es ist beobachtbar, dass die SchülerInnen das Buch auch entsprechend dieser Vorgabe nutzen. Weitere Hilfsmittel werden nicht verwendet. Bei der Besprechung der Fragen der Kreislauf-Gruppe werden die SchülerInnen allerdings angehalten, die Bücher zuzuschlagen. In der Stunde V04 sollen diejenigen SchülerInnen, die mit der farblichen Markierung des Blutkreislaufs in blaue und rote Abschnitte fertig sind, in den Nachbarraum gehen und das Buch nutzen, um sich gegenseitig Fragen zum Thema zu stellen. 03081L01 entscheidet aber aufgrund der Kürze der Zeit noch einmal um: „oder NEE:. nee:: (.) ne: wir machens anders ihr schlagt bitte mal euer BUCH auf (-) [...] blutKREISlauf. [...] und LEST euch bitte noch mal den entsprechenden abschnitt (--) durch." (03081L01, V04, Zeile 1147ff.). Es handelt sich um eine sehr kurze Phase und nur sehr wenige SchülerInnen lesen im Buch nach. In V05 haben die SchülerInnen eine Viertelstunde Zeit, um sich im Schulbuch entweder mit dem Thema Herz/Blut vertraut zu machen oder die eigenen Notizen durchzugehen und ggf. im Schulbuch nachzuschlagen, wenn sie der entsprechenden Gruppe Herz/Blut in V03 angehört haben:

> ihr habt eure lehrbücher. (-) schlagt sie bitte mal auf, schaut im SACHWORTregister nach, bitte. [...] alle schauen im SACHWORTregister nach. ihr sucht bitte den begriff blu:t, findet ne seitenZAHL. ↑ [...]diejenigen, die sich zum thema blut bereits informiert haben, lesen sich ihre aufzeichnungen du[/] durch und können selbstverständlich auch nochmal im buch NA:CHlesen. ZEIT fünfzehn minuten. ↓ (4.0) macht euch ein paar STICHPUNKTE.
>
> (03081L01, V05, Zeile 394ff.)

Schließlich wird gegen Ende der V05 von der Lehrerin thematisiert, dass die Zahlen, die für die Zusammensetzung von Blut genannt werden, in verschiedenen Büchern variieren. Ferner möchte 03081L01, dass die SchülerInnen Begriffe, die in einer Übersicht zum Thema Blut festgehalten worden sind, nachschlagen, falls sie mit diesen „NICHTS ANzufangen" (03081L01, V05, Zeile 738).

Zusammenfassend lässt sich sagen, dass das Schulbuch im Rahmen der beobachteten Unterrichtseinheit eine wesentliche Rolle spielt. Es dient

– der Erarbeitung von Fachwissen,
– dem Aktivieren von erarbeitetem Fachwissen, indem noch einmal nachgelesen oder nachgeschlagen wird,
– der Überprüfung des vorhandenen Wissens bei gegenseitigem Abfragen zum Thema und
– dem gezielten Nachschlagen bei Unklarheiten.

Das Schulbuch wird dementsprechend in der Unterrichtseinheit „Blut und Blutkreislauf" vornehmlich als Wissenslieferant verwendet. Eine Auseinandersetzung mit den Aufgaben aus dem Schulbuch findet nicht statt. Abgesehen davon werden keine (Pflicht-)Hausaufgaben in Verbindung mit dem Schulbuch aufgegeben. Dies entspricht auch im Wesentlichen den Aussagen von 03081L01 im Interview zum Stellenwert des Schulbuchs.

4.2.2 Enkodierte Bewegungstypen im Schulbuch

Bewegungsereignisse werden nach drei Typen unterschieden: MOVE, NON-MOVE und BE$_{LOC}$. Als MOVE werden solche Bewegungspropositionen kodiert, die die Bewegung bzw. Lageveränderung eines Objekts (der bewegten Figur, vgl. Kategorie Aktanten) relativ zu einem anderen Objekt enkodieren. Das Referenzobjekt kann dabei allerdings auch lediglich impliziert sein. Aus der Datenanalyse ergab sich induktiv die NON-MOVE-Kategorie, worunter Bewegungen verstanden werden, die nicht stattfinden. Unter BE$_{LOC}$ werden Verortungen eines

Objekts (der „bewegten" Figur) relativ zu einem anderen Objekt bzw. die statische Beibehaltung eines Ortes durch ein Objekt relativ zu einem anderen Objekt verstanden.

Die Analyse der Bewegungsereignisse ergibt, dass mit 94,7% (n=178) der überwiegende Anteil der Bewegungspropositionen als MOVE-Ereignisse kodiert wurde. Alle 22 Einwortpropositionen sind als MOVE-Bewegungen kodiert worden. 3,7% (n=7) der kodierten Bewegungsereignisse entfallen auf die Kategorie NON-MOVE, wobei keine NON-MOVE-Kodierung in Einwortpropositionen vorgenommen wurde. In drei Fällen (1,6%) erfolgte eine BE$_{LOC}$-Kodierung.

Bewegung wird folglich im Kontext des ausgewählten Themas Blut/Blutkreislauf wesentlich durch Bewegung bzw. Lageveränderung eines Objekts bzw. einer Figur enkodiert wird. Diese Enkodierung wird dem fachlichen Inhalt insofern gerecht als ein Kernaspekt der Blutkreislauf-Bewegung die unaufhörliche Bewegung ist. Man könnte dafür plädieren, dass eine Verortung in diesem Zusammenhang einer Pause gleichkommen würde, die Blut bzw. Blutbestandteile nicht einlegen, da Stillstand mit fatalen Folgen assoziiert ist. Eine MOVE-Bewegung könnten demnach als prototypischer Bewegungstyp für Blut und Blutkreislauf angesehen werden. Dementsprechend stellen NON-MOVE- und BE$_{LOC}$-Propositionen Ausnahmen bzw. Sonderfälle dar. Als solche vom Durchschnitt abweichende Formen der Enkodierung werden diese im Folgenden noch einmal eingehender analysiert.

Zwar macht die Kodierung von NON-MOVE-Ereignissen anteilig nur einen geringen Prozentsatz aus, allerdings ist der Unterschied zwischen Bewegungen, die stattfinden, und Bewegungen, die nicht stattfinden, ein wesentlicher. Dies lässt sich an den folgenden Beispielen verdeutlichen:

(1)   Venenklappen verhindern, dass das Blut zurückfließt. (S_203_1_13)
(2)   Gehirnzellen, die keinen Sauerstoff erhalten, können nach wenigen Minuten geschädigt sein. (S_204_1_08)

Um die Funktionsweise der Venenklappen verstehen zu können müssen RezipientInnen im Fall von Beispiel (1) die Nicht-Bewegung des Blutes dekodieren. Entscheidend ist hier also die Bewegung, die nicht stattfindet, der Rückfluss. Ähnliches gilt für Beispiel (2). In diesem Fall handelt es sich nicht um das Verständnis einer Funktionsweise, sondern einer Folge von Nicht-Bewegung. Beide Beispiele zeigen, dass Nicht-Bewegung im Sinne von NON-MOVE wesentliche fachliche Aspekte beinhaltet und damit eine relevante Kategorie darstellt. Da sie verhältnismäßig selten auftritt, wäre zu fragen, inwieweit SchülerInnen diese erfolgreich dekodieren.

Im Schulbuch wurden weiterhin drei BE$_{LOC}$-Propositionen identifiziert. Thematisch geht es dabei in einem Fall um die Blutmenge im menschlichen Körper und in einem weiteren Fall um Blut, das sich in einem Glas befindet, und betrachtet werden soll.[151] Drittens schließlich geht es um Blut im Körper, und die Frage danach, welche Folgen es hat, wenn dieses nicht ausreichend vorhanden ist. Dies könnte auch als eine Spielart von NON-BE$_{LOC}$ angesehen werden, da es um dessen Nichtvorhandensein geht:

(3)   Erläutere, welche Erscheinungen du im Körper erwartest, wenn eine Blutzellengruppe nicht ausreichend vorhanden ist. (S_208_N_02)

Zusammenfassend zeigt sich, dass mit 94,7% (n=178) fast die Gesamtheit der Bewegungspropositionen als MOVE-Ereignisse kodiert wurden und damit die Lageveränderung von Objekten bzw. Figuren im Vordergrund steht.

4.2.3 Enkodierung der Aktanten im Schulbuch

Für die Enkodierung von Bewegung wurden drei wesentliche Typen von Aktanten identifiziert. Ergebnisse die bewegte Figur betreffend werden in 4.2.3.1 präsentiert. Die Auswertung der Kategorie Verursacher erfolgt in 4.2.3.2 und die Vorstellung der Resultate bezüglich der Kategorie Referenzobjekte schließlich in 4.2.3.3.

4.2.3.1 Der Aktant bewegte Figur im Schulbuch

Als bewegte Figur wird ein bewegtes bzw. bewegbares Objekt verstanden. Objekt wird hier im weitesten Sinne verstanden, insofern als bewegte Figuren Menschen, Tiere aber auch Objekte u.a. auftreten können. Es wird davon ausgegangen, dass die bewegte Figur zentral für die Enkodierung von Bewegungsereignissen ist.

Die Auswertung der Daten ergibt, dass in 87,8% (n=165) aller Bewegungspropositionen eine Kodierung in der Kategorie bewegte Figur vorgenommen wurde. Dabei entfallen:
– 83,0% (n=156) auf eine bewegte Figur
– 4,3% (n=8) auf zwei bewegte Figuren
– und 0,5% (n=1) auf drei bewegte Figuren

---

151 Es handelt sich um eine Versuchsanleitung.

in einer Bewegungsproposition. Auch wenn es sich um verhältnismäßig wenige Vorkommen handelt, stellt sich die Frage, inwieweit Propositionen, die mehr als eine bewegte Figur beinhalten, komplexer und damit anspruchsvoller in der Dekodierung für den Rezipienten sind. Dies könnte in weiteren Studien untersucht werden. Es handelt sich bei diesen Vorkommen vornehmlich um *und*-Konstruktionen, wie in (4) und (5). Interessant sind ferner zwei Fälle, bei welchen thematisch die Blutübertragung, bzw. die Eignung von Spenderblut für den Empfänger im Vordergrund steht und die – wie Beispiel (6) zeigt – durchaus komplex sind.

(4)   Sauerstoff und auch Kohlenstoffdioxid (S_208_1_03)

(5)   Sauerstoff, Nährstoffe und Wasser (S_214_1_18)

(6)   Blutserum vom Empfänger mit roten Blutzellen des Spenders (S_210_1_10)

Keine Kodierung der bewegten Figur erfolgte schließlich in 12,2% (n=23) der Fälle. Zusammenfassend bedeutet es, dass in etwa neun von zehn Fällen eine bewegte Figur im Bewegungsereignis enkodiert ist und diese entsprechend den Erwartungen eine wesentliche Rolle spielt.

Betrachtet man diese Kategorie getrennt nach Einwort- und Mehrwortpropositionen (vgl. auch Abbildung 33[152]), dann zeigt sich, dass für Mehrwortpropositionen in 90,3% der Fälle (n=150) die Kategorie bewegte Figur kodiert wurde, in Einwortpropositionen gilt dies für 68,2% (n=15), wobei hier maximal eine bewegte Figur enkodiert wurde. Folglich wurde für Einwortpropositionen mit 31,8% (n=7) wesentlich häufiger als für Mehrwortpropositionen mit 9,6% (n=16) keine bewegte Figur enkodiert. Dies erklärt sich wesentlich dadurch, dass im Fall Einwortpropositionen wie *Lungen-* und *Körperkreislauf* ein Grund, nicht aber die bewegte Figur enkodiert ist, z.B. *Der Lungenkreislauf.* (S_204_1_40). In diesen ist die bewegte Figur – das Blut bzw. die Blutbestandteile – nicht explizit enkodiert, ggf. allerdings über Fachwissen erschließbar.

---

152 Aufgrund von Rundungen ergibt sich ein Wert von 99,9% für Mehrwortpropositionen.

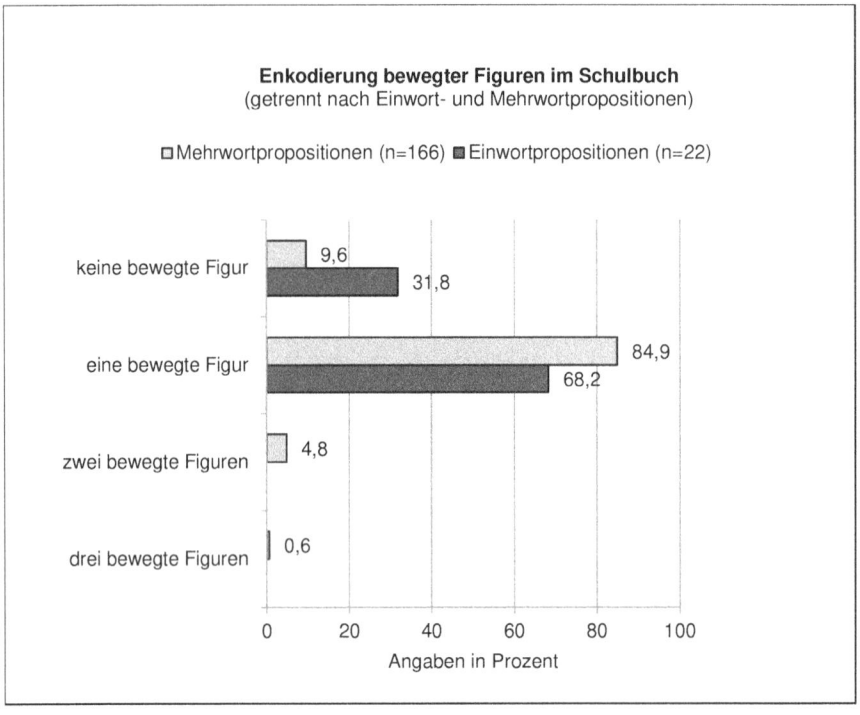

Abb. 33: Enkodierung bewegter Figuren im Schulbuch, getrennt nach Einwort- und Mehrwortpropositionen

In 9,6% (n=16) aller Fälle ist in Mehrwortpropositionen keine bewegte Figur enkodiert. Beispiele dafür sind:

(7)   Kommt der Kreislauf einmal zum Stillstand (S_204_1_04)

(8)   In den ableitenden Kapillaren beginnt nun der Rückfluss zum Herzen. (S_204_1_31)

(9)   Taschenklappen verhindern den Rückfluss [von Lymphe in Lymphgefäßen]. (S_211_1_18)

Da in der überwiegenden Mehrheit der Bewegungspropositionen, insbesondere der Mehrwortpropositionen eine bewegte Figur enkodiert ist, spielt diese folglich im Rahmen des fachlichen Themas eine wesentliche Rolle. Aufgrund dessen ist der Frage nachzugehen, wer bzw. was konkret in dieser Kategorie kodiert wurde. Insgesamt wurden n=175 bewegte Figuren kodiert. Gegenstand der Analyse ist die Bewegung des Blutes bzw. von Blutbestandteilen. Daher ist zu erwarten, dass überwiegend *Blut* als Lexem bzw. in Form pronominaler Verweise auf dieses die bewegte Figur darstellt. Dies gilt mit 65,1% (n=114) auch für die Mehrheit der Kodierungen. Abbildung 34 gibt einen Überblick über die Zusammensetzung dieser 114 Fälle.

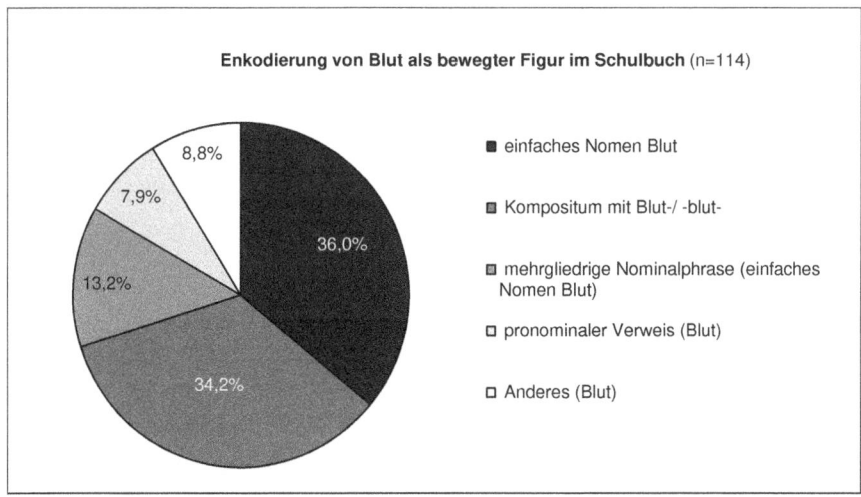

Abb. 34: Enkodierung von Blut als bewegter Figur im Schulbuch

In 36,0% der Fälle (n=41) erfolgt die Enkodierung über das einfache Nomen *Blut* und in 34,2% (n=39) über ein Kompositum mit *Blut-/-blut-*. Zu diesen gehören (der Häufigkeit nach geordnet) z.B. *Blutgerinnung* (n=7), *Blutkreislauf* (n=5), *Blutverlust* (n=5), *Blutfluss* (n=4) und *Nasenbluten* (n=4). Im Gegensatz zu den anderen Beispielen ist im Fall von *Nasenbluten* die bewegte Figur im Verb *bluten* enkodiert. In weiteren 13,2% (n=15) Fällen tritt das einfache Nomen *Blut* als Teil einer mehrgliedrigen Nominalphrase auf, die stark in Länge und Komplexität variieren, wie die folgenden Beispiele zeigen:

(10)   etwa 70 ml Blut (S_214_1_13)
(11)   konserviertes Blut (S_210_1_04)
(12)   sauerstoffarmes, dafür mit Kohlenstoffdioxid beladenes Blut (S_204_1_41)
(13)   das Blut aus den Vorhöfen (S_206_N_02)
(14)   das aus dem Herzen gepresste Blut (S_206_1_21)
(15)   das ausgestoßene Blut (S_206_1_05)

Die Nominalphrasen sind zwei- bis sechsgliedrig und beinhalten Zusatzinformation zur Blutmenge (10), zur Beschaffenheit bzw. Zusammensetzung des Blutes ((11), (12)), zur Herkunft des Blutes im Sinne der Quelle der Bewegung ((13), (14)) sowie zur Art und Weise bzw. Ursache der Bewegung ((14), (15)). Weitere 7,9% (n=9) aller Enkodierungen von Blut stellen pronominale Verweise auf dieses dar. Häufigstes Mittel ist hierbei *es* mit n=7 Vorkommen. Die weiteren zwei Vorkommen entfallen auf *seinem* (S_201_1_2) und *er* (S_202_1_2), wobei Letzteres sich auf *Blutfluss* bezieht. Schließlich entfallen 8,8% (n=10) auf die Kategorie Anderes (Blut). Hierunter fallen andere Formen der Enkodierungen von Blut als bewegter Figur, die höchstens zweimal in den Daten vorkommen. Zum Beispiel erfolgte die Enkodierung in einem Verb bzw. im Prädikat (16), einem Partizipialattribut (17) oder mittels einer Nominalisierung (18) von *bluten*:

(16)   durchblutet (S_204_1_34)
(17)   bei einer stark blutenden Wunde (S_213_1_2)
(18)   die Blutung (S_213_1_11)

Die Fälle (16) bis (18) stellen eher die Ausnahme dar. In der Regel wird Blut als bewegte Figur in Form von einfachen Nomen, meist als Subjekt oder Objekt, enkodiert. Insofern wäre es interessant zu untersuchen, inwieweit die Beispiele entsprechend dekodiert werden von RezipientInnen.

   Die Analyse der Enkodierung von Blut als bewegter Figur zeigt, dass bereits mit Blick auf dieses Lexem eine weite sprachliche Spannbreite existiert. Insgesamt 34,9% (n=61) aller Kodierungen beinhalten andere Lexeme als *Blut* als bewegte Figur. Einen Überblick über die Zusammensetzung dieser gibt Abbildung 35. Im Wesentlichen fungieren demzufolge (Abfall-/Harn-/Wirk-/Gift-/Nähr-)Stoffe (24,6%, n=15), Blutzellen/-plättchen, Erythrozyten, Leukozyten (18,0%, n=11), Sauerstoff (13,1%, n=8), Kohlen(stoff)dioxid (9,8%, n=8) und Lymphe/ Lymphflüssigkeit (6,6%, n=4) als weitere bewegte Figuren. Im Fall von Blutzellen und Blutplättchen bedeutet dies, dass auch hier *Blut* enkodiert ist. Im Unterschied zu den obigen Ausführungen ist jedoch ein spezifischer Blutbestandteil, nicht das Blut in seiner Gesamtheit, bewegte Figur. Um diesen Unterschied dekodieren zu können, wäre folglich die Thematisierung der Zusammensetzung von Blut den Ausführungen zur Bewegung voranzustellen bzw. Wissen darüber vorauszusetzen. Die am häufigsten besetzte Kategorie stellt Anderes mit 27,9% (n=17) dar. Hierunter sind alle als bewegte Figuren kodierten Einheiten zusammengefasst, die ein- oder zweimal in den Daten vorkommen, z.B. *Bausteine der Nahrung* (S_204_1_05), *Fibrinfäden* (S_211_1_09) und *überschüssiges Cholesterin* (S_212_1_8).

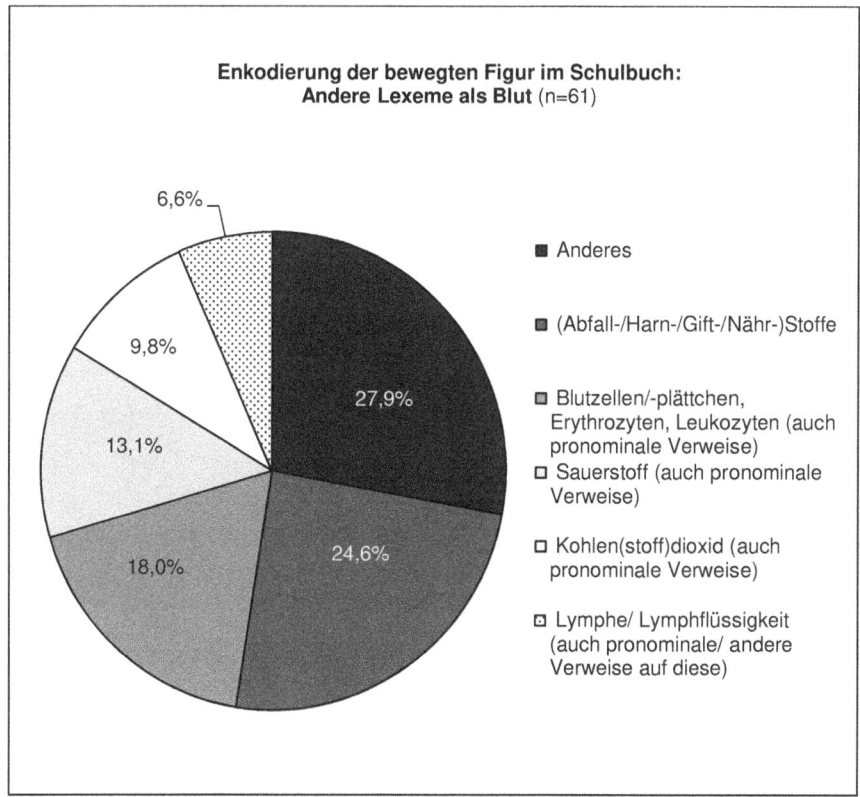

Abb. 35: Enkodierung der bewegten Figur im Schulbuch: Andere Lexeme als Blut

Inhaltlich ist mit Blick auf diese bewegten Figuren zu unterscheiden, ob es sich um Blutbestandteile wie Blutplättchen oder Stoffe, z.B. Sauerstoff oder Kohlen(stoff)dioxid, die im Blut transportiert werden, handelt. Diese Unterscheidung ist wesentlich, da Stoffe Gegenstand der Transportfunktion von Blut sind. Dies gilt nicht für die Blutbestandteile, die wiederum jeweils eigene Spezifika und Funktionen haben.

Zusammenfassend lässt sich für die Kategorie der bewegten Figur sagen, dass eine solche in den vorliegenden Schulbuchdaten in neun von zehn Fällen enkodiert ist. Dies bedeutet gleichzeitig, dass in ca. 10% der Bewegungsereignisse die bewegte Figur inferiert werden muss. Betrachtet man die Enkodierungen, so zeigt sich, dass diese in etwa zwei Drittel der Fälle über das Lexem *Blut* erfolgt. Bereits hierbei tritt neben dem Vorkommen von einfachen Nomen eine große Bandbreite von Enkodierungen, z.B. in Form von Komposita hinzu. Ferner fungieren zahlreiche Bestandteile des Blutes und im Blut transportierte Stoffe u. Ä. als bewegte Figuren. Dies könnte man dahingehend interpretieren, dass einerseits viele verschiedene Bezeichnungen für ein und dieselbe Figur verwendet werden, wobei Figur (und auch Objekt) insofern eine problematischer Begriff ist, als Blut aus verschiedenen Bestandteilen zusammengesetzt ist, die wiederum über eigene Spezifika und Bewegungsmuster verfügen. Dies zu verstehen ist für RezipientInnen entscheidend, da nur so eine angemessene Dekodierung erfolgen kann. Andererseits finden weitere Bezeichnungen Verwendung im Falle derer Blut zwar auch eine Rolle spielt, jedoch als Transportmittel, nicht aber als bewegte Figur an sich. Interessant wäre diesbezüglich zu untersuchen, inwiefern SchülerInnen nach der Auseinandersetzung mit dem fachlichen Thema diese Trennung, z.B. zwischen Blutplättchen und Sauerstoff, vornehmen können.

4.2.3.2 Der Aktant Verursacher im Schulbuch

Der Verursacher ist der Aktant, der für die Bewegung verantwortlich ist. Für die vorliegende Untersuchung wurde zwischen agentiv und selbst-agentiv unterschieden. Dies erfolgt in Anlehnung an Talmy (vgl. auch 2.3.5). Agentiv bedeutet, dass bewegte Figur und Verursacher nicht identisch sind, selbst-agentiv hingegen heißt, dass sie identisch sind und es sich folglich um eine von der bewegten Figur selbst initiierte und durchgeführte Bewegung handelt.

Im Rahmen der Analyse ergab sich induktiv die Kodierung auch von Passivformen und man-Formen, die einen Verursacher implizieren, der allerdings nicht explizit eingeführt bzw. benannt wird. Insofern ist diese Kategorie eher als Skala von explizit genanntem Verursacher zu impliziertem Verursacher zu verstehen.

Verursacher einer Bewegung wurden in 39,9% der Fälle (n=75) kodiert, wobei in 5,9% der Fälle (n=11) die bewegte Figur auch gleichzeitig Verursacher ist, die Bewegungen sind also selbst-agentiv. In 34,0% (n=64) der Fälle ist der Verursacher nicht identisch mit der bewegten Figur. Für 60,1%[153] (n=113) der Bewegungspropositionen wurde kein Verursacher kodiert. Damit obliegt es bei der Mehrzahl der Bewegungspropositionen den RezipientInnen, diesen zu inferieren. Die Auswertung, getrennt nach Einwort- und Mehrwortpropositionen (vgl. auch Abbildung 36), ergibt, dass in Einwortpropositionen in keinem Fall ein Verursacher enkodiert wurde, in Mehrwortpropositionen betrifft dies 54,8%

---

[153] Aufgrund von Rundungen ergibt sich hier eine Summe von 99,9%.

(n=91). Etwa in der Hälfte der Mehrwortpropositionen ist demnach ein Verursacher enkodiert.

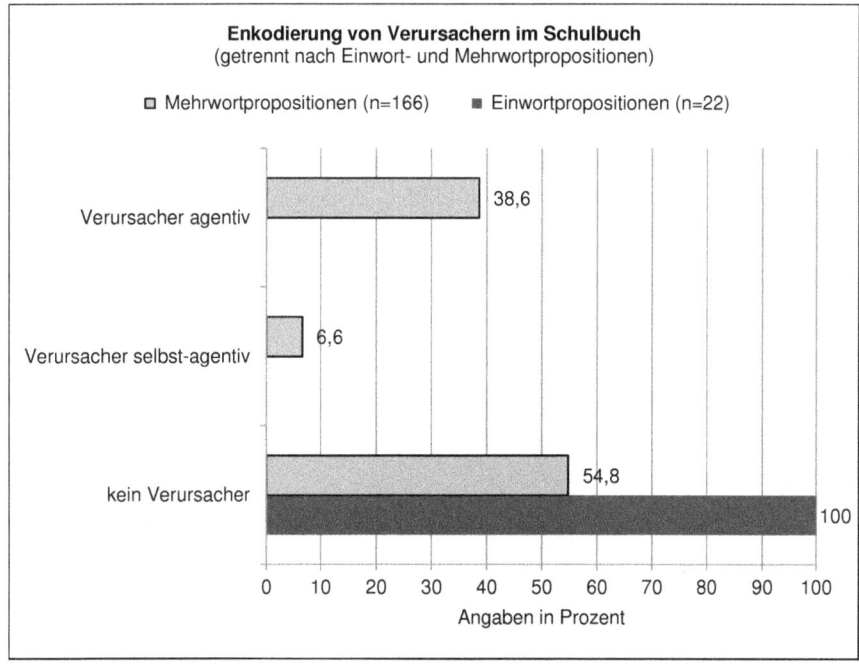

Abb. 36: Enkodierung von Verursachern im Schulbuch (getrennt nach Einwort- und Mehrwortpropositionen)

Abbildung 37 stellt die Zusammensetzung der agentiven Verursacher im Schulbuch dar. Mit 45,3% (n=29) wurde am häufigsten das *werden*-Passiv[154] als Verweis auf einen Verursacher, der nicht mit der bewegten Figur identisch und gleichzeitg nicht explizit benannt wird, kodiert. Der wichtigste Unterschied

---

154 Im Deutschen wird zwischen den beiden Formen Aktiv und Passiv des Genus verbi unterschieden. Da das Aktiv in der Gegenwartssprache wesentlich häufiger als das Passiv auftritt, wird auch vom Aktiv als Erst- und vom Passiv als Zweitform gesprochen (Drosdowski 1995: 171f.). Beim Aktiv handelt es sich „[...] um die für den deutschen Satz charakteristische Blickrichtung, die den Träger („Täter"), den Urheber des Geschehens zum Ausgangspunkt macht und das erfaßt, was über ihn ausgesagt wird." (Drosdowski 1995: 171). Es werden im Deutschen das Vorgangspassiv (gebildet durch eine Form von *werden* + Partizip II) und das Zustandspassiv (gebildet durch eine Form von *sein* + Partizip II) unterschieden (Drosdowski 1995: 180ff.).

zwischen Aktiv und Passiv besteht darin, dass die Größe „Handelnder" (Agens) im Aktiv die Subjektstelle besetzt, im Passiv als ein ein dem Prädikat zu- und untergeordnetes Glied zurücktritt oder ganz zurücktritt und damit dem Sprecher bzw. Schreiber eine „täterabgewandte" Alternative zum „täterzugewandten" Aktiv darstellt (Drosdowski 1995: 174). Es ermöglicht demnach Formulierungen, in welchen der Handelnde – im vorliegenden Fall der Verursacher einer Handlung – unbezeichnet bleibt. Die Agensangabe wird häufig unterlassen, weil der „Täter" entweder nicht genannt werden kann oder soll (Drosdowski 1995: 176).

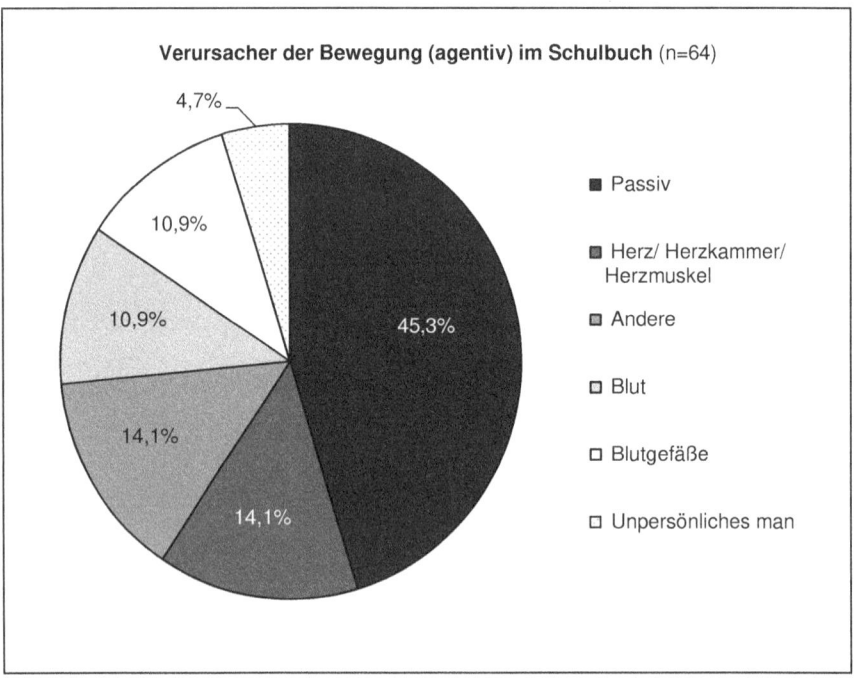

Abb. 37: Verursacher der Bewegung (agentive) im Schulbuch

Die Verwendung des Passivs weist auch darauf hin, dass das eigentliche Subjekt nicht Verursacher der Bewegung ist. So zeigen die Beispiele (19) bis (21), dass ein Verursacher in diesen Bewegungspropositionen nicht klar benannt wird, über das Passiv jedoch die Information vermittelt wird, dass das Blut sich nicht selbst-agentiv bewegt:

(19)   Von dort [in den einzelnen Körpervenen] wird es [das Blut] schließ-
        lich über die beiden Hohlvenen dem rechten Herzvorhof zugeführt.
        (S_204_1_33)
(20)   Aus der linken Herzkammer wird das Blut in die große Körperarterie
        oder Aorta gepresst. (S_206_1_10)
(21)   Das Blut wird in die Herzkammern gepresst. (S_206_1_11)

Gleichzeitig liegt der Fokus in diesen drei Beispielen auf dem Weg bzw. den
,Stationen‘, die das Blut bei seiner Bewegung durch den Körper durchläuft,
nicht auf der Ursache bzw. dem Verursacher für die Bewegung. Das Passiv ermöglicht also unter Beibehaltung der fachlichen Korrektheit eine Fokussierung
auf andere inhaltliche Aspekte als den Verursacher. Es dient in diesem Kontext
der Reduzierung sprachlicher und inhaltlicher Komplexität – vorstellbar wären
z.B. umständliche Konstruktionen, in denen die wesentlichen Verursacher *Herz*,
Blutgefäße jeweils alle explizit benannt werden, die für jede Proposition wiederholt werden müssten. Das Passiv dient hier aber nicht einem ,unpersönli-
chen‘ Stil im Sinne von Wissenschaftlichkeit wie z.B. in Protokolltexten. Ziel
eines sprach- und fachsensiblen Biologieunterrichts sollte es folglich sein, diesen Funktionsunterschied zu verstehen bzw. dessen Verständnis zu überprüfen,
da nur so eine angemessene Dekodierung des sprachlichen Inputs gewährleistet
werden kann.

Allerdings ist darauf hinzuweisen, dass in einigen (wenigen) Fällen in einer
Konstruktion von *werden + von/vom + Partizip II* oder *werden + durch + Partizip
II* der Verursacher trotz bzw. in einer Passivkonstruktion explizit benannt wird,
z.B. in *Sie [Wärme] wird vom Blut im Körper verteilt.* (S_204_1_18).[155] In diesen
Fällen wurde entsprechend auch *Blut* als Verursacher kodiert. Das *werden*-
Passiv erfüllt hier nicht die soeben besprochene Funktion. Zwar handelt es sich
um sehr wenige Fälle, aber auch für diese wäre zu fragen, inwiefern Form-
Funktionszusammenhänge von SchülerInnen entsprechend erfolgreich deko-
diert werden können.

Neben dem Passiv tritt auch die Verwendung von *man* als unpersönlichem
bzw. nicht explizitem Verursacher in den Daten auf, mit 4,7% (n=3) allerdings
selten. In allen drei Vorkommen verweist *man* auf menschliche Aktanten:

---

155 Tritt eine Agensangabe auf, dann wird sie im Deutschen in der Regel mit der Präposition
von, zum Teil auch mit der Präposition *durch*, angeschlossen, wobei *von* nicht nur bei Personen, sondern auch bei Sachen oder Abstrakta verwendet wird; allerdings kommt das Vorgangspassiv zu ca. 90% ohne Agensangabe vor (Drosdowski 1995: 175f.).

(22)   Warum kann man Blut nicht problemlos von einem Menschen auf
        jeden anderen übertragen? (S_201_1_15)
(23)   Dann mischt man Blutzellen des Empfängers mit dem Serum des
        Spenders. (S_210_1_11)
(24)   Überlege, was man sonst noch tun kann, um starken Blutfluss zu
        stoppen. (S_213_1_14)

Zusammenfassend bedeutet dies zunächst, dass in der Hälfte Verursacherkodierungen (50%, n=32) der Verursacher implizit enkodiert ist. Analysiert man die weiteren 50% der Vorkommen, so zeigt sich, dass im Wesentlichen drei Verursacher explizit benannt werden:
1. Herz (bzw. Herzkammern und Herzmuskel) mit 14,1% (n=9)
2. Blut (10,9%, n=7)
3. Blutgefäße (10,9%, n=7)

Wie sich zeigt, treten Blutgefäße als Verursacher aber auch als Transportmittel bzw. Transportweg in Erscheinung treten (vgl. auch 4.2.5.4). Diese Multifunktionalität zu verstehen könnte durchaus eine Herausforderung für SchülerInnen darstellen.

Weitere 14,1% (n=9) entfallen auf die Kategorie Andere. Das sind solche Verursacher, die jeweils maximal zweimal genannt wurden, z.B. Muskel in *Muskelbewegungen* und *Körper*. Fachlich gesehen bilden das Herz und Blutgefäße auch wesentliche Verursacher der Bewegung, wobei Blutgefäße auch gleichzeitig eine Art von Transportmittel für das Blut darstellen. Das Blut sollte aufgrund dessen eher nicht als Verursacher auftreten, auch wenn im Gegensatz dazu die Auswertung der Kategorie bewegte Figur eine solche Enkodierung erwarten lässt. Daher werden diese sieben Vorkommen noch weiter untersucht. Hierbei zeigt sich, dass für die Zuordnung zur Kategorie agentiv insbesondere die Verbbedeutung einer Bewegungsproposition entscheidend ist. Für die sieben Fälle betrifft das die Verben *aufnehmen* (n=3), *bringen* (n=2) und *verteilen* (n=2). Im Rahmen der vorliegenden Untersuchung wurde festgelegt, dass diese Verben auf eine selbstständig initiierte Bewegung durch die bewegte Figur hinweisen. Wenn das Blut etwas ‚aufnimmt‘, dann tritt es sprachlich gesehen als Verursacher der Bewegung in den Fokus. Im Einzelfall wäre dies zu diskutieren, insbesondere, da diese Verben vielfältige Bedeutungen – je nach Verwendungskontext– annehmen können. An dieser Stelle wird aber dafür argumentiert, dass das Blut nicht selbst etwas verteilen kann, wie Beispiel (25) suggeriert, sondern vielmehr mit Hilfe des Blutes als Transportmittel Stoffe im Körper verteilt werden.

(25) Dabei verteilt es [Unser Blut] lebenswichtige Stoffe im Körper (S_204_1_2)

(26) Das Blut in den Kapillaren nimmt das Kohlenstoffdioxid aus den Zellen auf (S_204_1_9)

Verursacher für die Blutbewegung zu beschreiben bzw. zu enkodieren ist insofern ein komplexes Unterfangen, als es sich nicht um einen klar identifizierbaren Verursacher handelt, sondern vielmehr um eine Vielzahl von Aktanten und Prozessen, die in ihrem Zusammenwirken für die konstante Bewegung des Blutes sorgen. Herz und Blutgefäße sowie Muskeln – z.B. in Armen und Beinen – sind dabei wesentliche Mitverursacher. Diese additive Auflistung wird dem Gegenstand bedingt gerecht, da auch das Herz ein Muskel ist.

Daraus kann abgeleitet werden, dass *Blut* ebenso wie sein Auftreten in agentiver Funktion nicht zu erwarten wäre auch in der Kategorie selbst-agentiv nicht kodiert werden sollte, da es sich selbst nicht bewegen kann. Die Analyse der n=11 Kodierungen von selbst-agentiv ergibt hingegen, dass *Blut* als selbst-agentiver Verursacher sechsmal kodiert wurde:

(27) Das Blut kann man als ein flüssiges Organ betrachten - ein Organ [das Blut], das sich bewegt. (S_208_1_01)

(28) Durch die Lungenarterie verlässt es [das Blut] die rechte Herzkammer. (S_204_1_43)

(29) sammelt es [das Blut] sich in den einzelnen Körpervenen (S_204_N_01)

In allen Fällen stehen die Verben im Indikativ. Ihre Verbsemantik legt eine aktive selbstständige Bewegung nahe, im Fall von (27) sicher am eindeutigsten. Als weitere selbst-agentive Verursacher treten in den Daten *Erythrozyten*, *Leukozyten*, *Fibrinfäden*, *Nährstoffe* und *Sauerstoff* auf.

Zusammenfassend ist festzuhalten, dass in ca. der Hälfte aller analysierten Propositionen aus den Schulbuchdaten ein Verursacher enkodiert ist, wobei hierbei wiederum die Hälfte der Vorkommen auf *werden*-Passive und unpersönliche *man*-Verwendungen zurückzuführen ist. Damit wird der Verursacher nur in etwa einem Viertel der Propositionen explizit benannt. Dies lässt sich maßgeblich dadurch erklären, dass die Blutbewegung durch mehrere Aktanten verursacht wird, bedeutet aber für die Rezeption, dass dieses Fachwissen Voraussetzung für eine angemessene Dekodierung der einzelnen Propositionen ist. Gleichzeitig ist der Aufbau dieses Fachwissens Ziel der Unterrichtseinheit. Neben der impliziten Enkodierung kommt explizit dem Herzen eine Schlüsselrolle als Verursacher zu. Ferner zeigt sich, dass die Enkodierung in Einzelfällen im Widerspruch zu fachlichen Inhalten steht, z.B. wenn *Blut* als selbst-agentiver Verursacher enkodiert wird.

4.2.3.3 Referenzobjekte im Schulbuch

Unter Referenzobjekten werden Enkodierungen verstanden, die es ermöglichen, die bewegte Figur und damit auch deren Bewegung im Raum zu verorten. Sie bieten dem Rezipienten Hinweise zur Orientierung im Raum. Die Auswertung zeigt, dass in 71,8% (n=135) aller Bewegungspropositionen eine Kodierung in der Kategorie Referenzobjekt vorgenommen wurde. Dabei entfallen:

– 43,1% (n=81) auf Bewegungspropositionen mit einem Referenzobjekt
– 20,7% (n=39) auf Bewegungspropositionen mit zwei Referenzobjekten
– 5,9 % (n=11) auf Bewegungspropositionen mit drei Referenzobjekten
– 1,6 % (n=3) auf Bewegungspropositionen mit vier Referenzobjekten
– und 0,5% (n=1) auf Bewegungspropositionen mit sieben Referenzobjekten.

Insgesamt wurden 211 Referenzobjekte kodiert, wobei Mittelwert, Median und Modus für die Kategorie jeweils 1[156] betragen. Das bedeutet, dass Referenzobjekte – verglichen mit den Aktanten bewegte Figur und Verursacher – sehr häufig vorkommen. In 28,2% (n=53) aller Bewegungspropositionen ist kein Referenzobjekt angegeben. Analysiert man ausschließlich die Propositionen, in welchen Referenzobjekte kodiert wurden, bleibt für Median und Modus der Wert 1 erhalten, der Mittelwert steigt jedoch auf 2[157]. In 39,9% (n=54), also ca. zwei Fünftel, dieser Propositionen treten mindestens zwei Referenzobjekte auf. (30) bis (34) stellen Beispiele für Referenzobjekte dar:

(30)   Durch die einzellige Kapillarwand (S_203_1_09)
        → Referenzobjekt: Kapillarwand
(31)   in der Lungenvene (S_204_1_45)
        → Referenzobjekt: Lungenvene
(32)   Nasenbluten. (S_213_1_06)
        → Referenzobjekt: Nase

---

156 Mittelwert gerundet (1,13).
157 Mittelwert gerundet (1,58).

(33)   Schon etwa 2000 Jahre vor unserer Zeitrechnung war den Babyloni-
       ern bekannt, dass das Blut in den Adern durch den Körper fließt.
       (S_201_1_01)
       → Referenzobjekte: Adern, Körper
(34)   Von der Aorta zweigen die Arterien ab, die Kopf, Arme und Beine
       sowie die inneren Organe - auch das Herz - mit Blut versorgen.
       (S_201_1_24)
       → Referenzobjekte: Aorta, Arterien, Kopf, Arme, Beine, innere Orga-
       ne, Herz

Wie Abbildung 38 aufzeigt, treten in Einwortpropositionen mit 68,2% (n=15)
wesentlich häufiger keine Referenzobjekte auf als dies in Mehrwortpropositionen der Fall ist– hier betrifft dies 22,9% (n=38). Ferner kommt in Einwortpropositionen maximal ein Referenzobjekt vor. Dies betrifft 31,8% (n=7) aller Fälle. In
Mehrwortpropositionen variiert die Anzahl der Referenzobjekte zwischen einem
und maximal sieben Referenzobjekten pro Proposition. Insgesamt 77,1% (n=128)
aller Mehrwortpropositionen beinhalten Referenzobjekte, wobei der größte
Anteil mit 44,6% (n= 74) auf die Kodierung eines Referenzobjektes in der Proposition entfällt.

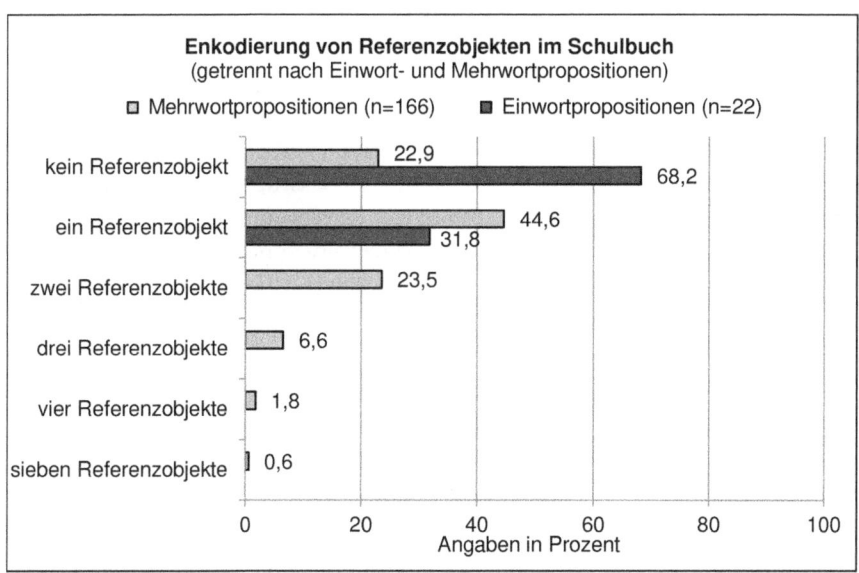

Abb. 38: Enkodierung von Referenzobjekten im Schulbuch (getrennt nach Einwort- und Mehrwortpropositionen)

Es stellt sich die Frage, welche Objekte bzw. Figuren als Referenzobjekte im Kontext des Fachthemas Blutkreislauf dienen. Eine entsprechende Analyse ergibt, dass sehr viele unterschiedliche Referenzobjekte kodiert wurden. Weitere induktive Analysen der Daten legen eine Grobgliederung der häufiger auftretenden Referenzobjekte in sechs Gruppen nahe, die in Tabelle 22 aufgelistet sind:

Tab. 22: Überblick über inhaltliche Gruppen der Referenzobjekt-Vorkommen

Gruppe	Vorkommen in Prozent	Vorkommen absolut ($n_{Gesamt} = 207$)
1. Menschliche Organe bzw. Organbestandteile als Referenzobjekte (*Herz*, *Lunge*, *Organ*)	30,3	64
2. Blutgefäße als Referenzobjekte (z.B. *Körperschlagader*, *Arterie*, *Vene*, *Lungenvene*, *Kapillarwand* u.a.)	21,3	45
3. Der menschliche Körper in seiner Gesamtheit als Referenzobjekt (*Körper*)	10,4	22
4. Deiktische Verweise auf Referenzobjekte (z.B. *dort*, *hier*)	6,2	13
5. Blut (z.B. *Blut*, *Blutstrom*)	5,7	12
6. Körperteile des Menschen als Referenzobjekte (z.B. *Arm*, *Bein*, *Nase*)	5,2	11

Körper als Referenzeinheit tritt in den Daten insgesamt 22-mal (davon 20-mal als einfaches Lexem) auf, und ist in Tabelle 22 als 3. Gruppe aufgeführt. Er stellt den Rahmen für die Bewegung des Blutes, die sich im menschlichen Körper vollzieht, und ist, selbst wenn er nicht explizit erwähnt wird, das stets gegenwärtige Referenzobjekt des Fachthemas Blutkreislauf. Ausnahmen bilden hierbei einzelne Unterthemen, z.B. Blutspende bzw. -transfusion und Verletzungen dienen. Bei beiden wird der Bewegungsradius des Blutes erweitert, etwa indem Blut von einem Mensch auf einen anderen übertragen wird.

Die drei Gruppen 1. Menschliche Organe bzw. Organbestandteile, 2. Blutgefäße und 6. Körperteile des Menschen dienen als Referenzobjekte maßgeblich dem „Nachzeichnen" der Bewegung des Blutes durch den menschlichen Körper. Damit ermöglichen sie eine spezifischere Raumstrukturierung von Körper bzw. Verortung im Rahmen der jeweiligen Proposition und unterstützen die Versprachlichung von Lagebeziehungen und räumlichen Zusammenhängen im Körper. Das nonverbale Äquivalent im Schulbuch dazu stellen Abbildungen des Körpers dar, in welchen die Blutgefäße und Organe (in der Regel *Herz* und *Lun*-

ge) dargestellt sind und mittels Pfeilen die Flussrichtung des Blutes dargestellt sind. Die angesprochene Funktion kommt auch deiktischen Verweisen zu, welche in einer 4. Gruppe zusammengefasst wurden. Mit insgesamt 13 Vorkommen – sechs Vorkommen für *dort* bzw. *dorthin* und fünf Vorkommen von *hier* – wurden diese jedoch verhältnismäßig selten in den Daten identifiziert. Der Verweis auf *dort* erfordert eine Inferenzleistung auf Seiten der RezipientInnen. Meist handelt es sich um anaphorische Verwendungen, was bedeutet, dass meist der vorherigen Proposition zu entnehmen ist, worauf *dort* verweist. Von den 13 Fällen (6,2%) verweisen insgesamt fünf auf Blutgefäße, könnten inhaltlich also auch der 2. Gruppe zugeordnet werden. Da deiktische Verweise eine andere Rezeptionsleistung erfordern, erscheint ihre Zusammenfassung in einer eigenen Gruppe sinnvoll. Schließlich bildet Blut eine weitere Gruppe (mit 5,7%, n=12 Vorkommen). Thematisch liegt der Schwerpunkt im Kontext hier auf dem Stoffaustausch. Neben diesen Gruppen treten weitere Vorkommen jeweils ein- oder zweimal auf, z.B. *Wunde, Ort des Verbrauchs, Empfänger, Blutspender*.

Bei der Analyse entstand der Eindruck, dass die Mehrheit der Referenzobjekte Teil einer Präpositionalphrase ist. Eine entsprechende Prüfung der Kodierungen ergab, dass mit 59,7% (n=126) tatsächlich die überwiegende Mehrheit aller Referenzobjekte in Präpositionalphrasen auftritt. Dieses Ergebnis ist mit Blick auf Form-Funktions-Zusammenhänge relevant und kann erste Hinweise für sprachsensiblen Fachunterricht im Kontext des untersuchten Fachthemas liefern.

Zusammenfassend lässt sich für die Enkodierung von Referenzobjekten ein hoher Grad an Explizitheit feststellen. Im Vergleich zu den beiden Aktantengruppen bewegte Figur und Verursacher treten in den Schulbuchdaten verhältnismäßig viele Referenzobjekte auf, wobei es sich hierbei, semantisch gesehen, vornehmlich um menschliche Organe bzw. Organbestandteile, Blutgefäße und Körperteile des Menschen handelt. Durch ihre Verwendung werden Lagebeziehungen und räumliche Zusammenhänge im Körper im Zuge der Blutbewegung hergestellt.

4.2.4 Enkodierung des Weges im Schulbuch

Für den Weg wurden zwei grundlegende Ausprägungen identifiziert: einerseits – im Fall von MOVE – kann es sich um den Weg handeln, dem eine Figur folgt und andererseits – im Fall von BE$_{LOC}$ – um einen Ort, der von der Figur eingenommen wird. Ort meint hierbei den Platz bzw. Raum, den eine bewegte Figur einnimmt.

Für die Kodierung wurde weiterhin zwischen Quelle, Meilenstein und Ziel einer Bewegung unterschieden, da dies eine genauere Spezifizierung des Weges ermöglicht. Diese Zuordnung war in vielen Fällen erwartungsgemäß nicht (eindeutig) möglich, was Talmys Ausführungen diesbezüglich (vgl. 2.3.5.2) bestätigt. Daher wurde die Unterkategorie Grund ergänzt, die in solchen Fällen kodiert wurde. Ganz allgemein zeigt sich, dass die Kategorie Weg Überschneidungen mit der Kategorie Referenzobjekte aufweist. Die Weg-Kategorie liefert jedoch eine inhaltliche Spezifizierung und ihre Analyse semantische Zusatzinformationen. Darum erfolgt die Trennung der Kategorien trotz gewisser Überschneidungen.

In 43,8% (n=81) aller analysierten MOVE- und NON-MOVE-Bewegungspropositionen wurde eine Kodierung oder mehrere Kodierungen für die drei Kategorien Weg, Meilenstein und Ziel vorgenommen. Ein Grund wurde in 25,4% (n=47) aller Fälle kodiert. Das bedeutet, dass mit 69,2%[158] (n=128) in ca. sieben von zehn Fällen eine Enkodierung entweder von Stationen oder aber des Grundes stattgefunden hat. Die Tatsache, dass jeweils Kodierungen vorgenommen wurden, liefert – methodisch gesehen – einen ersten Hinweis dafür, dass die Kategorie Weg mit den vier Unterkategorien im vorliegenden Fall durchaus dem Gegenstand angemessen ist.

Analysiert man die Vorkommen getrennt nach Einwort- und Mehrwortpropositionen, zeigt sich (vgl. Abbildung 39), dass in Einwortpropositionen in keinem Fall eine Quelle, ein Meilenstein oder ein Ziel enkodiert wurde. Die Kodierung eines Grundes erfolgte allerdings in 31,8% (n=7) der Einwortpropositionen. Dies erklärt sich durch Einwortpropositionen wie *Lungenkreislauf*. Hierbei ist nicht erkennbar, ob *Lunge* Quelle, Meilenstein oder Ziel darstellt, allerdings liefert die Verwendung des Terminus Hinweise darauf, wo die Bewegung stattfindet. In Mehrwortpropositionen wurden in knapp der Hälfte der 163 Fälle (49,7%, n=81) eine oder mehrere Kodierungen für die drei Kategorien Weg, Meilenstein und Ziel vorgenommen. Ein Grund wurde für weitere 24,5% (n=40) kodiert.

---

158 Wert entsteht aufgrund von Rundungen.

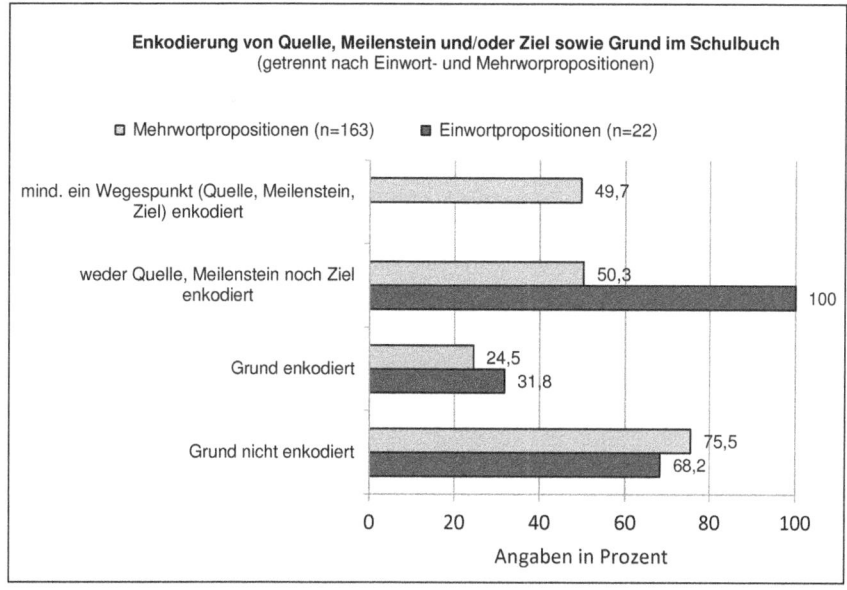

Abb. 39: Enkodierung von Quelle, Meilenstein, Ziel sowie Grund im Schulbuch (getrennt nach Einwort- und Mehrwortpropositionen)

4.2.4.1 Enkodierung von Quelle, Meilenstein und Ziel im Schulbuch

Wie bereits dargestellt, erfolgte eine oder mehrere Kodierungen für die drei Kategorien Weg, Meilenstein und Ziel in 42,9% (n=79) der Daten. Betrachtet man dies getrennt nach Quelle, Meilenstein und Ziel, so ergibt sich folgendes Bild:

- mindestens eine Quelle trat in 23,2% (n=43) der Propositionen auf
- mindestens ein Meilenstein trat in 12,4% (n=23) der Propositionen auf
- mindestens ein Ziel trat in 34,0% (n=63) der Propositionen auf

Dies bedeutet zunächst, dass in der Tendenz Ziele bzw. Quellen etwas häufiger als Meilensteine in der Darstellung des Blutkreislaufes angegeben werden. Für alle drei Unterkategorien zeigt sich, dass in der Regel pro Proposition eine Kodierung erfolgte.[159] In 6,5% (n=12) aller Propositionen wurden sowohl Quelle,

---

[159] In zwei Fällen wurden zwei Quellen und in einem Fall drei Quellen enkodiert. In einem Fall traten zwei Meilensteine in einer Proposition auf. In drei Fällen wurden zwei Ziele kodiert und in jeweils einem Fall vier und fünf Ziele.

Meilenstein als auch Ziel kodiert. Die Beispiele (35) bis (37) stammen aus dieser Stichprobe und unterstreichen diese Aussage:

(35)   Von dort [in den einzelnen Körpervenen] wird es schließlich über die beiden Hohlvenen dem rechten Herzvorhof zugeführt. (S_204_1_33)

(36)   Die rechte Herzkammer pumpt das Blut über die Lungenarterie in den Lungenkreislauf. (S_206_1_08)

(37)   Über Arterien fließt das Blut vom Herzen weg – entweder zu den Organen oder zur Lunge. (S_214_1_14)

Schematisch lassen sich diese Propositionen mit Blick auf die Stationen des Blutes wie in Tabelle 23 gezeigt darstellen.

Tab. 23: Schematische Darstellung von Quelle, Meilenstein und Ziel in den Schulbuchdaten an ausgewählten Beispielen

Bsp.	Quelle	Meilenstein	Ziel
(35)	dort (☞ einzelne Körpervenen)	die beiden Hohlvenen	rechter Herzvorhof
(36)	rechte Herzkammer	Lungenarterie	Lungenkreislauf
(37)	Herz	Arterien	Organe oder Lunge

In Beispiel (35) wurde jeweils eine Kodierung[160] vorgenommen. Inhaltlich gesehen handelt es sich sowohl bei der Quelle *dort* als auch bei den *beiden Hohlvenen* um mehrere Orte. Auffällig ist auch, dass im ersten Beispiel das Herz bzw. ein Teil des Herzens, als Ziel, in den beiden weiteren Beispielen als Quelle fungiert. Auf diesen Aspekt wird bei der weiteren Analyse von Quelle und Ziel noch eingegangen. Interessant ist weiterhin, dass die Beispiele (35) und (36) auch der chronologischen Reihenfolge der Stationen nach aufgebaut sind. In Beispiel (37) steht der Meilenstein im Gegensatz dazu am Anfang der Proposition. Für alle drei Meilensteine wurde die Präposition *über* verwendet. Ob für die jeweili-

---

160 Dies erfolgte aus inhaltlichen und technischen Gründen. Im Fall von einzelnen Körpervenen oder Arterien ist die konkrete Zahl nur schwer bestimmbar und nicht relevant. MAXQDA lässt zudem die Mehrfachkodierung eines Ausdrucks in einer Kategorie nicht zu.

ge Kategorie typische Präpositionen identifiziert werden können, wird ebenfalls im Folgenden noch eingehender untersucht.

Bezogen auf Quelle, Meilenstein und Ziel stellt sich die Frage, ob es typische Enkodierungs-Muster gibt. Zum Beispiel wäre – bereits aufgrund der Zahlen – denkbar, dass Quelle und Ziel häufiger gemeinsam in Propositionen auftreten als Meilenstein und Quelle oder Meilenstein und Ziel. Dies soll im Folgenden untersucht werden. Tabelle 24 bildet die Kreuztabellierung der Kodierungen von Quelle, Meilenstein und Ziel im Schulbuch ab. Für alle Kombinationen ergibt die Analyse, dass die kodiert-kodiert-Variante häufiger als erwartet auftritt. Für alle Kombinationen ist der Chi-Quadrat-Test nach Pearson signifikant (Quelle-Ziel: χ^2=36,095, p= .000, df=1; Quelle-Meilenstein: χ^2=20,843, p= .000, df=1; Meilenstein-Ziel: χ^2=11,358, p= .001, df=1).[161]

Tab. 24: Kreuztabellierung der Kodierung von Quelle, Meilenstein und Ziel im Schulbuch

	Ziel nicht enkodiert	Ziel enkodiert		Meilenstein nicht enkodiert	Meilenstein enkodiert		Meilenstein nicht enkodiert	Meilenstein enkodiert
Quelle nicht enkodiert	110	32	Quelle nicht enkodiert	133	9	Ziel nicht enkodiert	114	8
Quelle enkodiert	12	31	Quelle enkodiert	29	14	Ziel enkodiert	48	15

Prinzipiell liegt es nahe, dass unterschiedliche Stationen in einem Satz enkodiert sind. Ein wichtiger Teil des Unterrichtsthemas ist schließlich wie bereits herausgearbeitet die Nachzeichnung des Weges des Blutes durch den Körper. Propositionen, die diesen fachlichen Aspekt fokussieren, sollten folglich vermehrt Informationen zu Quelle, Meilenstein und Ziel beinhalten. Das Ergebnis ist folglich wenig überraschend. Für die Kombination Quelle-Ziel allerdings zeigt sich eine Besonderheit. In mehreren Fällen erfolgte eine Doppelkodierung, da ein Ausdruck sowohl auf Quelle als auch auf Ziel hinweist, wie die folgenden drei Beispiele zeigen:

---

161 Das Signifikanzniveau ist p = .050.

(38)   Das Lymphsystem befördert Flüssigkeit aus den Zwischenzellräumen
        ins Blut zurück. (S_211_1_21)
(39)   Die Venen sind dünne, unelastische Blutgefäße, die das Blut zum
        Herzen zurücktransportieren. (S_203_1_10)
(40)   In den ableitenden Kapillaren beginnt nun der Rückfluss zum Her-
        zen. (S_204_1_31)

Insgesamt betrifft dies zehn Vorkommen. In zwei der insgesamt zehn Fälle handelt es sich um das *Blut* als Quelle und Ziel von Stoffen u.a. wie in Beispiel (38).
Bei den weiteren acht Vorkommen fungiert das *Herz* bzw. ein Bestandteil als
Quelle und Ursprung, häufig in Kombination mit der Verwendung von *zurück*
wie im Beispiel (39). Wichtig ist, dass über diese Enkodierung letztlich auch der
Kreislauf-Gedanke versprachlicht wird und dem Ausdruck *zurück* hierbei eine
ganz entscheidende Bedeutung zukommt. Allerdings sind auch andere Enkodierungen möglich, wie Beispiel (40) mit dem Ausdruck *Rückfluss* verdeutlicht.
     Analysiert man die insgesamt 47 Quellen-Kodierungen eingehender, so
zeigt sich, dass diese semantisch verhältnismäßig heterogen sind. Einen
Schwerpunkt bilden allerdings – wie bereits angedeutet – das *Herz* und *Herz-*
bestandteile als Quelle. Diese betreffen mit insgesamt 19 Vorkommen immerhin
40,4% der Kodierungen. Mit jeweils sechs Vorkommnen (dies entspricht 12,8%)
treten auch das *Blut* sowie das semantische Feld *Blutgefäße* verhältnismäßig
häufig auf. Wie angekündigt, wurde ferner analysiert, welche Präpositionen im
Rahmen der Quellen-Kodierungen auftreten. Am häufigsten finden mit 31,9%
(n=15) *von* und mit 25,5% (n=12) *aus* Verwendung. *In* und *zu* kommen mit jeweils vier Vorkommen (8,5%) wesentlich seltener vor. In weiteren 25,5% (n=12)
der Propositionen werden keine Präpositionen verwendet.[162]
     Insgesamt erfolgte in 24 aller 184 Propositionen eine Meilenstein-
Kodierung. Von diesen 24 bezieht sich allerdings mit 70,8% (n=17) der weitaus
größte Teil auf das semantische Feld der Blutgefäße. Die Analyse der Präpositionen ergibt, dass mit 33,4% (n=8) und 25% (n=6) am häufigsten *durch* und *über*
verwendet werden. Darüber hinaus treten weiterhin die Präpositionen *in* in drei
Fällen (12,5%) und *aus* in einem Fall (4,2%) auf. In 25% der Fälle beinhalteten
die Propositionen keine Präposition. Allerdings kommt *durch* gewissermaßen
indirekt in weiteren zwei Fällen vor einmal im Verb *durchfließen* und im Adverb
hindurch.
     Aus der Analyse der insgesamt 73 Ziel-Kodierungen lassen sich drei wesent-
liche semantische Felder ableiten, die gemeinsam etwas mehr als die Hälfte

---

162 Aufgrund von Rundungen ergibt sich ein Wert von 99,9%.

aller Kodierungen ausmachen. Das bedeutet, dass auch für die Zielkodierung eine verhältnismäßig große Heterogenität zu verzeichnen ist. Am häufigsten wurden auch hier mit 24,7%% (n=18) *Herz* und *Herzbestandteile* kodiert, darauf folgen mit 17,8% (n=13) weitere innere Organe des menschlichen Körpers wie *Lunge, Niere, Gehirn* u.a. sowie mit 13,7% (n=10) Blutgefäße. Die Auswertung nach Präpositionen ergibt, dass *in* mit 34,3% (n=25) der Fälle und *zu* mit 24,7% (n=18) am häufigsten auftreten. Ferner traten *auf* (4,1%, n=3), *an* (2,7%, n=2) und *von* (1,4%, n=1). 32,9% (n=24) aller Fälle beinhalten keine Präposition.

Tab. 25: Gegenüberstellung der semantischen Felder und am häufigsten verwendeter Präpositionen in Angaben zu Quelle, Meilenstein und Ziel im Schulbuch

	Quelle (n=47)		Meilenstein (n=24)		Ziel (n=73)	
Semantische Felder	Herz	40,4%	Blutgefäße	70,8%	Herz	24,7%
	Blut	12,8%			andere Organe	17,8%
	Blutgefäße	12,8%			Blutgefäße	13,7%
Präpositionen	1. von	31,9%	1. durch	33,4%	1. in	34,3%
	2. aus	25,5%	2. über	25,0%	2. zu	24,7%

Tabelle 25 fasst für einen besseren Überblick die wesentlichen Ergebnisse zu den in Quelle, Meilenstein und Ziel vorkommenden semantischen Feldern und häufigsten Präpositionen zusammen. Daraus ergibt sich, dass *Blutgefäße* als wichtiges semantisches Feld in allen drei Kategorien auftreten, allerdings in keiner Kategorie anteilig so häufig wie für die Meilensteine. *Herz* und *Herzbestandteile* sind vor allem im Kontext von Quelle und Ziel relevant, was sich in den vorherigen Analysen bereits angedeutet hat und hiermit bestätigt wird. Innere Organe als semantisches Feld werden häufig als Ziele enkodiert. Hinsichtlich der Verwendung von Präpositionen zeigt sich, dass diese kategorienspezifisch sind und damit als Indikatoren für die jeweilige Kategorie dienen.

4.2.4.2 Enkodierung von Grund im Schulbuch

Die Grundkodierung betrifft mit 25,4% (n=47) ca. ein Viertel aller Bewegungspropositionen. Dabei erfolgte in fast jedem Fall eine Grundangabe pro Proposition. In zwei Fällen wurden zwei Grund-Angaben im Rahmen einer Proposition gemacht.

(41)   Dass das Blut ständig durch den Körper strömt (S_206_1_01)
(42)   Blutkreislauf des Menschen (S_214_1_02)
(43)   Nasenbluten. (S_213_1_05)

In Beispiel (41) fungiert *durch* nicht als Indikator für einen Meilenstein. Vielmehr wird dadurch angezeigt, dass Blutbewegungen im *Körper* stattfinden. Ähnliches gilt für Beispiel (42), im Rahmen dessen spezifiziert wird, von welchem Blutkreislauf – dem des Menschen – die Rede ist. Im letzten Beispiel schließlich wird die Bewegung *bluten* durch die Grundangabe *Nase* spezifiziert. Die Kategorie Grund ist ähnlich den Quellen- und Zielangaben verhältnismäßig heterogen. Es lassen sich dennoch einzelne inhaltliche Schwerpunkte identifizieren: Mit 28,6% (n=14) fungiert *Körper* am häufigsten als Grund. Darauf folgt mit 16,3% (n=8) das semantische Feld *Verletzung*, wozu z.B. Lexeme wie *Schnittwunde*, *Verletzung* und *Nasenbluten* gehören. Hierbei geht es darum, den Grund für diese spezifische Form der Bewegung des Blutes einzugrenzen auf einen Ort, den der Verletzung. Mit 10,2% (n=5) ist auch *Blut* als Grund erwähnenswert.

Auch die Grund-Angaben wurden im Hinblick auf Präpositionen analysiert. Es zeigt sich, dass mit 55,1% (n=27) mehr als die Hälfte der Grund-Angaben keine Präposition enthalten. Mit 20,4% (n=10) und 18,4% (n=9) treten *in* und *durch* am häufigsten auf. *In* trat auch in Zielangaben am häufigsten auf, die Präpositionen *durch* in Meilensteinangaben. Acht der neun *durch*-Vorkommen ähneln dabei dem Beispiel (41), indem es sich um eine Formulierung von *durch* + *Körper* handelt.

4.2.4.3   Enkodierung von Ort im Schulbuch

In den drei identifizierten BE$_{LOC}$-Propositionen wurde je eine Ortsangabe identifiziert. Es handelt sich dabei zweimal um den menschlichen *Körper* und einmal um ein *Becherglas*. In zwei Fällen sind die Ortsangaben Teil von Präpositionalphrasen. Die entsprechende Präposition ist jeweils *in*. Da die Stichprobe eine sehr kleine ist, lassen sich keine weiteren Aussagen treffen. Allerdings spielen bei der Lokalisierung Ortsangaben bereits aufgrund der Maßgabe, dass die bewegte Figur relativ zu einem Objekt verortet wird, eine ganz wesentliche Rolle.

4.2.5 Enkodierung der Bewegungsspezifzierung im Schulbuch

Im Rahmen der vorliegenden Untersuchung wurden vier Aspekte der Spezifizierung von Bewegung analysiert: Art und Weise, Ursache, Richtung und Transportmittel. Deren Berücksichtigung ergibt sich vornehmlich aus den theoretischen Grundlagen.

Die Kategorie Art und Weise wird in der vorliegenden Arbeit bewusst sehr weit gefasst. Ganz allgemein gibt sie Auskunft darüber, wie eine Bewegung genau erfolgt. Relevante Aspekte können hierbei die Geschwindigkeit der Bewegung sein, Hinweise auf die Bewegungssituation (z.B. ist *schwimmen* mit anderen Situationen assoziiert als *klettern*) und darauf, ob die Bewegung mit bestimmten Folgen oder Ursachen assoziiert ist (z.B. *klatschen* mit einem Geräusch).

Kodierte Einheiten in der Kategorie Ursache erklären, was die jeweilige Bewegung hervorruft bzw. bewirkt hat. Es handelt sich hierbei um den eigentlichen Anlass bzw. Auslöser für die Bewegung. Diese Angaben können, müssen aber nicht, mit einem Verursacher assoziiert sein. Eine weitere Möglichkeit der Spezifizierung sind Angaben zur Richtung. Ursprünglich war von einer Einteilung nach Axen – Vertikale, Horizontale und Transversale – und der Unterscheidung vom Sprecher weg vs. zum Sprecher hin ausgegangen worden (vgl. auch 2.3.5.2). Bereits bei der Probekodierung der Daten zeigte sich, dass diese Untergliederung nur bedingt geeignet ist. Für die vorliegenden Daten wurde daher ein stärker induktives Vorgehen mit Blick auf die Kategorie Richtung gewählt. Daraus wurde u.a. abgeleitet, dass für die Bewegung des Blutes eine Richtung nur relativ und in Abhängigkeit des Weges rekonstruiert werden kann. Auch dieses Vorgehen hat sich als verhältnismäßig schwierig erwiesen. Entsprechendes wird in 4.2.5.3 eingehender diskutiert. Die Kategorie Transportmittel wurde im ursprünglichen Bewegungskonzept ergänzt, da sie sich bei der Kodierung für das vorliegende Thema als relevant erwies. Als Transportmittel dienen solche „Vehikel", welche die bewegte Figur transportieren.

Im Folgenden wird zunächst ein vergleichender Überblick über die vier Kategorien zur Spezifizierung gegeben, bevor im Anschluss daran gesondert und vertiefend auf die einzelnen Kategorien eingegangen wird. Einen ersten Eindruck kann Tabelle 26 vermitteln.

Tab. 26: Übersicht über Enkodierung von Bewegungsspezifika im Schulbuch; gesamt und getrennt nach Einwort- und Mehrwortpropositionen

Spezifizierung	kodiert (Angaben in %)			nicht kodiert (Angaben in %)		
	GESAMT (n=188)	Einwortpropositionen (n=22)	Mehrwortpropositionen (n=166)	GESAMT (n=188)	Einwortpropositionen (n=22)	Mehrwortpropositionen (n=166)
Art und Weise	93,1	100,0	92,2	6,9	-	7,8
Ursache	17,6	-	19,9	82,4	100,0	80,1
Richtung	55,9	27,3	59,6	40,4	72,7	44,1
Transportmittel	10,1	-	11,4	89,9	100,0	88,6

Insgesamt zeigt sich, dass so gut wie in jeder Bewegungsproposition ein Aspekt der Art und Weise der Bewegung enkodiert wurde. Für die Gesamtheit der Propositionen betrifft dies 93,1% (n=175). Die Ursache wird mit 17,6% (n=33) in etwas weniger als einem Fünftel der Propositionen enkodiert. Die Richtung ist mit 55,9% (n=105) in etwas mehr als der Hälfte der Kodierungen enkodiert. Allerdings ist diese Zahl mit Vorsicht zu betrachten, da insbesondere die Kodierung der Richtung methodisch wie bereits erwähnt wurde eine Herausforderung darstellte. Angaben zu Transportmitteln wurden schließlich in 10,1% (n=19) der Propositionen gemacht. Eine Unterscheidung nach Einwort- und Mehrwortpropositionen zeigt, dass in allen Einwortpropositionen Angaben zur Art und Weise, dafür aber in keiner Angabe zur Ursache sowie zum Transportmittel enthalten sind. Richtungsangaben werden mit 27,3% (n=6) im Verhältnis zu den Mehrwortpropositionen (59,6%, n=99) wesentlich seltener enkodiert. Im Folgenden werden die Ergebnisse vertiefend dargestellt und diskutiert.

4.2.5.1 Enkodierung von Art und Weise im Schulbuch

Enkodierungen zur Art und Weise spezifizieren, wie die Bewegung konkret erfolgt. Darunter werden in der vorliegenden Arbeit sehr verschiedene Aspekte zusammengefasst. Informationen zur Art und Weise sind z.B. Informationen dazu, mit welcher Geschwindigkeit die Bewegung erfolgt, welche bewegten Figuren typischerweise mit der Bewegung assoziiert sind – so fliegen in der

Regel Vögel, nicht aber Pferde –, ob die Bewegung mit einer bestimmten Situation und Bewegungsweise assoziiert ist, ob die Bewegung beabsichtigt ist oder nicht und ob die Bewegung mit bestimmten Folgen oder Ursachen assoziiert ist. Dies zeigt, dass in der Kategorie Art und Weise sehr unterschiedliche Hinweise auf Bewegungen enthalten sind.

Die Kategorie Art und Weise wurde für 93,1% (n=175) aller Propositionen im Schulbuch kodiert. Das heißt, dass in fast allen Propositionen Angaben zur Art und Weise gemacht wurden. Im Folgenden liegt der Fokus auf der Enkodierung der Art und Weise im Verb, da dem Verb – insbesondere den so genannten Fortbewegungsverben – eine wesentliche Rolle für die Enkodierung von Bewegung, und insbesondere der Art und Weise, zugeschrieben wird (vgl. Ausführungen in 2.3.5.3). Dass die Enkodierung z. T. komplex ist und nicht ausschließlich auf Verben zurückzuführen ist, wird an folgenden Beispielen aufgezeigt:

(44)   entgegen der Schwerkraft zum Herzen zurückgeführt (S_203_1_11)

(45)   verhindern die Taschenklappen, dass das ausgestoßene Blut in die Herzkammer zurückfließt. (S_206_1_05)

(46)   Bei einer Verletzung verengen sich zunächst die Gefäße, sodass weniger Blut austritt. (S_211_1_04)

In Beispiel (44) etwa liefert das Verb *zurückführen* die sprachliche Information, dass das Blut wieder zum Ausgangspunkt, dem Herzen, zurückgeleitet wird (Wahrig-Burfeind 2008: 1199). *Zurück* gibt entsprechend der Annahmen für das Deutsche Hinweise auf den Weg (vgl. Ausführungen in 2.3.5.3). *Führen* impliziert hier einen weiteren Aktanten, der geleitet bzw. den Weg weist (Wahrig-Burfeind 2008: 389), ist allerdings kein Bewegungsverb.[163] Dass diese Bewegung entgegen der Schwerkraft stattfindet, stellt eine zusätzliche, (fachlich) wichtige Information zum ,Wie' der Bewegung dar. In Beispiel (45) erfolgt die Enkodierung der Art und Weise wesentlich über das Partizipialattribut *ausgestoßen* und das Verb *zurückfließen*. *Stoßen* verweist hier darauf, dass jemand bzw. etwas kurz und heftig in eine Richtung bewegt wird (Wahrig-Burfeind 2008: 970). Beispiel (46) ist insofern interessant als hier die Veränderung der Art und Weise – es fließt weniger Blut – und die Begründung für diese Veränderung im Vordergrund steht. Fachlich ist die Veränderung der Art und Weise relevant, denn findet sie nicht statt, dann würde auch keine Blutgerinnung erfolgen. Zwar

---

163 Als Grundlage für diese Auffassung dient das Lexikon deutscher Verben der Fortbewegung von Schröder (1993).

spielt die Veränderung der Art und Weise verhältnismäßig selten eine Rolle, das Beispiel zeigt jedoch, dass sie für die Enkodierung fachlicher Inhalte im Kontext des Bewegungskonzepts durchaus von Bedeutung sein kann.

Dem Verb wird wie bereits erwähnt eine wesentliche Rolle bei der Enkodierung der Art und Weise zugeschrieben. Daher wurde analysiert, in wie vielen Propositionen ein Verb oder mehrere Verben als Prädikate Teil der Enkodierung der Art und Weise sind. Dies betrifft 68,4% (n=120) der Kodierungen. Das bedeutet, dass in 31,4% (n=55) der Fälle kein Verb Teil der Enkodierung ist. Analysiert man diese 55 Vorkommen genauer, zeigt sich jedoch, dass Verben als Nominalisierungen im weiteren Sinn[164] (n=48), Beispiele sind *Rückfluss*, *Blutung* und *Nasenbluten*, oder Partizipialattribute (n=4) auftreten. In drei Fällen, es handelt sich um zwei Auftreten von *Transfusion* und einem Auftreten von *Druckwelle*, trägt kein Verb zur Enkodierung von Bewegung bei.

Es stellt sich die Frage, welche Verben an der Enkodierung beteiligt sind. In den 68,4% (n=119) der Propositionen, in denen Verben als Prädikate auftreten, kommen insgesamt 125 Verben vor. Es handelt sich um 76 verschiedene Verb-Lemmata. Am häufigsten traten folgende Verben auf: *aufnehmen* (n=8), *transportieren* (n=6), *pumpen* (n=5), *abgeben*, *gelangen*, *strömen*, *versorgen* (jeweils n=4). Berücksichtigt man zusätzlich zu *fließen* (n=3) auch *zurückfließen* (n=2), *durchfließen* (n=1), *hindurchfließen* (n=1) und *zusammenfließen* (n=1), dann kommt fließen mit 8-mal ebenso häufig wie aufnehmen auf.

Von den 76 Verb-Lemmata sind nach Schröder (1993) 19 als Fortbewegungsverben zu klassifizieren.[165] Dabei handelt es sich laut Schröder Verben, die als Bewegungsprozesse zu verstehen sind, welche eine wechselnde Lokalität wiedergaben (Schröder 1993: 5). Beispiele aus den Daten sind *durchfließen*, *durchlaufen*, *eindringen*, *zurückfallen*, *zurückfließen* und *wandern*. 57 der 76 Verb-Lemmata sind folglich nicht der Gruppe der Fortbewegungsverben zuzuordnen. Beispiele aus den Daten stellen *ableiten*, *aufgliedern*, *bringen*, *blockieren*, *mischen*, *pressen*, *pumpen*, *regulieren* und *sammeln* dar.

---

164 Unter Nominalisierung, auch Substantivierung, wird die Bildung eines Substantivs aus einer anderen Wortart verstanden, z.B. das Laufen (Glück 1993: 422). Etymologisch gesehen ist nicht immer eindeutig zu bestimmen, ob es sich um eine Nominalisierung handelt, oder ob aus dem Nomen Verben abgeleitet wurden. Für das vorliegende Erkenntnisinteresse würde eine solche Prüfung für alle Verben bzw. Substantive auch zu weit führen. Daher werden hier mit Nominalisierungen im weiteren Sinn alle Substantive verstanden denen ein gängiges Verb entspricht, z.B. *Austausch* und *austauschen*.

165 Berücksichtigt werden die von Schröder angegebenen Simplicia. Treten diese in Kombination mit Präfixen auf, dann wurden sie ebenfalls für die Zählung berücksichtigt. Ein Beispiel ist *durchfließen*.

Zusammenfassend zeigt sich, dass die Art und Weise in fast allen Propositionen enkodiert ist und Verben dafür entsprechend der theoretischen Ausführungen eine wesentliche Rolle spielen. Bei einem Viertel der Verb-Lemmata handelt es sich um Fortbewegungsverben. Die Ergebnisse weisen darüber hinaus darauf hin, dass Veränderungen der Art und Weise eine zwar selten besetzte, z.T. fachlich jedoch relevante, Unterkategorie im Bewegungskonzept darstellen könnte. Im Kategoriensystem wird dieser Aspekt bislang nicht abgedeckt, ggf. wäre es entsprechend anzupassen bzw. eine Unterkategorie Veränderung der Art und Weise zu ergänzen.

4.2.5.2 Enkodierung der Ursache im Schulbuch

Die Ursache wird mit 17,6% (n=33) in etwas weniger als einem Fünftel der Propositionen enkodiert. In der Regel ist die Ursachenbeschreibung in Wortgruppen, das heißt in verhältnismäßig umfassenden Äußerungen enkodiert. Inhaltlich lassen sich die Ursachenkodierungen grob in zwei Gruppen gliedern. Einerseits steht die Bewegung des Blutes im Vordergrund. Hierbei wird insbesondere die Funktion des Herzens als Druck-Saug-Pumpe fokussiert – dies betrifft mit 12 Vorkommen immerhin 36,4% aller Ursachenkodierungen. Ein Beispiel dafür ist (47). Daneben wird auch die Rolle der Blutgefäße für die Blutbewegung thematisiert, wie Beispiel (48) illustriert.

(47)   die gesamte vom Herzen ausgestoßene Blutmenge (S_201_1_03)

(48)   Da Arterien und Venen oft nebeneinander liegen, wird durch die Dehnung der Arterien die Vene etwas zusammengedrückt und das Blut so in Richtung des Herzens befördert. (S_203_1_12)

(49)   Nasenbluten entsteht, wenn die Gefäße der Nasenschleimhäute verletzt werden, zum Beispiel durch einen Aufprall oder nach heftigem Naseputzen. (S_213_1_06)

Andererseits wird die Ursache dafür fokussiert, dass Blutungen entstehen bzw. enden – entweder mittels Blutgerinnung oder unterstützender Maßnahmen zur Ersten Hilfe, wie Beispiel (49) illustriert.

Es ergab sich im Rahmen der Analyse die Frage, ob die Enkodierung von Ursache und Verursacher systematisch zusammenhängt. Eine entsprechende Kreuztabellierung ist Tabelle 27 abgedruckt:

Tab. 27: Kreuztabellierung der Enkodierung von Verursacher und Ursache im Schulbuch

	Verursacher nicht enkodiert	Verursacher enkodiert
Ursache nicht enkodiert	102	53
Ursache enkodiert	11	22

Die Kombination Verursache enkodiert und Ursache enkodiert tritt statistisch gesehen häufiger als erwartet auf. Eine entsprechende Prüfung von Chi-Quadrat ist signifikant (χ^2=11,965, p= .001, df=1).

4.2.5.3 Enkodierung der Richtung im Schulbuch

Da die aus der Theorie abgeleiteten Systematisierungen von Richtung (vgl. Ausführungen in 2.3.5.2) sich für die Analyse als bedingt geeignet herausgestellt haben, erfolgte die Richtungskodierung vornehmlich induktiv. Aus diesem Grund haben die folgenden Darstellungen einen stark explorativen Charakter und sind eher als Diskussionsanregungen zu rezipieren.

Die Einordnung auf den Axen Horizontale, Vertikale und Transversale lassen sich nur in wenigen Fällen zweifelsfrei anwenden, da der Körper einen eigenen dreidimensionalen Raum darstellt, in welchem die Bewegung des Blutes sich den gängigen Axen nur in den seltensten Fällen eindeutig zuordnen lässt. Die Unterscheidung von ‚zum Sprecher hin' und ‚vom Sprecher weg' ist ebenfalls kaum geeignet, da in so gut wie keiner Proposition ein solcher zu identifizieren ist.

Trotz der Schwierigkeiten bei der Kodierung soll an dieser Stelle zunächst auf die allgemeinen Ergebnisse eingegangen werden. Für 55,9% (n= 105) aller Propositionen wurde die Kategorie Richtung kodiert. In Mehrwortpropositionen betrifft dies mit 59,6% (n=99) relativ gesehen wesentlich mehr als in Einwortpropositionen, in welchen in 27,3% (n=6) der Fälle die Kategorie Richtung kodiert wurde.

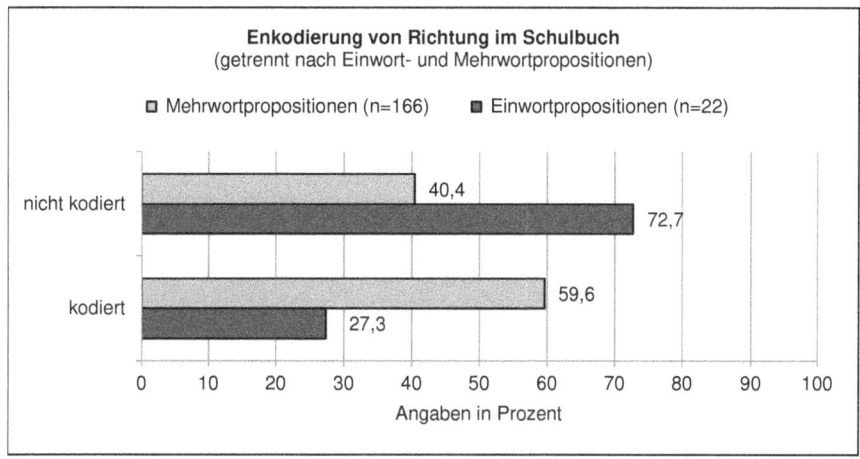

Abb. 40: Enkodierung von Richtung im Schulbuch (getrennt nach Einwort- und Mehrwortpropositionen)

In einem weiteren Analyseschritt erfolgte die induktive Erschließung der Kodierungen in der Kategorie. Die Analyse der 105 Propositionen, für die eine Richtungsangabe kodiert wurde (55,9% aller Propositionen) führt zu folgendem Systematisierungs- bzw. Gruppierungsversuch:

- → hin zu etwas, relativ zu Referenzobjekt
- ← weg von etwas, relativ zu Referenzobjekt
- ← weg von etwas und → hin zu etwas
- ⊗ Kreislauf
- *zurück*
- -|-> durch etwas
- aufnehmen/abgeben/austauschen
- *Andere* (z.B. → ← aufeinander zu bewegen der bewegten Figur u.a.)

Die ersten drei Gruppen *hin zu etwas, weg von etwas* bzw. *weg von etwas und hin zu etwas*, bzw. weitere Kombinationen und Ergänzungen um Zwischenstationen sind nicht ganz neu. Sie entsprechen einerseits der Unterscheidung ‚zum Sprecher hin‘ und ‚vom Sprecher weg‘. Die entscheidende Größe ist aber nicht der Sprecher, sondern ein Referenzobjekt, ggf. auch mehrere. Diese Gruppen finden sich auch bereits in der Analyse der Weg-Enkodierung wieder, insofern als es sich bei „weg von zu etwas hin" um Quelle-, Meilenstein- und Zielangabe handelt. Diese Kombinationen machen den größten Teil der Kodierungen aus:

- hin zu (23,8%, n=25), z.B. *Bluttransport zum Herzen* (S_203_1_14)
- weg von (16,2%, n=17), z.B. *das aus dem Herzen gepresste Blut* (S_206_N_03)
- weg von hin zu (13,4%, n=14), z.B. *aus dem Herzen in die Arterien* (S_203_1_04)
- hin zu hin zu (1,0%, n=1), z.B. *Das sauerstoffreiche Blut fließt in der Lungenvene zusammen, die in die linke Herzhälfte einmündet.* (S_204_1_45)

Insgesamt 54,3%[166] aller Richtungskodierungen lassen sich durch diese Kombinationen ‚erklären'. Diese Wegangaben müssen genau genommen vom RezipientInnen dazu genutzt werden, um eine Richtung relativ zum bzw. im Raum, dem menschlichen Körper, zu rekonstruieren. Würde man den angegebenen Wegespunkten in einer Abbildung bzw. einem Modell vom Körper folgen, so ergäbe sich daraus die Richtung.

Als eine weitere Gruppe wurde „Kreislauf" identifiziert. Kreislauf wurde jeweils kodiert, enkodiert z.B. in *Blutkreislauf* (S_214_1_02), weil dadurch eine ganz spezielle Richtungsinformation geliefert wird: Es handelt sich um eine Art der Bewegung, bei der etwas immer wieder zum Ausgangspunkt zurückkehrt und sich ständig wiederholt und damit ein geschlossenes System bildet (Götz, Haensch & Wellmann 2002: 589). Eine entsprechende Kodierung entfällt auf 11,4% (n=12) der Fälle. Mit dieser Kategorie in Zusammenhang steht die Verwendung von *zurück*, die im vorliegenden Kontext in der Mehrzahl der Fälle ein Indikator für den Kreislauf ist, wie folgendes Beispiel illustriert:

(50)   zum Herzen zurückgeführt (S_203_1_11)

Allerdings beinhaltet *zurück* weitere Bedeutungsmöglichkeiten, die sich vom Kreislaufgedanken unterscheiden. So kann man z.B. beim Wandern den gleichen Weg hin und zurück nehmen. Diese Möglichkeit besteht im Blutkreislauf nicht. Taschenklappen u.a. sorgen sogar dafür, dass dies ausgeschlossen ist, weil es fatale Folgen hätte. Entsprechend muss *zurück* im Zusammenhang mit dem Thema in seiner spezifischen Bedeutung dekodiert werden. Mit 10,6% (n=11) kommt es immerhin in etwa einem Zehntel der Kodierungen vor.

Durch wurde in 9,5% (n=10) der Fälle kodiert. Es scheint unterschiedliche fachliche Aspekte – und damit Richtungen – zu enkodieren: Erstens wird die Bewegung des Blutes durch die Blutgefäße enkodiert. Das Blut folgt dementsprechend einem bestimmten vorgegebenen Weg, dessen Richtung ebenfalls

---

166 Die Summe ergibt sich aufgrund von Rundungen.

mit Blick auf das Referenzobjekt bzw. die „Landkarte" Körper rekonstruiert werden kann, wie Beispiel (51) zeigt. Zweitens wird *durch* in allgemeinerer Art verwendet, insofern als es das Medium – im vorliegenden Fall den Körper – angibt, im dem sich etwas – in den Daten in der Regel das Blut – bewegt (Götz, Haensch & Wellmann 1998: 240), wie Beispiel (52) zeigt. Drittens tritt *durch* auch im Zusammenhang mit dem Stoffaustausch auf, wenn Stoffe durch Kapillarwände ‚gehen', wie in Beispiel (53) dargestellt.

(51) immer weniger Blut fließt hindurch [das Gefäß] (S_212_1_09)
(52) durch den Körper (S_201_1_09)
(53) Durch die einzellige Kapillarwand werden alle notwendigen Stoffe abgegeben (S_203_1_09)

Dementsprechend bilden die Vorkommen von *durch* inhaltlich keine homogene Gruppierung.

Die Verben *aufnehmen*, *abgeben* und *austauschen* wurden als Indikatoren für eine weitere Gruppierung aufgefasst. Zwar können in diesen Kontexten zum Teil auch Quellen- und Zielangaben identifiziert werden. Allerdings handelt es sich um einen fachlichen Schwerpunkt bzw. ein fach-/themenspezifisches Konzept, das des Stoffaustauschs, der – ausgedrückt in diesen Verben – eine weitere fachliche Inhaltskomponente enthält, die über reine Quellen- und Zielangaben hinausgeht. Eine Kategorisierung in diesem Sinne wurde für 8,6% (n=9) vorgenommen. Die folgenden Beispiele dienen zur Illustration der Kategorie:

(54) werden dafür vom Blut aufgenommen (S_204_1_27)
(55) wird Kohlenstoffdioxid abgegeben (S_204_1_44)

Alle weiteren Kodierungen in der Kategorie Richtung beziehen sich auf ein- bis zweimalige Vorkommen. Ein Beispiel dafür ist die Bewegung der Erythrozyten, die sich eigenständig bewegen können, und zwar:

(56) auch entgegen dem Blutstrom (S_208_1_06)

Die Kodierung der Kategorie Richtung erwies sich als problematisch, da Richtungsangaben im Kontext des fachlichen Themas nicht klassischen Raumvorstellungen entsprechen. Aufgrund dessen erfolgte die Kodierung wie auch die Analyse vornehmlich induktiv und explorativ. Wesentliches Ergebnis scheint, dass Richtung im Kontext der Blutbewegung mit Blick auf das Referenzobjekt Körper für jede Proposition rekonstruiert werden muss. Hierbei ergeben sich

Überschneidungen mit der Kategorie Weg. Die Enkodierung der spezifischen Richtung von Kreislauf ergibt sich aus der expliziten Verwendung von *Kreislauf* und der Verwendung von *zurück* als Indikator für einen Kreislauf. Ein weiterer Schwerpunkt ist der Stoffaustausch über die Verben *aufnehmen*, *abgeben* und *austauschen* sowie vereinzelt über *durch*.

4.2.5.4 Enkodierung von Transportmitteln im Schulbuch

Als Transportmittel, also Vehikel, welche die bewegte Figur transportieren, wurden 19 Einheiten kodiert. Erwartungsgemäß wurde *Blut* wie in Beispiel (57) mit neun Vorkommen am häufigsten als Transportmittel kodiert. Hinzu kommen vier Kodierungen, in denen Blutbestandteile – Plasma, Erythrozyten bzw. rote Blutzellen – als Transportmittel fungieren. Weitere vier Kodierungen entfallen auf die Bezeichnung von Blutgefäßen. Dies ist insofern auffällig, weil diese nicht nur Transportmittel für Blut sondern auch Verursacher sind (vgl. auch Ausführungen in 4.2.3.2). Jeweils einmal wurden *Hämoglobin* und das *Lymphsystem* als Transportmittel kodiert.

(57) Im Blut werden die Bausteine der Nahrung transportiert (S_204_1_05)

(58) Venen transportieren das Blut wieder zurück zum Herzen. (S_214_1_15)

(59) Mit dem Plasma gelangen die Hormone zu den Zellen (S_204_1_15)

Wichtiger Indikator für ein Transportmittel ist hierbei das Verb *transportieren*, das anzeigt, dass jemand oder etwas von einem Ort zu einem anderen befördert wird (Wahrig-Burfeind 2008: 1013), wie auch die Beispiele (57) und (58) zeigen. Dies betrifft acht Vorkommen, in einer weiteren Proposition wird das Nomen *Transport* verwendet. Weitere Verben, die als Indikatoren für Transportmittel in den Daten fungieren, sind *bringen* und *befördern*. In Beispiel (59) wäre allerdings *gelangen* allein nicht aussagekräftig als Indikator. Entscheidend ist hierbei die Kombination von *gelangen* und *mit dem Plasma*.

4.2.6 Enkodierung von Zeit und Bewegungsphasen im Schulbuch

Im Folgenden werden die Ergebnisse für die Analyse der Unterkategorie Zeit in 4.2.6.1 und der Unterkategorie Bewegungsphasen in 4.2.6.2 vorgestellt.

4.2.6.1 Zeit im Schulbuch

Unter Zeit werden Angaben zu einem bestimmten Zeitpunkt oder Zeitabschnitt (Zeitspanne), zu bzw. in dem die Bewegung stattfindet bzw. stattgefunden hat, kodiert. Zeitpunkte können in Form von Uhrzeiten, Datumsangaben u. Ä. vorkommen. Zeitabschnitte können durch die Angabe von Dauer, z.B. *zwei Wochen lang*, enkodiert werden.

Die Analyse der Daten belegt, dass die Enkodierung von zeitlichen Aspekten im Schulbuch so gut wie keine Rolle spielt, was sich in den sehr geringen Kodierungen von 2,7% (n=5) widerspiegelt. Dies ist ebenfalls im fachlichen Thema begründet und entspricht den bereits formulierten Hypothesen bezgl. der Enkodierung. Es wurde angenommen, dass Zeit bzw. Verortung der Bewegung in dieser für das fachliche Thema keine Bedeutung hat, da der Blutkreislauf in seiner Universalität und Unendlichkeit im Fokus stehen sollte, was auch die durchgängige Verwendung des Präsens im Indikativ nahe legt.

4.2.6.2 Bewegungsphasen im Schulbuch

Während der Probekodierung ergab sich induktiv die Berücksichtigung der Phasen von Bewegung. Unterschieden wurde zunächst zwischen dem Beginn einer Bewegung, dem in-Bewegung-sein und einer Endphase bzw. dem Ende einer Bewegung. Ergänzt wurde ferner die Unterkategorie Kreislauf, da es sich hierbei um eine spezifische Form der Bewegung handelt, deren Einteilung in die drei bereits erwähnten Phasen kaum sinnvoll ist, da ein Kreislauf weder einen Beginn noch ein Ende hat – zumindest theoretisch. Insbesondere im Kontext des untersuchten fachlichen Themas schien eine solche Kategorie angemessen. Ergänzt wurde weiterhin die Kategorie *nicht bestimmbar*, da im Gegensatz zu allen anderen Kategorien für jede Bewegungsproposition genau eine Kodierung mit Blick auf die Phasen vorgenommen werden sollte.

Mit 70,2% der Fälle (n=132) wurde überwiegend die Ausprägung in Bewegung kodiert. Auf Beginn der Bewegung entfallen 1,6% (n=3) und auf Endphase einer Bewegung 10,6% (n=20). Eine Kreislaufbewegung wurde in 8,0% (n=15) der Bewegungspropositionen kodiert. Nicht bestimmbar waren schließlich 9,6% der Fälle (n=18).

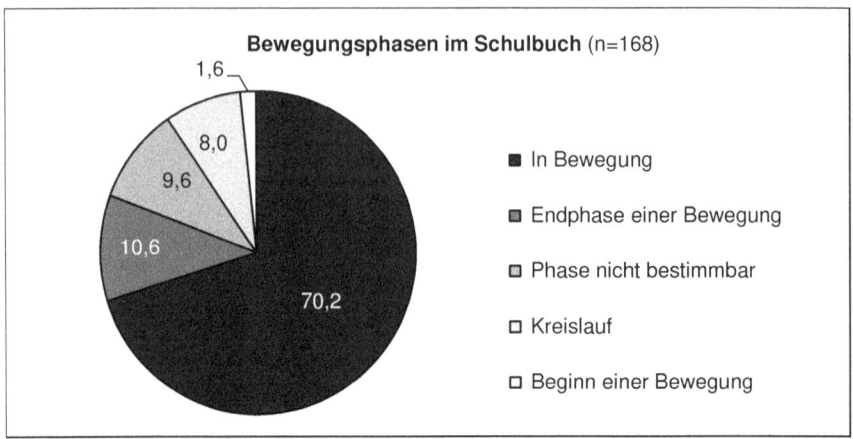

Abb. 41: Bewegungsphasen im Schulbuch

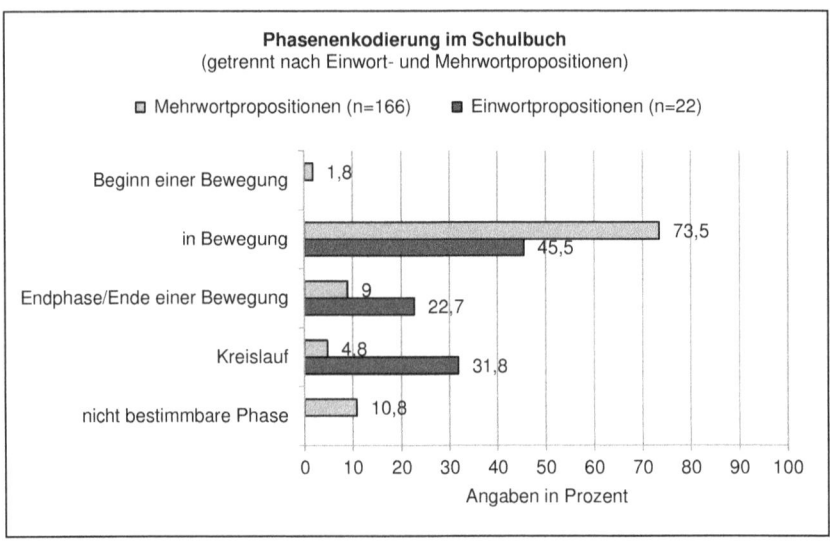

Abb. 42: Phasenkodierung im Schulbuch (getrennt nach Einwort- und Mehrwortproposition)

Die Analyse getrennt nach Einwort- und Mehrwortkodierung ergibt wesentliche Unterschiede. In Einwortpropositionen wurde kein Bewegungsbeginn kodiert.

In Mehrwortpropositionen[167] betrifft dies 1,8% (n=3) der Fälle. Die Kodierung in Bewegung ist auf 73,5% (n=122) der Mehrwortpropositionen angewendet worden, aber lediglich auf 45,5% (n=10) der Einwortproposition. Dafür wurde die Endphase in Einwortproposition mit 22,7% (n=5) im Verhältnis wesentlich häufiger kodiert als in Mehrwortpropositionen mit 9,0% (n=15). Dies erklärt sich wesentlich durch Kodierungen von *Blutgerinnung*. Beim Prozess der Gerinnung wird die Blutbewegung (die in der Regel aus der Wunde führt) gestoppt.[168] Daher wurde diese Proposition jeweils unter Endphase kodiert. Auch für die *Kreislauf*-Kodierung finden sich im Verhältnis für Einwortproposition wesentlich mehr Vorkommen mit 31,8% (n=7) als in Mehrwortpropositionen mit 4,8% (n=8). Dies erklärt sich durch die Kodierung von Bewegungspropositionen wie *Lungenkreislauf* und *Blutkreislauf*.

Da ein Kreislauf keinen eigentlichen Beginn hat, wäre zu erwarten, dass keine Enkodierung auf den Beginn einer Bewegung entfällt. Die Analyse der drei Vorkommen zeigt, dass dies genau genommen auch nicht erfolgt. Zwei der drei Vorkommen beziehen sich auf den Beginn einer Blutung, wobei es sich um eine spezifische Art der Bewegung von Blut handelt, vgl. auch Beispiel (60).

(60)   Plötzlich bekommt sie [Rieke] Nasenbluten. (S_213_1_01)

(61)   In den ableitenden Kapillaren beginnt nun der Rückfluss zum Herzen. (S_204_1_31)

In Beispiel (61) schließlich, dem dritten Vorkommen, zeigt sich, dass es sich zwar sprachlich um den Beginn einer Bewegung handelt. Dieser Beginn wird im Kontext Kreislauf aber relativiert, indem vom *Rückfluss* gesprochen wird. Dieses Nomen ist als Indikator für den Kreislauf anzusehen.

70,2% (n=132) aller Propositionen wurden als in Bewegung kodiert. Die Tatsache, dass sich das Blut in Bewegung befindet, wird maßgeblich über indikative Verben im Präsens angezeigt. Allerdings beinhalten auch Nomen bzw. Nominalisierungen wie *Bluttransfusion*, *Blutübertragung*, *Blutbewegung* und *Nasenbluten* diese Information.

In Analogie zur Kodierung von Bewegungsbeginn wäre auch zu erwarten, dass keine Enkodierung auf ein Bewegungsende entfällt, da ein Kreislauf kein

---

167 Aufgrund von Rundungen ergibt sich der Wert 99,9.

168 Im vorliegenden Fall wurde entschieden, dass Blutgerinnung zwar v.a. diverse chemische Prozesse beinhaltet, im Verlauf der Blutgerinnung aber auch zahlreiche konkrete „Bewegungen" stattfinden, z.B. bei der Bildung eines Fibrinfasernetzes. Gleichzeitig bedingt die Blutgerinnung das Ende des Blutflusses und damit das Austreten des Blutes aus der Wunde.

Ende hat. Insgesamt wurden jedoch 20 Kodierungen vorgenommen (10,6%). Wie sich bereits in der Analyse der Unterschiede von Einwort- und Mehrwortpropositionen angedeutet hat, lässt sich ein Großteil der Kodierungen, konkret 14 (70,0%), auf Blutungen und deren Stoppen durch Blutgerinnung und durch Erste Hilfe zurückführen, wie Beispiel (62) zeigt. Die Endphase als Kodierung fungiert folglich als Indikator für einen inhaltlichen Schwerpunkt mit Blick auf das Thema Blutbewegung.

(62)   In der Regel kommt die Blutung durch Wundschorfbildung schnell zum Stillstand. (S_214_1_08)

(63)   Blutplättchen und überschüssiges Cholesterin im Blut bleiben hängen und setzen sich fest. (S_212_1_08)

Weitere zwei Vorkommen beziehen sich zudem auf Krankheiten, insofern als die Verstopfung von Blutgefäßen letzten Endes zu Arteriosklerose führt. Eines der beiden Vorkommen ist in Beispiel (63) abgebildet.

Die Unterkategorie Kreislauf wurde insgesamt in 8,0% (n=15) der Bewegungspropositionen kodiert. Eine eingehende Analyse der Vorkommen zeigt, dass in 14 der Vorkommen auch das Lexem *Kreislauf* auftritt. Lediglich in folgendem Beispiel wird Kreislauf über die Formulierungen *immer wieder* und *zurückkehren* enkodiert:

(64)   dass es [das Blut] immer wieder zum Herzen zurückkehrt (S_201_1_05)

Dies bedeutet zusammenfassend, dass bei einer Analyse auf Propositionsebene die aktive Bewegung im Vordergrund steht, die schlussendlich auch auf den Kreislaufcharakter verweist. Explizit thematisiert wird dieser vor allem im entsprechenden Lexem.

Die letzte Unterkategorie für die Phasen der Bewegung ist nicht bestimmbar, dies traf auf 9,6% (n=18) aller Fälle zu. Die Kategorie ergab sich während der Kodierung, da für die Phasenkodierung alle Propositionen kodiert werden sollten. Nicht bestimmbar sind alle Fälle von NON-MOVE. Schwierigkeiten ergaben sich zudem für Propositionen, in welchen über Modalverben die Möglichkeit von Bewegungen angezeigt, letzten Endes aber keine Aussage über tatsächliche Bewegung gemacht wird, wie in Beispiel (65). Ferner ergaben sich auch Zuordnungsschwierigkeiten bei Partizipialattributen wie in Beispiel (66).

(65)   Der Empfänger darf nur Blut erhalten (S_210_1_09)

(66)   die gesamte vom Herzen ausgestoßene Blutmenge (S_201_1_3)

Die Analyse der Phasen ergibt zusammenfassend, dass Bewegung von Blut und Blutbestandteilen in etwa sieben von zehn Fällen als in Bewegung enkodiert wird. Die Phase Kreislauf, die sich induktiv aus den Daten ergeben hat, tritt in ca. einem von zehn Fällen auf. Ihre Enkodierung erfolgt in der Regel durch das entsprechende Lexem *Kreislauf*. Ein fachlicher Aspekt, der der Blutungen und deren Beendung durch Blutgerinnung, findet seine Entsprechung in der Kodierung von Endphasen wieder.

4.2.7 Die Ergebnisse der Schulbuchanalyse im Überblick

Tab. 28: Die Ergebnisse der Schulbuchanalyse im Überblick

Kategorie	Zusammenfassend zeigt sich...
Bewegungstypen	..., dass mit 94,7% (n=178) fast die Gesamtheit der Bewegungspropositionen als MOVE-Ereignisse kodiert wurden und damit die Lageveränderung von Objekten bzw. Figuren im Vordergrund steht.
Aktant: bewegte Figur	..., dass eine bewegte Figur in den vorliegenden Schulbuchdaten in neun von zehn Fällen enkodiert ist. In etwa zwei Drittel der Fälle erfolgt diese über das Lexem *Blut*. Ferner fungieren zahlreiche Bestandteile des Blutes und vom Blut transportierte Stoffe u. Ä. als bewegte Figuren.
Aktant: Verursacher	..., dass in ca. der Hälfte aller analysierten Propositionen ein Verursacher enkodiert ist, wobei die Hälfte der Vorkommen auf *werden*-Passive und unpersönliche *man*-Verwendungen zurückzuführen ist. Neben dieser impliziten Enkodierung kommt explizit dem Herzen eine Schlüsselrolle als Verursacher zu.
Aktant: Referenzobjekt	..., dass im Vergleich zu den beiden Aktantengruppen bewegte Figur und Verursacher in den Schulbuchdaten verhältnismäßig viele Referenzobjekte auftreten, wobei es sich hierbei semantisch gesehen vornehmlich um menschliche Organe bzw. Organbestandteile, Blutgefäße und Körperteile des Menschen handelt.
Weg: Quelle, Meilenstein und Ziel	..., dass Blutgefäße als wichtiges semantisches Feld in allen drei Kategorien auftreten, allerdings in keiner Kategorie anteilig so häufig wie für die Meilensteine. Herz und Herzbestandteile sind vor allem im Kontext von Quelle und Ziel relevant. Innere Organe als semantisches Feld werden häufig als Ziele enkodiert.

Kategorie	Zusammenfassend zeigt sich…
Weg: Grund	…, dass die Grundkodierung mit 25,4% (n=47) ca. ein Viertel aller Bewegungspropositionen betrifft.
Weg: Ort	…, dass in den drei identifizierten BE_{LOC}-Propositionen je eine Ortsangabe identifiziert wurde.
Bewegungsspezifizierung (BewSpez)	…, dass so gut wie in jeder Bewegungsproposition ein Aspekt der Art und Weise von Bewegung enkodiert wurde. Für die Gesamtheit der Propositionen betrifft dies 93,1% (n=175). Die Ursache wird mit 17,6% (n=33) in etwas weniger als einem Fünftel der Propositionen enkodiert. Die Richtung ist mit 55,9% (n=105) in etwas mehr als der Hälfte der Kodierungen enkodiert. Angaben zu Transportmitteln wurden schließlich in 10,1% (n=19) der Propositionen gemacht.
BewSpez: Art und Weise	…, dass die Art und Weise in fast allen Propositionen enkodiert ist und Verben dafür entsprechend der theoretischen Ausführungen eine wesentliche Rolle spielen. Bei einem Viertel der Verb-Lemmata handelt es sich um Fortbewegungsverben.
BewSpez: Ursache	…, dass in der Regel die Ursachenbeschreibung in umfangreicheren Wortgruppen erfolgt ist, die sich inhaltlich grob in zwei Gruppen gliedern lassen. Einerseits steht die Bewegung des Blutes im Vordergrund. Andererseits wird die Ursache dafür fokussiert, dass Blutungen beginnen bzw. enden.
BewSpez: Richtung	…, dass Richtung im Kontext der Blutbewegung mit Blick auf das Referenzobjekt *Körper* für jede Proposition rekonstruiert werden muss. Die Enkodierung der spezifischen Richtung von Kreislauf ergibt sich aus der expliziten Verwendung von *Kreislauf* und der Verwendung von *zurück* als Indikator für einen Kreislauf. Ein weiterer Schwerpunkt ist der Stoffaustausch über die Verben *aufnehmen*, *abgeben* und *austauschen* sowie vereinzelt über *durch*.
BewSpez: Transportmittel	…, dass erwartungsgemäß *Blut* am häufigsten als Transportmittel kodiert wurde. Darüber hinaus fungieren Blutbestandteile und Blutgefäße als Transportmittel.
Zeit	…, dass die Enkodierung von zeitlichen Aspekten im Schulbuch so gut wie keine Rolle spielt, was sich in den sehr geringen Kodierungen von 2,7% (n=5) widerspiegelt.
Bewegungsphase	…, dass Bewegung von Blut und Blutbestandteilen in etwa sieben von zehn Fällen als in Bewegung enkodiert wird. Die Phase Kreislauf, die sich induktiv aus den Daten ergeben hat, tritt in ca. einem von zehn Fällen auf. Ihre Enkodierung erfolgt in der Regel durch das entsprechende Lexem *Kreislauf*. Ein fachlicher Aspekt, der der Blutungen und deren Beendung durch Blutgerinnung, findet seine Entsprechung in der Kodierung von Endphasen wieder.

4.3 Schriftlicher fachlicher Input – Tafelanschriebe

Im Folgenden werden die Ergebnisse zur Analyse der Tafelanschriebe vorgestellt. Da es sich um eine sehr geringe Fallzahl handelt, erfolgt die Auswertung in Form einer Zusammenfassung wesentlicher Aspekte.

4.3.1 Die Tafel im Unterricht

Tabelle 29 gibt einen Überblick über die sechs Tafelbilder der Unterrichtseinheit.

Tab. 29: Übersicht zu den Tafelbildern im SFI

Bezeichnung	Stunde	Thema/Inhalte	Beteiligte Akteure	
			Lehrerin 03081L01	SchülerInnen der 03081
TB1-V02	03081V02	Mindmap zum Thema Blut	✓	✓
TB2-V03	03081V03	Aufgaben zum Themenfeld Blut und Blutkreislauf	✓	
TB3-V03	03081V03	Aufbau des Herzens (wird am Overhead-Projektor besprochen und Begriffe an Tafel notiert) in Stichpunkten untereinander angeschrieben (nach Aufforderung der Lehrerin 03081L01)		✓
TB4-V04	03081V04	Lückentext zum Blutkreislauf	✓	✓
TB5-V05	03081V05	Test - Aufgabenformulierung	✓	

Die Übersicht zeigt, dass im Laufe der Unterrichtseinheit geplante und ungeplante Tafelarbeit stattfindet und daran sowohl die Lehrerin 03081L01 als auch die SchülerInnen der 03081 beteiligt sind. Zur Illustration wird nachfolgend die Mindmap aus 03081V02 als ungeplanter Tafelanschrieb dargestellt (vgl. Abbildung 43).

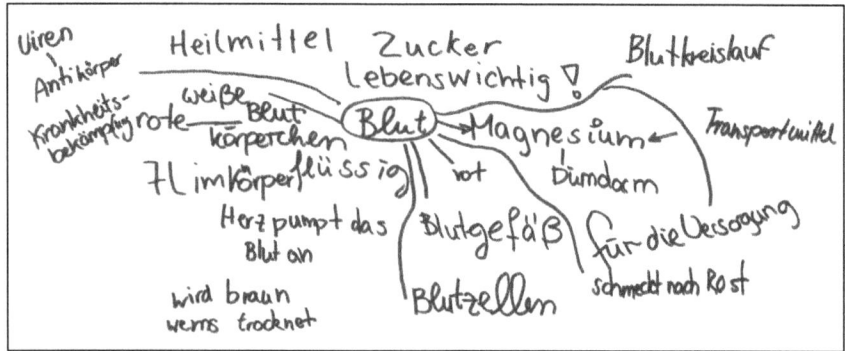

Abb. 43: TB1-V02 (Transkription)

Das Tafelbild TB1-V02 verdeutlicht, dass die SchülerInnen bereits über ein Vorwissen zum Thema *Blut* verfügen. Für die Tafelnutzung während der Unterrichtseinheit ist festzuhalten, dass sie in jeder Doppelstunde genutzt wird und somit ein für den Unterricht zentrales Medium zu sein scheint.

4.3.2 Enkodierung von Bewegung in Tafelanschrieben

In den sechs Tafelbildern wurden insgesamt 17 Bewegungspropositionen identifiziert. Es handelt sich folglich um eine geringe Anzahl an Bewegungspropositionen, die an der Tafel dokumentiert bzw. festgehalten werden. Aufgrund dessen werden im Folgenden keine Prozentwerte angegeben.

15 der 17 Vorkommen stellen MOVE-Propositionen, zwei BE$_{LOC}$-Propositionen dar. Diese beiden beziehen sich auf das Blut bzw. die Blutmenge im menschlichen Körper:

(67)   Blut – 7 l im körper (TB1_V02_01)
(68)   Wieviel Blut hat ein Mensch? (T2_V03_02)

Eine Analyse der Aktanten ergibt, dass 12 bewegte Figuren enkodiert sind, wobei Blut als einfaches Lexem oder als Kompositum *Blutkreislauf* mit sechs Vorkommen am häufigsten als bewegte Figur auftritt. Lediglich in einem Fall ist ein Verursacher für die Bewegung angegeben. Es handelt sich um das Herz:

(69)   Herz pumpt das Blut an (TB1_V02_02)

Ferner treten ebenso viele Referenzobjekte wie bewegte Figuren auf. Unter den 12 Vorkommen fungieren am häufigsten *Blutgefäße* (n=5), *Mensch* (n=2) und *Körper* (n=2) als Referenzobjekte. In fünf der 12 Fälle treten die Referenzobjekte in einer Präpositionalphrase auf.

Analysiert man den Weg für die 15 MOVE-Propositionen, so zeigt sich, dass in einem Fall eine Quelle enkodiert ist, allerdings davon abgesehen weder Meilensteine noch Ziele. Demgegenüber gibt es acht Grund-Angaben. In fünf dieser acht Fälle handelt es sich um Blutgefäße. In beiden BELOC-Propositionen ist ein Ort angegeben – *Körper* und *Mensch*, vgl. auch Beispiel (67) und (68).

Die Auswertung der Spezifizierung der Bewegung ergibt, dass in 14 Bewegungspropositionen Informationen zur Art und Weise und in neun Bewegungspropositionen Hinweise zu Richtung enkodiert sind. Enkodierungen von Ursache und Transportmittel finden sich nicht.

Bezüglich der Bewegungszeit wird deutlich: In keinem Fall wurde eine Kodierung für Zeit oder für die Wiederholung einer Bewegung vorgenommen. Die Verteilung auf die Bewegungsphasen gestaltet sich wie folgt:
– Bewegungsbeginn: eine Kodierung
– in Bewegung: sechs Kodierungen
– Ende der Bewegung: eine Kodierung
– Kreislauf: sieben Kodierungen
– Phase nicht bestimmbar: zwei Kodierungen

Das bedeutet, dass die inhaltlichen Schwerpunkte das in Bewegung sein sowie der Kreislauf als spezifische Form der Bewegung bilden.

Zusammenfassend zeigt sich für den SFI in Form von Tafelanschrieben eine recht geringe Fallzahl von 17. Die Aktanten bewegte Figur sowie Referenzobjekt spielen bei der Enkodierung eine wesentliche Rolle, Verursacher werden jedoch so gut wie gar nicht enkodiert. Auch Wegspezifizierungen im Sinne von Quelle, Meilenstein und Ziel treten in den Hintergrund. Allerdings ist etwa in der Hälfte der Propositionen ein Grund angegeben und in beiden BE$_{LOC}$-Propositionen ein Ort. Eine Spezifizierung der Bewegung erfolgt für Art und Weise sowie Richtung, aber in keinem Fall für Ursache und Transportmittel. Auch wurden keine Kodierungen für die Unterkategorien Zeit und Wiederholung der Bewegung vorgenommen. Die Auswertung der Bewegungsphasen ergibt, dass die aktive Bewegung und die spezifische Kreislauf-Bewegung fokussiert werden.

4.4 Mündlicher fachlicher Input (MFI)

In diesem Teilkapitel werden die Ergebnisse der MFI-Analyse vorgestellt. Während der Untersuchung dieser Daten ergab sich ein Aspekt, der zwar für die SFI-Daten keine Bedeutung hatte, aber für die Unterrichtseinheit wesentlich ist. Im Rahmen dieser kamen eine Reihe von Metaphern zum Einsatz. Diese werden in 4.4.1 gesondert vorgestellt und besprochen. In 4.4.2 wird ein allgemeiner Überblick über die Bewegungspropositionen der Unterrichtseinheit gegeben. Die weitere Ergebnisdarstellung folgt im Wesentlichen der Gliederung zum SFI: Der eigentlichen Ergebnisdarstellung geht jeweils eine kurze Charakterisierung der Kategorie voraus (vgl. 3.3.4.2.1) sowie die Ausführungen im Analysemanual im Anhang). Daran schließt sich eine deskriptiv-statistische Auswertung an, die in weiterführenden auch qualitativen Analysen vertieft wird.

Die Analyse der Unterrichtseinheit V02 bis V05 ergab die Identifizierung von insgesamt 268 Bewegungspropositionen. Ebenso wie im SFI werden im MFI Einzelkonzeptnennungen berücksichtigt. Sie bestehen aus einem Wort. Dabei handelt es sich in allen Fällen um Komposita. Sie werden im Folgenden als Einwortpropositionen bezeichnet. Kennzeichnend für diese Einzelkonzeptnennungen ist, dass sie für das Unterrichtsthema und die Enkodierung von Bewegung besonders zentrale fachliche Aspekte in verdichteter Form beinhalten. Die wichtigsten und häufigsten Einzelkonzeptnennungen sind *Blutkreislauf*, *Lungenkreislauf*, *Körperkreislauf* sowie *Gas-* und *Stoffaustausch*. Um diese erfolgreich zu dekodieren bedarf es des entsprechenden Fachwissens. Sie treten sowohl als Teil von Propositionen auf, die keine weitere Nähe zum Aspekt Bewegung aufweisen, als auch als Teil von solchen, die weitere Bewegungsvorgänge enkodieren, auf. Von den 268 im Schulbuch identifizierten Propositionen handelt es sich in 94 Fällen um solche Einwortpropositionen. Sofern nicht anders angegeben beziehen sich alle Ergebnisdarstellungen im Folgenden auf diese Grundgesamtheiten. In der Darstellung der Ergebnisse werden ebenfalls in gleicher Weise wie für den SFI bei Beispielen zehnstellige Laufnummern, bestehend aus Buchstaben und Zahlen, in Klammern angegeben, die keine inhaltliche Bedeutung haben, aber eine eineindeutige Zuordnung und Rückbindung zur Fundstelle in MAXQDA ermöglichen, z.B. U_V04_L_13.

4.4.1 Metaphern im MFI und ihre Rolle für die Enkodierung des Bewegungskonzepts

Im Rahmen des 1. Analyseschritts (vgl. 3.3.4.1 und Analysemanual im Anhang) eröffnete die Identifizierung der Bewegungspropositionen im MFI einige Zweifelsfälle, die hier unter dem Thema „Metaphern"[169] zusammengefasst dargestellt und diskutiert werden. In der Regel wurden sie für die Analyse im 2. Schritt ausgeschlossen, geben jedoch wichtige Hinweise auf die sprachliche Enkodierung des fachlichen Inputs.

Es handelt sich im Wesentlichen um sechs Metaphern, die in unterschiedlichem Maße und Umfang in den Daten vorkommen:

1. Pfeile als Stellvertreter für Bewegung und bewegte Figur
2. Farben als Stellvertreter für die bewegte Figur
3. Venenklappen sind wie Supermarkttüren
4. „wir sind jetzt in den Lungenbläschen"
5. „stärker helfen und arbeiten"
6. „Stell' dir vor, dass du ein winziges Sauerstoffmolekül bist."

Die SchülerInnen sollen während der Auseinandersetzung mit dem Kreislauf jeweils die Stationen, die das Blut durchläuft, aufschreiben und einen Pfeil dazwischen setzen:

> so jetzt machter_n PFEIL, so_n klein pfeil. [...] linke herzkammer und so_n klein (-) waagerechten pfeil, ja ↑ .
>
> (03081L01, V04, Zeile 1423ff.)

Diese Pfeile indizieren die Bewegung des Blutes von Station zu Station. Dies wird in der Regel sprachlich nicht weiter explizit thematisiert. Es geht dabei scheinbar vornehmlich um das Kennen(lernen) der Landkarte *Körper*. Lerngegenstand sind also in erster Linie die Stationen, nicht notwendigerweise die Bewegung oder gar die Art und Weise dieser. Im Buch entspricht dies einerseits den beschrifteten Abbildungen und andererseits sprachlichen Formulierungen im Sinne von *Das Blut fließt aus der linken Herzkammer in die Aorta*, die hier entsprechend verkürzt bzw. reduziert werden. Blut als Aktant wird in der Regel

---

169 Als Metapher wird die Übertragung eines Wortes in eine uneigentliche Bedeutung, einen bildlichen Ausdruck bezeichnet (Vollers-Sauer 2005: 388). Lakoff & Johnson zeigen, dass Metaphern nicht nur Teil eines poetischen Diskurses sind, sondern auch zahlreiche Ausdrucksweisen der Alltagssprache metaphorischer Natur sind (Bellavia 2010: 210f.; Lakoff & Johnson 1980). Sie argumentieren für die Theorie des erfahrungsbasierten Verstehens, der zufolge Erfahrungen die Grundlage für unser Verständnis bilden, was in vielen Wissensgebieten weitgehend imaginativ durch die Verwendung von Metaphern, Analogien oder Metonymien erfolgt. Sie unterscheiden verkörperte Vorstellungen, die durch unmittelbare Interaktion von Körper und Hirn mit der physischen und sozialen Umwelt entstehen, und imaginativen Vorstellungen, die dann entstehen, wenn unmittelbare Begegnungen und Interaktionen nicht möglich sind (Riemeier et al. 2010: 78).

sprachlich nicht enkodiert. Gleiches gilt für die Enkodierung von Art und Weise der Bewegung. Häufig handelt es sich verbal-sprachlich gesehen aufgrund dessen nicht um eine Enkodierung von Bewegung. Deshalb wurden solche Äußerungen in der Regel für die Analyse ausgeschlossen. Sie stellen jedoch ein Beispiel für die non-verbale Enkodierung von Bewegung dar, im Rahmen derer Verben kaum eine bzw. keine Rolle spielen (vgl. Diskussion in 2.3.5.3).

In diesem Zusammenhang ist eine weitere Metapher von Interesse. Im Rahmen der Unterrichtseinheit spielen die Farben Rot und Blau eine wesentliche Rolle. Rot steht für das sauerstoffreiche Blut und Blau für das sauerstoffarme Blut. Diese „Farbkodierung" findet sich auch im Schulbuch in Abbildungen, die gleichzeitig anzeigen, um welche Blutgefäße es sich handelt. Sie wird jedoch nicht erklärt. Im Unterricht werden die SchülerInnen angehalten, bestimmte Stationen, z.B. die Lungenvene, mit der entsprechenden Farbe zu markieren. Sprachlich fungieren diese beiden Farben, genau genommen, als Stellvertreter für die bewegte Figur Blut, wobei im Fokus jeweils der Gasaustausch steht – das bedeutet die bewegten Figuren Sauerstoff und Kohlenstoffdioxid, wie sich an folgendem Beispiel illustrieren lässt:

> 03081L01   <so bis wohin könnt_ihr GANZ sicher sein, dass es [/] (-) dass wir ROT unterstreichen, also SAUERSTOFFREICH (1.0) bis zu welchem [/] bis zu welcher staTION. ↑ <fragend>> (-) 03081S16
> 03081S16   äm äm geht bis gasaustausch.
> 03081L01   joa eigentlich schon. bis gasaustausch also kapi[/] bis bis kapiLARN ne ↑. kapillarn machen_wer halb ROT (1.4) und halb BLAU genau so is_es.
> 03081S17   und halb blau.
>
> (V04, Zeile 1655ff.)

In der sprachlichen Enkodierung tritt in diesem Kontext die Bewegung zurück. Im Fokus stehen die Farben. Dabei ist für die Vermittlung entscheidend, inwiefern alle SchülerInnen in der Lage sind, diese Metapher zu dekodieren, das heißt zu verstehen, dass es sich sowohl bei Rot als auch bei Blau um Bezeichnungen für Blut handelt, wobei die unterschiedliche Farbmarkierung eine unterschiedliche Zusammensetzung indiziert, die keine Entsprechung in der menschlichen Physiologie hat. Kohlenstoffdioxidreiches Blut ist nicht blau.

Es wird folglich davon ausgegangen, dass alle SchülerInnen die beiden Metaphern Rot/Blau und Pfeile angemessen im Sinne der Bewegung des Blutes durch den Körper dekodieren können. Sprachlich findet jedoch nur selten eine Enkodierung von Bewegung statt. Sie tritt somit als Teilaspekt des Fachthemas in den Hintergrund.

Ferner ist die *Supermarkttüren*-Metapher zu erläutern, welche 03081L01 zur Erläuterung der Funktionsweise der Venenklappen verwendet:

03081L01 SEHR schön.=03081S17 entschuldige bitte ich hab dich voll überSEHN da vor-
ne. die VE:nenKLAPPEN. genau. IN den VE:nen sind sone klappen drin (.) das
sin türn, (.) die wir uns vorstellen müssen wie im SUPERmarkt. <<läuft nach
vorn um den Vorgang zu verdeutlichen> wenn ich RANtrete an die tü:r, (---)
und dagegen gehe, (-) dann geht die AUF; ne?> <<läuft noch einen Schritt vor>
wenn ich dann DURCHgetreten bin> <<läuft zurück> und ich geh WIEder (.) zurück (.) an diese tür RA_an,> was machtn die dann in den aller meisten fällen?
03081S01 ((meldet sich))
03081S?? °stoppt.°
03081S01 bleibt zu.
03081L01 GEHT zu_und BLEIBT zu. genauso isses. und SO is das mit diesen
tasch[/]((schaut zur Folie und hebt die Hände)) (---) taschenklappen?
03081S17 ((schüttelt den kopf))
03081L01 (-) venenkl[/] venen[/]
03081S17 ((nickt))
03081S?? ((räuspert sich))
03081S17 klappen.
03081L01 venenklappen.

(V04, Zeile 348ff.)

Zur Erläuterung der Funktion der Venenklappen nutzt die Lehrerin das Vorwissen der SchülerInnen aus vertrauten Alltagssituationen, hier der Funktionsweise von Supermarkttüren, und transferiert dieses auf das Bewegungsmodell des
Blutes im menschlichen Körper. Um ihren SchülerInnen den Transfer zu erleichtern und die damit einhergehenden Verstehensprozess abzusichern, inszeniert
sie sich als Teil des Models, hier als Blut, und hinterfragt in Analogie zur Funktionsweise von Supermarkttüren die der Venenklappen. Verbal-sprachlich gesehen handelt es sich hierbei um eine komplexe Metapher, welche die Bewegung des Blutes bzw. von Blutbestandteilen im übertragenen Sinn, nicht im
literalen Sinn, versprachlicht, und daher nicht im Fokus der vorliegenden Arbeit steht. Interessant wäre, zu untersuchen, inwiefern diese Metapher die
SchülerInnen im Verständnis der Funktionsweise von Venenklappen unterstützt.

Eine weitere Metapher, die ähnlich der *Supermarkttüren*-Metapher durch
Personalisierung gekennzeichnet ist, illustrieren folgende Beispiele:

wir sind jetzt in einer ZELLE. < und was hat hier grad stattgefundn. ↑ <fragend>>

(03081L01, V04, Zeile 2038f.)

wir sin_in der LUNGkapilLARE gewesn und fließen jetzt weiter.

(03081L01, V04, Zeile 1927f.)

Solche Äußerungen werden vornehmlich von der Lehrerin getätigt. Sie lassen
zwei Interpretationsmöglichkeiten zu: Erstens könnte im Sinne der Supermarkt-

tür-Metapher das *wir* als Stellvertreter für die bewegte Figur Blut stehen, was insbesondere das erste Beispiel nahe legt. Zweitens dienten die Äußerungen auch der Aufmerksamkeitssteuerung der SchülerInnen und könnten eine eher arbeitsorganisatorische Funktion haben, die ähnlich einer Unterrichtsagenda festhält, wo man sich im Unterrichtsplan befindet. In diesem Fall handelt es sich um eine „neue" bewegte Figur, die nicht auf Blut oder Blutbestandteile verweist. Insbesondere die bewegte Figur als Teil der Enkodierung von Bewegung, die hier durch *wir* ersetzt oder verschlüsselt wird, tritt hierbei in den Hintergrund. Im zweiten Beispiel übernimmt 03081L01 die Ausdrucksweise aus dem Hörtext (vgl. 4.4.1).

Eine weitere Metapher ergibt sich im Unterricht durch die Frage nach der Arbeitsweise des rechten und des linken Herzmuskels, die aufgrund unterschiedlich starker Pumpfunktion unterschiedlich dick sind. Dabei wird danach gefragt, welcher Muskel ‚mehr arbeiten' muss bzw. ‚stärker' ist:

> das heißt wer muss STÄRker arbeiten? der linke oder der rechte?
>
> (03081L01, V04, Zeile 626f.)

> DER wird immer GRÖ:ßer und grö:ßer. genauso isses. und das sieht man also auch hier, (-) an der wand, [/] (-) an der wandSTÄRKE der muskulaTU:r, WELcher muskel hier (.) der stärkere oder der der st[/] am !STÄRKSTEN! AR:beitende (--) ist (.) in diesem fall. (.) okey.
>
> (03081L01, V04, Zeile 643ff.)

Hier wird die Pumpfunktion des Herzens und spezifisch des Herzmuskels, der mitverantwortlich für die Bewegung des Blutes ist, über *arbeiten* verbildlicht. Erneut tritt die Enkodierung von Bewegung in den Hintergrund.

Schließlich wird im Rahmen der Unterrichtseinheit auch ein Hörtext zum Thema „Die Reise eines Sauerstoffmoleküls durch den Körper" bearbeitet.[170] Hierbei handelt es sich um einen Lückentext, der vorgespielt wird. Er beginnt mit dem Satz „Stell' dir vor, dass du ein winziges Sauerstoffmolekül bist." In der Folge wird unter Zuhilfenahme zahlreicher Metaphern, Bilder und Vergleiche der Weg beschrieben. Als Beispiel kann die Beschreibung der Flüssigkeit Blut dienen: „Sie fließt in einem schmalen Bach, und du fließt langsam mit. Der Bach ist salzig, enthält aber auch runde süße Zuckermoleküle. Viele rote, runde Scheibchen treiben an dir vorbei."

Zusammenfassend zeigt sich, dass im Unterricht eine Reihe von Metaphern in der Vermittlung des Fachthemas verwendet werden, die alle im Wesentlichen

---

170 Aufgrund der umfangreichen Metaphorik, die nicht Fokus der Arbeit war, wurden der Hörtext und das entsprechende Arbeitsblatt von der Analyse ausgeschlossen.

der Veranschaulichung – und wahrscheinlich auch der Reduzierung von Komplexität – dienen. Darüber hinaus haben sie auch das Potenzial eine Brücke zwischen Alltagsvorstellungen der SchülerInnen (vgl. Gebhard 2010; Gropengießer 2003) und fachspezifischen Konzepten zu bauen, wie die *Supermarkttüren*-Metapher veranschaulicht. In der verbal-sprachlichen Enkodierung tritt im vorliegenden Fall dabei häufig die Enkodierung von Bewegung in den Hintergrund bzw. ist den Äußerungen nur noch bedingt inhärent. Dies liegt vermutlich darin begründet, dass die Vermittlung im Kontext dieser Metaphern andere fachliche Aspekte fokussiert. Ein Großteil der entsprechenden Äußerungen wurde im Rahmen des 1. Analyseschrittes für die weitere Analyse ausgeschlossen. Da der Verwendung der soeben vorgestellten Metaphern im Unterrichtsgeschehen jedoch eine wichtige Funktion zukommt, wurden sie an dieser Stelle eingehender betrachtet. Darüber hinaus veranschaulichen die Metaphern, wie vielfältig und komplex die Enkodierung von Bewegung erfolgen kann.

4.4.2 Bewegung im Unterricht

An dieser Stelle wird ein erster allgemeiner Überblick über die Verteilung der im MFI auftretenden Bewegungspropositionen gegeben. Dabei interessiert einerseits, welche Sprecher maßgeblich für die Äußerung von Bewegungspropositionen verantwortlich sind. Andererseits wird ausgewertet, wie sich die 268 Vorkommen auf die vier Doppelstunden aufteilen.

Es werden für die Analyse drei Sprechergruppen unterschieden:
1. LehrerInnen
2. SchülerInnen
3. Ko-Konstruktionen

Die erste Gruppe beinhaltet in den vorliegenden Daten ausschließlich Äußerungen von der Lehrerin 03081L01. Die zweite Gruppe betrifft die 25 SchülerInnen der Klasse 03081. Die Kategorie Ko-Konstruktion ergab sich aus der Schwierigkeit der eindeutigen Zuordnung von Bewegungspropositionen zu einzelnen SchülerInnen oder der Lehrperson. Beenden SchülerInnen angefangene Äußerungen der Lehrperson oder anderer SchülerInnen bzw. führen sie diese weiter, dann wird dies als Ko-Konstruktion bezeichnet:

(70)   03081S15 na und noch äm die NÄHRstoffe werden auch durch die
         blut [/] blutkreislauf [/]
         03081L01 transportiert. (U_V03_K_01)

Lehrerfragen werden im Rahmen der vorliegenden Arbeit als eigenständige Bewegungsproposition angesehen, ebenso Antworten von SchülerInnen auf solche Fragen.

Von den 268 Bewegungspropositionen im MFI entfallen 58,6% (n=157) auf 03081L01, 39,9% (n=107) auf SchülerInnen der Klasse 03081 und 1,5% (n=4) auf Ko-Konstruktionen. An drei der vier Ko-Konstruktionen ist die 03081L01 beteiligt. Das bedeutet, dass 03081L01 anteilig den meisten MFI mit Bezug zum Bewegungskonzept liefert. Diese Ergebnisse stimmen also weitgehend überein mit Untersuchungen zum Verhältnis von Redeanteilen von Lehrkraft und SchülerInnen (vgl. 2.1.4.3). Sie beziehen sich auf Plenumsphasen und Schülerpräsentationsphasen. Gruppenarbeitsphasen wurden für die Auswertung nicht berücksichtigt.

Lässt man Ko-Konstruktionen außer Acht und analysiert man die Verteilung über die vier Doppelstunden hinweg, dann zeigt sich wie in Abbildung 44 dargestellt, dass die Bewegungspropositionen nicht gleichmäßig auf die Stunden verteilt sind. Demzufolge werden mit Abstand die meisten Propositionen in V04 geäußert, wobei hier auf 03081L01 mit 114 etwa zweieinhalbmal so viele Vorkommen entfallen wie auf alle SchülerInnen der Klasse 03081 zusammen. In V02, V03 und V04 werden wesentlich weniger Propositionen produziert und das Verhältnis zwischen von der Lehrkraft und von SchülerInnen geäußerten Propositionen ist in V02 und V03 ausgeglichen. In V05 produzieren die SchülerInnen sogar doppelt so viele Bewegungspropositionen wie 03081L01. Die geringe Auftretenshäufigkeit von Bewegungspropositionen lässt sich für V02 damit erklären, dass nur ein Drittel der Doppelstunde Gegenstand der Analyse ist. Das ausgeglichene Verhältnis könnte darauf zurückzuführen sein, dass die SchülerInnen hier durch die Erstellung der Mindmap auch maßgeblich zum MFI beitragen. Auch geht es darum, das Vorwissen der SchülerInnen zu aktivieren und sichtbar zu machen, sodass ein In-den-Hintergrund-treten der Lehrkraft wahrscheinlich ist. In V03 arbeiten die SchülerInnen in Einzel- und Gruppenarbeit an den Inhalten *Blut*, *Herz*, *Blutkreislauf* und *Blutgefäße* und besprechen dann im Plenum mittels Schülerpräsentation die Blutgefäßarten und den Aufbau des Herzens. Das bedeutet, der Fokus liegt hier vornehmlich auf der Benennung von Herzbestandteilen, nicht auf der Bewegung des Blutes durch diese. In V04 schließlich wird die Blutbewegung insofern fokussiert als u.a. der menschliche Blutkreislauf im Plenum an einem Schaubild erarbeitet und anschließend der Weg des Blutes durch den Körper- und den Lungenkreislauf besprochen wird. Diese Erarbeitung leitet 03081L01 an. Die inhaltlichen Schwerpunkte sowie auch die Sozialform können folglich das vergleichsweise hohe Vorkommen in V04 erklären. In V05 produzieren die SchülerInnen, wie bereits erwähnt, doppelt so viele Äußerungen wie 03081L01. Ursache dafür ist u.a. eine Schüler-präsentation der Ergebnisse der *Blut*-Gruppe (vgl. V03-Beschreibung in 4.1.3).

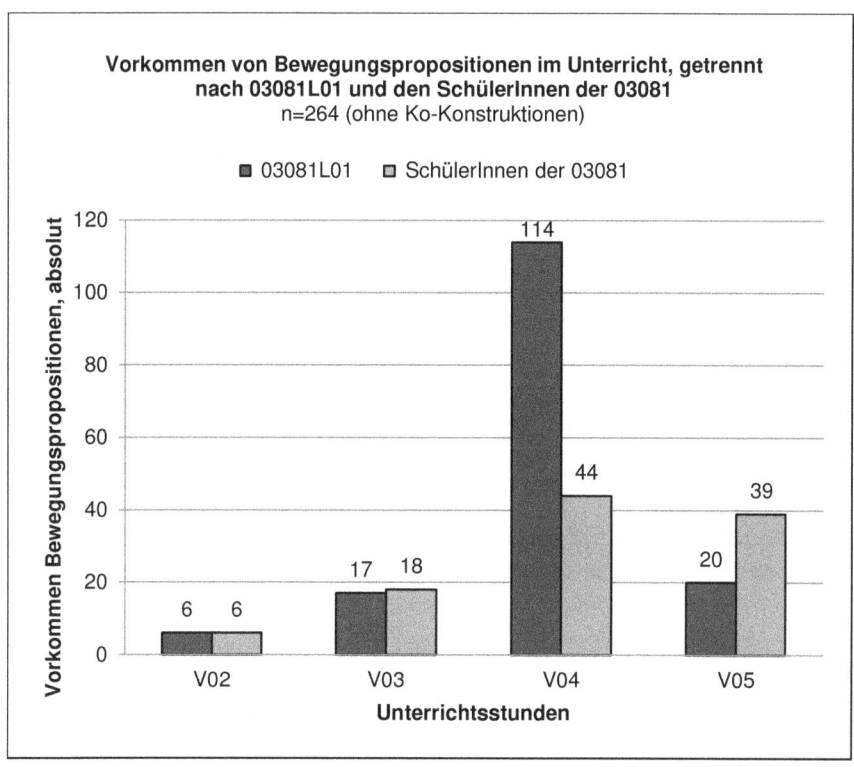

Abb. 44: Vorkommen von Bewegungspropositionen im Unterricht, getrennt nach 03081L01 und den SchülerInnen der 03081

Die SchülerInnen der Klasse 03081 produzieren über die Unterrichtseinheit hinweg 107 Bewegungspropositionen. Dies entspricht etwa vier Propositionen pro SchülerIn (n=25). Allerdings beträgt der Modus 0, da insgesamt acht Schüle-rInnen keine Bewegungsproposition produzieren. Der Median liegt bei 2,5. Die Varianz der Maße der zentralen Tendenz ist ein Hinweis auf eine verhältnismä-ßig hohe Streuung. Eine weiterführende Analyse ergibt, dass auf fünf Schüle-rInnen – 03081S12 (n=16), 03081S14 (n=15), 03081S04 (n=12), 03081S17 (n=9) und 03081S03 (n=8) mehr als die Hälfte aller Bewegungspropositionen entfällt. Diese sind in Tabelle 30 grau markiert. 03081S14 produziert 14 seiner insgesamt 15 Äußerungen in der Doppelstunde V05, im Rahmen derer er gemeinsam mit

03081S15 die Ergebnisse der *Blut*-Gruppe vorstellt. Bei 03081S12, der die meisten Bewegungspropositionen (n=16) produziert, findet sich keine solche Schwerpunktsetzung. Seine Äußerungen verteilen sich wie folgt: drei in V02, eine in V03, sieben in V04 und fünf in V05. Im Unterschied zu 03081S14 stellt er nicht im Rahmen einer Schülerpräsentation vor. Bei der Durchsicht der videographierten Daten sowie beim Durchlesen der Transkripte ergibt sich der Eindruck, dass es sich bei 03081S12 um einen extrovertierten Schüler handelt, der sich rege am Unterricht beteiligt. Die verhältnismäßig hohe Anzahl seiner Propositionen ließe sich damit erklären. Auch die Äußerungen von 03081S04 (n=12) und 03081S03 (n=8) verteilen sich gleichmäßig über die Unterrichtseinheit. 03081S17 produziert insgesamt neun Bewegungspropositionen, wobei sich diese auf V04 (n=3) und V05 (n=6) verteilen.

Tabelle 30 ermöglicht ferner einen Vergleich der geäußerten Bewegungspropositionen mit den C-Test-Ergebnissen der SchülerInnen. Es zeigt sich kein unmittelbarer Zusammenhang. Ähnliches gilt, wenn man die Selbsteinschätzung der SchülerInnen zur Fertigkeit Sprechen im Deutschen berücksichtigt.

Da es sich insgesamt um verhältnismäßig geringe Fallzahlen handelt, sind die Ergebnisse nicht ohne Weiteres verallgemeinerbar. Hinzu kommt: nicht alle SchülerInnen waren zu jeder Doppelstunde anwesend und auch aufgrund der Positionierung der SchülerInnen bei der Videoaufnahme kann eine leichte Verzerrung der Ergebnisse entstehen.[171] „Leicht" insofern als lediglich fünf Propositionen nicht eindeutig einem Schüler bzw. einer Schülerin zugeordnet werden konnten und daher unter 03081S?? subsummiert wurden. Die Ergebnisse beziehen sich auch ausschließlich auf Bewegungspropositionen.

---

[171] Denjenigen SchülerInnen, die im Video nicht zu sehen sind, können Äußerungen häufig mit geringerer Sicherheit zugeordnet werden. Dies betrifft z.B. 03081S07 und 03081S13. Auch aufgrund dessen kann nicht in jedem Fall zweifelsfrei bestimmt werden, ob bestimmte SchülerInnen im Unterricht anwesend waren. Für 03081S20, 03081S23 und 03081S24 in V03 und V05 ist sicher, dass sie nicht am Unterricht teilgenommen haben. 03081S24 war zumindest in V04 anwesend.

Tab. 30: Verteilung der Bewegungspropositionen auf die SchülerInnen der 03081

Schüler-kennung	Geschlecht	Migrations-hintergrund	Anzahl Bewe-gungspropo-sitionen	RF-Wert in %	Selbstein-schätzung Sprechen (Deutsch)
03081S09	Männlich	Nein	0	92	
03081S03	Männlich	Nein	8	91	
03081S18	Männlich	Ja	5	84	
03081S04	Weiblich	Nein	12	83	
03081S05	Weiblich	Ja	2	83	
03081S20	Weiblich	k.A.	0	83	k.A.
03081S10	Weiblich	Nein	0	80	
03081S12	Männlich	Nein	16	79	
03081S06	Weiblich	Nein	7	78	
03081S08 I	Männlich	Nein	5	77	
03081S01	Männlich	Ja	5	76	
03081S19	Männlich	Ja	4	76	
03081S11	Weiblich	Ja	3	73	
03081S13	Weiblich	Nein	0	71	
03081S14	Männlich	Ja	15	66	
03081S21	Weiblich	k.A.	2	63	k.A.
03081S17 I	Männlich	Nein	9	58	
03081S15	Männlich	Ja	4	57	
03081S16 I	Männlich	Ja	2	57	
03081S07[172]	*Männlich*	*Ja*	*0*	*25*	
03081S02	Männlich	Nein	2	k.A.	k.A.
03081S22	Männlich	k.A.	0	k.A.	k.A.
03081S23	Männlich	k.A.	0	k.A.	k.A.
03081S24	Männlich	k.A.	1	k.A.	k.A.
03081S25	Weiblich	k.A.	0	k.A.	k.A.
03081S??	--	--	5	--	--

---

172 0301S07 wird in der Auswertung der C-Tests, wie bereits erläutert, nicht berücksichtigt. Seine Ergebnisse sind an dieser Stelle der Vollständigkeit halber aufgeführt.

Gleichzeitig muss eine geringere Anzahl an geäußerten Bewegungspropositionen nicht unbedingt bedeuten, dass SchülerInnen sich nicht am Unterricht beteiligten. Allerdings scheint diese Anzahl dennoch einen Indikator für die durchschnittliche Beteiligung in den beobachteten Unterrichtseinheiten darzustellen, wie Tabelle 31 aufzeigt. Denn eine Durchsicht der Transkripte ergibt, dass die SchülerInnen, denen keine bzw. in einem Fall eine Bewegungsproposition zugeordnet worden sind, auch verhältnismäßig selten in den Transkripten auftreten.

Tab. 31: Unterrichtsbeteiligung der SchülerInnen, die keine oder eine Bewegungsproposition produzierten

SchülerIn	Vorkommen[173] im Transkript	Anzahl der Bewegungspropositionen
03081S07	26	0
03081S10	24	0
03081S25	22	0
03081S22	12	0
03081S09	6	0
03081S13	6	0
03081S24	2	1
03081S20	0	0
03081S23	0	0

Im Vergleich dazu lässt sich für die SchülerInnen, die die meisten Bewegungspropositionen geäußert haben, eine wesentliche höhere Anzahl an Vorkommen in den Transkripten belegen: auf 03081S12 entfallen 166 Nennungen, auf 03081S14 79 und auf 03081S04 281. Die Vorkommen dieser drei SchülerInnen liegen deutlich über den in Tabelle 31 aufgelisteten SchülerInnen, variieren aber auch stark. 03081S04 z.B. tritt dreimal so häufig in den Transkripten auf wie 03081S14.

---

173 Vorkommen schließt hier die Erwähnung der Schülerkennung in Kommentaren oder die Verwendung durch die Lehrperson u.a. mit ein. Das heißt, die Vorkommen beziehen sich nicht notwendigerweise auf (unterrichtsbezogene) Äußerungen der SchülerInnen und liefern einen verhältnismäßig groben Ankerwert.

Zusammenfassend zeigt sich, dass anteilig die meisten Bewegungspropositionen in der Doppelstunde V04 produziert wurden und die Unterrichtsschwerpunkte und -methoden in den jeweiligen Stunden Einfluss auf die Anzahl der produzierten Äußerungen sowie die SprecherInnen haben. Insgesamt gesehen produziert die Lehrerin 03081L01 mit Abstand die meisten Bewegungspropositionen. Ferner zeigt sich, dass fünf SchülerInnen der Klasse 03081 für mehr als die Hälfte aller Äußerungen stehen und insgesamt acht keine Bewegungsproposition produzieren, wobei dies auch als Indikator für die Beteiligung am Unterrichtsinput in der gesamten Unterrichtseinheit angesehen werden kann. Es lässt sich kein Zusammenhang zwischen C-Test-Ergebnissen sowie den Selbstaussagen zur Fertigkeit Sprechen im Deutschen und der Anzahl der Bewegungspropositionsäußerungen je SchülerIn identifizieren. In der folgenden Darstellung der Ergebnisse wird in der Regel nicht nach Sprecher(gruppe) unterschieden, da die Fallzahlen verhältnismäßig gering sind.

4.4.3 Enkodierte Bewegungstypen im MFI

Als Bewegungstypen werden MOVE, NON-MOVE und BE_{LOC} unterschieden. Als MOVE werden solche Bewegungsproposition kodiert, die die Bewegung bzw. Lageveränderung eines Objekts – der so genannten bewegten Figur – relativ zu einem anderen Objekt enkodieren. Dieses Referenzobjekt muss nicht explizit enkodiert sein. Aus der Datenanalyse ergab sich induktiv die NON-MOVE-Kategorie, worunter Bewegungen verstanden werden, die nicht stattfinden. Unter BE_{LOC} werden Verortungen eines Objekts (der „bewegten" Figur) relativ zu einem anderen Objekt bzw. die statische Beibehaltung eines Ortes durch ein Objekt relativ zu einem anderen Objekt verstanden.

Mit 92, 5% (n=248) entfällt der weitaus größte Teil aller Bewegungspropositionen auf die Kategorie MOVE. Darauf folgen mit 6,3% (n=17) BE_{LOC}- und mit 1,1% (n=3) NON-MOVE-Vorkommen.[174] Alle Einwortpropositionen (n=94) wurden als MOVE-Äußerungen kodiert. Das bedeutet, dass sich das prozentuale Verhältnis für Mehrwortpropositionen im Vergleich zu allen Propositionen verschiebt: 88,5% (n=154) für MOVE-Kodierungen, 9,8% (n=17) für BE_{LOC}-Kodierungen und 1,7% für NON-MOVE-Kodierungen (n=3). Diese Ergebnisse erlauben die Schlussfolgerung, dass die Enkodierung im Unterricht maßgeblich über die Bewegung bzw. Lageveränderung eines Objekts bzw. einer Figur erfolgt. MOVE-Bewegungen stellen demnach die prototypische Variante der

---

174 Aufgrund von Rundungen ergibt sich der Gesamtwert von 99,9%.

Enkodierung hinsichtlich der Bewegungstypen dar. NON-MOVE- und BE_{LOC}-Propositionen sind demnach als Ausnahmen bzw. Sonderfälle aufzufassen. Aufgrund dessen werden diese im Folgenden noch näher analysiert.

Die drei NON-MOVE-Propositionen thematisieren in zwei Fällen die Funktionsweise der Venenklappen (vgl. auch 4.2.2):

(71)   <<deutet mit der hand an> dann gehn die [[Venenklappen]] zu und LASSEN das blut nicht zurück;> (U_V04_L_09)

Zu verstehen, dass Venenklappen eine bestimmte Bewegung verhindern, stellt einen Baustein der komplexen Ursachenzusammenhänge für die Blutbewegung im Körper dar. Die dritte NON-MOVE-Proposition stellt eine Fremdkorrektur[175] einer SchülerInnenäußerung dar. Hierbei handelt es sich demgemäß um eine MFI-spezifische NON-MOVE-Variante.

Die 17 BE_{LOC}-Vorkommen lassen sich unterschiedlichen inhaltlichen Aspekten zuordnen. In sechs Fällen geht es wesentlich um die Beschaffenheit des Blutes im Sinne von sauerstoffreich und sauerstoffarm (72). Die Verortung dient dazu, zu besprechen, wo das Blut diese Eigenschaften aufweist bzw. wechselt. Das heißt, dieser Aspekt ist wesentlich dem Gasaustausch zuzuordnen. Vier der 17 BE_{LOC}-Vorkommen beziehen sich auf das Blut bzw. die Blutmenge im menschlichen Körper (73). Drei weitere Vorkommen beziehen sich auf Blutbestandteile, die im Blut lokalisiert werden (74). In weiteren drei Fällen ist die Lokalisierung Teil Beschreibung des Weges von Blut. Wie Beispiel (75) (BE_{LOC} unterstrichen) zeigt, dient die Lokalisierung dazu, andere Wegespunkte – in diesem Fall eine Quelle – zu erfragen. Hier steht die Lokalisierung auch in unmittelbarer Verbindung mit einer MOVE-Bewegung (*wo kommt das blut her?*). Das letzte der 17 Vorkommen ist schließlich Teil eines Vergleichs des geschlossenen Blutkreislaufs des Menschen mit dem offenen Blutkreislauf von Insekten (76) (. 03081L01 bezieht sich hierbei auf das Vorwissen der SchülerInnen: „ihr erinnert euch bei den inSektn hatten wir einen offenen (-) blutkreislauf. <könnt ihr euch noch dran erinnern. ↑ <fragend>>" (im Transkript V04, 1365ff.).

(72)   < is das blut in der linken herzkammer reich an sauerstoff oder reich an kohlenstoffdioxid. ↑ <fragend>> (U_V04_L_94)

(73)   na vielleicht äh sieben liter blut in unserm körper. (U_V03_S_03)

---

175 In der Regel wird für Korrekturen zwischen Selbst- und Fremdinitiierung und Selbst- und Fremdkorrekturen unterschieden. Für weiterführende Hinweise zu Korrekturen und Feedback vgl. Rost-Roth (2013).

(74) zucker is im blu:t. (U_V02_S_04)

(75) wo kommt <u>das blut</u> her? ↑ (-) <u>das sich in der RECHten herzhälfte</u>
      <u>befindet,</u> (U_VN4_L_02)

(76) da [[offener Blutkreislauf Insekten]] (-) hat man nur dieses HERZrohr
      ne ↑ und dann dieses BAUCHgefäß und dann endete des und dann
      war das blut überall aber nich mehr in diesen blutgefäßen drin.
      (U_V04_L_49)

Zusammenfassend zeigt sich, dass die Enkodierung von Bewegung vornehmlich mittels MOVE-Bewegungen erfolgt. Darüber hinaus ergibt die Analyse der BE$_{LOC}$-Vorkommen, dass diese sehr unterschiedliche Funktionen im Unterricht erfüllen.

4.4.4 Enkodierung der Aktanten im MFI

Für die Enkodierung von Bewegung wurden drei wesentliche Aktantengruppen identifiziert, für welche die Ergebnisse nachfolgend getrennt dargestellt werden. Erstens werden in 4.4.4.1 die Ergebnisse für die Kategorie bewegte Figur, zweitens in 4.4.4.2 für die Kategorie Verursacher und drittens in 4.4.4.3 für die Kategorie Referenzobjekte präsentiert.

4.4.4.1 Der Aktant bewegte Figur im MFI

Die bewegte Figur ist ein bewegtes bzw. ein bewegbares Objekt. Objekt wird hier in einem weiteren Sinn verstanden, insofern als bewegte Figuren auch Menschen, Tiere u. Ä. sein können. Es wird davon ausgegangen, dass die bewegte Figur ein Hauptaktant von Bewegungsereignissen ist und fast alle Bewegungspropositionen mindestens eine bewegte Figur enthalten.

Im untersuchten MFI ist in 28,0% (n=75) aller Fälle keine bewegte Figur enkodiert. In 72,0% (n=193) wurde mindestens eine bewegte Figur kodiert. Dabei entfallen in Bewegungspropositionen auf:

- auf eine bewegte Figur 68,7% (n=184)
- auf zwei bewegte Figuren 2,6% (n=7)
- auf drei bewegte Figuren 0,4% (n=1)
- auf vier bewegte Figuren 0,4% (n=1)

Die Analyse, getrennt nach Einwort- und Mehrwortpropositionen (vgl. Abbildung 45), ergibt, dass in Einwortpropositionen mit 37,2% (n=35) im Vergleich zu

23,0% (n=125) bei Mehrwortpropositionen häufiger keine bewegte Figur enkodiert ist.

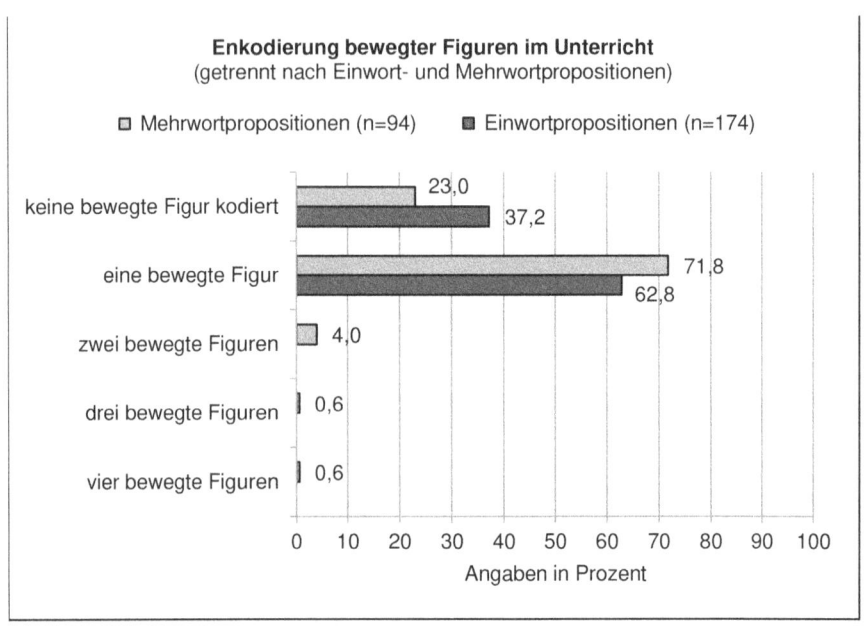

Abb. 45: Enkodierung bewegter Figuren im Unterricht (getrennt nach Einwort- und Mehrwortpropositionen)

Insgesamt wurden im Unterricht n=205 bewegte Figuren enkodiert. Da die Bewegung von Blut und Blutbestandteilen Gegenstand der Untersuchung ist,
muss man davon ausgehen, dass ein Großteil der Kodierungen auf die bewegte
Figur *Blut* entfällt bzw. auf dieses z.B. in Form von pronominalen Verweisen
referiert. Das trifft auf 46,8% (n=96) der Enkodierungen bewegter Figuren zu.
Abbildung 46 zeigt, wie sich diese 96 Kodierungen von Blut zusammensetzen.
Mit 51% (n=49) tritt Blut in der Hälfte der Fälle als einfaches Lexem auf. In
34,4% der Vorkommen (n=33) handelt es sich um ein Kompositum mit *Blut-*. Es
treten dabei zwei Komposita auf: *Blutkreislauf* (n=21) und *Blutgerinnung* (n=12).
Die häufigen Vorkommen von *Blutgerinnung* lassen sich neben der fachlichen
Auseinandersetzung mit diesem Teilaspekt auch auf Probleme in der Aussprache dieses Wortes zurückführen. In V05 wird diese aufgrund von Schwierigkeiten einiger SchülerInnen mehrmals thematisiert und die Aussprache geübt.

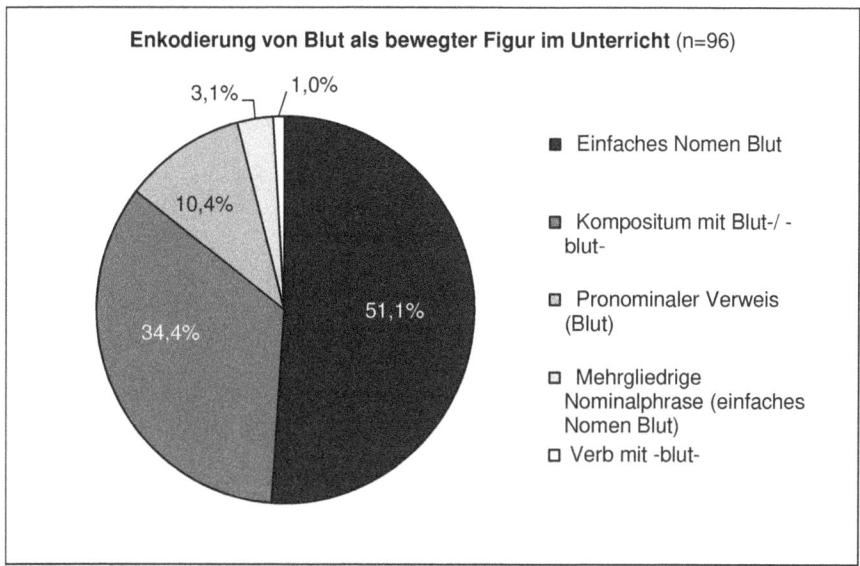

Abb. 46: Enkodierung von Blut als bewegter Figur im Unterricht

In weiteren 10,4% (n=10) der Fälle wird Blut als bewegte Figur mittels eines pronominalen Verweises enkodiert. Fünf Fälle entfallen auf *es* bzw. *es* in Form von Zusammenziehungen am Verb wie *wenns* (U_V04_L109) und vier Fälle entfallen auf *das* sowie ein weiterer Fall auf *dis* (U_V04_S_04).[176] Schließlich machen 3,1% (n=3) Fälle mehrgliedrige Nominalphrasen mit dem einfachen Nomen Blut wie z.B. *sauerstoffreiches blut* (U_V04_L_109) aus. Es handelt sich um eine zweigliedrige und zwei dreigliedrige Nominalphrasen. Schließlich wird in einem Fall (1,0%) das Verb *blutet* (U_V05_S_26) verwendet.

Die Referenz auf *Blut* als bewegter Figur erfolgt im MFI folglich maßgeblich über die Verwendung der Nomen *Blut*, *Blutkreislauf* und *Blutgerinnung*. In 58% (n=109) aller kodierten Fälle sind jedoch bewegte Figuren kodiert worden, die nicht das Lexem *Blut* beinhalten bzw. nicht auf dieses verweisen. Einen Überblick über deren Zusammensetzung gibt Tabelle 32.

---

176 Für weiterführende Hinweise zu d-Pronomen im gesprochenen Deutsch vgl. Ahrenholz (2007).

Tab. 32: Enkodierung der bewegten Figur im Unterricht: andere Lexeme als Blut

	Vorkommen	in Prozent	absolut
1.	Gas	32,1	35
2.	(Abfall-/Ausscheidungs-/Nähr-)stoff	19,3	21
3.	Sauerstoff (auch pronominale Verweise)	16,5	18
4.	Kohlenstoffdioxid (auch pronominale Verweise)	10,1	11
5.	Anderes (z.B. *Medikament*)	9,2	10
6.	W-Frage	3,7	4
7.	Magnesium (auch pronominaler Verweis)	3,7	4
8.	pronominale Verweise auf Arterien	2,8	3
9.	Zucker	2,8	3
	Gesamt	[177]**100,2**	**109**

Am häufigsten fungiert folglich in 32,1% (n=35) aller Fälle *Gas* als bewegte Figur. Darauf folgen mit 19,3% (n=21) (*Abfall-/Ausscheidungs-/Nähr-*)*Stoffe*, mit 16,5% (n=18) *Sauerstoff* und mit 10,1% (n=11) *Kohlenstoffdioxid*. Das bedeutet, dass mit insgesamt 78% drei Viertel der Enkodierungen auf Stoffe bzw. Gase entfallen, die im Blut transportiert werden. Unter dem Stichwort Anderes sind bewegte Figuren zusammengefasst, die ein- oder zweimal kodiert wurden. Beispiele sind *Medikament* und *Wärme*. Interessant sind die vier Vorkommen von W-Fragen. Es handelt sich dabei um Fragen der Lehrerin zum Gas- und Stoffaustausch:

(77)   < WER eigentlich gegen WEN. wer wirdn AUSgetauscht. ↑ <fragend>> (U_V04_L_85)

(78)   < was kommt RAUS ausm blut und was muss REIN ins blut. ↑ <fragend>> (U_V04_L_86 und U_V04_L87)

Insofern wird mittels dieser Fragen der Gas- und Stoffaustausch fokussiert und somit erneut die häufigsten bewegten Figuren tangiert. Auffällig ist weiterhin, dass in drei Fällen Arterien als bewegte Figur kodiert sind. Dies ist fachlich gesehen nicht möglich, da Arterien sich nicht bewegen können. Es handelt sich um eine Aussage von 03081S12, der erklären soll, woran man Arterien erkennt. Diese Aussage (79) wird fragend von 03081L01 (80) sowie anschließend noch

---

177 Der Wert von 100,2% ergibt sich aufgrund von Rundungen.

einmal von 03081S12 wiederholt und dann von 03081S12 selbst berichtigt, wie (81) zeigt:

(79) dass sie [[Arterien]] aus dem blut gehn? (U_V04_S_02)
(80) dass sie [[Arterien]] AUS dem blut gehn? (U_V04_L_04)
(81) nein, dass (.) ähm sie [[Arterien]] dis (.) aus=em HERZ das blut raus(.)bringn(.) (U_V04_S_04)

Da sich die SchülerInnen im Lernprozess befinden, sind, fachlich gesehen, fehlerhafte Äußerungen im MFI wahrscheinlich und zu erwarten. Die Aufgabe in der Rezeption besteht dann für die SchülerInnen darin, korrekte von inkorrekten Äußerungen zu trennen. Dabei kommt, wie obiges Beispiel zeigt, der Lehrperson eine wichtige Rolle zu. Sie ermöglicht in diesem Fall den aktiven Einbezug des Schülers in die Korrekturhandlung durch eine imitierende Frage, die zur Eigenkorrektur anregt.

Zusammenfassend lässt sich festhalten, dass im MFI in ca. sieben von zehn Propositionen eine bewegte Figur enkodiert ist. Es handelt sich dabei im Wesentlichen um zwei Arten von bewegten Figuren: einerseits um Blut in Form der Nomen *Blut*, *Blutkreislauf* und *Blutgerinnung* sowie andererseits um Gase und Stoffe, wie z.B. *Sauerstoff*, die im Blut transportiert werden.

4.4.4.2 Der Aktant Verursacher im MFI

Der Verursacher ist der Aktant, der für die Bewegung verantwortlich ist. Für die vorliegende Untersuchung wurde in Anlehnung an Talmy (2000a; 2000b) zwischen agentiv und selbst-agentiv unterschieden. Agentiv bedeutet, dass bewegte Figur und Verursacher nicht identisch sind, selbst-agentiv hingegen heißt, dass sie identisch sind. In diesem Fall handelt es sich folglich um eine von der bewegten Figur selbst initiierte und durchgeführte Bewegung. Im Rahmen der Analyse ergab sich induktiv die Kodierung auch von Passivformen und *man*-Formen, die einen agentiven Verursacher implizieren, der allerdings nicht explizit eingeführt bzw. benannt wird. Insofern ist diese Kategorie eher als Skala von explizit genanntem Verursacher zu impliziertem Verursacher zu verstehen.

Die Auswertung ergibt, dass im MFI in 23,5% (n=63) aller Bewegungspropositionen ein Verursacher enkodiert ist. In 13,1% (n=35) der Fälle ist dieser agentiv und in 10,4% (28) selbst-agentiv. Ein Vergleich von Einwort- und Mehrwortpropositionen (vgl. Abbildung 47) zeigt, dass in Einwortpropositionen lediglich in einem Fall (1,1%) ein (agentiver) Verursacher enkodiert ist. Im Gegenzug dazu treten in Mehrwortpropositionen in 35,6% (n=62) der Fälle Verursacher auf.

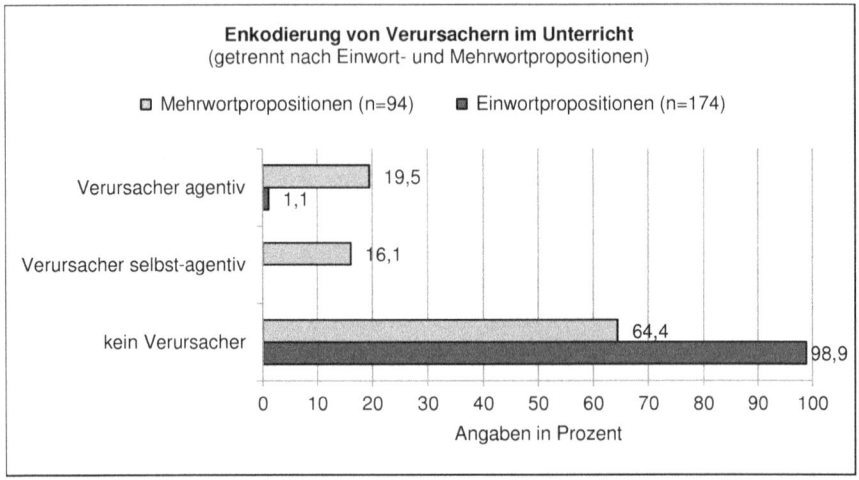

Abb. 47: Enkodierung von Verursachern im Unterricht (getrennt nach Einwort- und Mehrwort-propositionen)

Nach diesem allgemeinen Überblick zur Kategorie wird nun analysiert, welche Aktanten als Verursacher – agentiv wie selbst-agentiv – im MFI enkodiert sind. Abbildung 48 stellt dar, wie sich die agentiven Verursacher im Unterricht zu-sammensetzen. Mit 31,4% (n=11) wurde am häufigsten das *werden*-Passiv ko-diert, das auf einen Verursacher hinweist, der nicht mit der bewegten Figur identisch ist, ohne diesen jedoch explizit zu benennen, wie die folgenden Bei-spiele zeigen (vgl. auch Ausführungen in der Ergebnisauswertung SFI zur Funk-tion des Passivs in 4.2.3.2):

(82) und ich möchte jetzt gerne von euch wissen aus welchem teil des herzens ↑ FÜHRT denn jetz [/] oder wird denn jetz das blut IN den körper gePUMPT. (U_V04_L_58)

(83) würd sagn=weil das [[vermutlich Blut]] ja ins HERZ gepumpt werden muss (U_V04_S_09)

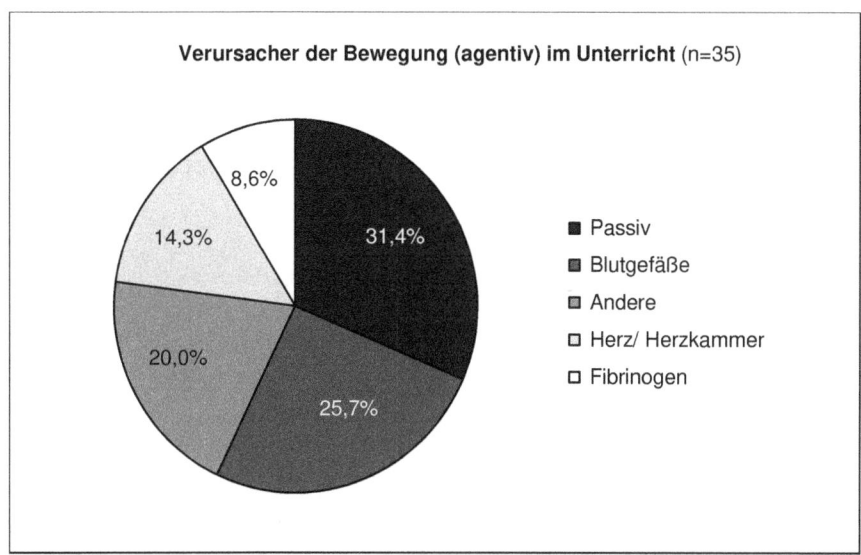

Abb. 48: Verursacher der Bewegung (agentiv) im Unterricht

Explizit als agentive Verusacher benannt werden in 25,7% (n=9) der Fälle Blutgefäße. Für diese als Verursacher lassen sich inhaltlich zwei Schwerpunkte identifizieren. Erstens ist der Gasaustausch, für den die Kapillaren als Verursacher benannt werden, zu erwähnen:

(84)   kapillarn sind die kleinsten:: (-) blutgefäße u:nd ä:m sind für den gasuszu[/] GASAUSTAUSCH zuständig. (U_V05_S_08)

Es handelt sich fachlich gesehen bei den Kapillaren nicht um Verursacher, sondern vielmehr um den Grund bzw. Ort, an dem der Gasaustausch stattfindet. Die Kapillaren als agentive Verursacher werden ausschließlich in Äußerungen von SchülerInnen enkodiert und im Unterricht von 03081L01 nicht weiter thematisiert bzw. aufgegriffen. Einen zweiten inhaltlichen Schwerpunkt bilden die Blutgefäße als Verursacher der Blutbewegung. Und 03081L01 verwendet auch in der Regel *führen*, das auf die zweifache Aufgabe der Blutgefäße als Verursacher und Transportmittel hinweist. Im Einzelfall scheint hier der konkrete Zusammenhang den SchülerInnen jedoch unklar, wie das folgende Beispiel belegt:

(85)   (xxx) die VENN (-) äm führn [/] pumpen das blut immer zum herzen (hin). ↓ (U_V05_S_07)

In der Kategorie Andere, die mit 20% (n=7) die dritthäufigste ist, sind solche Verursacher zusammengefasst, die ein- bis zweimal in den Daten auftreten. Beispiele wären *man* und *Venenklappen*. Mit 14,3% (n=5) steht das Herz bzw. Herzkammern als Verursacher der Blutbewegung an vierter Stelle. Schließlich folgt an fünfter Stelle mit 8,6% (n=3) das Fibrinogen. Es wird als Verursacher für Blutgerinnung benannt, wie Beispiel (86) illustriert:

(86)   fibrinogeun ist für die (--) äm BLUTGERINNUNG. (U_V05_S_32)

Die Äußerung stammt von 03081S18, der Schwierigkeiten mit dem Fachterminus Fibrinogen hat. Dies gilt auch für andere SchülerInnen. Daher wird dessen Aussprache, ähnlich wie für den Terminus Blutgerinnung, geübt, in dem der Terminus mehrmals laut von einzelnen sowie von allen SchülerInnen aufgesagt wird.

In der Kategorie selbst-agentiver Verursacher wurden insgesamt 28 Kodierungen vorgenommen. Da Blut sich selbst nicht bewegen kann, sollte es hier nicht auftreten. Die Auswertung ergibt jedoch, dass es in 67,9% (n=19) Fällen als selbst-agentiver Verursacher kodiert wurde. Dies liegt vornehmlich in der Verwendung der beiden Verben *kommen* (n=12) und *gehen* (n=4), häufig in Kombination mit einer Verbpartikel wie *hin-* begründet. Zwar bieten diese Verben, semantisch gesehen, vielfältige Verwendungsmöglichkeiten und müssen nicht notwendigerweise auf selbst-agentive Verursacher zurückweisen. In den Daten werden sie jedoch in diesem Sinne verwendet, auch wenn bestimmte Einzelfälle, z.B. von *hinkommen*, zu diskutieren wären. Zudem wäre dafür zu argumentieren, dass in der Rezeption häufig die prototypische Verwendung als Fortbewegungsverb und damit die eigenständige Fortbewegung assoziiert wird. Entscheidend für eine fachlich korrekte Dekodierung ist demnach, dass die SchülerInnen verstanden haben, wie das Blut bewegt wird. Denn eine Enkodierung mit *kommen* und *gehen* widerspricht dem fachlichen Bewegungskonzept. Sprachlich bedingt könnte die Vorstellung in den Köpfen der SchülerInnen entstehen, dass das Blut sich selbst bewegt. Folgende Beispiele illustrieren dies:

(87)   äm wo des blut überall hinkommt. (U_V04_S_03)

(88)   Wo gehtn das blut HIN aus der linken herzkammer? (-) letzten ENdes, (U_V04_L_13)

(89)   das [[Körperkreislauf]] heißt, das blut °h kommt AUS dem HERzen IN den körper. und zwar ÜBERALL hin (1.2) in den Körper. (U_V04_L_52)

(90)   <°aus° WELCHEM teil des HERzens kommt das blut !IN! DEN körper. ↑ <fragend>> (U_V04_L_59)

(91) < wo geht das blut JETZ hin. ↑ <fragend>> (U_V04_L_89)

Die Beispiele belegen entsprechend der Datenlage, dass die meisten Verwendungen von *kommen* und *gehen* auf 03081L01 zurückzuführen sind. Sie zeigen
auch, es handelt sich häufig um Fragen und es wird fokussiert, wohin sich Blut
bewegt und nicht wie oder von wem es dorthin transportiert wird. Der Verbgebrauch im MFI könnte einen Versuch der Reduzierung von Komplexität darstellen, denn indem sehr frequente Verben verwendet werden, könnte der gewählte
Weg-Fokus salienter in der Wahrnehmung und Rezeption erscheinen. Es wäre
nicht sprachökonomisch, in jeder Proposition einen Verursacher zu enkodieren.
   Zusammenfassend ist festzuhalten, dass in etwas weniger als einem Viertel
aller Bewegungspropositionen ein Verursacher enkodiert ist. Typischerweise
erfolgt dies in Mehrwortpropositionen. In der Kategorie agentiver Verursacher
wurden am häufigsten das *werden*-Passiv als Verweis auf einen nicht explizit
genannten Verursacher und die Blutgefäße kodiert. Als selbst-agentiver Verursacher wurde am häufigsten *Blut* kodiert. Diesbezüglich stellt sich die Frage,
inwiefern RezipientInnen dies fachlich angemessen dekodieren können bzw. ob
eine solche Enkodierung das fachliche Verständnis erschwert.

4.4.4.3 Referenzobjekte im MFI
Unter Referenzobjekten werden Enkodierungen verstanden, die es ermöglichen,
die bewegte Figur und damit auch deren Bewegung im Raum zu verorten. Sie
bieten RezipientInnen Hinweise zur Orientierung im – ggf. für die Bewegung
spezifischen – Raum.
   Die Analyse ergibt, dass in 50,0% (n=134) aller Propositionen mindestens
ein Referenzobjekt kodiert wurde. Dabei entfallen auf:
– Bewegungspropositionen mit einem Referenzobjekt 42,2% (n=113)
– Bewegungspropositionen mit zwei Referenzobjekten 6,9% (n=16)
– Bewegungspropositionen mit drei Referenzobjekten 1,5% (n=4)
– Bewegungspropositionen mit vier Referenzobjekten 0,4% (n=1)[178]

Insgesamt wurden 161 Referenzobjekte kodiert. Der Mittelwert beträgt 1[179], der
Median 0,5 und der Modus 0. In der Hälfte aller Bewegungspropositionen wurde kein Referenzobjekt angegeben. Analysiert man ausschließlich die Propositi-

---

178 Aufgrund von Rundungen ergibt sich hier ein Wert von 49,9%.
179 Mittelwert gerundet (0,6).

onen, in denen Referenzobjekte kodiert wurden, liegt der Mittelwert weiterhin bei 1[180], Median und Modus betragen ebenfalls 1. Wenn also eine Kodierung in der Kategorie vorgenommen wurde, dann ist in so gut wie jedem Fall genau ein Referenzobjekt angegeben.

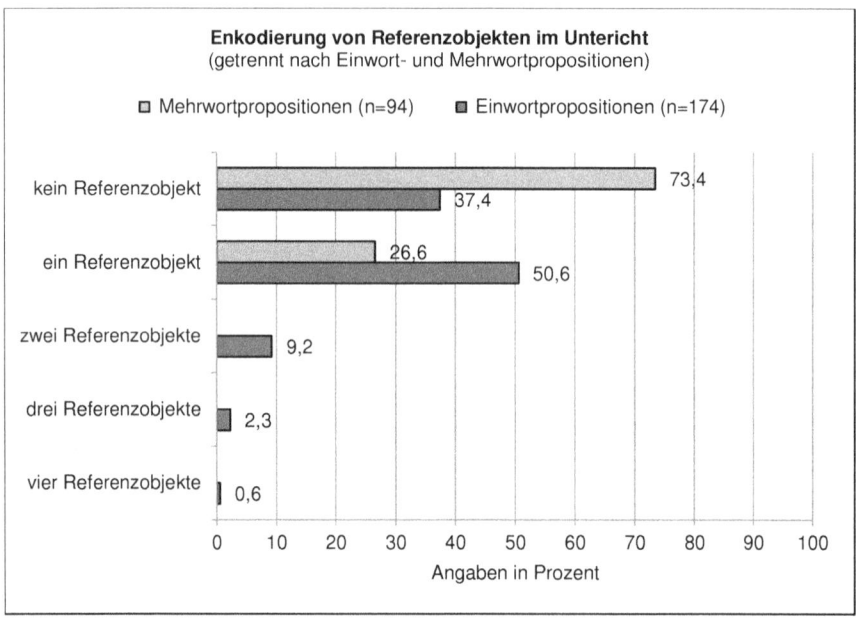

Abb. 49: Enkodierung von Referenzobjekten im Unterricht (getrennt nach Einwort- und Mehrwortpropositionen)

Die Auswertung, getrennt nach Einwort- und Mehrwortpropositionen (vgl. Abbildung 49), ergibt, dass in Mehrwortpropositionen mit 73,4% (n=69) wesentlich häufiger als in Einwortpropositionen mit 37,4% (n=65) kein Referenzobjekt enkodiert ist. In Einwortpropositionen ist mit 50,6 (n=88) in der Hälfte aller Fälle ein Referenzobjekt kodiert worden. In Mehrwortpropositionen betrifft dies 26,6% der Fälle (n=25).

Diese allgemeinen Auswertungen lassen noch keine inhaltlichen Rückschlüsse darauf zu, wer bzw. was als Referenzobjekt kodiert wurde. Eine weiterführende Analyse der Vorkommen ergibt eine Grobgliederung der am häufigs-

---

180 Mittelwert gerundet (1,2).

ten auftretenden Referenzobjekte in vier Gruppen, wie Tabelle 33 veranschaulicht.

Tab. 33: Überblick über semantische Gruppen der häufigsten Referenzobjekte im Unterricht

Gruppe	Vorkommen in Prozent	Vorkommen absolut (n_{Gesamt}=161)
1. Menschliche Organe bzw. Organbestandteile als Referenzobjekte (z.B. *Herz, Lunge, Organ*)	39,8	64
2. Der menschliche Körper in seiner Gesamtheit als Referenzobjekt (*Körper*)	20,5	33
3. Blut als Referenzobjekt (z.B. *Blut, Blutstrom*)	9,9	16
4. Blutgefäße als Referenzobjekte (z.B. *Körperschlagader, Arterie, Vene, Lungenvene, Kapillarwand*)	9,3	15

Am häufigsten fungieren folglich menschliche Organe bzw. Organbestandteile als Referenzobjekte. Dies betrifft 39,8% (n=64) aller kodierten Einheiten. Hierunter sind wiederum das *Herz* bzw. *Herzbestandteile* mit 43 Vorkommen das frequenteste Referenzobjekt. Das könnte darauf hinweisen, dass Kern und Fokus der Blutbewegung im MFI das Herz ist, vermutlich als Ursprung und Ziel. Andere Wegespunkte treten im Kreislauf in den Hintergrund. In der zweiten Gruppe sind Kodierungen des (menschlichen) Körpers in seiner Gesamtheit zusammengefasst. Dabei fungiert dieser vor allem als ein eigenständiger Raum und Kontext für die Blutbewegung. Teil dessen ist allerdings auch die Enkodierung als Zielangabe, wie noch unter 4.2.4.1 zu besprechen ist. An dritter und vierter Stelle folgen mit 9,9% (n=16) und 9,3% (n=15) Blut und Blutgefäße. Beide dienen als räumlicher Rahmen für den Gasaustausch.

Für die Vorkommen von Referenzobjekten im MFI wurde in Analogie zur SFI-Auswertung analysiert, wie viele Referenzobjekte Teil einer Präpositionalphrase sind. Dies betrifft mit 64,0% (n=103) fast zwei Drittel aller Kodierungen. Ein so hohes Vorkommen legt nahe, dass zwischen Referenzobjekten und Präpositionalphrasen ein Form-Funktions-Zusammenhang besteht.

Zusammenfassend zeigt sich für die Kategorie Referenzobjekte, dass in etwa der Hälfte aller Bewegungspropositionen mindestens ein solches enkodiert ist. In der Regel handelt es sich dabei um menschliche Organe oder den menschlichen Körper in seiner Gesamtheit. Diese beiden Gruppen von Referenzobjekten erklären etwa zwei Drittel aller Referenzobjekt-Vorkommen. Weiterhin erweist sich: Mit zwei Dritteln ist der überwiegende Teil der Referenzobjekte Teil einer Präpositionalphrase.

4.4.5 Enkodierung des Weges im MFI

In Abhängigkeit des kodierten Bewegungstyps (vgl. 4.4.3) werden verschiedene Möglichkeiten der Weg-Enkodierung unterschieden. In MOVE- und NON-MOVE-Propositionen können demgemäß Angaben gemacht werden, entweder:
1. zu Quelle, Meilenstein und bzw. oder Ziel (vgl. 4.4.5.1) oder
2. zum Grund (vgl. 4.4.5.2)

Grund-Angaben stellen meist den Rahmen für eine Bewegung, das heißt sie grenzen diese im Hinblick auf eine Umgebung, in der sie stattfindet, ein. BE_{LOC}-Propositionen schließlich beinhalten Ortsinformationen. Ort meint hierbei den Platz bzw. Raum, den eine bewegte Figur einnimmt. Aufgrund der Definition von BE_{LOC}-Bewegungen, der zufolge es sich um die Verortung eines Objekts bzw. einer Figur relativ zu einem anderen Objekt handelt (vgl. 4.4.5.3), ist davon auszugehen, dass in allen BE_{LOC}-Vorkommen eine Ortsenkodierung erfolgt.

An dieser Stelle wird ein allgemeiner Überblick über die Ergebnisse der Weg-Kategorie gegeben, bevor anschließend weiterführende Aspekte der Auswertung thematisiert werden. Die folgenden Ausführungen beziehen sich für Quelle-, Meilenstein-, Ziel- und Grundkodierungen auf eine Grundgesamtheit von n=251 Bewegungspropositionen. Davon entfallen n=157 auf Mehrwort- und n=94 auf Einwortpropositionen. Für Ortsangaben ergibt sich entsprechend der BE_{LOC}-Kodierungen eine Grundgesamtheit von n=17 Propositionen.

In MOVE- und NON-MOVE-Propositionen erfolgte die Kodierung des Weges mittels mindestens einer Angabe zu Quelle, Meilenstein und bzw. oder Ziel in 33,5% (n=84) aller Fälle. Eine Grund-Kodierung wurde ferner in 20,7% (n=52) der Fälle vorgenommen. Etwas mehr als die Hälfte der MOVE- und NON-MOVE-Propositionen enthält demnach eine Weg-Enkodierung.

Abbildung 50 schlüsselt die Ergebnisse diesbezüglich getrennt nach Einwort- und Mehrwortpropositionen auf. Es zeigt sich, dass in Mehrwortpropositionen in 52,9% (n=83) Angaben zu mindestens einem Wegespunkt und in weiteren 19,7% (n=31) der Propositionen Grund-Angaben gemacht werden. Im Gegensatz dazu werden Wegespunkte in Einwortpropositionen so gut wie gar nicht enkodiert (1,1%, n=1).

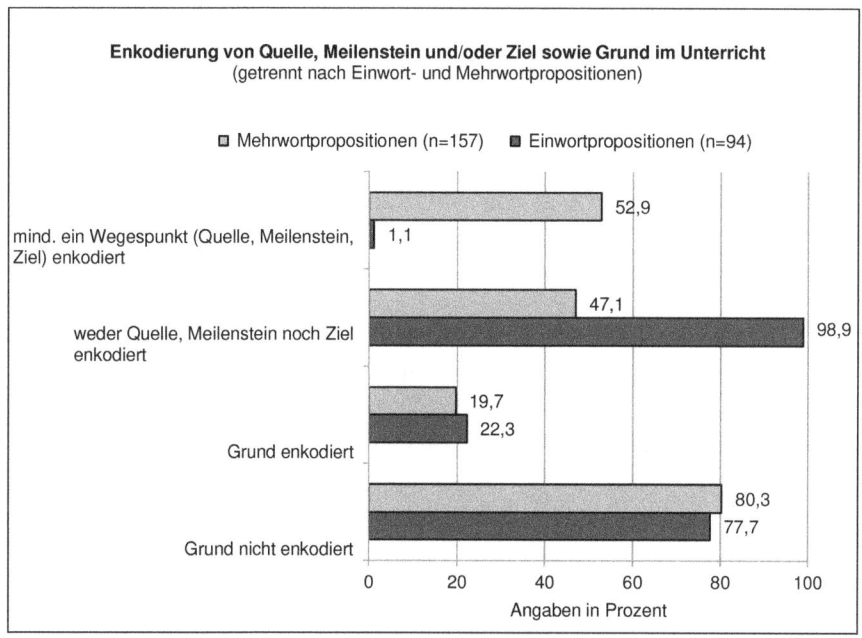

Abb. 50: Enkodierung Quelle, Meilenstein, Ziel sowie Grund im Unterricht (getrennt nach Einwort- und Mehrwortpropositionen)

Auch Grund-Angaben treten mit 23,3% (n=21) wesentlich seltener in Einwort-Propositionen auf. Die Analyse der 17 BE_{LOC}-Propositionen ergibt, dass – entsprechend der vorab formulierten Erwartungen – in jedem Fall mindestens ein Ort enkodiert ist.

4.4.5.1 Enkodierung von Quelle, Meilenstein und Ziel im MFI

Es wurde bereits dargestellt, dass in 33,5% (n=84) aller MOVE-Propositionen mindestens eine Angabe zu Wegespunkten gemacht wird. Dies lässt sich noch weiter spezifizieren:

- Mindestens eine Quelle ist in 17,9% (n=45) der Propositionen enkodiert.
- Mindestens ein Meilenstein ist in 3,6% (n=9) der Propositionen enkodiert.
- Mindestens ein Ziel ist in 19,9% (n=50) der Propositionen enkodiert.

Demzufolge werden Meilensteine selten enkodiert und es ist zu erwarten, dass Quelle und Ziel mehrfach gemeinsam in einer Proposition auftreten. In drei

Propositionen, die alle von 03081L01 stammen, werden Angaben zu Quelle, Ziel und Meilenstein gemacht. Ein Beispiel ist:

(92)   ist dieses blut jetzt (.) REI:ch an SAUerstoff, ↑ oder REI:ch an kohlenstoffdioxid; (--) wenn es [[dieses Blut]] aus dem GANZEN körper wieder (-) zur RE:CHten herzhälfte zurückkommt. (U_V04_L_29)

In dieser Proposition ist die rechte Herzhälfte sowohl Quelle als auch Ziel der Blutbewegung und der ganze Körper stellt den Meilenstein dar. Es stellt sich die Frage, ob es im Hinblick auf Quelle und Ziel typische Enkodierungs-Muster gibt, insofern als diese häufig gemeinsam auftreten. Eine entsprechende Kreuztabellierung belegt, dass die Werte für die Kombination Ziel enkodiert und Quelle enkodiert höher als erwartet ist. Der Chi-Quadrat-Test nach Pearson ist signifikant (χ^2=4,304, p=.038, df=1).

Tab. 34: Kreuztabellierung der Kodierung von Quelle, Meilenstein und Ziel im Unterricht

	Ziel nicht enkodiert	Ziel enkodiert
Quelle nicht enkodiert	170	36
Quelle enkodiert	31	14

Ähnlich wie im Beispiel (92) könnte dieser signifikante Zusammenhang auf das Herz als doppeltes Referenzobjekt, das heißt als Quelle und Ziel, zurückzuführen sein. Eine entsprechende Analyse ergibt weitere vier Vorkommen in den Daten, zwei davon Äußerungen von 03081L01, und jeweils eine Schüleräußerung und eine Ko-Konstruktion:

(93)   03081S04: [[Venen]] FÜHRN das trans[/] transportiern das blut zurück. ↓03081L01: <ZUM. <fragend>> 03081S04:   zum   HERZ.   ↑ (U_V03_K_03)

(94)   und die VENEN sind DÜNNE (-) UNelastische blutgefäße, die das blut zum herzen zurücktransportiern. (U_V03_S_14)

(95)   deswegen [[Funktionsweise Venenklappen]] kann das blut auch << zeigt auf die füße und dann zum Herz> von unsern FÜ:ßEN, (.) in den VE:NEN   wieder   (.)   ZUM   herzen   zurücktransportiert   werden> (U_V04_L_10)

(96)   das herz [[gemeint Blut]] kommt AUS dem HERzen (-) IN DIE LUNGE und wieder ZUM HERzen. (U_V04_L_54)

In vier der fünf Beispiele liefert *zurück* den Hinweis auf das Herz als Quelle und Ziel. Eine ähnliche Funktion erfüllt *wieder*, das in den fünf Vorkommen dreimal verwendet wird.

In den 17,9% (n=45) der Propositionen, die mindestens eine Quelle beinhalten wurden insgesamt n=52 Quellen kodiert. Mit 48,1% (n=25) entfallen fast die Hälfte dieser Kodierungen auf das Herz bzw. Herzbestandteile als Quelle. Darauf folgen mit 13,5% (n=7) die Blutgefäße als Quelle. Interessant ist, dass an dritter Stelle mit 11,5% (n=6) W-Fragen, *wo* und *woher*, stehen, die alle von 03081L01 stammen. Hier zeigt sich die Spezifik des Unterrichts darin, dass bestimmte Stationen des Blutes zur Rekonstruktion des Weges erfragt werden. Eine Auswertung im Hinblick auf die Präpositionen ergibt, dass mit 38,5% (n=20) am häufigsten *aus* in den Quelle-Kodierungen auftritt. Darauf folgen *von* (21,2%, n=11), *in* und *zu* (jeweils 7,7%, n=4). In 25,0% der Fälle wurde keine Präposition enkodiert.[181]

Mit insgesamt neun Kodierungen treten Meilensteine nur verhältnismäßig selten in den Unterrichtsdaten auf. Jeweils drei Vorkommen entfallen auf das *Herz* bzw. auf *die rechte Herzhälfte* und auf *Blutgefäße*. Es zeigt sich, dass es sich grundsätzlich um Präpositionalphrasen handelt. Am häufigsten wird in diesen *in* (n=5) verwendet. Daneben treten *durch* (n=2), *aus* und *über* (jeweils n=1) auf.

Auf die 19,9% (n=50) der Propositionen mit Zielenkodierung entfallen insgesamt n=53 Ziele. Diese beinhalten sehr unterschiedliche inhaltliche Foki. An erster Stelle steht ebenso wie für Quelle-Kodierungen das *Herz* bzw. dessen Bestandteile mit 28,3% (n=15). Darauf folgen weitere Organe wie *Lunge* und *Gehirn* mit 17,0% (n=9) und *Blut* sowie *Körper* mit jeweils 13,2% (n=7). Schließlich treten auch hier W-Fragen, vornehmlich in Form von *wohin*, im Umfang von 11,3% (n=6) auf. Die Auswertung im Hinblick auf die in den Präpositionalphrasen auftretenden Präpositionen ergibt, dass drei unterschiedliche verwendet werden. Es handelt sich um *in*, das mit 37,7% (n=20) am häufigsten verwendet wird und um *zu* (n=34,0%) sowie in einem Fall um *an* (1,9%). In 26,4% (n=14) der Fälle wird keine Präposition verwendet.

Tabelle 35 fasst noch einmal die wesentlichen Ergebnisse für Quelle, Meilenstein und Ziel verkürzt zusammen. Da Meilenstein-Vorkommen sehr selten in den Daten auftreten, werden hier absolute Werte und keine Prozentwerte angegeben.

---

181 Aufgrund von Rundungen ergibt sich ein Wert von 100,1%.

Tab. 35: Gegenüberstellung der semantischen Felder und am häufigsten verwendeten Präpositionen in Angaben zu Quelle, Meilenstein und Ziel im Unterricht

	Quelle (n=52)		Meilenstein (n=9)		Ziel (n=53)	
Semantische Felder	Herz	48,1%	Herz Blutgefäße	n=3 n=3	Herz	28,3%
	Blutgefäße	13,5%			weitere Organe	17,0%
	W-Fragen	11,5%			Blut Körper	13,2% 13,2%
Präpositionen	1. aus	38,5%	1. in	n=5	1. in	37,7%
	2. von	21,2%	2. durch	n=2	2. zu	34,0%

Tabelle 35 ist auch zu entnehmen, dass das *Herz* in allen drei Unterkategorien an erster Stelle steht. Es scheint folglich für die Blutbewegung im Unterricht ein zentraler Orientierungspunkt zu sein. Gleichzeitig bedeutet dies, dass in der Nachzeichnung des Weges durch den Körper andere Stationen des Blutes im Kreislauf in den Hintergrund treten. Als häufigste Präpositionen für Quellen wurde *aus*, für Meilensteine und für Ziele jeweils *in* ermittelt.

4.4.5.2 Enkodierung von Grund im MFI

Eine Grund-Kodierung wurde in 20,7% (n=52) der Propositionen vorgenommen. Insgesamt wurden in diesen 58 Angaben zum Grund enkodiert. Inhaltlich lassen sich mehrere Schwerpunkte identifizieren. Mit 34,5% (n=20) fungiert der *Körper* am häufigsten als Grund. In acht Vorkommen ist auf das Kompositum *Körperkreislauf* zurückzuführen. Darauf folgen die Organe *Lunge* und *Herzkammer* als Teil des Herzens mit 17,2% (n=10) Vorkommen. In den acht Fällen, in denen *Lunge* als Grund auftritt, ist sie jeweils Teil des Kompositums *Lungenkreislauf*. Ebenfalls erwähnenswert sind sechs Vorkommen (10,3%) von *Wunde* bzw. *Verletzung*, die im Kontext des Themas Blutungen und Blutgerinnung verwendet werden. Schließlich finden sich deiktische Verweise in Form von *hier* (n=3), *da* (n=1) und *dort* (n=1). Dies ist insofern interessant als insbesondere im MFI ein erhöhtes Vorkommen von deiktischen Mitteln zu erwarten wäre, dies sich aber bislang in den Daten noch nicht gezeigt hat (vgl. Auswertung auch zu Quelle, Meilenstein, Weg). Dies könnte darauf hinweisen, dass die Wegespunkte und Grund-Angaben bzw. deren fachterminologische Nennung ein wesentliches Lehr-/Lernziel darstellen. Ein weiteres Argument dafür könnte sein, dass im Unterricht in mehreren Phasen, z.B. der Arbeit am Overhead oder am Schaubild, die Verwendung deiktischer Mittel aufgrund der ‚Zeigeoptionen' zumindest situativ möglich wäre. Diese Möglichkeiten werden aber weitestgehend nicht genutzt.

Tab. 36: Semantische Felder in Angaben zum Grund im Unterricht

	Grund (n=52)	
	Körper	34,5%
Semantische Felder	Organe (Lunge, Herz)	17,2%
	Wunde/ Verletzung	10,3%

Die Auswertung der Grund-Angaben im Hinblick auf das Auftreten von Präpositionen ergibt, dass es sich in 82,8% (n=48) der Fälle nicht um eine Präpositionalphrase handelt. Folgende lassen sich in den Daten finden: *in* (6,7%, n=4), *bei* (5,2%, n=3), *an, aus* und *durch* (jeweils 1,7%, n=1).

4.4.5.3 Enkodierung von Ort im MFI

In den 17 BE$_{LOC}$-Propositionen sind insgesamt 24 Orte kodiert worden. Eine Analyse dieser Vorkommen belegt eine große Varianz. Am häufigsten finden sich hier mit n=7 Fällen deiktische Verweise (*hier* n=3, *dahin* n=2, *da* n=2). Darauf folgt mit fünf Auftreten das *Herz* bzw. die *rechte Herzhälfte* (n=3) und die *linke Herzkammer* (n=2).

Die Auswertung der Vorkommen von Präpositionen ergibt, dass *in* am häufigsten auftritt (n=12). Weiterhin finden sich in den Daten *bis* (n=2) und *bei* (n=1). Bei weiteren neun Vorkommen handelt es sich um kodierte Einheiten, die keine Präposition beinhalten.

4.4.6 Enkodierung der Bewegungsspezifizierung im MFI

Im Rahmen der vorliegenden Untersuchung wurden vier Aspekte der Spezifizierung von Bewegung analysiert: Art und Weise, Ursache, Richtung und Transportmittel. Diese wurden wesentlich aus den Überlegungen zu den theoretischen Grundlagen abgeleitet. Nach einer kurzen Charakterisierung der Unterkategorien wird zunächst ein allgemeiner Überblick über die Ergebnisse für diese vier gegeben, deren vertiefte Vorstellung und Diskussion in den sich anschließenden Teilkapiteln 4.4.6.1 bis 4.4.6.4 erfolgt.

Die erste Unterkategorie Art und Weise wird in der vorliegenden Arbeit bewusst sehr weit gefasst. Ganz allgemein gibt sie Auskunft darüber, wie eine Bewegung genau erfolgt. Relevante Aspekte können hierbei z.B. die Geschwindigkeit der Bewegung, aber auch Hinweise auf die Bewegungssituation u.a. darstellen. Aufgrund der weiten Definition wird davon ausgegangen, dass diese Kategorie sehr häufig besetzt ist. Kodierte Einheiten in der zweiten Unterkategorie Ursache erklären, was die jeweilige Bewegung verursacht bzw. bewirkt hat. Es handelt sich hierbei um den eigentlichen Anlass bzw. Auslöser für die Bewegung. Eine weitere Möglichkeit der Spezifizierung wird in der dritten Unterkategorie Richtung berücksichtigt. Für die vorliegenden Daten wurde aufgrund der Schwierigkeiten mit der ursprünglich angestrebten Einordnung auf Axen (Vertikale, Horizontale und Transversale) ein stärker induktives Vorgehen für diese Unterkategorie gewählt. Entsprechend dienen die Ergebnisse als Diskussionsanlass. Als Transportmittel werden in der vierten Unterkategorie solche „Vehikel" berücksichtigt, welche die bewegte Figur transportieren.

Tab. 37: Übersicht zur Enkodierung von Bewegungsspezifika im Unterricht; gesamt und getrennt nach Einwort- und Mehrwortpropositionen

Spezifizierung	kodiert (Angaben in %)			nicht kodiert (Angaben in %)		
	GESAMT (n=268)	Einwortpropositionen (n=94)	Mehrwortpropositionen (n=174)	GESAMT (n=268)	Einwortpropositionen (n=94)	Mehrwortpropositionen (n=174)
Art und Weise	79,1	97,9	69,0	20,9	2,1	31,0
Ursache	3,0	-	4,6	97,0	100,0	95,4
Richtung	69,8	86,2	60,9	30,2	13,8	39,1
Transportmittel	9,7	-	14,9	90,3	100,0	85,1

Tabelle 37 stellt die Ergebnisse für die vier Unterkategorien der Bewegungsspezifizierung im Überblick – jeweils für die gesamte Propositionsmenge sowie getrennt nach Einwort- und Mehrwortproposition – dar. Demnach ist die Unterkategorie Ursache die am seltensten besetzte Kategorie. In 3,0% (n=8) aller Propositionen wurde eine solche kodiert. Dabei handelt es sich ausschließlich um Mehrwortpropositionen. Dies legt die Vermutung nahe, dass der Thematisierung dieses Aspekts im Unterricht eine untergeordnete Rolle zukommt. Darauf folgt die Unterkategorie Transportmittel, die mit 9,7% (n=26) für etwa ein Zehntel aller Propositionen kodiert wurde. Auch hierbei handelt es sich ausschließlich um Mehrwortpropositionen.

Im Gegensatz zu Ursache und Transportmittel sind die beiden Unterkategorien Richtung sowie Art und Weise verhältnismäßig häufig besetzt. Richtungsangaben werden dementsprechend in 69,8% (n=187) aller Propositionen getätigt. Am häufigsten werden schließlich mit 79,1% (n=212) entsprechend der vorab formulierten Annahme Informationen zur Art und Weise enkodiert. Betrachtet man die Ergebnisse der beiden Unterkategorien getrennt nach Einwort- und Mehrwortpropositionen, so zeigt sich jeweils ein höheres Vorkommen in Einwortpropositionen. Dies lässt sich vornehmlich durch Einwortpropositionen mit *-kreislauf* erklären.

4.4.6.1 Enkodierung von Art und Weise im MFI

Wie bereits erläutert handelt es sich bei der Enkodierung von Art und Weise um eine Unterkategorie, die sehr häufig besetzt ist. In 79,1% (n=212) aller Propositionen sind demzufolge Angaben zur Art und Weise enkodiert. Dies bedeutet allerdings auch, dass in 20,9% (n=56) aller Propositionen entsprechende Angaben nicht gemacht werden. Es stellt sich daher die Frage, um welche Art von Propositionen es sich handelt. Eine entsprechende Analyse ergibt, dass in keiner der 17 BE_{LOC}-Proposition die Art und Weise enkodiert ist. Dies wäre zwar möglich, indem etwa die Art und Weise der Verortung näher charakterisiert wird – z.B. macht es einen Unterschied, ob jemand *steht*, *sitzt* oder *liegt* –, erfolgt aber in den vorliegenden Daten nicht. In der Regel geht es darum, wo das Blut *ist* bzw. sich *befindet*, was keine weiterführende Beschreibung der Art und Weise beinhaltet. Demnach liegt in den vorliegenden BE_{LOC}-Fällen der Fokus auf dem Ort der Verortung bzw. Lokalisierung. Auch in MOVE-Propositionen werden keine weiteren Hinweise zur Art und Weise gegeben, wie folgende Beispiele illustrieren:

(97) [durch den [/]] durch die adern. das blut. (U_V03_S_09)

(98) aus dem ganzen körper. (.) genau. (U_V04_L_28)

(99) JA::, AUS der linkn HERZkammer. (U_V04_L_61)

(100) in die lunge? (U_V04_S_08)

(101) sehr schön NÄHRstoffe ne ↑ zu den ZELLN (U_V04_L_43)

(102) und die abfallstoffe von den zelln wieder (-) ins blut. (U_V04_L_44)

Beispiel (97) stellt die Schülerreaktion auf eine Frage der Lehrerin danach, wo sich das Blut bewegt, dar. 03081S03 gibt an, dass dieses sich *durch die adern* bewegt. Die Beispiele (99) und (100) verdeutlichen einen unterrichtsspezifischen Aspekt. Es handelt sich jeweils um Quelle- bzw. Zielangaben, die eine Reaktion auf vorhergegangene Fragen darstellen. Die Lehrerin wiederholt in diesem Zusammenhang häufig Antworten der SchülerInnen noch einmal, in Beispiel (98) etwa zur Bestätigung, wie das von ihr anschließende geäußerte *genau.* belegt. Weiterhin zeigen die Beispiele (101) und (102), dass verhältnismäßig komplexe Bewegungszusammenhänge, hier im Kontext des Gasaustauschs, auch ohne Angaben zur Art und Weise und ohne Verben enkodiert werden können. Stattdessen werden hier Wegespunkte fokussiert. Allerdings sind dieser Zusammenfassung durch 03081L01 in anderen Bewegungspropositionen Informationen zur Art und Weise vorausgegangen. Diesbezüglich stellt sich die Frage nach der Aufmerksamkeit auf Seiten der RezipientInnen. Insbesondere bei diesen beiden Bewegungspropositionen ist es Aufgabe der RezipientInnen, sie mit vorangegangenen Informationen zu einem Ganzen zusammenzufügen und ggf. zusätzlich in diesem Zusammenhang richtige von falschen Schülerantworten zu trennen und entsprechend in das Ganze einzupassen. Zu fragen ist, wie erfolgreich SchülerInnen dies im Kontext von Plenumsphasen, in denen stellenweise mehrere SchülerInnen gleichzeitig sprechen, gelingt.

Die Darstellungen im theoretischen Teil der Arbeit haben aufgezeigt, dass im Hinblick auf die Art und Weise insbesondere den Verben eine wesentliche Rolle zugeschrieben wird. Daher wurden diesbezüglich weitere Analysen vorgenommen. In einem ersten Schritt wurde untersucht, in wie vielen Propositionen mindestens ein Verb, das Hinweise zur Art und Weise enthält, enthalten ist. Dies betrifft 42,0% (n=89) der Propositionen. Mit 58,0% (n=123) ist folglich in mehr als der Hälfte der Propositionen kein solches enthalten. Untersucht man diese 123 Vorkommen, zeigt sich, dass in 120 dieser Fälle Nominalisierungen in einem weiteren Sinn auftreten. Typisch sind *Austausch, Kreislauf, Transport* und *Gerinnung.*

Hinsichtlich der 42,0% (n=89) der Propositionen, die Verben beinhalten, ist weiterhin zu untersuchen, um welche es sich dabei handelt. Insgesamt beinhalten die Daten 91 Verben, die wiederum auf 40 Verb-Lemmata zurückzuführen sind. Am häufigsten traten folgende Verben auf: *transportieren* (n=13), *gehen* (n=11), *kommen* (n=10), *pumpen* (n=9). Berücksichtigt man auch Partikelverben, die mit diesen gebildet werden, und gruppiert diese, dann zeigt sich, dass diese vier Simplicia mit insgesamt 55 Fällen für mehr als die Hälfte aller Verbvorkommen stehen: *transportieren* (n=15, *zurück-*), *kommen* (n=15, *an-, hin-, raus-, rein-, zurück-*), *gehen* (n=14, *los-, weiter-*) und *pumpen* (n=11, *hin-, an-*). Am produktivsten mit Blick auf Partikel ist dementsprechend *kommen* mit fünf unterschiedlichen Partikelverwendungen. Für *transportieren* und *pumpen* könnte man dafür argumentieren, dass es sich um fach- und themenspezifische Verben handelt, die Teil bestimmter fachlicher Konzepte im Kontext des Themas sind. Als Beispiel stellt *pumpen* eine sehr spezifische Bewegung dar, die neben Informationen zu einer bestimmten Art und Weise der Bewegung auch Hinweise auf den Antrieb, also die Ursache dieser liefert. Für *kommen* und *gehen* wäre eher davon auszugehen, dass es sich um, insbesondere im Alltag, sehr frequente Verben handelt. Im Gegensatz zu *pumpen* stellt ihre Verwendung tendenziell eher eine ‚Unterspezifizierung‘ der Bewegung dar.

Fraglich ist, bei wie vielen der verwendeten Verb-Lemmata es sich um Fortbewegungsverben handelt. Eine entsprechende Analyse, der die Einträge von Schröder (1993) zugrunde liegen, ergibt, dass von den 40 Verb-Lemmata zwölf als Fortbewegungsverben zu klassifizieren sind. Dabei entfallen neun dieser zwölf Fortbewegungssverben auf *kommen*, *gehen* und Präfixverben, die mit diesen beiden Simplicia gebildet werden.

Zusammenfassend zeigt sich, dass in ca. vier Fünftel aller Propositionen eine Charakterisierung der Art und Weise der Bewegung erfolgt. In der Regel spielen in diesem Zusammenhang Verben bzw. Nominalisierungen eine wesentliche Rolle. Im MFI erklären vier Simplicia bzw. mit ihnen gebildete Präfixverben mehr als die Hälfte aller Verbvorkommen. Es handelt sich um *transportieren, kommen, gehen* und *pumpen. Transportieren* und *pumpen* sind in diesem Zusammenhang als fach- und themenspezifisch einzustufen. Für *kommen* und *gehen*, die immerhin ein Drittel aller Verbvorkommen ausmachen und die eher prototypische Fortbewegungsverben darstellen, wäre dies zu diskutieren. Es könnte darauf hinweisen, dass die Art und Weise der Bewegung des Blutes im MFI im Hintergrund steht.

4.4.6.2 Enkodierung der Ursache im MFI

Wir bereits im Überblick dargestellt ist die Unterkategorie Ursache mit acht Kodierungen kaum besetzt. Die acht Vorkommen lassen sich thematisch vier Aspekten zuordnen, wie Tabelle 38 veranschaulicht. Demnach werden trotz der geringen Vorkommen vier sehr unterschiedliche Aspekte der Ursachenerklärung im Kontext der Blutbewegung thematisiert: die Ursache dafür, dass ein Herzmuskel stärker ist, das Herz als Pumpe, die Funktionsweise der Venenklappen als Ursache einer Bewegung, die nicht stattfindet und schließlich Verletzungen als Ursache für die Blutbewegung. Für die Funktionsweise der Venenklappen erfolgt zusätzlich zu den beiden hier vorgenommenen Kodierungen eine Veranschaulichung mittels der Supermarkttür (vgl. 4.4.1).

Tab. 38: Überblick über die thematischen Felder der Ursachenenkodierung im MFI, Vorkommen absolut

Ursache	Vorkommen	Beispiel
Ursache dafür, dass ein Herzmuskel stärker ist	3	damit (.) das blut gepumpt wird, aso (.) stärker (.) transportiert wird, zu den (.) anderen orga:nen, (-) und ähm die muskler muskeln sind stärker aufgebaut [[Frage danach, warum ein Herzmuskel dicker ist und wobei dieser hilft]] (U_V04_S_05)
Herz als Pumpe	2	das PUMPEN [[von Blut]] macht das herz. (U_V05_L_07)
Funktionsweise der Venenklappen als Ursache von NON-MOVE	2	dann gehn die [[Venenklappen]] zu und LASSEN das blut nicht zurück;> (U_V04_L_09)
Verletzung als Ursache für Blutbewegung	1	wenn man sich zum beispiel verletzt hat (U_V05_S_26)

Bezogen auf die Unterkategorie Ursache stellt sich die Frage, ob die SchülerInnen im Anschluss an die Unterrichtseinheit wesentliche Ursachen für die Blutbewegung verstanden haben. Allerdings ist dies auch kein (explizites) Lehr-/Lernziel der Unterrichtseinheit. Das belegen die Fragen, die 03081L01 in V03 formuliert, und die den wesentlichen Kern der Themenbearbeitung darstellen. Ursachen für Blutbewegung werden dabei nicht erfragt.

4.4.6.3 Enkodierung der Richtung im MFI

Angaben zur Richtung werden in 187 (69,8%) aller Bewegungspropositionen gemacht. Da sich die aus der Theorie abgeleitete Systematisierung für diese Unterkategorie im vorliegenden Kontext als nicht praktikabel erwies, erfolgte die Kodierung von Richtung(en) im Wesentlichen induktiv. Diese Vorgehensweise ergibt folgenden Systematisierungsvorschlag:

1. hin zu, ← weg von, hin zu → + ← weg von, relativ jeweils zu Referenzobjekten
2. ⊗ Kreislauf
3. *zurück*
4. Austausch
5. Andere (z.B. -|-> durch etwas)

Die unter 1. zusammengefassten Richtungsangaben → *hin zu*, ← *weg von* und *hin zu* → + ← *weg von* ähneln in ihrer Anlage der Richtungsunterscheidung ‚zum Sprecher hin' und ‚vom Sprecher weg', die im theoretischen Teil der Arbeit besprochen worden sind. In den vorliegenden Daten existiert jedoch kein Sprecher. Stattdessen erfolgt die Bewegung relativ zu einem Referenzobjekt, ggf. auch relativ zu mehreren Referenzobjekten. Dabei kann eine Bewegung ‚hin zu' oder ‚weg von' diesen stattfinden. Die Auswertung der Kodierungen ergibt, dass 32,6% (n=61) der für Richtungsangaben relevanten Propositionen auf diese Gruppierung zurückführen lassen. Diese lassen sich noch weiter aufschlüsseln:

– hin zu (16,6%, n=31)
– weg von (13,4%, n=25), z.B. aus dem blut kommt kohlenstoffdioxid raus (U_V04_S32), FÜHRN das blu:t vom herzen WEG (U_V03_L_17)
– weg von hin zu (2,3%, n= 5), z.B. <°aus° WELCHEM teil des HERzens kommt das blut !IN! DEN körper. ↑ <fragend>> (U_V04_L_59)

Am häufigsten treten demzufolge einfache Richtungsangaben auf. ‚Einfach' meint hier, dass eine Richtung relativ zu einem Referenzobjekt enkodiert ist. Die relativ zu Referenzobjekten getätigten Richtungsangaben bedingen auch eine Fokussierung der Wegespunkte Quelle und Ziel, wie sie in 4.4.5.1 diskutiert worden sind. Sie dienen dementsprechend wesentlich der ‚Nachzeichnung' des Weges, über den das Blut durch den Körper geführt wird.

Ein weiterer Aspekt von Richtung wurde unter 2. Kreislauf zusammengefasst. Der Grund dafür liegt in der spezifischen Richtungsinformation, die diesbezüglich geliefert wird. Es handelt sich um eine ständige Wiederholung, bei der etwas immer wieder zum Ausgangspunkt zurückkehrt (Götz, Haensch & Wellmann 2002: 589). Das betrifft mit 32,6% (n=61) etwa ein weiteres Drittel aller Propositionen, die Richtungsangaben enthalten. Kodierungen in dieser zweiten Gruppe lassen sich maßgeblich durch das häufige Auftreten von Komposita wie *Lungen-* und *Blutkreislauf* erklären. Im Zusammenhang mit dem Kreislauf-Konzept steht die Verwendung von *zurück*, deren Vorkommen in die 3. Gruppe fallen. Dies hat sich bereits durch die Auswertung von Quelle- und Zielangaben in 4.4.5.1 angedeutet. Dies betrifft mit Blick auf die Richtungsangaben insgesamt 2,7% (n=5).

Unter 4. werden Kodierungen zusammengefasst, die sich auf einen Austausch beziehen. In der Unterrichtseinheit wird damit in der Regel auf den Gas- und Stoffaustausch verwiesen. Hierbei handelt es sich um ein themenspezifisches fachliches Konzept, bei dem die Wechselseitigkeit der Aktivität, das heißt etwas wird für etwas anderes gegeben (Wahrig-Burfeind 2008: 142), einen zentralen Aspekt darstellt. Bezogen auf die Richtung bedeutet das, dass mehrere Bewegungen gleichzeitig in unterschiedliche Richtungen stattfinden. Für den MFI betrifft dies 27,3% (n=51) der Propositionen mit Richtungsangaben. In der Regel erfolgte die Enkodierung über die Komposita *Gas-* und *Stoffaustausch*.

Schließlich fallen unter 5. Andere solche Vorkommen, die ein- bis zweimal in den Daten auftraten. Interessant sind hier folgende Kombinationen aus *weg von* und *Kreislauf* (103) sowie *hin zu* und *Kreislauf* (104):

(103) so <wo FÄNGT denn der lungkreislauf eigentlich an. ↑ <fragend>> (---) (U_V04_L_79)

(104) so (--) okey KÖRperkreislauf, SCH:, körperkreislauf endet < an welcher stelle. ↑ <fragend>> (U_V04_L106)

Diese Äußerungen stammen von 03081L01 und sind insofern auffällig als ein Kreislauf weder einen Anfangs- noch einen Endpunkt hat. Im Unterrichtskontext dienen diese Fragen dazu, die Spezifik von Körper- und Lungenkreislauf zu verdeutlichen.

Zusammenfassend lässt sich festhalten, dass die explorativ-induktive Kodierung und Auswertung von Richtungsangaben für den MFI in der Unterrichtseinheit eine Fokussierung auf drei Aspekte offenlegt: erstens auf den Kreislauf als spezifische Richtungsangabe, zweitens auf die Verwendung von *hin zu* und *weg von* relativ zu Referenzobjekten und drittens den Austausch als mindestens zwei Bewegungen in entgegengesetzte Richtungen.

4.4.6.4 Enkodierung von Transportmitteln im MFI

Im MFI wurden 26 Kodierungen für Transportmittel vorgenommen. An erster Stelle steht dabei das *Blut* und *Blutbestandteile* (*Blut* n=10, *rote Blutkörperchen* n=2). Weitere vier Vorkommen entfallen auf *Venen* als Transportmittel. Dass diese und andere Blutgefäße nicht häufiger als Transportmittel kodiert worden sind, hängt damit zusammen, dass im Unterrichtskontext im Vordergrund steht, wohin Venen und Arterien führen – zum Herzen bzw. vom Herzen weg. In diesem Zusammenhang wird sprachlich jedoch häufig keine bewegte Figur enkodiert und es handelt sich bei diesen Aussagen dann eher um eine Angabe dazu, wohin der entsprechende Weg führt als um eine Bewegung. Folgende Beispiele aus den Unterrichtstranskripten illustrieren dies:

> so::. h° !DANN! möchte ich (.) dass ihr jetzt mal bitte (-) die blutgefäße, (.) die IN die rechte herzhälfte REINführen (1.5) was sind das für blutgefäße? ↑ (--) arterien venen oder kapilla:ren.
>
> (03081L01, V04, Zeile 768ff.)

> das heißt das sind die VENEN. (.) die führen !AUS! dem körper (.) !ZUM! herzen. DIE:se blutgefäße werden jetzt bitte (.) !EBEN!falls (.) BLAU (.) ausgemalt,
>
> (03081L01, V04, Zeile 792ff.)

> äh:: (-) die arterien führen immer äm (-) ins herz.
>
> (03081S15, V04, Zeile 1265)

> äh die venen führen ZUM herz (-) un_die kapilLAren sind die (-) ähm und die [/] sin die °warte wie nennt_man das° äm [/] ((lacht)) (jetzt hab ich vergessen, (--) ja genau)
>
> (03081S12, V04, Zeile 1274ff.)

> äh die arterien führen immer vom herzen weg. ↑
>
> (03081S21, V05, Zeile 280)

Im Laufe der Kodierung der Unterkategorie Transportmittel ergab sich in sieben Fällen, dass zwar Transportmittel Gegenstand der Proposition waren, jedoch aufgrund von elliptischen oder deiktischen Äußerungen nicht expliziert wurden. Dies betrifft sieben Vorkommen:

(105)　bei zehn ist, transportieren sauerstoff und kohlenstoffDIOXID. (U_V05_S_34)

(106)　((03081S14 zeigt das nächste Kästchen)) [[vermutlich Blutplättchen]] transportieren sauerstoff und kohlenstoffdioxid. (U_V05_S_17)

Diese Fälle wurden dennoch für die Kodierung berücksichtigt, weil sich hier erneut die Spezifik von MFI zeigt. Sie entstammen mit einer Ausnahme einer Unterrichtsphase, in der am Overhead in einer Plenumsphase eine Folie zur Blutzusammensetzung und zu den Aufgaben der einzelnen Blutbestandteile bearbeitet wird:

Eine eindeutige Zuordnung ist trotz wiederholter Ansicht der Videoaufnahmen nicht in jedem Fall möglich. Auch für SchülerInnen stellt diese Unterrichtssituation hohe Anforderungen an deren Aufmerksamkeit. So wird zwischen Blut und Blutbestandteilen gewechselt, die wiederum spezifische Transportaufgaben erfüllen. Allerdings wird dies durch den SFI der Overhead-Folie unterstützt. Hier zeigt sich, wie SFI und MFI im Unterrichtsgeschehen ineinandergreifen.

4.4.7 Enkodierung von Zeit und Bewegungsphasen im MFI

Im Folgenden werden die Ergebnisse für die Analyse der Unterkategorie Zeit in 4.4.7.1 und der Unterkategorie Bewegungsphasen in 4.4.7.2 vorgestellt.

4.4.7.1 Zeit im MFI

Unter Zeit werden Angaben zu einem bestimmten Zeitpunkt oder Zeitabschnitt (Zeitspanne), zu bzw. in dem die Bewegung stattfindet bzw. stattgefunden hat, kodiert. Zeitpunkte können in Form von Uhrzeiten, Datumsangaben u. Ä. vorkommen. Zeitabschnitte können durch die Angabe von Dauer, z.B. *zwei Wochen lang* enkodiert werden.

In der Kategorie Zeit wurden zehn Kodierungen vorgenommen, alle in Mehrwortpropositionen. Dies entspricht zunächst den Erwartungen, dass Zeit im Kontext des fachlichen Themas keine wesentliche Rolle spielt. Neun der zehn Kodierungen beinhalten *jetzt*, das eine zeitliche Verortung im Augenblick bzw. Moment mit sich bringt:

(107)   <wie heißt der teil wos [[s – das Blut]] jetzt IN DEN körper geht. ↑ <fragend>> (U_V04_L_60)
(108)   <wo geht das blut JETZT hin. ↑ <fragend>> (U_V04_L_90)

Alle Äußerungen von *jetzt* stammen von 03081L01 und aus der V04. Wie die Beispiele belegen, dienen sie der Strukturierung der Blutbewegung durch den Körper. Sie geht diesen mit den SchülerInnen Schritt für Schritt durch. Dabei handelt es sich um eine didaktische Maßnahme, denn tatsächlich ist das Blut zu jedem Zeitpunkt an jeder Stelle im Blutkreislauf.

4.4.7.2 Bewegungsphasen im MFI

Im Zuge der Probeanalyse (vgl. 3.3.4.4.) ergab sich induktiv die Berücksichtigung von Bewegungsphasen. Unterschieden wird zwischen folgenden Phasen:
1. Beginn einer Bewegung
2. in Bewegung
3. Ende einer Bewegung
4. Kreislauf
5. Phase nicht bestimmbar

Die Phase Kreislauf wurde ergänzt vor dem Hintergrund, dass dieser weder ein Anfang noch ein Ende hat. Sie könnte prinzipiell zwar 2. zu geordnet werden, was allerdings einen Informationsverlust bedeuten würde. Da für alle Bewegungspropositionen in der Kategorie Bewegungsphasen eine Kodierung vorgenommen wurde, ergab sich die Notwendigkeit einer weiteren Ausprägung für solche Fälle, in denen eine Phase nicht eindeutig bestimmbar ist. Dies betrifft u.a. alle NON-MOVE und BE_{LOC}-Propositionen.

Abbildung 51 gibt einen allgemeinen Überblick über die Ergebnisse. Für die Gesamtmenge aller Bewegungspropositionen im MFI zeigt sich, dass mit 53,4% (n=143) aller Fälle etwas mehr als die Hälfte der Ausprägung in Bewegung zugeordnet wurde. Darauf folgt in 21,3% (n=57) der Propositionen ein Kodierung für die Ausprägung Kreislauf. Das bedeutet, dass entsprechend der vorab formulierten Erwartungen (vgl. 2.5), im MFI die aktive Bewegung im Vordergrund steht. Ferner entfallen 13,1% (n=35) auf nicht bestimmbare Propositionen, 9,7% (n=26) auf Endphasen einer Bewegung und schließlich 2,6% (n=7) auf einen Bewegungsbeginn.[182]

---

182 Aufgrund von Rundungen ergibt sich der Wert 100,1%.

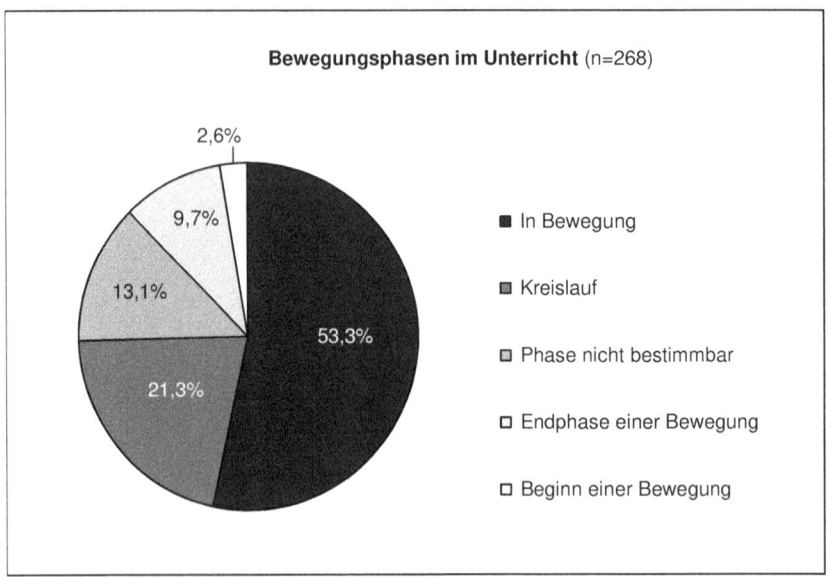

Abb. 51: Bewegungsphasen im Unterricht

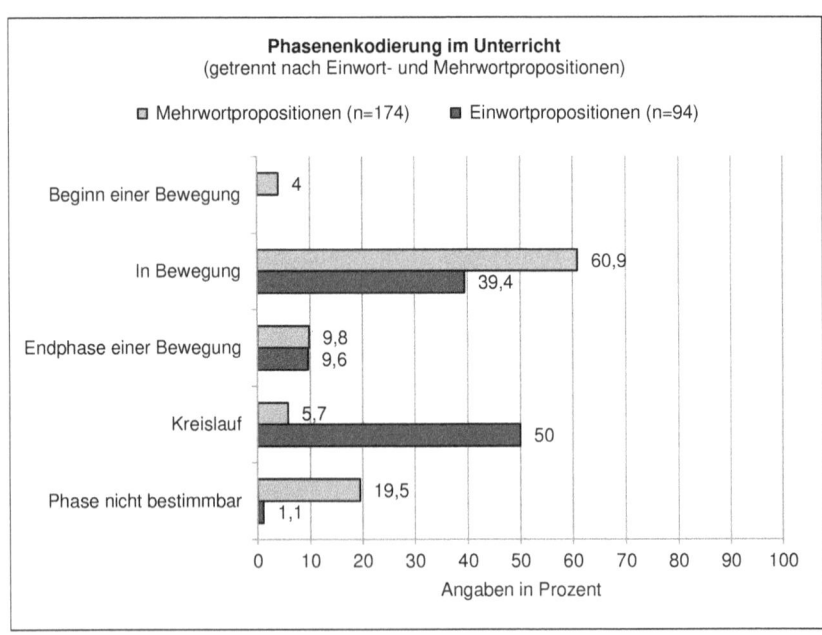

Abb. 52: Phasenkodierung im Unterricht (getrennt nach Einwort- und Mehrwortpropositionen)

Abbildung 52 schlüsselt die Ergebnisse getrennt nach Einwort- und Mehrwortpropositionen auf[183] und zeigt, dass Kodierungen für einen Phasenbeginn in 4,0% (n=7) der Mehrwortpropositionen vorgenommen wurden. Sie verdeutlicht weiterhin, dass die Ausprägung in Bewegung in Mehrwortpropositionen mit 60,9% (n=106) gegenüber 39,4% (n=37) in Einwortpropositionen wesentlich stärker besetzt ist. Die Prozentangaben für Endphasenkodierungen hingegen entsprechen sich mit 9,8% (n=17) für Mehrwortpropositionen und 9,6% (n=9) in Einwortpropositionen. Besonders groß ist der Unterschied auch für die Kodierung der Ausprägung Kreislauf. In Mehrwortpropositionen wurde diese in 5,7% der Fälle (n=10), in Einwortpropositionen dagegen in 50,0% (n=47) – also fast der Hälfte dieser Propositionen – vorgenommen. Dies lässt sich maßgeblich durch Einwortpropositionen wie *Lungen-* und *Blutkreislauf* erklären. In Mehrwortpropositionen konnte in 19,5% (n=34) der Fälle keine Phase bestimmt werden. In Einwortpropositionen betrifft dies 1,1% (n=1). Dies liegt auch darin begründet, dass eine Phase in NON-MOVE- und BE$_{LOC}$-Propositionen nicht bestimmbar ist. Bei diesen handelt es sich in jedem Fall um Mehrwortpropositionen.

Wie bereits erläutert entspricht das Ergebnis, dass etwa drei Viertel der Bewegungspropositionen aktive Bewegungen enkodieren, den vorab formulierten Erwartungen. Im Gegensatz dazu stehen die Fälle, für die eine Endphasen- oder Phasenbeginn-Kodierung vorgenommen wurde. Daher werden diese weiterführend analysiert.

Die sieben Kodierungen für Bewegungsbeginn lassen sich auf zwei thematische Aspekte zurückführen. Einerseits sollen die SchülerInnen den Weg eines Sauerstoffmoleküls beginnend in der linken Vorkammer des Herzens im Rahmen eines Tests beschreiben. Im Anschluss daran wird dies im Plenum besprochen, illustriert in Beispiel (109). Die weiteren drei Vorkommen beziehen sich auf den Beginn des Lungen- bzw. Körperkreislaufs, wie Beispiel (110) verdeutlicht.

(109)   fängt das [[Weg eines Sauerstoffmoleküls]] dann aber nicht in der rechten herzkammer an (U_V05_S_01)

(110)   so <wo FÄNGT denn der lungkreislauf eigentlich an. ↑ <fragend>> (---) (U_V04_L_79)

---

183 Aufgrund von Rundungen ergeben sich die Werte 100,1% für Einwortpropositionen und 99,9% für Mehrwortpropositionen.

26 Kodierungen schließlich entfallen auf die Endphase von Bewegungen. Diese lassen sich drei inhaltlichen Schwerpunkten zuordnen. An erster Stelle steht der Aspekt der Blutgerinnung bzw. des Wundverschlusses mit 16 Vorkommen. Darauf folgen mit jeweils fünf Auftreten der beendete bzw. endende Gasaustausch (111) und Kreislauf (112).

(111)   jetzt hat hier [[Kapillaren]] der GASaustausch und der STOFFaustausch stattgefundn. (U_V04_L_70)
(112)   der KÖRPERKREISLAUF ist jetzt zu ENDE (U_V04_L_76)

Die Funktion der Proposition (112) soll höchstwahrscheinlich darin bestehen, den Unterschied zwischen Körper- und Lungenkreislauf zu verdeutlichen bzw. diese voneinander abzugrenzen. Allerdings wird in dieser Formulierung eindeutig formuliert, dass der Körperkreislauf ein Ende hat.

Zusammenfassend lässt sich für die Kategorie Bewegungsphasen festhalten, dass ca. drei Viertel aller Bewegungspropositionen aktive Bewegungen enkodieren. Davon abgesehen bildet die Blutgerinnung einen Schwerpunkt der Endphasenkodierung und für ca. ein Zehntel der Propositionen kann keine Bewegungsphase bestimmt werden.

4.4.8 Die Ergebnisse der MFI-Analyse im Überblick

Tabelle 39 stellt die Ergebnisse er MFI-Analyse noch einmal im Überblick dar.

Tab. 39: Die Ergebnisse der MFI-Analyse im Überblick

Kategorie	Zusammenfassend zeigt sich
Bewegung im Unterricht	…, dass 03081L01 insgesamt gesehen mit Abstand die meisten Bewegungspropositionen produziert. Fünf SchülerInnen der 03081 stehen für mehr als die Hälfte aller SchülerInnen-Äußerungen.
Bewegungstypen	…, dass mit 92, 5% (n=248) der weitaus größte Teil aller Bewegungspropositionen auf die Kategorie MOVE entfällt. Darauf folgen mit 6,3% (n=17) BE_{LOC}- und mit 1,1% (n=3) NON-MOVE-Vorkommen.
Aktant: bewegte Figur	…, dass im MFI in ca. sieben von zehn Propositionen eine bewegte Figur enkodiert ist. Es handelt sich dabei hauptsächlich um Blut in Form der Nomen *Blut, Blutkreislauf* und *Blutgerinnung* sowie um Gase und Stoffe, wie z.B. *Sauerstoff*, die im Blut transportiert werden.

Kategorie	Zusammenfassend zeigt sich
Aktant: Verursacher	..., dass in etwas weniger als einem Viertel aller Bewegungspropositionen ein Verursacher enkodiert ist. In der Kategorie agentiver Verursacher wurden am häufigsten das *werden*-Passiv als Verweis auf einen nicht explizit genannten Verursacher und die Blutgefäße kodiert. Als selbst-agentiver Verursacher wurde am häufigsten *Blut* kodiert.
Aktant: Referenzobjekt	..., dass in etwa der Hälfte aller Bewegungspropositionen mindestens ein Referenzobjekt enkodiert ist. In der Regel handelt es sich dabei um menschliche Organe oder den menschlichen Körper in seiner Gesamtheit. Diese beiden Gruppen von Referenzobjekten erklären etwa zwei Drittel aller Referenzobjekt-Vorkommen.
Weg: Quelle, Meilenstein und Ziel	..., dass das *Herz* in allen drei Unterkategorien Quelle, Meilenstein und Ziel am häufigsten auftritt. Es scheint folglich für die Blutbewegung im Unterricht ein zentraler Orientierungspunkt zu sein. Gleichzeitig bedeutet dies, dass in der Nachzeichnung des Weges durch den Körper andere Stationen des Blutes im Kreislauf in den Hintergrund treten.
Weg: Grund	..., dass eine Grund-Kodierung in 20,7% (n=52) der Propositionen vorgenommen wurde. Inhaltlich lassen sich mehrere Schwerpunkte identifizieren Der *Körper* fungiert am häufigsten als Grund. Darauf folgen die Organe *Lunge* und *Herzkammer* als Teil des Herzens.
Weg: Ort	..., dass in den 17 BE$_{LOC}$-Propositionen insgesamt 24 Orte kodiert worden sind. Eine Analyse dieser Vorkommen belegt eine große Varianz.
Bewegungsspezifizierung (BewSpez)	..., die Unterkategorie Ursache die am seltensten besetzte Kategorie ist (3,0%, n=8). Darauf folgt die Unterkategorie Transportmittel, die mit 9,7% (n=26) für etwa ein Zehntel aller Propositionen kodiert wurde. Richtungsangaben werden in 69,8% (n=187) aller Propositionen gemacht. Am häufigsten werden schließlich mit 79,1% (n=212) entsprechend der vorab formulierten Annahme Informationen zur Art und Weise enkodiert.
BewSpez: Art und Weise	..., dass in ca. vier Fünftel aller Propositionen eine Charakterisierung der Art und Weise der Bewegung erfolgt. In der Regel spielen in diesem Zusammenhang Verben bzw. Nominalisierungen eine wesentliche Rolle. Im MFI erklären vier Simplicia bzw. mit ihnen gebildete Präfixverben mehr als die Hälfte aller Verbvorkommen. Es handelt sich um *transportieren*, *kommen*, *gehen* und *pumpen*.
BewSpez: Ursache	..., dass trotz der geringen Vorkommen vier sehr unterschiedliche Aspekte der Ursachenerklärung im Kontext der Blutbewegung thematisiert werden, z.B. die Funktionsweise der Venenklappen als Ursache einer Bewegung.
BewSpez: Richtung	..., dass drei Aspekte fokussiert werden: erstens der Kreislauf als spezifische Richtungsangabe, zweitens auf die Verwendung von *hin zu* und *weg von* relativ zu Referenzobjekten und drittens der Austausch (mindestens zwei Bewegungen in entgegengesetzte Richtungen).

Kategorie	Zusammenfassend zeigt sich
BewSpez: Transport- mittel	…, dass am häufigsten *Blut* und *Blutbestandteile* sowie *Venen* als Transportmittel enkodiert werden.
Zeit	…, dass sehr wenige Kodierungen vorgenommen worden sind. Dies entspricht den Erwartungen, dass Zeit im Kontext des fachlichen Themas keine wesentliche Rolle spielt.
Bewe- gungs- phase	…, dass ca. drei Viertel aller Bewegungspropositionen aktive Bewegungen enko- dieren. Davon abgesehen bildet die Blutgerinnung einen Schwerpunkt der End- phasenkodierung und für ca. ein Zehntel der Propositionen kann keine Bewe- gungsphase bestimmt werden.

4.5 Vergleichende Ergebnisdarstellung und -diskussion von SFI und MFI

Es folgt eine systematische Gegenüberstellung der Analyseresultate für Schul-buch (n=188) und MFI (n=268) und damit verbunden eine Prüfung hinsichtlich der vorab formulierten Hypothesen (vgl. 2.5). Darüber hinaus werden Fragen und weiterführende Aspekte für Sprach- und Fachdidaktik, die sich aus der Ergebnisdarstellung ergeben, aufgegriffen und diskutiert. Die Ergebnisse der Tafelanschriebauswertung finden für den Vergleich keine Berücksichtigung, da es sich um eine sehr kleine Stichprobe handelt (n=17).

4.5.1 Enkodierte Bewegungstypen im Vergleich

Ein Vergleich der Resultate für Schulbuch- und SFI-Analyse bestätigt die vorab formulierte Hypothese, dass für das Fachthema „Blut und Blutkreislauf" die sprachliche Enkodierung in MOVE-Ereignissen charakteristisch ist, da diese jeweils für mehr als 90% aller Bewegungspropositionen kodiert wurde. Bewe-gung bedeutet demzufolge mehrheitlich die Lageveränderung einer bewegten Figur, in wenigen Fällen deren Verortung in BE$_{LOC}$-Propositionen. Abbildung 53 lässt aber erkennen, dass im MFI etwas häufiger als im Schulbuch BE$_{LOC}$-Lokalisierungen vorgenommen werden.

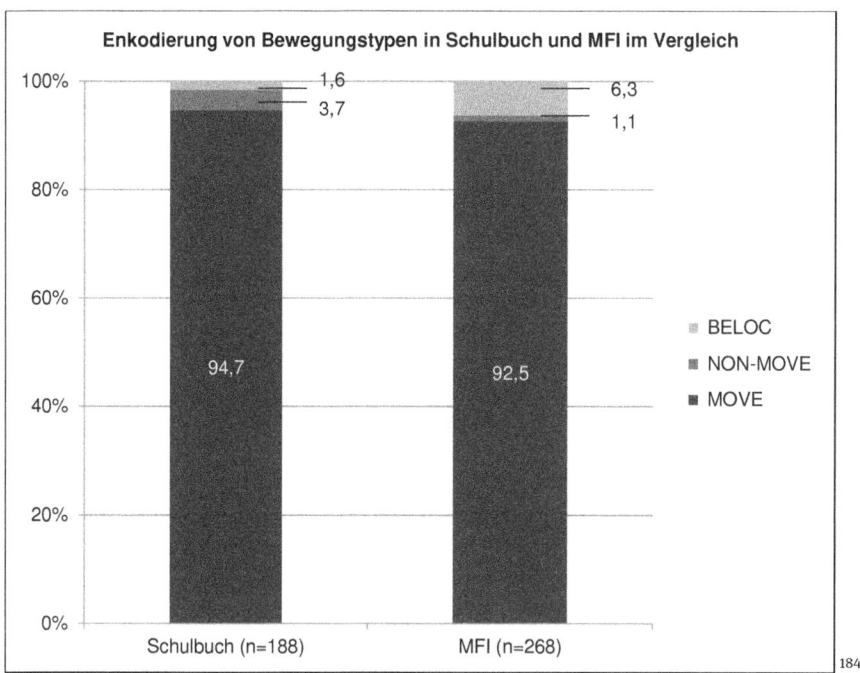

Abb. 53: Enkodierung von Bewegungstypen: Schulbuch und MFI im Vergleich

Als zwar nur vereinzelt besetzte aber dennoch relevante Kategorie hat sich NON-MOVE erwiesen. Sie ergab sich induktiv im Rahmen der Datenanalyse. Bewegungen, die nicht stattfinden, werden demnach sowohl im Schulbuch als auch im MFI selten enkodiert, spielen allerdings für die Vermittlung bestimmter fachlicher Zusammenhänge, z.B. der Funktionsweise der Venenklappen, eine wichtige Rolle. Im Unterricht könnte man das Bewegungskonzept nutzen und explizit Nicht-Bewegungen thematisieren, um deren Bedeutung herauszuarbeiten.

4.5.2 Enkodierung der Aktanten im Vergleich

Im Hinblick auf den Aktanten bewegte Figur bekräftigen die Auswertungen der Schulbuch- und MFI-Daten die vorab formulierte Hypothese, wonach der Enko-

---

184 Der Wert von 99,9% für MFI ergibt sich aufgrund von Rundungen.

dierung bewegter Figuren für das ausgewählte Thema ein hoher Stellenwert zukommt. Dementsprechend wurde im Schulbuch in etwa neun von zehn Fällen und im MFI in etwa sieben von zehn Fällen eine bewegte Figur enkodiert (vgl. Abbildung 54).

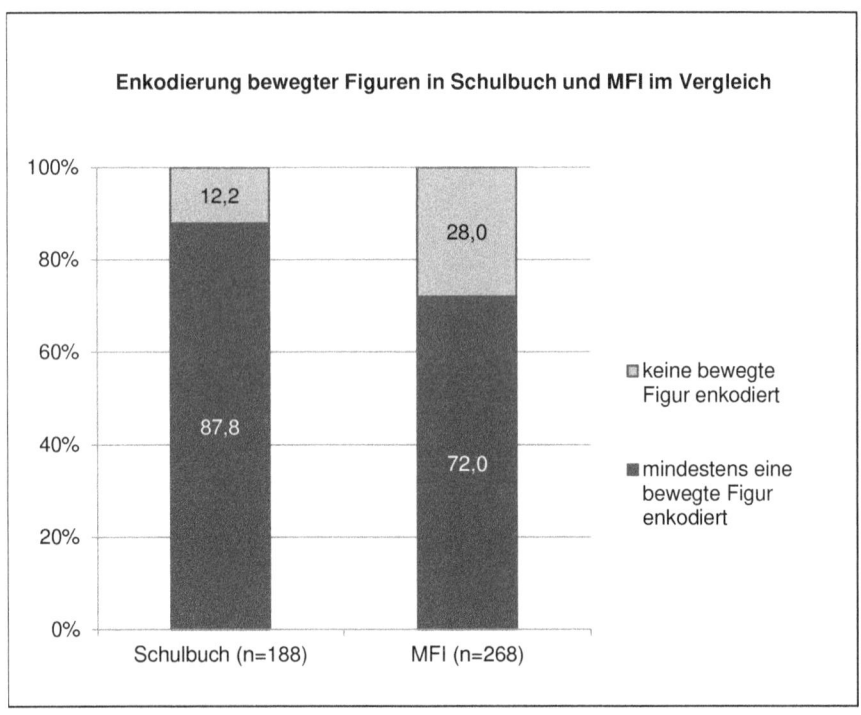

Abb. 54: Enkodierung bewegter Figuren: Schulbuch und MFI im Vergleich

Als bewegte Figur tritt – ebenfalls in Übereinstimmung mit den Erwartungen – insbesondere *Blut* hervor, im Schulbuch etwas häufiger als im MFI, wie Tabelle 40 veranschaulicht. Hierbei kommt *Blut* als einfaches Lexem und als Teil eines Kompositums mit *Blut-/-blut-* in beiden Inputtypen am häufigsten vor, wobei im MFI das einfache Nomen frequenter ist als im Schulbuch. Auch pronominale Verweise treten in beiden Inputtypen in etwa vergleichbarem Umfang auf. Dass im Schulbuch *Blut* als bewegte Figur wesentlich häufiger Teil mehrgliedriger Nominalphrasen ist, lässt sich vor allem auch auf die Charakteristika von Mündlichkeit (vgl. 2.1.2) zurückführen.

Tab. 40: Gegenüberstellung von Blut als bewegter Figur in Schulbuch und MFI

	Blut als bewegte Figur	
	Schulbuch (n_{gesamt}=188): in 65,1% aller Propositionen	MFI (n_{gesamt}=268): in 51,5% aller Propositionen
	davon (n=114) in %	davon (n=96) in %
Einfaches Nomen *Blut*	36,0	51,0
Kompositum mit *Blut-*/*-blut-*	34,2	34,4
Pronominale Verweise	7,9	10,4
Mehrgliedrige Nominalphrasen (einfaches Nomen *Blut*)	13,2	3,1

Neben *Blut* treten auch andere bewegte Figuren im Kontext des Themas „Blut und Blutkreislauf" auf, die Tabelle 41 im Überblick darstellt.

Tab. 41: Gegenüberstellung bewegter Figur in Schulbuch und MFI für andere als *Blut*

	Andere bewegte Figuren als *Blut*			
Rang	**Schulbuch (n=61)**	**%**	**MFI (n=109)**	**%**
1.	Anderes	27,9	Gas	32,1
2.	(Abfall-/Harn-/Wirk-/Gift-/Nähr-)Stoffe	24,6	(Abfall-/Ausscheidungs-/Nähr-)Stoffe	19,3
3.	Blutzellen/-plättchen, Erythrozyten, Leukozyten (auch pronominale Verweise)	18,0	Sauerstoff	16,5
4.	Sauerstoff (auch pronominale Verweise)	13,1	Kohlenstoffdioxid (auch pronominale Verweise)	10,1
5.	Kohlen(stoff)dioxid (auch pronominale Verweise)	9,8	Anderes	9,2

Hierbei sind einige Unterschiede zwischen Schulbuch und MFI bemerkenswert: Ganz grundlegend lässt sich für das Schulbuch eine größere Varianz feststellen. Dies zeigt sich bereits darin, dass im Schulbuch Anderes an erster Stelle steht. Hierunter sind bewegte Figuren zusammengefasst, die ein- bis zweimal in den Daten auftraten. Es zeigt sich aber auch darin, dass z.B. unter die Kategorie

Stoffe im Schulbuch fünf Differenzierungen – *Abfall-*, *Harn-*, *Wirk-*, *Gift-* und *Nährstoffe* – im MFI hingegen drei – *Abfall-*, *Ausscheidungs-* und *Nährstoffe* – fallen.

Ein weiterer wesentlicher Unterschied besteht darin, dass im MFI mehrheitlich *Stoffe*, die im Blut transportiert werden, als weitere bewegte Figuren neben Blut enkodiert sind. Im Schulbuch treten darüber hinaus auch die Blutbestandteile *Blutzellen*, *Blutplättchen*, *Erythrozyten* und *Leukozyten* auf. Für diese gilt, dass sie zum Teil durch je eigene Bewegungsmuster und spezifische Funktionen charakterisiert sind. Daraus ergeben sich diverse Fragen für die Didaktik und Methodik. Erstens ist zu diskutieren, worin das Lernziel besteht: Sollen SchülerInnen Blutbestandteile entsprechend differenzieren können, oder reicht es aus, dass sie ganz übergeordnet die Aufgaben „des Blutes" kennen. Das Schulbuch beantwortet diese Frage ganz eindeutig, indem entsprechend differenziert wird. Die Zusammensetzung des Blutes wird indes erst nach der Behandlung der Themen *Blutgefäße*, *Blutkreislauf* und *Herz* vorgestellt. Äquivalent dazu geht im Unterricht der Auseinandersetzung mit Blutbestandteilen im Plenum in V05 auch die Beschäftigung mit den Themen *Blutgefäße*, *Blutkreislauf* und *Herz* voraus. Das bedeutet, dass Blut zunächst als „Masse" bzw. „Einheit" durch den Körper bewegt wird. Wenn Wege und Funktionsweise im Körper erarbeitet worden sind, wird diese „Masse" noch einmal differenziert in diverse Bestandteile. Es wäre folglich interessant zu untersuchen, inwiefern SchülerInnen diese Transferleistung erbringen und die Veränderung von Einförmigkeit hin zu Vielgestaltigkeit der bewegten Figur auf die Bewegungsvorgänge im Blutkreislauf übertragen können.

Die Gegenüberstellung von Schulbuch- und MFI-Daten hinsichtlich der Enkodierung von Bewegungsverursachern ergibt, dass diese in beiden Inputtypen mehrheitlich nicht stattfindet (vgl. Abbildung 55). Verursacher sind damit weniger prominente Aktanten als bewegte Figuren. Im Falle der Verursacher-Enkodierung zeigen sich unterschiedliche Tendenzen: Im Schulbuch kommt in etwa einem Drittel aller untersuchten Propositionen ein agentiver vor, im MFI betrifft dies nur etwas mehr als ein Zehntel. Selbst-agentive Verursacher hingegen treten im MFI fast doppelt so häufig auf wie im Schulbuch.

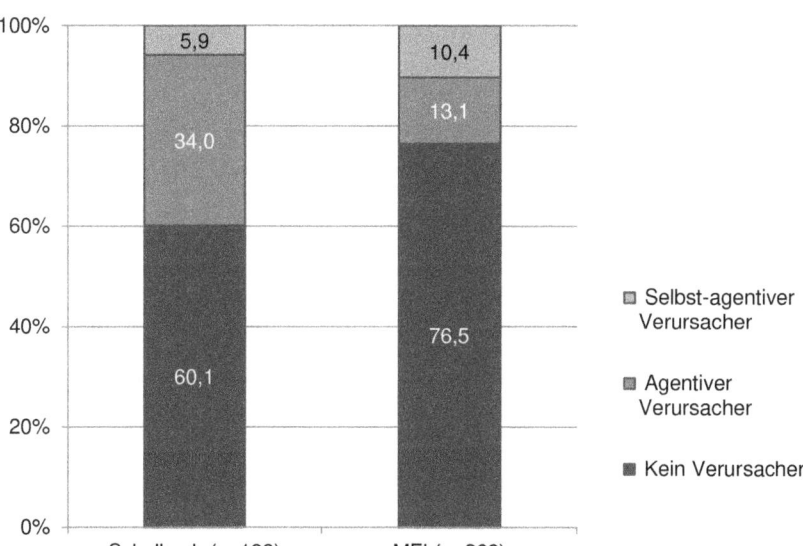

Abb. 55: Enkodierung von Verursachern: Schulbuch und MFI im Vergleich

Auch für die als agentive Verursacher enkodierten Aktanten zeigen sich unterschiedliche Tendenzen: Zwar tritt am häufigsten in beiden Inputtypen das *werden*-Passiv auf – im Schulbuch jedoch wesentlich öfter als im MFI. Dessen Funktion als „Platzhalter" für die komplexe Verursacherkonstellation der Blutbewegung wurde eingehend diskutiert (vgl. 4.2.3.2 und 4.4.4.2). Hinsichtlich der Vermittlung dieses fachlichen Aspekts ist relevant, ob es sich dabei um ein Lernziel handelt. Ist dies der Fall, sollte sichergestellt werden, dass SchülerInnen das Passiv fachlich angemessen dekodieren können. Weitere agentive Verursacher, die in beiden Inputtypen – wenn auch in unterschiedlicher Prominenz – auftreten, sind *Herz* und *Blutgefäße*. Für selbst-agentive Verursacher wurde sowohl im Schulbuch als auch im MFI die Enkodierung von *Blut* als solcher diskutiert. Es wurde dafür argumentiert, dass eine entsprechende Kodierung aufgrund der fachlichen Zusammenhänge nicht auftreten sollte. Sowohl im Schulbuch als auch im MFI – dort noch wesentlich häufiger als im Schulbuch – wurden entsprechende Vorkommen identifiziert. Im MFI ist dies wesentlich auf den Gebrauch der Verben *kommen* und *gehen* zurückgeführt worden. Es könnte sein, dass eine entsprechende Enkodierung die Erschließung der fachlichen Zusammenhänge für SchülerInnen erschweren könnte und diese daher vermieden werden sollte. So können Riemeier et al. zeigen, dass SchülerInnen, die noch keinen Unterricht zum Thema „Blut und Blutkreislauf" erhalten haben, Blut personifizieren: „Gemeinsam ist den Konzepten zu den Blutbestandteilen und zur Funktion des Blutes, dass Schüler menschliche Eigenschaften, Emotionen, Fähigkeiten, Handlungen oder auch die menschliche Körpergestalt auf das Blut übertragen." (Riemeier et al. 2010: 85). Eine Enkodierung im Unterrichtsverlauf, die nahe legt, dass sich das Blut selbst bewegt, könnte diese Vorstellung demnach festigen.

Die Enkodierung von Referenzobjekten erfolgt im Schulbuch in etwa sieben von zehn Fällen, im MFI in der Hälfte aller analysierten Propositionen, wie Abbildung 56 verdeutlicht.

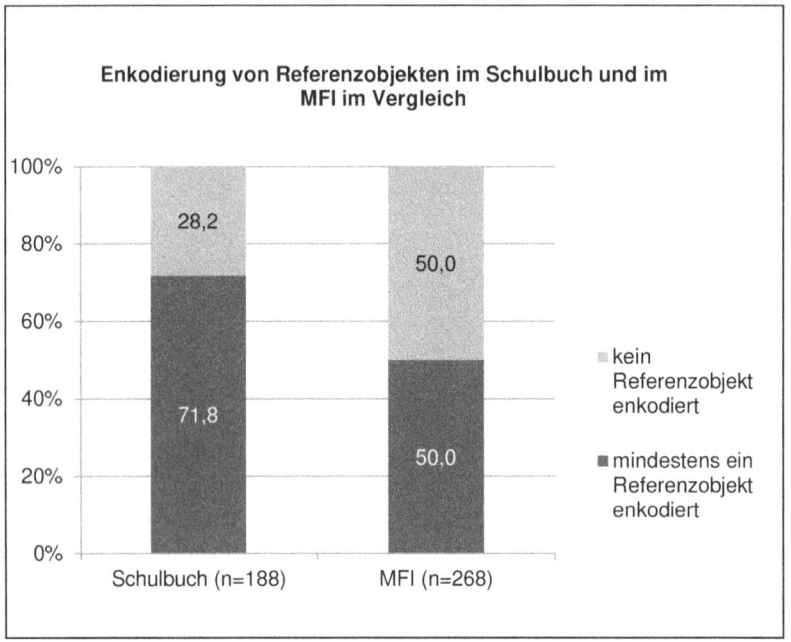

Abb. 56: Referenzobjekte: Schulbuch und MFI im Vergleich

Referenzobjekte sind seltener als bewegte Figuren, aber häufiger als Verursacher enkodiert und spielen für die Enkodierung von Bewegung im Kontext des Themas „Blut und Blutkreislauf" zahlenmäßig eine wichtige Rolle. Vergleicht man ausschließlich die Propositionen, in denen eine Kodierung vorgenommen wurde, so ergibt sich für die durchschnittliche Anzahl von Referenzobjekten je

Propositionen im Schulbuch der Wert 2 und im MFI der Wert 1. Das bedeutet: Im Schulbuch sind nicht nur in mehr Propositionen Referenzobjekte enkodiert, sondern in diesen Propositionen treten darüber hinaus auch mehr Referenzobjekte auf als im MFI. Folglich werden im Schulbuch im Durchschnitt in größerem Umfang „Orientierungspunkte" für Bewegung geliefert.

Im Schulbuch und im MFI treten – inhaltlich gesehen – im Wesentlichen die gleichen Gruppen von Referenzobjekten auf, wie Tabelle 42 veranschaulicht, welche die am häufigsten auftretenden Referenzobjektgruppen auflistet. Allerdings zeigen sich dabei unterschiedliche Tendenzen in der Vorkommenshäufigkeit. Frequent sind folglich menschliche Organe und Blutgefäße. Deren Rolle zur Spezifizierung der Raumstrukturierung und für das „Nachzeichnen" der Bewegung des Blutes durch den Körper wurde bereits besprochen (vgl. 4.2.3.3. und 4.4.4.3). Im MFI stellt das *Herz* bzw. Herzbestandteile mit Abstand das am häufigsten auftretende Referenzobjekt dar. Andere menschliche Organe treten hier in den Hintergrund. Neben bereits erwähnten Orientierungspunkten dient *Körper* als weiteres frequentes Referenzobjekt als Raum und Rahmen für die Blutbewegung.

Tab. 42: Gegenüberstellung der häufigsten Referenzobjektgruppen im Schulbuch und im MFI

		Referenzobjekte		
Rang	**Schulbuch (n=211)**	**%**	**MFI (n=161)**	**%**
1.	Menschliche Organe bzw. Organbestandteile (*Herz, Lunge* u.a.)	30,3	Menschliche Organe bzw. Organbestandteile (*Herz, Lunge* u.a.)	39,8
2.	Blutgefäße (Körperschlagader, Arterie u.a.)	21,3	Der menschliche Körper (*Körper*)	20,5
3.	Der menschliche Körper (*Körper*)	10,4	Blut als Referenzobjekt (*Blut, Blutstrom* u.a.)	9,9
4.	Deiktische Verweise (*dort, hier* u.a.)	6,2	Blutgefäße (Körperschlagader, Arterie u.a.)	9,3

Riemeier et al. (2010: 89) können aufzeigen, dass dem *Herz* in Schülervorstellungen eine zentrale Rolle zukommt, wohingegen die *Lunge* nicht mitgedacht wird. Ein hochfrequentes Enkodieren im Unterrichtsverlauf so, wie es in den vorliegenden Daten auftritt, könnte dazu beitragen, dass diese Schülervorstellung verfestigt wird. Dass entsprechende Vorstellungen auch nachunterrichtlich erhalten bleiben konnten bereits Hammann (2003) und Schmiemann & Sandmann (2007) belegen. Eine Fokussierung des Herzens ergibt sich verständlicherweise aufgrund von dessen Rolle als Saug-Druck-Pumpe und damit Mit-Verursacher von Blutbewegung. Allerdings wird diese Funktion im analysierten MFI kaum thematisiert.

Schließlich zeigt sich für die Kombination Präposition–Referenzobjekt ein Form-Funktionszusammenhang sowohl im Schulbuch als auch im MFI. Jeweils etwa zwei Drittel aller Referenzobjektvorkommen treten in Präpositionalphrasen auf. Eine Bewusstmachung dieses Zusammenhangs im Unterricht könnte helfen, Referenzobjekte zu identifizieren und damit angemessen zu dekodieren.

4.5.3 Enkodierung des Weges im Vergleich

Unter Weg sind Wege von MOVE- und NON-MOVE-Bewegungen und Orte in BE_{LOC}-Bewegungen voneinander abzugrenzen. BE_{LOC}-Propositionen und deren Orte werden aufgrund ihres verhältnismäßig geringen Auftretens für den Vergleich nicht berücksichtigt.[185] Die Gegenüberstellung (vgl. Abbildung 57) verdeutlicht, dass Wegespunkte (Quelle, Meilenstein, Ziel) und Grund zusammengenommen in beiden Inputtypen in mehr als der Hälfte aller Propositionen enkodiert sind – im Schulbuch noch häufiger als im MFI.

Entsprechend der Erwartungen kommt insbesondere dem Herz als Quelle und Ziel von Bewegungen eine zentrale Rolle zu, im MFI ist dieses noch stärker im Fokus als im Schulbuch. Es wäre zu diskutieren, welche Auswirkungen eine solche Prominenz in der Enkodierung auf das fachliche Verständnis des Kreislauf-Konzepts hat. Quelle- und Zielkodierungen – insbesondere in *zurück zum Herz*-Formulierungen – könnten auch Anfang und Ende suggerieren. Dies würde dem Kreislauf-Konzept von Blutkreislauf jedoch eher entgegenstehen.

---

185 Daher weichen die n-Angaben mit n=185 im Schulbuch und n=251 im MFI für die Weganalyse auch von den n-Angaben der anderen Kategorien ab.

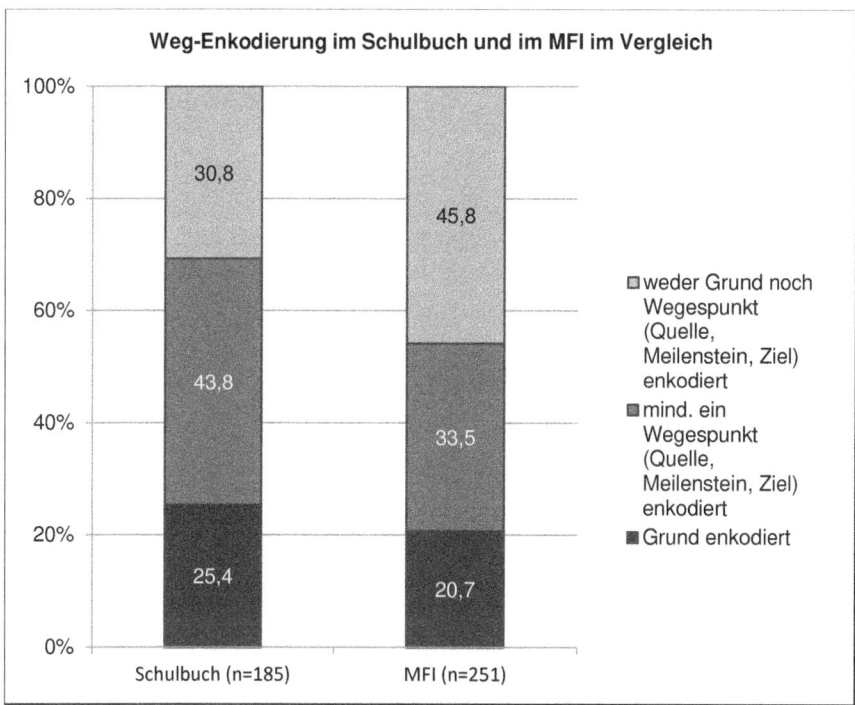

Abb. 57: Weg-Enkodierung: Schulbuch und MFI im Vergleich

Riemeier et al. (2010: 87) beschreiben sechs Stufen des Verstehens für Konzepte der Blutbewegung:

1. Allgegenwart: Blut ist überall in und unter der Haut.
2. Zu den Organen: Blut fließt vom Herz zu den Organen.
3. Hin und zurück: Blut fließt vom Herz zu den Organen und zurück.
4. Kreislauf: Blut fließt im Kreislauf durch Herz und Körper.
5. Doppelter Kreislauf: Blut fließt im Körper- und im Lungenkreislauf.
6. 2-Schleifen-Kreislauf: Blut fließt in einem Kreislauf mit Lungen- und Körperpassage.

Der in den vorliegenden Daten belegte Zusammenfall von Herz als Quelle und Ziel entspricht damit der 3. Stufe und könnte somit diese Vorstellung verfestigen. Allerdings kommt im Unterrichtsverlauf der Unterscheidung von Körper- und Lungenkreislauf eine wesentliche Rolle zu.

4.5.4 Enkodierung der Bewegungsspezifizierung im Vergleich

Die Gegenüberstellung der Enkodierung von Bewegungsspezifizierungen (vgl. Tabelle 43) ergibt: Sowohl im Schulbuch als auch im MFI wird am häufigsten die Art und Weise einer Bewegung näher charakterisiert. Hierbei sind Verben – nicht notwendigerweise Fortbewegungsverben – und Nomen bzw. Nominalisierungen von Bedeutung. Für den konkreten Verbgebrauch lässt sich ein unterrichtsthemenspezifischer Gebrauch im Schulbuch belegen. Beispiele sind die häufigsten Verben *aufnehmen*, *transportieren* und *pumpen*. Im MFI hingegen kommen neben themenspezifischen Verben wie *transportieren* und *pumpen* auch *kommen* und *gehen* sehr häufig vor. Diese enthalten allerdings weniger fachliche Informationen und können, wie auch die Ergebnisse für die Ausprägung selbst-agentiver Verursacher zeigen, potenziell mehrdeutige bzw. falsche fachliche Informationen liefern. Im Schulbuch finden sich keine Vorkommen von *kommen* und *gehen*. Dieser Unterschied zwischen Schulbuch und MFI ist insofern auffällig, als für die bisher vorgestellten Kategorien jeweils ähnliche Tendenzen, wenn auch in der Regel unterschiedliche Frequenzen, identifiziert werden konnten. Dieser Befund sollte in jedem Fall an weiteren Unterrichtseinheiten überprüft werden – auch um den Einfluss interindividueller Unterschiede hinsichtlich der Enkodierung durch verschiedenen Lehrkräfte untersuchen zu können.

Tab. 43: Bewegungsspezifizierung: Schulbuch und MFI im Vergleich

Spezifizierung	Schulbuch (n_{gesamt}=188)	MFI (n_{gesamt}=268)
Art und Weise	93,1%	79,1%
Richtung	55,9%	69,8%
Ursache	17,6%	3,0%
Transportmittel	10,1%	9,7%

Eine Enkodierung von Richtungsinformationen erfolgte in mehr als der Hälfte der Propositionen beider Inputtypen. Im Gegensatz zu den meisten anderen Kategorien wurden mehr Kodierungen im MFI vorgenommen. Der Enkodierung kommt demzufolge eine wichtige Rolle bei der ‚Navigation' durch den Blutkreislauf zu. Dabei findet diese Navigation – abgesehen von *zurück*-Formulierungen – vornehmlich in einem Nacheinander von Station zu Station ihren Niederschlag. Dem Verständnis der Tatsache, dass das Herz aus zwei Pumpen besteht, die taktgleich arbeiten, jedoch in unterschiedliche Richtungen antreiben (Riemeier et al. 2010: 89), könnte dies zuwiderlaufen.

Eine Spezifizierung der Ursache erfolgt seltener. Für diese Kategorie ist auffällig, dass entsprechende Kodierungen im Schulbuch sechsmal häufiger sind als im MFI. Bewegungsursachen zu verstehen scheint in der untersuchten Unterrichtseinheit kein vordergründiges Lehr-/Lernziel darzustellen, worauf auch bereits die Ergebnisse der Kategorie Verursacher hingewiesen haben.

Transportmittel werden in beiden Inputtypten in etwa einem Zehntel aller Bewegungspropositionen enkodiert. Im Schulbuch wie auch im MFI treten am häufigsten *Blut* und Blutbestandteile sowie auch Blutgefäße als Transportmittel auf. Allerdings hat die Analyse des MFI hier einige mögliche Herausforderungen in der Dekodierung offengelegt, die sich aus der Komplexität des Unterrichtsgeschehens und der Enkodierung in elliptischen oder deiktische Mittel nutzenden Propositionen ergeben.

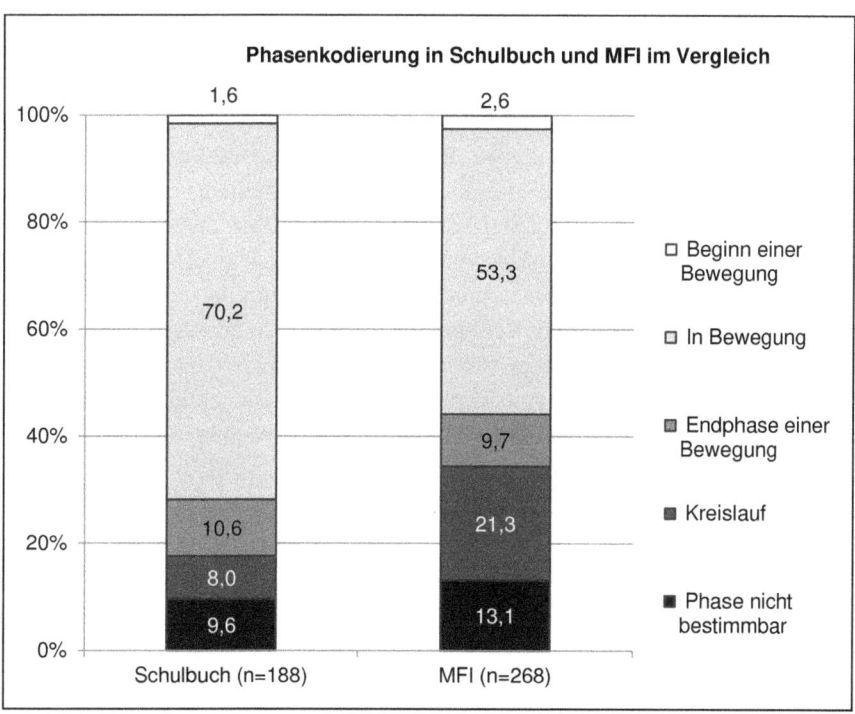

Abb. 58: Phasenkodierung: Schulbuch und MFI im Vergleich

Eine systematische Verortung der Bewegungen in einer zeitlichen Dimension findet entsprechend der Hypothesen weder im Schulbuch noch im MFI statt. Im Gegensatz dazu erwies sich die Auswertung von Bewegungsphasen als durchaus ergiebig (vgl. Abbildung 58).

In beiden Inputtypen steht die aktive Bewegung im Vordergrund. Beginn- und Endphasenkodierungen von Bewegung weisen in der Regel auf spezifische Unterthemen hin und könnten entsprechend sprach- und fachdidaktisch Berücksichtigung finden, indem Bewegungsphasen thematisiert werden. Allerdings wurden für den MFI einzelne widersprüchliche Funde, etwa die Frage von der Lehrerin 03081L01 danach, wo der Körperkreislauf endet, besprochen und diesbezüglich die Frage gestellt, inwieweit solche das Verständnis des Kreislauf-Konzepts erschweren können.

4.5.5 Abschließende Bemerkungen zum Vergleich von Schulbuch und MFI

Der Vergleich der beiden Inputtypen verdeutlicht, wie themenspezifische Aspekte sich in der sprachlichen Enkodierung niederschlagen – und zwar sowohl im Schulbuch als auch im MFI. Denn hierbei zeigen sich in weiten Teilen ähnliche Tendenzen für beide Inputtypen. In der Regel wurde für das Schulbuch eine höhere Frequenz hinsichtlich der Kategorien festgestellt. Dies könnte daran liegen, dass im Schulbuch in einer Bewegungsproposition mehr Informationen enkodiert sind. Diese Hypothese wurde überprüft, indem die Kodierungen[186] summiert worden sind. Eine entsprechende Auswertung bestätigt die Vermutung, wie Tabelle 44 belegt. In Bewegungspropositionen aus den Schulbuchdaten wurden durchschnittlich jeweils fünf Kodierungen vorgenommen, im MFI hingegen im Schnitt jeweils eine Kodierung weniger. Der Vergleich der Mittelwerte zeigt aber auch eine größere Streuung, da der Modus stets vom Durchschnitt abweicht. Der Unterschied in der Kodierhäufigkeit bleibt – mit gleichem arithmetischem Mittel – auch dann erhalten, wenn nur Mehrwortpropositionen

---

186 Berücksichtigt wurden: Anzahl bewegter Figuren, Verursacher kodiert, Anzahl der Referenzobjekte, Anzahl der Quellen, Anzahl der Meilensteine, Anzahl der Ziele, Anzahl der Grund-Angaben, Anzahl der Orte, Angabe zur Zeit, Wiederholung der Bewegung, Spezifizierung: Art und Weise, Spezifizierung: Ursache, Spezifizierung: Richtung, Spezifizierung: Transportmittel. Nicht berücksichtigt wurden Bewegungstyp und -phase, da diese Kategorien vollständig für alle identifizierten Bewegungspropositionen vorgenommen wurden.

berücksichtigt werden.[187] Das bedeutet auch, dass Bewegungspropositionen im Schulbuch insofern komplexer sind, als sie mehr Informationen zum Bewegungskonzept liefern. Dem steht die Komplexität des Unterrichtsgeschehens gegenüber, das u.a. durch die Flüchtigkeit des MFI gekennzeichnet ist. Daher ist davon auszugehen, dass Unterschiede in der Informationsdichte (je Bewegungsproposition) maßgeblich auf die Unterschiede von medialer Mündlichkeit und Schriftlichkeit zurückzuführen sind.

Tab. 44: Durchschnittliche Anzahl der Kodierungen je Bewegungsproposition

Zentrale Maße der Tendenz	Gesamt (n=456)	Schulbuch (n=188)	MFI (n=268)
Arithmetisches Mittel	[188]4	[189]5	[190]4
Median	4	5	3
Modus	3	6	3

Zusammenfassend lässt sich festhalten, dass die Gegenüberstellung der beiden Inputtypen ähnliche Schwerpunkte in der Enkodierung von Bewegung offenbart. Dies belegt den Einfluss des Themas auf die sprachliche Enkodierung. Unterschiede, die vermutlich in den Spezifika von medialer Mündlichkeit und Schriftlichkeit aber auch in unterschiedlicher Schwerpunktsetzung hinsichtlich der Lehr/Lernziele begründet liegen, finden sich in der Regel in der Häufigkeit der Enkodierung – z.B. der durchschnittlichen Kodierungshäufigkeit pro Bewegungsproposition. Die Unterschiede in der Enkodierung liefern aber auch Hinweise auf die Lehr-/Lernziele im Unterricht, etwa wenn der Aspekt der Verursachung von Blutbewegung im MFI im Vergleich zum Schulbuch wesentlich seltener enkodiert ist. Darüber hinaus wirft die vergleichende Auswertung Fragen hinsichtlich der Eignung des Inputs auf. So wäre in weiteren Untersuchungen zu erforschen, ob bestimmte Formen der Enkodierung Alltagsvorstellungen von SchülerInnen noch verstärken und nicht überwinden helfen. Die Resultate zeigen aber auch, wie die Verwendung bestimmter sprachlicher Mittel als Indi-

---

187 Der Unterschied in den Mittelwerten könnte allein darauf zurückzuführen sein, dass im MFI wesentlich mehr Einwortpropositionen auftreten, die im Durchschnitt weniger Kodierungen enthalten.

188 Mittelwert gerundet (4,2).

189 Mittelwert gerundet (4,8).

190 Mittelwert gerundet (3,8).

kator für inhaltliche Aspekte dient. Sie könnten dementsprechend für eine stärkere Verknüpfung von Sprach- und Fachdidaktik genutzt werden.

5 Methodendiskussion

Inhaltliches Ziel der Arbeit sind die Erfassung und Analyse des SFI und MFI im Fachunterricht Biologie zum Thema Blutkreislauf im Hinblick auf das in 2.3.5 auf der Grundlage des konzeptorientierten Ansatzes erarbeitete Bewegungskonzept. Damit betritt die Verfasserin inhaltlich und methodisch in weiten Teilen Neuland. Sowohl die möglichst umfassende Modellierung des Bewegungskonzeptes als auch dessen Anwendung auf schriftliche wie auch mündliche Daten sowie deren Vergleich und schließlich das Anliegen, Fachliches und Sprachliches zu berücksichtigen, stellen hohe Ansprüche an ein Forschungsdesign. Dessen Angemessenheit wird eingehend diskutiert. Zielführend dafür sind die in 3.2 formulierten Forschungsfragen zur Methodik und Didaktik, die im Folgenden systematisch reflektiert werden.

2.1[191] *Welche konkrete methodische Vorgehensweise ist geeignet, um SFI und MFI von Unterricht angemessen zu erheben und aufzubereiten?*

Als Methode wurde die Videographie gewählt (vgl. auch Kapitel 3.3). Diese Erhebungsmethode ist dem Erkenntnisinteresse angemessen, da sie es erlaubt sowohl den SFI als auch den MFI zu erheben. Dies erfordert eine Aufnahme mit mindestens zwei Kameras, wobei jeweils eine Kameraperson vor Ort sein sollte, die die Lehrer-Kamera bedienen und somit schwenken und zoomen kann, um z. B. Tafelanschriebe dokumentieren zu können. Allerdings sind Erhebung und Dokumentation von Tafel- und Overheadanschrieben, die im Unterrichtsverlauf angefertigt und häufig verändert werden, schwierig. Sie sind flüchtig und zum Teil nur kurze Zeit sichtbar. Häufig stehen zudem Lehrperson oder SchülerInnen davor, sodass eine Gesamtaufnahme nicht möglich ist. Eine Kamera mit hoher Auflösung und Zoommöglichkeiten ohne großen Qualitätsverlust stellt für die Erhebung dieser Daten eine grundlegende Voraussetzung dar. Je nach Kameratyp weisen die so erhobenen Daten eine sehr unterschiedliche Qualität auf. Daher sollten nach Möglichkeit zur Sicherheit noch stehende Tafelbilder nach Beendigung der Stunde aus der Nähe abgefilmt und Overhead-Folien kopiert werden. Auch für das vorliegende Vorhaben zeigt sich, dass videographische Unterrichtsforschung sehr aufwändig ist. Abgesehen von der langen Vorlaufzeit, z.B. zur Einholung von Einverständniserklärungen aller Beteiligten, gestaltet sich die gezielte Aufnahme mehrerer aufeinanderfolgender Unter-

---

191 Die Nummerierung entspricht der in 3.2 verwendeten.

https://doi.org/10.1515/9783110521917-331

richtsstunden als organisatorische Herausforderung. So dauerte es von der ersten Aufnahme 03081V01 drei Monate bis das Thema Blutkreislauf in der Klasse behandelt wurde und die Aufnahmen 03081V02 bis –V05 gemacht werden konnten. Der Gewinn ist jedoch überzeugend, da so die Entwicklung eines Themas über mehrere Stunden hinweg untersucht werden kann. Dies gewährleistet auch einen Einblick in Unterricht, der über eine Momentaufnahme hinausgeht. Die Aufbereitung von SFI und MFI bedarf neben der zeitaufwändigen Transkription weiterer Wege der Aufbereitung für den schriftlichen Input, z. B. die Verwendung von OCR-Programmen.

Zusätzlich zur videographischen Datenerhebung wurden sprachbiographische Daten der SchülerInnen aus der 03081 und Daten zu deren Sprachkompetenz erhoben. Hintergrunddaten zu den beobachteten SchülerInnen stellen eine notwendige Voraussetzung für eine umfassende Stichprobenbeschreibung und Ergebnisinterpretation dar. Zum Beispiel soll der Input für eine möglichst heterogene Schulklasse im Hinblick auf die Größen Migrationshintergrund und Mehrsprachigkeit untersucht werden. Ohne Zusatzdaten wäre eine entsprechende Einschätzung nicht möglich. Darüber hinaus wurden auch zwei Interviews geführt, ein Interview mit der Lehrerin der Klasse 03081 und ein weiteres Interview mit drei Schülern. Deren Auswertung liefert weitere zusätzliche Ergebnisse, die wiederum zur Interpretation der videographischen Daten herangezogen werden können. Eine stärkere Fokussierung der Interviewleitfäden auf das Erkenntnisinteresse wäre noch gewinnbringender. Die eingehende Auseinandersetzung mit diesen zusätzlichen Datenerhebungsmethoden bedeutet zwar einerseits einen Mehraufwand, der andererseits einen Zuwachs an Forschungsgüte und Ergebnistiefe bedeutet. Ein wesentlicher Vorteil ergibt sich daraus, dass im Projektkontext (Fach-DaZ-Projekt, vgl. 3.1) Hilfskräfte die Datenaufbereitung zum Teil unterstützen. Weiterhin ist es forschungspraktisch ein Gewinn, dass die Daten auch in weiteren Teilprojekten genutzt werden können.

Ziel einer jeden Forschung, auch videographischer Unterrichtsforschung, sollte ferner eine transparente Darstellung aller Schritte der Datenerhebung, -aufbereitung und -analyse sein (Schmelter 2014). Dies soll in der vorliegenden Arbeit z.B. durch den Abdruck der Analysemanuale im Anhang gewährleistet werden.

2.2 *Ist der hier für den theoretischen Rahmen gewählte konzeptorientierte Ansatz geeignet, um sprachliche Formen der Wissensvermittlung zu analysieren und in ihren Eigenschaften zu beschreiben (vgl. Ausführungen in 2.2)?*

Der konzeptorientierte Ansatz (vgl. 2.3) entstammt der Zweitspracherwerbsforschung und wird hier entsprechend dem Erkenntnisinteresse angepasst verwendet. Die umfassende Modellierung des Bewegungskonzepts sowie dessen Operationalisierung für die Analyse erweist sich als möglich und ertragreich. Denn die gewählte Vorgehensweise gestattet es, fach- und sprachwissenschaftliche Perspektiven zu vereinen. Aufgrund dessen handelt es sich insbesondere um eine Analyse auf semantisch-inhaltlicher Ebene. Perspektivisch könnte diese noch von einer Erweiterung mit Blick auf sprachwissenschaftliche Aspekte profitieren.

Das entwickelte Kategoriensystem (vgl. 3.3.4.2) ist praktikabel, auch wenn einzelne Kategorien Überschneidungen aufweisen. Es ist ferner in Bezug auf die Ergebnisse zu diskutieren, inwiefern diese durch Kategorien und Entscheidungen, die im 1. Analyseschritt getroffen werden, selbst generiert werden. Als Beispiel kann hier die Entscheidung dienen, dass *Blutgerinnung* als Bewegung aufgefasst und entsprechend kodiert wird. Diese führt im 1. Analyseschritt dazu, dass im 2. Analyseschritt Endphasen von Bewegung kodiert werden bzw. erklären maßgeblich die Ergebnisse in dieser Unterkategorie. Allerdings handelt es sich dabei um durchaus relevante Erkenntnisse, die vor der Untersuchung so nicht hätten benannt werden können. Ein solches Vorgehen ist möglichst transparent zu dokumentieren und umfassend zu reflektieren.

Die Analyse erfolgt auf Propositionsebene und ist daher besonders geeignet für den Vergleich von SFI und MFI. Allerdings wird bereits in der Modellierung (vgl. 2.3.5.4) auf weitere relevante Ebenen wie z.B. die Textebene und die außer- und parasprachliche Ebene hingewiesen, die bei zukünftigen Untersuchungen noch ergänzt werden könnten. Die Vorgehensweise bei der Analyse des MFI ist aus interaktionsanalytischer Sicht als kritisch einzuschätzen. Sie ist durch die Maßgabe akzeptabel, dass die Enkodierung von fachlichem Input – nicht die Unterrichtskommunikation selbst – Gegenstand des Erkenntnisinteresses ist. So liegt darin auch eine Stärke der Vorgehensweise, da Interaktionsanalysen in der Regel andere Foki haben. Perspektivisch könnte eine Ergänzung um diese Perspektive zusätzliche Erkenntnisse bringen.

Zu einer hohen forschungsmethodischen Güte tragen einerseits die Probeanalyse (vgl. 3.3.4.4), die eine Anpassung des Kategoriensystems sowie die Auswahl der passenden Analyseprogramme ermöglicht, und andererseits die Durchführung von Datensitzungen (vgl. 3.3.4) bei. Die Durchführung von Datensitzungen stellt – neben der Gewährleistung einer größeren Objektivität der Ergebnisse – eine wesentliche Bereicherung für den eigenen Forschungsprozess dar. Auch ist dies ein praktikables Vorgehen für ein Promotionsprojekt, da im Rahmen eines solchen nicht alle Daten gegenkodiert werden können.

Perspektivisch wäre es interessant, das Konzept auf das gleiche Thema in anderen Sprachen anzuwenden und so Gemeinsamkeiten und Unterschiede aufzudecken, die ggf. für eine sprachsensible Fachdidaktik gewinnbringend sein könnten. Ferner sollte das Konzept auf andere Themen angewendet werden, um herauszuarbeiten, wie entscheidend die Themenspezifik ist. Solche Untersuchungen wären auch hinsichtlich einer Generalisierung der Ergebnisse vorteilhaft.

2.3 Gestattet die gewählte Vorgehensweise in ihrer Gesamtheit die Generierung von Ergebnissen, die über kaum aufeinander bezogene Merkmalsbündelungen hinausgehen (vgl. Ausführungen in Teilkapitel 2.2)?

Die Ergebnisdarstellung (vgl. Kapitel 4) belegt, dass diese über Auflistung von Merkmalsbündelungen hinausgeht. Die Stärke der Analyse liegt insbesondere darin, dass sie auch in der sprachwissenschaftlichen Analyse fachliche Aspekte nicht außer Acht lässt und Ergebnisse sich dahingehend umfassender interpretieren lassen. Kontext und Situation werden berücksichtigt. Damit wird ein wesentlicher – wenn auch inhaltlich sehr spezifischer – Beitrag zur Diskussion um sprachliche Formen der Wissensvermittlung in der Schule geleistet.

2.4 Haben die Ergebnisse eine Relevanz für die Praxis des Fachunterrichts und der Sprachförderung im Fach?

Abschließend stellt sich die Frage nach dem Nutzen für die Praxis: „Traditionsgemäß soll Wissenschaft "analysieren" oder genauer "erklären". Die Aufgabe des Praktikers hingegen ist Veränderung bzw. Lösung von praktischen Problemen." (Krumm 1983, 281). Das Erkenntnisinteresse der vorliegenden Arbeit war es nicht, anwendungsbezogene Forschungsergebnisse zu produzieren. In erster Linie handelte es sich um Grundlagenforschung, welche sprachliche Formen der Wissensvermittlung in der Schule näher beschreiben sollte. Dennoch liefern die Resultate für SchulbuchautorInnen, MaterialentwicklerInnen und LehrerInnen wichtige Anhaltspunkte. So wäre es möglich, eine konzeptorientierte Vorgehensweise bei Vermittlung sprach- und fachdidaktischer Ziele als Grundlage für einen sprachsensiblen Fachunterricht zu nutzen. Entsprechende Konzeptionen wären zu entwickeln und zu erproben.

Zusammenfassend lässt sich festhalten, dass videographische Unterrichtsforschung, welche die Erhebung von umfangreichen Zusatzdaten einschließt, eine passende methodische Vorgehensweise ist, um SFI und MFI entsprechend dem Erkenntnisinteresse zu erheben. Der hier gewählte konzeptorientierte An satz vermag es, sprachliche Formen der Wissensvermittlung zu analysieren und in ihren Eigenschaften so zu beschreiben, dass kontextlose Aufzählungen sprachlicher Merkmale vermieden werden. Zudem ermöglicht er die Verbindung von sprach- und fachwissenschaftlichen Perspektiven. Schließlich zeigt sich, dass die Ergebnisse auch für die Praxis des Fachunterrichts genutzt werden können.

6 Ausblick

03081L01	gut. (---), so. (1.4) <gibt es FRA:gen bis hierher. ↑ <fragend>> <wer ist jetzt NACH dieser (--) stunde SO verwirrt, dass_er sacht ich komm jetz gar nich mehr klar. ↑ <fragend>>
Komm	einige Schüler lachen
03081L01	03081S12, 03081S16
Komm	einige Schüler lachen
03081L01	<03081S12 ernst geMEINT. ↑ <fragend>> hm_hm ↑
03081S12	dis_is mir (-) einfach zu VIEL einfach so ein hin und her.
[...]	
03081S12	da is dis da, da endets dann gehts gleich wieder weiter ↑ und dann is wieder SO und dann (-) gehts nach O:ben und dann nach LINKS und so wa. (--) wie son labyrinth.

(03081V04, Zeile 1786ff.)

Für einen sprachsensiblen Fachunterricht, der u.a. auch bildungssprachliche Kompetenzen fördert, ist es notwendig, sowohl fachwissenschaftliche als auch fach- und sprachdidaktische Aspekte in den Blick zu nehmen und zunächst einmal zu klären, worin fachliche und sprachliche Anforderungen im Unterricht konkret bestehen. Die vorliegende Arbeit hat dazu einen Beitrag geleistet, indem der schriftliche und mündliche fachliche Input zum Thema „Blut und Blutkreislauf" in einer 8. Klasse hinsichtlich der Enkodierung von Bewegung von Blut und Blutbestandteilen untersucht wurde. Die vergleichende Analyse von SFI und MFI-Daten zeigt für beide Inputtypen ähnliche Schwerpunkte und Formen der Enkodierung. Themen- bzw. fachspezifische Aspekte schlagen sich in beiden Inputtypen in ähnlicher Weise in der Enkodierung nieder. Unterschiede finden sich jedoch in der Regel bezüglich der Frequenz. Bewegungsereignisse im SFI liefern im Vergleich zu den MFI-Ereignissen durchschnittlich mehr Informationen. Dies lässt sich maßgeblich auf die Unterschiede zwischen medialer Mündlichkeit und medialer Schriftlichkeit zurückführen, etwa auf die Flüchtigkeit des MFI. Unterschiede in den Inputtypen lassen sich ferner auf unterschiedliche inhaltliche Schwerpunktsetzungen hinsichtlich der Lehr-/Lernziele zurückführen. Die in weiten Teilen explorativ angelegte konzeptorientierte Vorgehensweise ermöglichte es dabei, sprachliche Aspekte unter Berücksichtigung fachlicher Inhalte zu analysieren.

Aus den hier vorgestellten Resultaten ergeben sich zahlreiche Fragen und Hypothesen hinsichtlich der Verständlichkeit des Inputs, denen in weiteren Untersuchungen nachgegangen werden sollte. So wäre zu erforschen, ob bestimmte Formen der Enkodierung Alltagsvorstellungen von SchülerInnen noch verstärken statt dabei zu helfen, diese zu überwinden. Solche Alltagsvorstellun-

https://doi.org/10.1515/9783110521917-336

gen – auch als Präkonzepte oder subjektive Theorien bezeichnet – sind mehr oder weniger weit von wissenschaftlichen Konzepten entfernt, in der Regel äußerst stabil und nur schwer veränderbar, da sie durch plausible und einfache Antworten Sicherheit und Kohärenz im Sein und Selbst schaffen, ferner im Alltag überwiegend erfolgreiches (kommunikatives) Handeln ermöglichen (Fridrich 2010: 307ff.). Im Unterricht können sie als Anknüpfungspunkte für Lernen genutzt werden und damit eine Brücke bauen im Übergang bzw. Wechsel von Präkonzepten hin zu wissenschaftlichen Konzepten (Stichwort: Conceptual Change, vgl. Fridrich 2010: 306). In der beobachteten Unterrichtseinheit erfolgt dies nur in Ansätzen im Rahmen der Mindmap-Erstellung und -Besprechung zu Beginn. Die Resultate der Analyse zeigen, wie die Verwendung bestimmter sprachlicher Mittel als Indikator für inhaltliche Aspekte dient. Die Unterscheidung von Präkonzepten und wissenschaftlichen Konzepten unter verstärkter Berücksichtigung auch der sprachlichen Ebene in diesem Sinne könnte dementsprechend für eine stärkere Verknüpfung von Sprach- und Fachdidaktik genutzt werden, die einen Conceptual Change unterstützen bzw. bereichern könnte.

Die Analyse der Daten ermöglicht auch die Bildung von Hypothesen zur Beantwortung der Frage, warum 03081S12 den Blutkreislauf als ein Labyrinth empfindet: eine Ursache dafür könnte etwa die Fülle an Referenzobjekten und Stationen, die sowohl im SFI als auch im MFI auftreten, darstellen. Anstatt als Orientierungspunkte zu dienen, wirken sie auf 03081S12 eher verwirrend und ihre fachliche Relevanz und Bedeutung wird ihm scheinbar nicht ausreichend deutlich im Unterrichtsverlauf; dabei stellen sie auch eine Möglichkeit dar, Überblick zu schaffen – sprachsensibles Arbeiten könnte hier vielleicht einen Gewinn bedeuten.

Darüber hinaus lassen folgende Forschungsdesiderata festhalten:

- Können die Befunde für weitere Unterrichtseinheiten zum Thema „Blut und Blutkreislauf", ggf. auch für die Behandlung in unterschiedlichen Altersstufen, repliziert werden?
- Welche Gemeinsamkeiten und Unterschiede zeigen sich, wenn die Untersuchung für andere Sprachen vorgenommen wird?
- Welche Gemeinsamkeiten und Unterschiede in der Enkodierung zeigen sich, wenn die Analyse auf weitere Themen aus dem Fachunterricht Biologie oder aber anderen Unterrichtsfächern erweitert wird?
- Welche weiteren Konzepte können den theoretischen Rahmen für ähnlich angelegte Untersuchungen stellen?
- Lassen sich die gewonnenen Erkenntnisse in Didaktisierungen zum ausgewählten Thema im Sinne eines sprachsensiblen Fachunterrichts integrieren und führen sie zu einer besseren Verständlichkeit des fachlichen Inputs?

Die Beantwortung dieser Fragen kann vielleicht dazu beitragen, dass SchülerInnen nicht im „Labyrinth" verloren gehen.

Literaturverzeichnis

Abteilung für Wirtschafts- und Sozialpolitik der Friedrich-Ebert-Stiftung (Hrsg.) (2010): *Sprache ist der Schlüssel zur Integration. Bedingungen des Sprachlernens von Menschen mit Migrationshintergrund.* Bonn: Friedrich-Ebert-Stiftung, Abt. Wirtschafts- und Sozialpolitik.

Adamzik, Kirsten (1998): Fachsprachen als Varietäten. In Hoffmann, Lothar; Kalverkämper, Hartwig & Wiegand, Herbert Ernst (Hrsg.): *Fachsprachen. Ein internationales Handbuch zur Fachsprachenforschung und Terminologiewissenschaft.* Berlin, New York: Walter de Gruyter, 181–189.

Aguado, Karin (2010a): Input. In Barkowski, Hans & Krumm, Hans-Jürgen (Hrsg.): *Fachlexikon Deutsch als Fremd- und Zweitsprache.* Tübingen, Basel: Francke, 132.

Aguado, Karin (2010b): Intake. In Barkowski, Hans & Krumm, Hans-Jürgen (Hrsg.): *Fachlexikon Deutsch als Fremd- und Zweitsprache.* Tübingen, Basel: Francke, 133.

Aguado, Karin & Riemer, Claudia (2001): Triangulation: Chancen und Grenzen mehrmethodischer empirischer Forschung. In Aguado, Karin & Riemer, Claudia (Hrsg.): *Wege und Ziele. Zur Theorie, Empirie und Praxis des Deutschen als Fremdsprache (und anderer Fremdsprachen). Festschrift für Gert Henrici.* Baltmannsweiler: Schneider Hohengehren, 245–257.

Ahrenholz, Bernt (2007): *Verweise mit Demonstrativa im gesprochenen Deutsch. Grammatik, Zweitspracherwerb und Deutsch als Fremdsprache.* Berlin, New York: Walter de Gruyter.

Ahrenholz, Bernt (2009): der Stunde, der Socke, der Geschichte - Input für DaZ-Schüler. In Nauwerck, Patricia (Hrsg.): *Kultur der Mehrsprachigkeit in Schule und Kindergarten. Festschrift für Ingelore Oomen-Welke.* Unter Mitarbeit von Oomen-Welke, Ingelore. Freiburg i.Br.: Fillibach.

Ahrenholz, Bernt (Hrsg.) (2010a): *Fachunterricht und Deutsch als Zweitsprache.* 2., durchges. u. akt. Aufl. Tübingen: Gunter Narr.

Ahrenholz, Bernt (2010b): Bildungssprache im Sachunterricht der Grundschule. In Ahrenholz, Bernt (Hrsg.): *Fachunterricht und Deutsch als Zweitsprache.* 2., durchges. u. akt. Aufl. Tübingen: Gunter Narr, 15–35.

Ahrenholz, Bernt (2010c): Erstsprache - Zweitsprache - Fremdsprache. In Ahrenholz, Bernt & Oomen-Welke, Ingelore (Hrsg.): *Deutsch als Zweitsprache.* 2. korr. u. überarb. Aufl. Baltmannsweiler: Schneider Hohengehren, 3–16.

Ahrenholz, Bernt (2013): Sprache im Fachunterricht untersuchen. In Röhner, Charlotte & Hövelbrinks, Britta (Hrsg.): *Fachbezogene Sprachförderung in Deutsch als Zweitsprache. Theoretische Konzepte und empirische Befunde zum Erwerb bildungssprachlicher Kompetenzen.* Weinheim: Beltz Juventa, 87–98.

Ahrenholz, Bernt; Hövelbrinks, Britta; Maak, Diana & Zippel, Wolfgang (2013): *Migrationshintergrund und Mehrsprachigkeit – Begrifflichkeiten und empirische Daten.* Vortrag im Rahmen der DGFF-Tagung in Augsburg, 26.09.2013.

Ahrenholz, Bernt & Maak, Diana (2012): Sprachliche Anforderungen im Fachunterricht. Eine Skizze mit Beispielanalysen zum Passivgebrauch in Biologie. In Roll, Heike und Schilling, Andrea (Hrsg.): *Mehrsprachiges Handeln im Fokus von Linguistik und Didaktik. Wilhelm Grießhaber zum 65. Geburtstag.* Unter Mitarbeit von Grießhaber, Wilhelm. Duisburg: Universitätsverlag Rhein-Ruhr, 135–152.

https://doi.org/10.1515/9783110521917-339

Ahrenholz, Bernt & Maak, Diana (2013): *Zur Situation von SchülerInnen nicht-deutscher Herkunftssprache in Thüringen unter besonderer Berücksichtigung von Seiteneinsteigern. Abschlussbericht zum Projekt ‚Mehrsprachigkeit an Thüringer Schulen (MaTS)', durchgeführt im Auftrag des TMBWK.* Unter Mitarbeit von Fuchs, Isabel; Hövelbrinks, Britta; Ricart Brede, Julia & Zippel, Wolfgang. http://www.daz-portal.de/images/Berichte/bm_band_01_mats_bericht_20130618_final.pdf (02.*10.2017*).

Altmeyer, Stephan (2013): Die (religiöse) Sprache der Lernenden. Sprachempirische Zugänge zu einer großen Unbekannten. In Becker-Motzek, Michael; Schramm, Karen; Thürmann, Eike & Vollmer, Helmut Johannes (Hrsg.): *Sprache im Fach. Sprachlichkeit und fachliches Lernen.* Münster: Waxmann, 365–379.

Apeltauer, Ernst (2010): Wortschatzentwicklung und Wortschatzarbeit. In Ahrenholz, Bernt & Oomen-Welke, Ingelore (Hrsg.): *Deutsch als Zweitsprache.* 2. korr. u. überarb. Aufl. Baltmannsweiler: Schneider Hohengehren, 239–252.

Aronson, Elliot; Wilson, Timothy D. & Akert, Robin M. (2004): *Sozialpsychologie.* München, Boston: Pearson Studium.

Aust, Gabriele (2010): Blut und lymphatische Organe - Grundlagen. In Aumüller, Gerhard; Aust, Gabriele; Doll, Andreas; Engele, Jürgen; Kirsch, Joachim; Mense, Siegfried, Reißig, Dieter; Salvetter, Jürgen; Schmidt, Wolfgang; Schmitz, Frank; Schulte, Erik; Spanel-Borowski, Katharina; Wolff, Werner; Wurzinger, Laurenz J. & Zilch, Hans-Gerhard (Hrsg.): *Anatomie.* 2., überarb. Aufl. Stuttgart: Georg Thieme, 133-159.

Backhaus, Klaus; Erichson, Bernd; Wulff, Plinke & Weiber, Rolf (2008): *Multivariate Analysemethoden. Eine anwendungsorientierte Einführung.* 12., vollst. überarb. Aufl. Berlin u.a: Springer.

Bamberger, Richard (1995): Methoden und Ergebnisse der internationalen Schulbuchforschung. In Olechowski, Richard (Hrsg.): *Schulbuchforschung.* Frankfurt a.M.: Lang, 46–82.

Bardovi-Harlig, Kathleen (2007): One Functional Approach to Second Language Acquisition: The Concept-Oriented Approach. In Van Patten, Bill & Williams, Jessica (Hrsg.): *Theories in second language acquisition. An introduction.* Mahwah: Lawrence Erlbaum, 57–96.

Barkowski, Hans (2010): Grammatik. In Barkowski, Hans & Krumm, Hans-Jürgen (Hrsg.): *Fachlexikon Deutsch als Fremd- und Zweitsprache.* Tübingen, Basel: Francke, 106–107.

Barkowski, Hans & Miltner, Wolfgang (2010): MRT. In Barkowski, Hans & Krumm, Hans-Jürgen (Hrsg.): *Fachlexikon Deutsch als Fremd- und Zweitsprache.* Tübingen, Basel: Francke, 220.

Bauer, Lucia (1995): Zur Adressatenbezogenheit des Schulbuches – Für wen werden die Schulbücher eigentlich wirklich geschrieben. In Olechowski, Richard (Hrsg.): *Schulbuchforschung.* Frankfurt a.M.: Lang, 228–234.

Baumann, Klaus-Dieter (1998a): Textuelle Eigenschaften von Fachsprachen. In Hoffmann , Lothar; Kalverkämper, Hartwig & Wiegand, Herbert Ernst (Hrsg.): *Fachsprachen. Ein internationales Handbuch zur Fachsprachenforschung und Terminologiewissenschaft.* Berlin, New York: Walter de Gruyter, 408–416.

Baumann, Klaus-Dieter (1998b): Fachsprachliche Phänomene in den verschiedenen Sorten von populärwissenschaftlichen Vermittlungstexten. In Hoffmann, Lothar; Kalverkämper, Hartwig & Wiegand, Herbert Ernst (Hrsg.): *Fachsprachen. Ein internationales Handbuch zur Fachsprachenforschung und Terminologiewissenschaft.* Berlin, New York: Walter de Gruyter,728–735.

Baumert, Jürgen; Artelt, Cordula; Klieme, Eckhard; Neubrand, Michael; Prenzel, Manfred; Schiefele, Ulrich; Schneider, Wolfgang; Schümer, Gundel; Stanat, Petra; Tillmann, Klaus-

Jürgen & Weiß, Manfred (Hrsg.) (2003): *PISA 2000. Ein differenzierter Blick auf die Länder der Bundesrepublik Deutschland. Zusammenfassung zentraler Befunde*. PISA. Opladen: Leske und Budrich.

Baur, Rupprecht S.; Bäcker, Iris & Wölz, Klaus (1993): Zur Ausbildung einer fachsprachlichen Handlungsfähigkeit bei Schülerinnen und Schülern mit der Herkunftssprache Russisch. *Zeitschrift für Fremdsprachenforschung* 4 (2): 4–38.

Baur, Rupprecht S.; Chlosta, Christoph; Ostermann, Torsten & Schroeder Christoph (2004): ‚Was sprecht Ihr vornehmlich zu Hause?'. Zur Erhebung sprachbezogener Daten. *Essener Unikate* 24: 96–106.

Baur, Rupprecht S.; Grotjahn, Rüdiger & Spettmann, Melanie (o.J.): *Der C-Test als Instrument der Sprachstandserhebung und Sprachförderung im Bereich Deutsch als Zweitsprache*. http://www.standardsicherung.schulministerium.nrw.de/cms/upload/kud/downloads/B aur_Grotjahn_Spetmann_Der_C_Test_...pdf (*02.10.2017*).

Baur, Rupprecht S.; Grotjahn, Rüdiger & Spettmann, Melanie (2006): Der C-Test als Instrument der Sprachstandserhebung und Sprachförderung. In Timm, Johannes-Peter (Hrsg.): *Fremdsprachenlernen und Fremdsprachenforschung. Kompetenzen, Standards, Lernformen, Evaluation. Festschrift für Helmut Johannes Vollmer*. Unter Mitarbeit von Vollmer, Helmut Johannes. Tübingen: Gunter Narr, 389–406.

Baur, Rupprecht S. & Meder, Gregor (1994): C-Tests zur Ermittlung der globalen Sprachfähigkeit im Deutschen und in der Muttersprache bei ausländischen Schülern in der Bundesrepublik Deutschland. In Grotjahn, Rüdiger (Hrsg.): *Der C-Test. Theoretische Grundlagen und praktische Anwendungen*. Bochum: Brockmeyer (2), 151–178.

Baur, Rupprecht S. & Spettmann, Melanie (2008): Screening - Diagnose - Förderung: Der C-Test im Bereich DaZ. In Ahrenholz, Bernt (Hrsg.): *Deutsch als Zweitsprache. Voraussetzungen und Konzepte für die Förderung von Kindern und Jugendlichen mit Migrationshintergrund*. 2., überarb. u. erg. Aufl. Freiburg i.Br.: Fillibach, 95–110.

Baur, Rupprecht S. & Spettmann, Melanie (2010): Sprachstandsmessung und Sprachförderung mit dem C-Test. In Ahrenholz, Bernt & Oomen-Welke, Ingelore (Hrsg.): *Deutsch als Zweitsprache*. 2. korr. u. überarb.Aufl. Baltmannsweiler: Schneider Hohengehren, 430–441.

Beavers, John; Levin, Beth & Tham, Shiao Wei (2010): The typology of motion expressions revisited. *Journal of Linguistics* 46: 331–377.

Becker, Angelika (1994): *Lokalisierungsausdrücke im Sprachvergleich. Eine lexikalisch-semantische Analyse von Lokalisierungsausdrücken im Deutschen, Englischen, Französischen und Türkischen*. Tübingen: Niemeyer.

Becker, Angelika (2012): Konzeptorientierte Ansätze: Der Ausdruck von Raum. In Bernt Ahrenholz (Hrsg.): *Einblicke in die Zweitspracherwerbsforschung und ihre methodischen Verfahren*. Berlin: De Gruyter Mouton, 27–48.

Becker, Angelika & Carroll, Mary (1997): *The acquisition of spatial relations in a second language*. Amsterdam u.a: Benjamins.

Becker-Mrotzek, Michael; Schramm, Karen; Thürmann, Eike & Vollmer, Helmut Johannes (Hrsg.) (2013): *Sprache im Fach. Sprachlichkeit und fachliches Lernen*. Münster: Waxmann.

Becker-Mrotzek, Michael & Vogt, Rüdiger (2009): *Unterrichtskommunikation. Linguistische Analysemethoden und Forschungsergebnisse*. 2., bearb. u. akt. Aufl. Tübingen: Niemeyer.

Beerenwinkel, Anne & Gräsel, Cornelia (2005): Texte im Chemieunterricht: Ergebnisse einer Befragung von Lehrkräften. *Zeitschrift für Didaktik der Naturwissenschaften* 11: 21–39.

Bellavia, Elena (2010): Metapher. In Barkowski, Hans & Krumm, Hans-Jürgen (Hrsg.): *Fachlexikon Deutsch als Fremd- und Zweitsprache*. Tübingen, Basel: Francke, 210–211.

Benholz, Claudia; Kniffka, Gabriele & Winters-Ohle, Elmar (Hrsg.) (2010): *Fachliche und sprachliche Förderung von Schülern mit Migrationsgeschichte. Beiträge des Mercator-Symposions im Rahmen des 15. AILA-Weltkongresses ,Mehrsprachigkeit: Herausforderungen und Chancen'*. Münster u.a: Waxmann.

Berendes, Karin; Dragon, Nina; Weinert, Sabine; Heppt, Birgit & Stanat, Petra (2013): Hürde Bildungssprache? Eine Annäherung an das Konzept „Bildungssprache" unter Einbezug aktueller empirischer Forschungsergebnisse. In: Redder, Angelika & Weinert, Sabine (Hrsg.): *Sprachförderung und Sprachdiagnostik. Interdisziplinäre Perspektiven*. Münster: Waxmann, 17–41.

Bergmann, Hans-Heiner ; Engelhardt, Brigitte; Esders, Stefanie; Fedrowitz, Jürgen; Gotthard, Werner; Hampl, Udo; Heinrich, Dieter; Herzinger, Hans; Kleesattel, Walter; Kleinert, Reiner; Müller, Heidelore; Piepenbrock, Christiane; Pondorf, Peter; Rehbach, Reinhold; Riebesehl-Fedrowitz, Jutta; Scharping, Ingrid; Scholz, Frank; Schwoerbel, Wolfgang; Seidel, Dankwart; Simon, Angelika; Skalla, Regina; Staeck, Lothar; Stelzig, Ingmar; Teutloff, Gabriele; Tille, Rolf; Weber, Ulrich; Wieber, Rüdiger & Wisniewski, Horst (2006): *Biologie*. 1. Aufl. Berlin: Cornelsen.

Bergmann, Jörg & Luckmann, Thomas (1995): Reconstructive genres of everyday communication. In Quasthoff, Uta M. (ed.): *Aspects of oral communication*. Berlin u.a: De Gruyter Mouton, 289–304.

Bernstein, Basil (1964): Elaborated and Restricted Codes: Their Social Origins and Some Consequence. *American Anthropologist. New Series* 66: 55–69.

Berthele, Raphael (2004): Wenn viele Wege aus dem Fenster führen - Konzeptuelle Variation im Bereich von Bewegungsereignissen. *Linguistk online* 20 (3): 73-91.

Biber, Douglas (1988): *Variation across speech and writing*. Cambridge: Cambridge University Press.

Biber, Douglas (2006): *University language. A corpus-based study of spoken and written register*. Amsterdam, Philadelphia: Benjamins.

Biechele, Barbara (2010a): Schema-Theorie. In Barkowski, Hans & Krumm, Hans-Jürgen (Hrsg.): *Fachlexikon Deutsch als Fremd- und Zweitsprache*. Tübingen, Basel: Francke, 283.

Biechele, Barbara (2010b): Konstruktivismus. In Barkowski, Hans & Krumm, Hans-Jürgen (Hrsg.): *Fachlexikon Deutsch als Fremd- und Zweitsprache*. Tübingen, Basel: Francke, 166–167.

Blaseio, Beate (2004): *Entwicklungstendenzen der Inhalte des Sachunterricht. Eine Analyse von Lehrwerken von 1970 bis 2000*. Bad Heilbrunn: Klinkhardt.

Bleichroth, Wolfgang; Dräger, Paul & Merzyn, Gottfried (1987): Schüler äußern sich zu ihrem Physikbuch. *Naturwissenschaften im Unterricht Physik (Chemie)* 26: 262–264.

Boeckmann, Klaus-Börge (2010a): Lernersprache. In Barkowski, Hans & Krumm, Hans-Jürgen (Hrsg.): *Fachlexikon Deutsch als Fremd- und Zweitsprache*. Tübingen, Basel: Francke, 192.

Boeckmann, Klaus-Börge (2010b): Kontrastivität. In Barkowski, Hans & Krumm, Hans-Jürgen (Hrsg.): *Fachlexikon Deutsch als Fremd- und Zweitsprache*. Tübingen, Basel: Francke, 169–170.

Bohnemeyer, Jürgen; Enfield, Nicholas J. & Essegby, James (2007): Principles of event segmentation in language: the case of motion event. *Language* 83 (3): 495–532.

Borries, Bodo von (2010): Wie wirken Schulbücher in den Köpfen der Schüler? Empirie am Beispiel des Faches Geschichte. In Fuchs, Eckhardt; Kahlert, Joachim & Sandfuchs, Uwe

(Hrsg.): *Schulbuch konkret. Kontexte - Produktion - Unterricht.* Bad Heilbrunn: Klinkhardt, 102–117.

Bortz, Jürgen & Döring, Nicola (2006): *Forschungsmethoden und Evaluation. Für Human- und Sozialwissenschaftler.* 4., überarb. Aufl. Heidelberg: Springer.

Bos, Wilfried; Bonsen, Martin; Baumert, Jürgen; Prenzel, Manfred; Selter, Christoph & Walther, Gerd (Hrsg.) (2008): *TIMSS 2007. Mathematische und naturwissenschaftliche Kompetenzen von Grundschulkindern in Deutschland im internationalen Vergleich.* Münster u.a: Waxmann.

Bos, Wilfried; Homberg, Sabine; Arnold, Karl-Heinz; Faust, Gabriele; Fried, Lilian; Lankes, Eva-Maria; Schwippert, Knut & Valtin, Renate (Hrsg.) (2007): *IGLU 2006. Lesekompetenzen von Grundschulkindern in Deutschland im internationalen Vergleich.* Münster u.a: Waxmann.

Bourdieu, Pierre (1992): *Die verborgenen Mechanismen der Macht.* Hrsg. v. Margareta Steinrücke. Hamburg: VSA.

Bourdieu, Pierre (2005): *Was heisst sprechen? Zur Ökonomie des sprachlichen Tauschs.* 2., erw. u. überarb. Aufl. Wien: Braumüller.

Brechel, Renate (Hrsg.) (1999): *Vorträge auf der Tagung für Didaktik der Physik, Chemie in Essen, September 1998.* Alsbach/Bergstraße: Leuchtturm.

Brizić, Katharina (2006): Das geheime Leben der Sprachen. Eine unentdeckte migrantische Bildungsressource. *Kurswechsel* 21 (2): 32–43.

Brizić, Katharina (2007): *Das geheime Leben der Sprachen.* Münster: Waxmann. http://www.content-select.com/index.php?id=bib_view&ean=9783830966814 (*27.08.2014*).

Brünner, Gisela (2012): Analyse mündlicher Kommunikation. In Becker-Mrotzek, Michael (Hrsg.): *Mündliche Kommunikation und Gesprächsdidaktik.* 2. korr. Aufl. Baltmannsweiler: Schneider Hohengehren, 52–65.

Bühl, Achim (2010): *SPSS Einführung in die moderne Datenanalyse.* 12., akt. Aufl. München, Boston u.a.: Pearson Studium.

Buhlmann, Rosemarie & Fearns, Anneliese (2000): *Handbuch des Fachsprachenunterricht. Unter besonderer Berücksichtigung naturwissenschaftlich-technischer Fachsprachen.* 6. Aufl. Tübingen: Gunter Narr.

Bullinger, Roland; Hieber, Ulrich & Lenz, Thomas (2005): Das Geographiebuch – ein (un)verzichtbares Medium (!)? Didaktische Funktionen und Grenzen eines traditionellen Medium. *Geographie heute* (231/232): 67–71.

Butler, Christoper (2006): Functionalist Theories of Language. In Brown, Keith (ed.): *Encyclopedia of language & linguistic.* 2. Aufl. Amsterdam u.a: Elsevier, 696–704.

Cadiot, Pierre; Lebas, Franck & Visetti, Yves-Marie (2006): The semantics of the motion verb. Action, space, and qualia. In Hickmann, Maya & Robert, Stéphane (ed.): *Space in language. Linguistic systems and cognitive categorie.* Amsterdam, Philadelphia: Benjamins, 175–206.

Campbell, Neil A. & Reece, Jane B. (2009): *Biologie.* 8., akt. Aufl. München u.a: Pearson Studium.

Cathomas, Rico (2007): Neue Tendenzen der Fremdsprachendidaktik - das Ende der kommunikativen Wende? *Beiträge zur Lehrerbildung* 25 (2): 180–191.

Chlosta, Christoph & Ostermann, Torsten (2006): Zur Gestaltung und Begleitung einer fragebogengestützten Erhebung bei Grundschulkindern. In Ahrenholz, Bernt & Apeltauer, Ernst (Hrsg.): *Zweitspracherwerb und curriculare Dimensionen. Empirische Untersuchungen zum Deutschlernen in Kindergarten und Grundschule.* Tübingen: Stauffenburg, 55–72.

Chlosta, Christoph; Ostermann, Torsten & Schroeder Christoph (2003): Die ‚Durchschnitts-schule' und ihre Sprachen: Ergebnisse des Projekts Sprachenerhebung Essener Grund-schulen (SPREEG). *EliSe: Essener Linguistische Skripte* 3 (1): 43-139.

Chlosta, Christoph & Schäfer, Andrea (2010): Deutsch als Zweitsprache im Fachunterricht. In Ahrenholz, Bernt & Oomen-Welke, Ingelore (Hrsg.): *Deutsch als Zweitsprache*. 2. korr. u. überarb. Aufl. Baltmannsweiler: Schneider Hohengehren, 280–297.

Chlosta, Christoph; Schäfer, Andrea & Baur, Rupprecht (2010): Fehleranalyse. In Ahrenholz, Bernt & Oomen-Welke, Ingelore (Hrsg.): *Deutsch als Zweitsprache*. 2. korr. u. überarb. Aufl. Baltmannsweiler: Schneider Hohengehren, 265–279.

Chomsky, Noam & Lasnik, Howard (1977): Filters and Control. In *Linguistic Inquiry* 8 (3): 425–504.

Christ, Herbert (2010): Lehrplan. In Barkowski, Hans & Krumm, Hans-Jürgen (Hrsg.): *Fachlexikon Deutsch als Fremd- und Zweitsprache*. Tübingen, Basel: Francke, 187.

Christow, Petrow (1971): Über eine Untersuchung der Wandtafelarbeit. *Die Realschule* 79 (4): 122–126.

Clauss, Wolfgang & Clauss, Cornelia (2009): *Humanbiologie kompakt*. 1. Aufl. Heidelberg, Neckar: Spektrum Akademischer Verlag.

Coen, Annette & Hoffmann, Karl W. (2008): Wir können sie nicht noch einmal besuchen. Interkulturelle Bildung und szenisches Arbeiten im Rahmen der Lehrerausbildung. In Budke, Alexandra (Hrsg.): *Interkulturelles Lernen im Geographieunterricht*. Potsdam: Universitätsverlag Potsdam, 151–170.

Conrad, Susan M. (1996): Investigating Academic Texts With Corpus-Based Techniques: An Example From Biology. *Linguistics and Education* 8 (3): 299–326.

Conrady, Peter (2008): Alles klar – alles verstanden? – Warum sich Kinder- und Schulsprache unterscheiden. *Grundschule* 40 (2): 7.

Corsten, Michael (2010): Videographie praktizieren - Ansprüche und Folgen. Ein methodischer Streifzug durch die Beiträge des Bandes. In Corsten, Michael; Krug, Melanie & Moritz, Christine (Hrsg.): *Videographie Praktizieren. Herangehensweisen, Möglichkeiten und Grenzen*. Wiesbaden: VS Verlag für Sozialwissenschaften, 7–22.

Cummins, Jim (1979): Cognitive/academic language proficiency, linguistic interdependence, the optimum age question and some other matter. *Working Papers on Bilingualism* 19: 197-205.

Cummins, Jim (1984): Wanted: A theoretical framework for relating language proficiency to academic achievement among bilingual student. In Rivera, Charlene (ed.): *Language proficiency and academic achievement*. Clevedon, Avon, England: Multilingual Matters, 2–19.

Cummins, Jim (1991): Conversational and academic language proficiency in bilingual context. In Hulstijn, Jan H. & Matter, Johan F. (Hrsg.): *Reading in two language*. Amsterdam (AILA review, 8.1991), 75–89.

Cummins, Jim (2006): Sprachliche Interaktion im Klassenzimmer: Von zwangsweise auferlegten zu kooperativen Formen von Machtbeziehungen. In Mecheril, Paul & Quehl, Thomas (Hrsg.): *Die Macht der Sprachen. Englische Perspektiven auf die mehrsprachige Schule*. Münster: Waxmann, 36–62.

Decker, Yvonne & Schnitzer, Katja (2012): FreiSprachen - Eine flächendeckende Erhebung der Sprachenvielfalt an Freiburger Grundschulen. In Ahrenholz, Bernt & Knapp, Werner (Hrsg.): *Sprachstand erheben - Spracherwerb erforschen. Beiträge aus dem 6. Workshop ‚Kinder mit Migrationshintergrund', 2010*. 1. Aufl. Stuttgart: Fillibach bei Klett, 95–112.

Dehn, Mechthild (2011): Elementare Schriftkultur und Bildungssprache. In Fürstenau, Sara & Gomolla, Mechtild (Hrsg.): *Migration und schulischer Wandel: Mehrsprachigkeit*. Wiesbaden: VS Verlag für Sozialwissenschaften, 129–152.

Denzin, Norman K. (1970): *The research act. A theoretical introduction to sociological methods*. Chicago: Aldine.

Denzin, Norman K. (1989): *The research act. A theoretical introduction to sociological methods*. 3. Aufl. Englewood Cliffs, NJ: Prentice Hall.

Deutscher Bildungsrat (1969): *Einrichtung von Schulversuchen mit Ganztagsschulen. Sicherung der öffentlichen Ausgaben für Schulen und Hochschulen bis 1975; verabschiedet auf der 13. Sitzung der Bildungskommission am 23./24. Februar 1968*. Stuttgart.

Diekmann, Andreas (2011): *Empirische Sozialforschung. Grundlagen, Methoden, Anwendungen*. 5. vollst. überarb. u. erw. Neuausg. Reinbek bei Hamburg: Rowohlt Taschenbuch.

Diersch, Helga (1972): *Verben der Fortbewegung in der deutschen Sprache der Gegenwart. Eine Untersuchung zu syntagmatischen und paradigmatischen Beziehungen des Wortinhalts*. Berlin: Akademie.

Dinkelaker, Jörg & Herrle, Matthias (2009): *Erziehungswissenschaftliche Videographie. Eine Einführung*. 1. Aufl. Wiesbaden: VS Verlag für Sozialwissenschaften.

Dittmar, Norbert (1997): *Grundlagen der Soziolinguistik. Ein Arbeitsbuch mit Aufgaben*. Tübingen: Niemeyer.

Dittmar, Norbert (2009): *Transkription. Ein Leitfaden mit Aufgaben für Studenten, Forscher und Laien*. 3. Aufl. Wiesbaden: VS Verlag für Sozialwissenschaften.

Donnerhack, Steffi; Bernd, Anette; Thürmann, Eike & Vollmer, Helmut Johannes (2013): Bildungssprachliche Kompetenzerwartungen für den Mittleren Schulabschluss – am Beispiel des Faches evangelische Religion. In Becker-Mrotzek, Michael; Schramm, Karen; Thürmann, Eike & Vollmer, Helmut Johannes (Hrsg.): *Sprache im Fach. Sprachlichkeit und fachliches Lernen*. Münster: Waxmann, 381–400.

Drosdowski, Günther (Hrsg.) (1995): *Duden - Grammatik der deutschen Gegenwartssprache*. 5., völl. neu bearb. Aufl.

Eckardt, Birgit (2000): *Fachsprache als Kommunikationsbarriere? Verständigungsprobleme zwischen Juristen und Laien*. Zugl.: Friedrich Schiller Universität Jena, Dissertation, 1999. Wiesbaden: Deutscher Universitäts-Verlag.

Eckhardt, Andrea G. (2008): *Sprache als Barriere für den schulischen Erfolg. Potentielle Schwierigkeiten beim Erwerb schulbezogener Sprache für Kinder mit Migrationshintergrund*. Münster u.a.: Waxmann.

Edmondson, Willis J. & House, Juliane (2000): *Einführung in die Sprachlehrforschung*. 2., überarb. Aufl. Tübingen u.a.: Francke.

Edwards, Allen Louis (1957): *The Social Desirability Variable in Personality Research*. New York: Dryden.

Edwards, Allen Louis (1970): *The Measurement of Personality Traits by Scales and Inventions*. New York: Holt, Rinehart and Winston.

Ehlich, Konrad (1991): Funktional-pragmatische Kommunikationsanalyse. Ziele und Verfahren. In Flader, Dieter (Hrsg.): *Verbale Interaktion. Studien zur Empirie und Methodologie der Pragmatik*. Stuttgart: Metzler, 127–143.

Ehlich, Konrad (2005): Sprachaneignung und deren Feststellung bei Kindern mit und ohne Migrationshintergrund: Was man weiß, was man braucht, was man erwarten kann. In Ehlich, Konrad (Hrsg.): *Anforderungen an Verfahren der regelmäßigen Sprachstandsfeststellung als Grundlage für die frühe und individuelle Förderung von Kindern mit und ohne*

Migrationshintergrund. Unter Mitarbeit von Bredel, Ursula; Garme, Brigitta; Komor, Anna; Krumm, Hans-Jürgen; McNamara, Tim; Reich, Hans H.; Schnieders, Guido; Jten Thije, Jan D. & van den Bergh, Huub. Bonn, Berlin, 3–77.

Ehlich, Konrad (2012): Unterrichtskommunikation. In Becker-Motzek, Michael (Hrsg.): *Mündliche Kommunikation und Gesprächsdidaktik*, Bd. 3. 2. korr. Aufl. Baltmannsweiler: Schneider Hohengehren, 327–348.

Ehlich, Konrad & Rehbein, Jochen (1979): Sprachliche Handlungsmuster. In Soeffner, Hans-Georg (Hrsg.): *Interpretative Verfahren in den Sozial- und Textwissenschaften*. Stuttgart: Metzler, 243–274.

Ehlich, Konrad & Rehbein, Jochen (1983): Einleitung. In Ehlich, Konrad & Rehbein, Jochen (Hrsg.): *Kommunikation in Schule und Hochschule. Linguistische und ethnomethodologische Analysen*. Tübingen: Gunter Narr, 7–20.

Ehlich, Konrad & Rehbein, Jochen (1986): *Muster und Institution. Untersuchungen zur schulischen Kommunikation*. Tübingen: Gunter Narr.

Ehrich, Veronika (1996): Verbbedeutung und Verbgrammatik: Transportverben im Deutschen. In Lang, Ewald & Zifonun, Gisela (Hrsg.): *Deutsch - typologisch*. Berlin, New York: Walter de Gruyter, 229–260.

Eid, Michael; Gollwitzer, Mario & Schmitt, Manfred (2013): *Statistik und Forschungsmethoden. Lehrbuch; mit Online-Materialien*. 3. korr. Aufl. Weinheim u.a: Beltz.

Engele, Jürgen (2010): Herz-Kreislauf-System Grundlagen. In Aumüller, Gerhard; Aust, Gabriele; Doll, Andreas; Engele, Jürgen; Kirsch, Joachim; Mense, Siegfried, Reißig, Dieter; Salvetter, Jürgen; Schmidt, Wolfgang; Schmitz, Frank; Schulte, Erik; Spanel-Borowski, Katharina; Wolff, Werner; Wurzinger, Laurenz J. & Zilch, Hans-Gerhard (Hrsg.): *Anatomie*. 2., überarb. Aufl. Stuttgart: Georg Thieme, 112-132.

Englebretson, Robert (2011): Functional Linguistics. In Colm Hogan, Patrick (ed.): *The Cambridge encyclopedia of the language science*. Cambridge u.a: Cambridge University Press, 327–328.

Extra, Guus; Aarts, Rian; van der Avoird, Tim; Broeder, Peter & Yağmur, Kutlay (2001): *Meertaligheid in Den Haag: De status van allochtone talen thuis en op school*. Amsterdam: European Cultural Foundation.

Faistauer, Renate (2010): Fertigkeit. In Barkowski, Hans & Krumm, Hans-Jürgen (Hrsg.): *Fachlexikon Deutsch als Fremd- und Zweitsprache*. Tübingen, Basel: Francke, 83.

Feilke, Helmuth (2005): Beschreiben, erklären, argumentieren – Überlegungen zu einem pragmatischen Kontinuum. In Klotz, Peter & Lubkoll, Christine (Hrsg.): *Beschreibend wahrnehmen - wahrnehmend beschreiben. Sprachliche und ästhetische Aspekte kognitive Prozesse*. Freiburg i.Br.: Rombach, 45–59.

Feilke, Helmuth (2012): Bildungssprachliche Kompetenzen - fördern und entwickeln. *Praxis Deutsch* 233: 4–13.

Feilke, Helmuth (2013): Bildungssprache und Schulsprache am Beispiel literal-argumentativer Kompetenzen. In Becker-Motzek, Michael; Schramm, Karen; Thürmann, Eike & Vollmer, Helmut Johannes (Hrsg.): *Sprache im Fach. Sprachlichkeit und fachliches Lernen*. Münster: Waxmann, 113–130.

Fiehler, Reinhard (2012): Mündliche Kommunikation. In Becker-Motzek, Michael (Hrsg.): *Mündliche Kommunikation und Gesprächsdidaktik*. 2. korr. Aufl. Baltmannsweiler: Schneider Hohengehren, 25–51.

Fiehler, Reinhard; Barden, Birgit; Elstermann, Mechthild & Kraft, Barbara (2004): *Eigenschaften gesprochener Sprache. Theoretische und empirische Untersuchungen zur Spezifik mündlicher Kommunikation.* Tübingen: Gunter Narr.

Flick, Uwe (2007): Triangulation in der qualitativen Forschung. In von Kardorff, Ernst; Steinke, Ines & Flick, Uwe (Hrsg.): *Qualitative Forschung. Ein Handbuch.* 5. Aufl. Reinbek bei Hamburg: Rowohlt Taschenbuch, 309–318.

Flick, Uwe (2011): *Triangulation. Eine Einführung.* 3., akt. Aufl. Wiesbaden: VS Verlag für Sozialwissenschaften.

Fluck, Hans-Rüdiger (1996): *Fachsprachen. Einführung und Bibliographie.* 5. Aufl. Tübingen u.a.: Francke.

Förner, Andreas (1970): Tafelarbeit - Tafelanschrieb. *Wirtschaft und Erziehung* 22 (8): 337–342.

Freese, Hans-Ludwig (1994): Was mißt und was leistet ‚Leistungsmessung mittels C-Test'? In Grotjahn, Rüdiger (Hrsg.): *Der C-Test. Theoretische Grundlagen und praktische Anwendungen.* Bochum: Brockmeyer (2), 305–311.

Fridrich, Christian (2010): Alltagsvorstellungen von Schülern und Konzeptwechsel im GW-Unterricht – Begriff, Bedeutung, Forschungsschwerpunkte, Unterrichtsstrate-gien. In: Mitteilungen der Österreichischen Geographischen Gesellschaft, 152, 305–322.

Friebertshäuser, Barbara & Langer, Antje (2010): Interviewformen und Interviewpraxis. In Friebertshäuser, Barbara; Langer, Antje & Prengel, Annedore (Hrsg.): *Handbuch qualitative Forschungsmethoden in der Erziehungswissenschaft.* 3., vollst. überarb. Aufl. Weinheim u.a: Juventa, 437–455.

Fritz, Thomas (2010): Universalgrammatik. In Barkowski, Hans & Krumm, Hans-Jürgen (Hrsg.): *Fachlexikon Deutsch als Fremd- und Zweitsprache.* Tübingen, Basel: Francke, 347.

Fuchs, Eckhardt; Kahlert, Joachim & Sandfuchs, Uwe (Hrsg.) (2010): *Schulbuch konkret. Kontexte - Produktion - Unterricht.* Bad Heilbrunn: Klinkhardt.

Fuchs-Heinritz, Werner (2011): Habitus. In Fuchs-Heinritz, Werner; Klimke, Daniela; Lautmann, Rüdiger; Rammstedt, Otthein; Stäheli, Urs; Weischer, Christoph & Wienold, Hanns (Hrsg.): *Lexikon zur Soziologie.* 5., überarb. Aufl. Wiesbaden: Springer, 268.

Fürstenau, Sara; Gogolin, Ingrid & Yaĝmur, Kutlay (2003): *Mehrsprachigkeit in Hamburg. Ergebnisse einer Sprachenerhebung an den Grundschulen in Hamburg.* Münster: Waxmann.

Fürstenau, Sara & Gomolla, Mechtild (Hrsg.) (2011): *Migration und schulischer Wandel: Mehrsprachigkeit.* Wiesbaden: VS Verlag für Sozialwissenschaften.

Gass, Susan M. (2003): Input and Interaction. In Doughty, Catherine J. & Long, Michael H. (Hrsg.): *The handbook of second language acquisition.* Reprinted. Malden, Mass: Blackwell, 224–255.

Gebhard, Ulrich (2008): Schülerinnen und Schüler. In Gropengießer, Harald & Kattmann , Ulrich (Hrsg.): *Fachdidaktik Biologie.* 8., durchges. Aufl. Köln: Aulis-Verl. Deubner, 156–170.

Giacalone Ramat, Anna (2000): Typological considerations on second language acquisition. *Studia Linguistica* 54 (2): 123–135.

Giacalone Ramat, Anna (ed.) (2003): *Typology and second language acquisition.* Berlin, New York: Mouton de Gruyter.

Gibbons, John & Lascar, Elizabeth (1998): Operationalising Academic Language Proficiency in Bilingualism Research. *Journal of Multilingual and Multicultural Development* 19 (1): 40–50.

Gibbons, Pauline (2002): *Scaffolding language, scaffolding learning. Teaching second language learners in the mainstream classroom.* Portsmouth NH: Heinemann.

Gibbons, Pauline (2006): Unterrichtsgespräche und das Erlernen neuer Register in der Zweitsprache. In Mecheril, Paul & Quehl, Thomas (Hrsg.): *Die Macht der Sprachen. Englische Perspektiven auf die mehrsprachige Schule.* Münster: Waxmann, 269–290.

Girtler, Roland (1984): *Methoden der qualitativen Sozialforschung. Anleitung zur Feldarbeit.* Wien: Böhlau.

Girtler, Roland (2009): *Methoden der Feldforschung.* 4., völl. neu bearb. Aufl. Wien: Böhlau.

Glaser, Barney G. & Strauss, Anselm L. (2010): *Grounded theory. Strategien qualitativer Forschung.* 3., unver. Aufl. Bern: Huber.

Gläser, Rosemarie (1998): Fachsprachen und Funktionalstile. In Hoffmann, Lothar; Kalverkämper, Hartwig & Wiegand, Herbert Ernst (Hrsg.): *Fachsprachen. Ein internationales Handbuch zur Fachsprachenforschung und Terminologiewissenschaft.* Berlin, New York: Walter de Gruyter, 199–208.

Glück, Helmut (Hrsg.) (2005): *Metzler Lexikon Sprache.* 2., akt. u. überarb. Aufl. Stuttgart u.a: Metzler.

Glück, Helmut (Hrsg.) (1993): *Metzler Lexikon Sprache.* Stuttgart u.a.: Metzler

Gogolin, Ingrid (2006): Bilingualität und die Bildungssprache der Schule. In Mecheril, Paul & Quehl, Thomas (Hrsg.): *Die Macht der Sprachen. Englische Perspektiven auf die mehrsprachige Schule.* Münster: Waxmann, 79–85.

Gogolin, Ingrid (2007): Herausforderung Bildungssprache - 'Textkompetenz' aus der Perspektive Interkultureller Bildungsforschung. Bausteine eines Beitrags zur 27. Frühjahrskonferenz, 15. bis 17. Februar in Schloss Rauischholzhausen. In Bausch, Karl-Richard; Burwitz-Melzer, Eva; Königs, Frank G. & Krumm, Hans-Jürgen (Hrsg.): *Textkompetenzen. Arbeitspapiere der 27. Frühjahrskonferenz zur Erforschung des Fremdsprachenunterrichts.*1. Aufl. Tübingen: Gunter Narr, 73–80.

Gogolin, Ingrid (2009): Bildungssprache für alle! Zum Abschluss des Modellprogramms FörMig – Ein Kurzbericht. *Pädagogik* 12: 46–49.

Gogolin, Ingrid & Duarte, Joana (2016): Bildungssprache In: Kilian, Jörg; Brouër, Birgit & Lüttenberg, Diana (Hrsg.): Handbuch Sprache in der Bildung. Berlin: de Gruyter. 479–499.

Gogolin, Ingrid & Lange, Imke (2011): Bildungssprache und Durchgängige Sprachbildung. In Fürstenau, Sara & Gomolla, Mechtild (Hrsg.): *Migration und schulischer Wandel: Mehrsprachigkeit.* Wiesbaden: VS Verlag für Sozialwissenschaften, 107–128.

Gogolin, Ingrid & Roth, Hans-Joachim (2007): Bilinguale Grundschule: Ein Beitrag zur Förderung der Mehrsprachigkeit. In Anstatt, Tanja (Hrsg.): *Mehrsprachigkeit bei Kindern und Erwachsenen. Erwerb, Formen, Förderung.* Tübingen: Attempto, 31–45.

Gogolin, Ingrid & Schwarz, Inga (2004): ‚Mathematische Literalität' in sprachlich-kulturell heterogenen Schulklassen. *Zeitschrift für Pädagogik* 50 (6): 835–848.

Gogolok, Kristin (2006): Empirische Untersuchungen in der Schulbuchforschung. Eine kritische Bestandsaufnahme aus der Perspektive der Verständlichkeit(sforschung). *Mitteilungen des Deutschen Germanistenverbandes* 4: 474–498.

Götz, Dieter; Haensch, Günther & Wellmann, Hans (2002): *Langenscheidt Großwörterbuch Deutsch als Fremdsprache.* 6. Aufl. Berlin u.a.: Langenscheidt.

Graf, Dittmar (1989): *Begriffslernen im Biologieunterricht der Sekundarstufe.* Frankfurt a.M., New York: Peter Lang.

Grießhaber, Wilhelm (2013): Die Rolle der Sprache bei der Vermittlung fachlicher Inhalte. In Röhner, Charlotte & Hövelbrinks, Britta (Hrsg.): *Fachbezogene Sprachförderung in*

Deutsch als Zweitsprache. Theoretische Konzepte und empirische Befunde zum Erwerb bildungssprachlicher Kompetenzen. Weinheim: Beltz Juventa, 58–74.

Gropengießer, Harald (2003): Lebenswelten/ Denkwelten/ Sprechwelten. Wie man Vorstellungen der Lerner verstehen kann. *Beiträge zur Didaktischen Rekonstruktion* (4): 61–68.

Grotjahn, Rüdiger (1992a): Der C-Test. Einleitende Bemerkungen. In Grotjahn, Rüdiger (Hrsg.): *Der C-Test. Theoretische Grundlagen und praktische Anwendungen.* Bochum: Brockmeyer (1), 1–18.

Grotjahn, Rüdiger (Hrsg.) (1992b): *Der C-Test. Theoretische Grundlagen und praktische Anwendungen.* Bochum: Brockmeyer (1).

Grotjahn, Rüdiger (Hrsg.) (1994): *Der C-Test. Theoretische Grundlagen und praktische Anwendungen.* Bochum: Brockmeyer (2).

Grotjahn, Rüdiger (Hrsg.) (1996): *Der C-Test. Theoretische Grundlagen und praktische Anwendungen.* Bochum: Brockmeyer (3).

Grotjahn, Rüdiger (2006a): 25 Jahre C-Test: Einleitung und Übersicht über den Band. In Grotjahn, Rüdiger (Hrsg.): *Der C-Test. Theorie, Empirie, Anwendungen.* Frankfurt a. M. u.a: Lang, ix–xxv.

Grotjahn, Rüdiger (Hrsg.) (2006b): *Der C-Test. Theorie, Empirie, Anwendungen.* Frankfurt a.M. u.a: Lang.

Grotjahn, Rüdiger (2010a): Einleitung und Übersicht über den Band. In Grotjahn, Rüdiger (Hrsg.): *Der C-Test: Beiträge aus der aktuellen Forschung.* Frankfurt a.M., Wien u.a: Lang, ix–xxxiv.

Grotjahn, Rüdiger (Hrsg.) (2010b): *Der C-Test: Beiträge aus der aktuellen Forschung.* Frankfurt a.M., Wien u.a: Lang.

Grotjahn, Rüdiger & Allner, Burkhardt (1996): Der C-Test in der Sprachlichen Aufnahmeprüfung an Studienkollegs für ausländische Studierende an Universitäten in Nordrhein-Westfalen. In Grotjahn, Rüdiger (Hrsg.): *Der C-Test. Theoretische Grundlagen und praktische Anwendungen.* Bochum: Brockmeyer (3), 279–342.

Grüners, Gustav (1972): Die Wandtafel aus Sicht der Lehrer beruflicher Schulen. *Die berufsbildende Schule* 24 (4): 266–270.

Grunert, Cathleen & Krüger, Heinz-Hermann (2006): *Kindheit und Kindheitsforschung in Deutschland. Forschungszugänge und Lebenslagen.* Opladen: Budrich.

Guttandin, Friedhelm (2011): Habitus. In Fuchs-Heinritz, Werner; Klimke, Daniela; Lautmann, Rüdiger; Rammstedt, Otthein; Stäheli, Urs; Weischer, Christoph & Wienold, Hanns (Hrsg.): *Lexikon zur Soziologie.* 5., überarb. Aufl. Wiesbaden: Springer, 267.

Habermas, Jürgen (1977): Umgangssprache, Wissenschaftssprache, Bildungssprache. In Generalverwaltung der Max-Planck-Gesellschaft München (Hrsg.): *Max-Planck-Gesellschaft - Jahrbuch 1977.* Göttingen: Vandenhoeck & Ruprecht, 36–51.

Hacker, Hartmut (1980): Didaktische Funktionen des Mediums Schulbuch. In Hacker, Hartmut (Hrsg.): *Das Schulbuch. Funktion und Verwendung im Unterricht.* Bad Heilbrunn: Klinkhardt, 7–30.

Hallet, Wolfgang & Königs, Frank G. (Hrsg.) (2013): *Handbuch bilingualer Unterricht. Content and language integrated learning.* 1. Aufl. Stuttgart: Klett Kallmeyer.

Halliday, Michael Alexander Kirkwood (1978): *Language as social semiotic. The social interpretation of language and meaning.* London: Arnold.

Halliday, Michael Alexander Kirkwood (1993): Some grammatical problems in scientific English. In Halliday, Michael Alexander Kirkwood & Martin, J. R. (Hrsg.): *Writing science. Literacy and discourse power.* Pittsburgh: University of Pittsburgh, 69–85.

Halliday, Michael Alexander Kirkwood (1994): *An introduction to functional grammar.* 2. Aufl. London: Arnold.

Halliday, Michael Alexander Kirkwood & Hasan, Ruqaiya (1985): *Language, context, and text. Aspects of language in a social-semiotic perspective.* Victoria: Deakin University.

Halliday, Michael Alexander Kirkwood & Matthiessen, Christian M. I. M. (2004): *An introduction to functional grammar.* 3. Aufl.. London: Arnold.

Hammann, Marcus (2003): Aus Fehlern lernen. *Unterricht Biologie* 287: 31–35.

Hanks, William F. (1996): *Language & communicative practices.* Boulder, Colo: Westview Press.

Heinemann, Wolfgang (2000): Vertextungsmuster Deskription. In: Brinker, Klaus; Antos, Gerd Heinemann, Wolfgang & Sager, Sven F. (Hrsg.): *Text- und Gesprächslinguistik. Ein internationales Handbuch zeitgenössischer Forschung.* Berlin/ New York: De Gruyter, 356-368.

Heinze, Carsten (2005): Das Schulbuch zwischen Lehrplan und Unterrichtspraxis – Zur Einführung in den Themenband. In Matthes, Eva & Heinze, Carsten (Hrsg.): *Das Schulbuch zwischen Lehrplan und Unterrichtspraxis.* Bad Heilbrunn: Klinkhardt, 9–17.

Heinzel, Friederike (Hrsg.) (2000): *Methoden der Kindheitsforschung. Ein Überblick über Forschungszugänge zur kindlichen Perspektive.* Weinheim: Juventa.

Heitzmann, Anni (2010): Von der Alltagssprache zur Fachsprache. In Labudde, Peter (Hrsg.): *Fachdidaktik Naturwissenschaft 1.- 9. Schuljahr.* 1. Aufl. Stuttgart: UTB, 73–86.

Helmke, Andreas (2004): *Unterrichtsqualität erfassen, bewerten, verbessern.* 2. Aufl. Seelze: Kallmeyer.

Helmke, Andreas (2009): *Unterrichtsqualität und Lehrerprofessionalität. Diagnose, Evaluation und Verbesserung des Unterrichts. Franz Emanuel Weinert gewidmet.* 1. Aufl. Stuttgart: Klett.

Helmke, Andreas (2012): *Unterrichtsqualität und Lehrerprofessionalität. Diagnose, Evaluation und Verbesserung des Unterricht.* 4. Aufl. Seelze-Velber: Kallmeyer.

Helmke, Andreas; Helmke, Tuyet; Kleinbub, Iris; Nordheider, Iris; Schrader, Friedrich-Wilhelm & Wagner, Wolfgang (2007): Die DESI-Videostudie. Unterrichtstranskripte für die Lehrerausbildung nutzen. *Der Fremdsprachliche Unterricht Englisch* 90: 37–45.

Helmke, Tuyet; Helmke, Andreas; Schrader, Friedrich-Wilhelm; Wagner, Wolfgang; Nold, Günter & Schröder, Konrad (2008): Die Videostudie des Englischunterricht. In Klieme, Eckhard; Eichler, Wolfgang; Helmke, Andreas; Lehmann, Rainer H., Nold, Günter; Rolff, Hans-Günter; Schröder, Konrad, Thomé, Günther & Willenberg, Heiner (Hrsg.): *Unterricht und Kompetenzerwerb in Deutsch und Englisch. Ergebnisse der DESI-Studie.* Weinheim, Basel: Beltz, 345–363.

Hennig, Mathilde (2010): Mündliche Fachkommunikation zwischen Nähe und Distanz. In Ágel, Vilmos & Hennig, Mathilde (Hrsg.): *Nähe und Distanz im Kontext variationslinguistischer Forschung.* Berlin, New York: De Gruyter Mouton, 295–324.

Henrici, Gert (Hrsg.) (1993): *Themenheft Fehleranalyse und Fehlerkorrektur.* Tübingen: Gunter Narr.

Hentschel, Elke & Vogel, Petra Maria (2009): *Deutsche Morphologie.* Berlin, New York: Walter de Gruyter.

Heppt, Birgit (2016): *Verständnis von Bildungssprache bei Kindern mit deutscher und nicht-deutscher Familiensprache.* Dissertation. https://edoc.hu-berlin.de/bitstream/-handle/18452/18186/heppt.pdf?sequence=1&isAllowed=y (25.10.2017)

Hessisches Kultusministerium (o.J.): *Lehrplan Biologie. Bildungsgang Realschule. Jahrgangsstufen 5 bis 10.*

Hess-Lüttich, Ernest W. B. (1998): Fachsprachen als Register. In Hoffmann, Lothar; Kalverkämper, Hartwig & Wiegand, Herbert Ernst (Hrsg.): *Fachsprachen. Ein internationales Handbuch zur Fachsprachenforschung und Terminologiewissenschaft*. Berlin, New York: Walter de Gruyter, 208–219.

Hofer, Silke (2010): Curriculum. In Barkowski Hans & Krumm, Hans-Jürgen (Hrsg.): *Fachlexikon Deutsch als Fremd- und Zweitsprache*. Tübingen, Basel: Francke, 40.

Hoffmann, Lothar (1976): *Kommunikationsmittel Fachsprache. Eine Einführung*. 1. Aufl. Berlin: Akademie.

Hoffmann, Lothar (1987): *Kommunikationsmittel Fachsprache. Eine Einführung*. 3. Aufl. Berlin: Akademie.

Hoffmann, Lothar; Kalverkämper, Hartwig & Wiegand, Herbert Ernst (Hrsg.) (1998): *Fachsprachen. Ein internationales Handbuch zur Fachsprachenforschung und Terminologiewissenschaft*. Berlin, New York: Walter de Gruyter.

Höhne, Thomas (2005): Über das Wissen in Schulbüchern – Elemente einer Theorie des Schulbuchs. In Matthes, Eva & Heinze, Carsten (Hrsg.): *Das Schulbuch zwischen Lehrplan und Unterrichtspraxis*. Bad Heilbrunn: Klinkhardt, 65–93.

Hopf, Christel (2007): Qualitative Interviews – ein Überblick. In von Kardorff, Ernst; Steinke , Ines & Flick, Uwe (Hrsg.): *Qualitative Forschung. Ein Handbuch*. 5. Aufl. Reinbek bei Hamburg: Rowohlt Taschenbuch, 349–360.

Hornung, Wolfgang (1983): Zu den Fachsprachen der Mathematik und der Physik: Beschreibung von Parallelitäten und Unterschieden im Hinblick auf eine fertigkeitsorientierten Fachsprachenunterricht. In Kelz, Heinrich P. (Hrsg.): *Fachsprache. Sprachanalyse und Vermittlungsmethoden: Tagung zur Analyse von Fachsprachen und zur Vermittlung von fachsprachlichen Kenntnissen in der Ausbildung von Flüchtlingen in der Bundesrepublik Deutschland*. Bonn: Ferd Dummlers, 194–224.

Hövelbrinks, Britta (2013): Die Bedeutung der Bildungssprache für Zweitsprachlernende im naturwissenschaftlichen Anfangsunterricht. In Röhner, Charlotte & Hövelbrinks, Britta (Hrsg.): *Fachbezogene Sprachförderung in Deutsch als Zweitsprache. Theoretische Konzepte und empirische Befunde zum Erwerb bildungssprachlicher Kompetenzen*. Weinheim: Beltz Juventa, 75–86.

Hövelbrinks, Britta (2014): *Bildungssprachliche Kompetenz von einsprachig und mehrsprachig aufwachsenden Kindern. Eine vergleichende Studie in naturwissenschaftlicher Lernumgebung des ersten Schuljahres*. Weinheim: Beltz Juventa.

Huhn, Norbert; Dittrich, Gisela; Dörfler, Mechthild & Schneider, Kornelia (2000): Videografieren als Beobachtungsmethode - am Beispiel eines Feldforschungsprojekts zum Konfliktverhalten von Kindern. In Heinzel, Friederike (Hrsg.): *Methoden der Kindheitsforschung. Ein Überblick über Forschungszugänge zur kindlichen Perspektive*. Weinheim: Juventa, 134–153.

Irion, Thomas & Knecht, Andreas (2010): Empfehlungen zur Aufzeichnung und Aufbereitung von Unterrichtsaufnahmen für die Datenanalyse. Ergänzung zum Artikel von Thomas Irion: Hypercoding in der empirischen Lehr-Lern-Forschung. In Corsten, Michael; Krug , Melanie & Moritz, Christine (Hrsg.): *Videographie Praktizieren. Herangehensweisen, Möglichkeiten und Grenzen*. Wiesbaden: VS Verlag für Sozialwissenschaften.

Jacob, Karlheinz (1998): Deutsche Sprachgeschichte und Geschichte der Technik. In Besch, Werner; Reichmann, Oskar & Sonderegger, Stefan (Hrsg.): *Sprachgeschichte. Ein Handbuch zur Geschichte der deutschen Sprache und ihrer Erforschung. 1. Teilbd*. 2., vollst. neu bearb. u. erw. Aufl. Berlin, New York: De Gruyter Mouton, 173–181.

Jaeggi, Eva; Faas, Angelika & Mruck, Katja (1998): *Denkverbote gibt es nicht! Vorschlag zur interpretativen Auswertung kommunikativ gewonnener Daten*. Hrsg. v. Dietmar Görlitz, Hans Joachim Harloff, Eva Jaeggi, Gerd Jüttemann und Heiner Legewie. Technische Universität Berlin. Berlin (2). http://www.gp.tu-berlin.de/psy7/pub/reports.htm (*12.09.2017*).

Jeismann, Karl-Ernst (1979): Internationale Schulbuchforschung. Aufgaben und Probleme. *Internationale Schulbuchforschung* 1: 7–22.

Johnson, Mark (1987): *The body in the mind. The bodily basis of meaning, imagination, and reason*. Chicago, London: University of Chicago Press.

Jude, Nina (2008): Zur Struktur von Sprachkompetenz. Dissertation, Frankfurt a.M. http://publikationen.ub.uni-frankfurt.de/volltexte/2009/6794/pdf/Jude_Zur_Struktur_von_Sprachkompetenz.pdf (27.08.2014).

Jungbauer, Wolfgang & Hertlein, Udo (1996): Kommentierte Tafelbilder Biologie. Köln: Aulis Deubner.

Kahlert, Joachim (2010): Das Schulbuch – ein Stiefkind der Erziehungswissenschaft. In Fuchs, Eckhardt; Kahlert, Joachim & Sandfuchs, Uwe (Hrsg.): *Schulbuch konkret. Kontexte - Produktion - Unterricht*. Bad Heilbrunn: Klinkhardt, 41–56.

Kanngießer, Siegfried (1977): Skizze des linguistischen Funktionalismus. *Osnabrücker Beiträge zur Sprachtheorie* 3: 188–240.

Kelle, Udo (2007): Computergestützte Analyse qualitativer Daten. In von Kardorff, Ernst; Steinke, Ines & Flick, Uwe (Hrsg.): *Qualitative Forschung. Ein Handbuch*. 5. Aufl. Reinbek bei Hamburg: Rowohlt Taschenbuch, 485–502.

Kelle, Udo & Erzberger, Christian (2007): Qualitative und quantitative Methoden: kein Gegensatz. In von Kardorff, Ernst; Steinke, Ines & Flick, Uwe (Hrsg.): *Qualitative Forschung. Ein Handbuch*. 5. Aufl. Reinbek bei Hamburg: Rowohlt Taschenbuch, 299–309.

Kempgen, Sebastian (2005): Bewegungsverben. In Glück, Helmut (Hrsg.): *Metzler Lexikon Sprache*. 2., akt. u. überarb. Aufl. Stuttgart u.a: Metzler, 100.

Kittsteiner, Heinz Dieter (2008): Kapital. In Farzin, Sina & Jordan, Stefan (Hrsg.): *Lexikon Soziologie und Sozialtheorie. Hundert Grundbegriffe*. Stuttgart: Reclam, 134–137.

Klein, Wolfgang (1981): Knowing a language and knowing how to communicate. In Vermeer, Anne (ed.): *Language problems of minority group. Proceedings of the Tilburg conference held on 18 September 1980*. Tilburg, 75–95.

Klein, Wolfgang (1991): Raumausdrücke. *Linguistische Berichte* 132: 77–115.

Klein, Wolfgang (1992): *Zweitspracherwerb. Eine Einführung*. 3. Aufl, unver. Nachdruck der 2. Aufl.. Frankfurt a.M.: Hain.

Kleinberger, Ulla & Spiegel, Carmen (2006): Jugendliche schreiben im Internet: Grammatische und orthographische Phänomene in normgebundenen Kontexten. In Christa Dürscheid und Jürgen Spitzmüller (Hrsg.): *Perspektiven der Jugendsprachforschung*. Frankfurt a.M. u.a.: Lang, 97–112.

Klieme, Eckhard; Artelt, Cordula; Hartig, Johannes; Jude, Nina; Köller, Olaf & Prenzel, Manfred (2010): *PISA 2009*. Münster: Waxmann.

Klieme, Eckhard; Eichler, Wolfgang; Helmke, Andreas; Lehmann, Rainer H., Nold, Günter; Rolff, Hans-Günter; Schröder, Konrad, Thomé, Günther & Willenberg, Heiner (Hrsg.) (2008): *Unterricht und Kompetenzerwerb in Deutsch und Englisch. Ergebnisse der DESI-Studie*. Weinheim, Basel: Beltz.

Klippert, Heinz (2001): *Kommunikations-Training. Übungsbausteine für den Unterricht*. 8., überarb. Aufl. Weinheim u.a: Beltz.

Knapp, Werner & Ricart Brede, Julia (2012): Videographie als Methode zur Aufzeichnung und Analyse sprachlicher Lehr- und Lernsituationen. Vorschläge zur Systematisierung am Beispiel (vor-)schulischer Sprachförderung. In Ahrenholz, Bernt (Hrsg.): *Einblicke in die Zweitspracherwerbsforschung und ihre methodischen Verfahren*. Berlin: De Gruyter Mouton, 219–236.

Kniffka, Gabriele (2010): Fehleranalyse. In Stiftung Mercator (Hrsg.): *Der Mercator-Förderunterricht. Sprachförderung für Schüler mit Migrationshintergrund durch Studierende*. Unter Mitarbeit von Stephany, Sabine. Münster u.a: Waxmann, 215–230.

Kniffka, Gabriele; Linnemann, Markus & Thesen, Sara (2007): *C-Test für den Förderunterricht*. Kooperationsprojekt Sprachförderung Universität zu Köln.

Kniffka, Gabriele & Siebert-Ott, Gesa (2007): *Deutsch als Zweitsprache. Lehren und lernen*. Paderborn u.a.: Schöningh.

Koch, Peter & Oesterreicher, Wulf (1985): Sprache der Nähe - Sprache der Distanz. Mündlichkeit und Schriftlichkeit im Spannungsfeld von Sprachtheorie und Sprachgeschichte. *Romanistisches Jahrbuch* 36: 15–43.

Koch, Peter & Oesterreicher, Wulf (1994): Schriftlichkeit und Sprache. In Baurmann, Jürgen; Günther, Hartmut & Ludwig, Otto (Hrsg.): *Schrift und Schriftlichkeit = Writing and its use. Ein interdisziplinäres Handbuch internationaler Forschung = an interdisciplinary handbook of international research*. Berlin, New York: Walter de Gruyter, 587–604.

Kohler, Ewald & Schuster, Jürgen (1999): *Tafelbilder für den Deutschunterricht. Aufsatz - Rechtschreibung - Grammatik - Literatur in allen Schularten*. 5. Aufl. Donauwörth: Auer.

Kohler, Ewald & Schuster, Jürgen (2007): *Tafelbilder für den Geschichtsunterricht, Teil 1*. 10., überarb. Aufl. Donauwörth: Auer.

Kohli, Martin (2010): Lebenslauf. In Kopp, Johannes & Schäfers, Bernhard (Hrsg.): *Grundbegriffe der Soziologie*. 10. Aufl. Wiesbaden: VS Verlag für Sozialwissenschaften, 159–162.

Königs, Frank G. (2010): Behaviorismus. In Barkowski, Hans & Krumm, Hans-Jürgen (Hrsg.): *Fachlexikon Deutsch als Fremd- und Zweitsprache*. Tübingen, Basel: Francke, 25–26.

Könings, Werner (1990): Einsatz der Tafel im Unterricht. In Loeser, Otwin & Könings, Werner (Hrsg.): *Tafelbild, Arbeitstransparent, Arbeitsblatt im Unterricht. Eine Handreichung für Lehrende*. 2. Aufl. Darmstadt: Winkler, 24-59.

Kostrezewa, Frank (2009): ‚Teacher Talk' - Unterrichtssprache der Lehrenden. Effektive und weniger effektive Methoden im Vergleich. *Deutsch als Zweitsprache* (4): 29–33.

Kraemer, Klaus (2011): Kapital, kulturelles. In Fuchs-Heinritz, Werner; Klimke, Daniela; Lautmann, Rüdiger; Rammstedt, Otthein; Stäheli, Urs; Weischer, Christoph & Wienold, Hanns (Hrsg.): *Lexikon zur Soziologie*. 5., überarb. Aufl. Wiesbaden: Springer, 332.

Krais, Beate (2008): Habitus. In Farzin, Sina & Jordan, Stefan (Hrsg.): *Lexikon Soziologie und Sozialtheorie. Hundert Grundbegriffe*. Stuttgart: Reclam, 98–100.

Krause, Detlef (2011): Kapital. In Fuchs-Heinritz, Werner; Klimke, Daniela; Lautmann, Rüdiger; Rammstedt, Otthein; Stäheli, Urs; Weischer, Christoph & Wienold, Hanns (Hrsg.): *Lexikon zur Soziologie*. 5., überarb. Aufl. Wiesbaden: Springer, 330.

Krumm, Volker (1983): Linguistische und ethnomethodologische Analysen der Kommunikation in der Schule. Eine Kritik in erziehungswissenschaftlicher Sicht. In Ehlich, Konrad & Rehbein, Jochen (Hrsg.): *Kommunikation in Schule und Hochschule. Linguistische und ethnomethodologische Analysen*. Tübingen: Gunter Narr, 275–292.

Kuckartz, Udo (2010): *Einführung in die computergestützte Analyse qualitativer Daten*. 3., akt. Aufl. Wiesbaden: VS Verlag für Sozialwissenschaften.

Kuckartz, Udo; Rädiker, Stefan; Ebert, Thomas & Schehl, Julia (2010): *Statistik. Eine verständliche Einführung*. 1. Aufl. Wiesbaden: VS Verlag für Sozialwissenschaften.

Kuhn, Leo (Hrsg.) (1977): *Schulbuch - ein Massenmedium. Informationen, Gebrauchsanweisungen, Alternativen*. Wien, München: Jugend & Volk.

Kuhn, Leo & Rathmayr, Bernhard (1977): Statt einer Einleitung - 15 Jahre Schulreform - aber die Inhalte? In Kuhn, Leo (Hrsg.): Schulbuch - ein Massenmedium. Informationen, Gebrauchsanweisungen, Alternativen. Wien, München: Jugend & Volk, 9–17.

Lakoff, George (1987): *Women, Fire, and dangerous Things. What categories reveal about the mind*. Chicago: University of Chicago Press.

Lakoff, George & Johnson, Mark (1980): *Metaphors we live by*. Chicago u.a.: University of Chicago Press.

Lamnek, Siegfried (1995): *Qualitative Sozialforschung. Band 2: Methoden und Techniken*. Weinheim: Beltz Psychologie Verlags Union.

Lamnek, Siegfried (2010): *Qualitative Sozialforschung. Lehrbuch*. 5., überarb. Aufl. Weinheim, Basel: Beltz.

Langacker, Ronald W. (1999): *Concept, image, and symbol. The cognitive basis of grammar*. Berlin, New York: De Gruyter Mouton.

Laubig, Manfred; Peters, Heidrun & Weinbrenner, Peter (1986): *Methodenprobleme der Schulbuchanalyse. Abschlußbericht zum Forschungsprojekt 3017 an der Fakultät für Soziologie in Zusammenarbeit mit der Fakultät für Wirtschaftswissenschaften*. Bielefeld.

Leisen, Josef (2010): *Handbuch Sprachförderung im Fach. Grundlagenwissen, Anregungen und Beispiele für die Unterstützung von sprachschwachen Lernern und Lernern mit Zuwanderungsgeschichte beim Sprechen, Lesen, Schreiben und Üben im Fach. Sprachsensibler Fachunterricht in der Praxis*. Bonn: Varus.

Lemnitzer, Lothar & Zinsmeister, Heike (2010): *Korpuslinguistik. Eine Einführung*. 2., durchges. u. akt. Aufl. Tübingen: Gunter Narr.

Lengyel, Drorit (2010): Bildungssprachförderlicher Unterricht in mehrsprachigen Lernkonstellationen. *Zeitschrift für Erziehungswissenschaft* 13: 593–608.

Lenk, Ricard (Hrsg.) (1989):Brockhaus ABC Physik. 2. Aufl. Band 2 Mä-Z. Leipzig: F.A. Brockhaus.

Levelt, Willem; Schreuder, Rob & Hoenkamp, Edward (1976): Struktur und Gebrauch von Bewegungsverben. *Zeitschrift für Literaturwissenschaft und Linguistik* 6 (23/24): 131–152.

Linnemann, Markus (2010): C-Tests in der Ferienschule: Entwicklung, Einsatz, Nutzen und Grenzen. In Stiftung Mercator (Hrsg.): *Der Mercator-Förderunterricht. Sprachförderung für Schüler mit Migrationshintergrund durch Studierende*. Unter Mitarbeit von Stephany, Sabine. Münster u.a: Waxmann, 195–214.

Löffler, Heinrich (2005): *Germanistische Soziolinguistik*. 3. Aufl. Berlin: Erich Schmidt.

Löffler, Heinrich (2010): *Germanistische Soziolinguistik*. 4. Aufl. Berlin: Erich Schmidt.

Loidl, Erich (1980): Schulbücher für den Biologieunterricht. Versuch einer Standortbestimmung. Kriterien zu ihrer Beurteilung. *Erziehung und Unterricht* 10: 690–702.

Luchtenberg, Sigrid (1989): Überlegungen zur Bedeutung von Fachsprache für Migrantenkinder in Vorschule und Schule: Möglichkeiten und Schwierigkeiten. *Internationale Zeitschrift für Fachsprachenforschung, -didaktik und –terminologie* 2: 153–171.

Luchtenberg, Sigrid (1992): Fachsprache im Unterricht mit Aussiedlerkindern. In Glumpler Edith & Sandfuchs, Uwe (Hrsg.): *Mit Aussiedlerkindern lernen*. Braunschweig: Westermann, 147–160.

Lüdeling, Anke & Walter, Maik (2009): Korpuslinguistik für Deutsch als Fremdsprache. Sprachvermittlung und Spracherwerbsforschung. Stark erweiterte Fassung von Lüdeling/Walter (2010) Korpuslinguistik. In *HSK 19. Deutsch als Fremdsprache*. Mouton de Gruyter, Berlin. https://www.linguistik.hu-berlin.de/de/institut/professuren/korpuslinguistik/mitarbeiter-innen/anke/pdf/LuedelingWalterDaF.pdf (19.10.2017).

Lutjeharms, Madeline (2010): Script. In Barkowski, Hans & Krumm, Hans-Jürgen (Hrsg.): *Fachlexikon Deutsch als Fremd- und Zweitsprache*. Tübingen, Basel: Francke, 287.

Lütke, Beate (2013): Sprachförderung im Deutschunterricht - fachspezifische und fachübergreifende Schwerpunkte. In Becker-Mrotzek, Michael; Schramm, Karen; Thürmann, Eike & Vollmer, Helmut Johannes (Hrsg.): *Sprache im Fach. Sprachlichkeit und fachliches Lernen*. Münster: Waxmann, 99–112.

Maak, Diana (2014): ,es WÄre SCHÖN, wenn es nich (.) OFT so diese RÜCKschläge gäbe' - Eingliederung von SeiteneinsteigerInnen mit Deutsch als Zweitsprache in Thüringen. In Ahrenholz, Bernt & Grommes Patrick (Hrsg.): *Deutsch als Zweitsprache im Jugendalter*. Berlin, New York: Mouton de Gruyter, 319–340.

Maak, Diana & Ricart Brede, Julia (2014): Empirische Erfassung von Invasivität in videografierten Lehr-Lernsituationen: Entwicklung und Erprobung eines Beobachtungssystems. In Neumann, Astrid & Mahler, Isabelle (Hrsg.): *Empirische Methoden der Deutschdidaktik. Audio- und videografierende Unterrichtsforschung*. 1. Aufl. Baltmannsweiler: Schneider Hohengehren, 151–173.

Maak, Diana; Zippel, Wolfgang & Ahrenholz, Bernt (2013): 'Manche Fragen waren schwer aber sonst war es okey' - Methodische Aspekte der Befragung von GrundschülerInnen am Beispiel des Projekts ,Mehrsprachigkeit an Thüringer Schulen' (MaTS). In Decker-Ernst, Yvonne & Oomen-Welke, Ingelore (Hrsg.): *Deutsch als Zweitsprache: Beiträge zur durchgängigen Sprachbildung. Beiträge aus dem 8. Workshop ,Kinder mit Migrationshintergrund' 2012*. Stuttgart: Fillibach bei Klett, 95–116.

Matthes, Eva & Heinze, Carsten (Hrsg.) (2005): *Das Schulbuch zwischen Lehrplan und Unterrichtspraxis*. Bad Heilbrunn: Klinkhardt.

Mayring, Philipp (2002): *Einführung in die qualitative Sozialforschung. Eine Anleitung zu qualitativem Denken*. 5., überarb. u. neu ausgest. Aufl. Weinheim u.a: Beltz.

Mayring, Philipp (2010): *Qualitative Inhaltsanalyse. Grundlagen und Techniken*. 11., akt. u. überarb. Aufl. Weinheim: Beltz.

MBWFK - Ministerium für Bildung, Wissenschaft, Forschung und Kultur des Landes Schleswig Holstein (Hrsg.) (o. J.): *Lehrplan Biologie für die Sekundarstufe I der weiterführenden allgemeinbildenden Schulen Hauptschule, Realschule, Gymnasium*. http://www.lehrplan.lernnetz.de/index.php?wahl=123 (*02.10.2017*).

McEnery, Tony; Xiao, Richard & Tono, Yukio (2006): *Corpus-based language studie. An advanced resource book*. 1. Aufl. London u.a: Routledge.

Menche, Nicole (Hrsg.) (2003): *Biologie. Anatomie. Physiologie. Kompaktes Lehrbuch für die Pflegeberufe*. 5., überarb. Aufl. München: Urban und Fischer.

Merzyn, Gottfried (1994): *Physikschulbücher, Physiklehrer und Physikunterricht. Beiträge auf der Grundlage einer Befragung westdeutscher Physiklehrer*. Kiel: Institut für die Pädagogik der Naturwissenschaft an der Universität Kiel.

Merzyn, Gottfried (1999): Von der Kunst, die Sprache an den Adressaten anzupassen. In Brechel, Renate (Hrsg.): *Vorträge auf der Tagung für Didaktik der Physik, Chemie in Essen, September 1998*. Alsbach/Bergstraße: Leuchtturm, 115–117.

Meyer, Hilbert; Terhart, Ewald (2007): Guter Unterricht - nur ein Angebot? Interview mit dem Unterrichtsforscher Andreas Helmke. In Becker, Gerold; Feindt, Andreas; Meyer, Hilbert; Rothland, Martin; Stäudel; Lutz & Terhart, Ewald (Hrsg.): *Guter Unterricht. Maßstäbe und Merkmale - Wege und Werkzeuge*. Friedrich-Jahresheft 25. Seelze: Friedrich, 36–38.

Möhn, Dieter & Pelka, Roland (1984): *Fachsprachen. Eine Einführung*. Tübingen: Niemeyer.

Morek, Miriam & Heller, Vivien (2012): Bildungssprache – Kommunikative, epistemische, soziale und interaktive Aspekte ihres Gebrauch. *Zeitschrift für angewandte Linguistik* 57 (1): 67–101.

Neumann, Karl (1998): Sprachliche Interaktion im Unterricht. Lehrersprache, Schülersprache und die unterrichtliche Kommunikationsrealität. In Lange, Günter; Neumann, Karl & Ziesenis, Werner (Hrsg.): *Taschenbuch des DeutschunterrichtGrundfragen und Praxis der Sprach- und Literaturdidaktik*. 6., vollst. überarb. Aufl. Baltmannsweiler: Burgbücherei Schneider, 80–97.

Neumann, Ursula (2008): Schulisch lernen – Die Bildungssprache der Schule können (Migranten-)Kinder nur in der Schule lernen. *Grundschule* 2: 36–38.

Niederhaus, Constanze (2011): *Fachsprachlichkeit in Lehrbüchern. Korpuslinguistische Analysen von Fachtexten der beruflichen Bildung*. Münster u.a.: Waxmann.

Niederhaus, Constanze (2013): *Nutzung von Fachbüchern in mehrsprachigen Lernergruppen in der beruflichen Bildung. Vortrag im Rahmen der DGFF-Tagung in Augsburg, 27.09.2013.*

Obermayr, Annika (2013): *Bildungssprache im grafisch designten Schulbuch: Eine Analyse von Schulbüchern des Heimat- und Sachunterrichts*. Bad Heilbrunn: Klinkhardt.

Ochs, Elinor (1979): Transcription as Theory. In Ochs, Elinor & Schieffelin, Bambi B. (Hrsg.): *Developmental pragmatic*. New York: Academic Press, 43–72.

O'Connor, Loretta (2006): Review of the book Toward a cognitive semantics: Concept structuring systems by Leonard Talmy. *Journal of Pragmatics* 38 (7): 1126–1134.

OECD (2007): *Pisa 2006 - Schulleistungen im internationalen Vergleich. Naturwissenschaftliche Kompetenzen für die Welt von morgen*. Bielefeld: W. Bertelsmann.

Ohm, Udo (2010a): Schule und Ausbildung als semiotische Lehrzeit. Zur konstitutiven Funktion von Sprache für das fachliche Lernen. In Benholz, Claudia; Kniffka, Gabriele & Winters-Ohle, Elmar (Hrsg.): *Fachliche und sprachliche Förderung von Schülern mit Migrationsgeschichte. Beiträge des Mercator-Symposions im Rahmen des 15. AILA-Weltkongresses ‚Mehrsprachigkeit: Herausforderungen und Chancen'*. Münster u.a: Waxmann, 167–186.

Ohm, Udo (2010b): Von der Objektsteuerung zur Selbststeuerung: Zweitsprachenförderung als Befähigung zum Handeln. In Ahrenholz, Bernt (Hrsg.): *Fachunterricht und Deutsch als Zweitsprache*. 2., durchges. u. akt. Aufl. Tübingen: Gunter Narr. 87-106.

Ohm, Udo; Kuhn, Christina & Funk, Hermann (2007): *Sprachtraining für Fachunterricht und Beruf. Fachtexte knacken - mit Fachsprache arbeiten*. Münster u.a: Waxmann.

Olechowski, Richard (Hrsg.) (1995): *Schulbuchforschung*. Frankfurt a.M.: Lang.

Oleschko, Sven & Moraitis, Anastasia (2012): Die Sprache im Schulbuch. Erste Überlegungen zur Entwicklung von Geschichts- und Politikschulbüchern unter Berücksichtigung sprachlicher Besonderheiten. *Bildungsforschung* 9 (1): 11–46.

Oliveira, Roberto Carlos Arias (2012): *Boundary-crossing: Eine Untersuchung zum Deutschen, Französischen und Spanischen*. Dissertation. München.

Ortner, Hanspeter (2006): Die Bildungssprache im Visier der Sprachkritik. *Tribüne* 1: 4–11.

Ortner, Hanspeter (2009): Rhetorisch-stilistische Eigenschaften der Bildungssprache. In Fix, Ulla; Gardt, Andreas & Knape, Joachim (Hrsg.): *Rhetorik und Stilistik*. Berlin, New York: De Gruyter Mouton, 2207–2240.

Perdue, Clive (ed.) (1984): *Second language acquisition by adult immigrants. A field manual.* Rowley, Mass: Newbury House.

Petko, Dominik; Waldis, Monika; Pauli, Christine & Reusser, Kurt (2003): Methodologische Überlegungen zur videogestützten Forschung in der Mathematikdidaktik. *ZDM* 35 (6): 265–280.

Porst, Rolf (1996): Fragebogenerstellung. In Goebl, Hans; Nelde, Peter H.; Starý, Zdenek & Wölck, Wolfgang (Hrsg.): *Kontaktlinguistik. Ein internationales Handbuch zeitgenössischer Forschung.* Berlin, New York: Walter de Gruyter, 737–744.

Porst, Rolf (2009): *Fragebogen. Ein Arbeitsbuch.* 2. Aufl. Wiesbaden: VS Verlag für Sozialwissenschaften.

Porst, Rolf (2011): Fragebogen. Ein Arbeitsbuch. 3. Aufl. Wiesbaden: VS Verlag für Sozialwissenschaften.

Portmann-Tselikas, Paul R. (1998): *Sprachförderung im Unterricht. Handbuch für den Sach- und Sprachunterricht in mehrsprachigen Klassen.* Zürich: Orell Füssli.

Pöhlmann-Lang, Annette (2015): Bildungssprache - nicht nur eine Herausforderung beim Zweitsprachelernen. In: Kupfer-Schreiner, Claudia & Pöhlmann-Lang, Annette (Hrsg.) (2015): *Didaktik des Deutschen als Zweitsprache - DiDaZ in Bamberg lehren und lernen.* Bamberg: University Press, S. 103–114.

Quetz, Jürgen; Trim, John & Butz, Marion (2001): *Gemeinsamer europäischer Referenzrahmen für Sprachen. Lernen, lehren, beurteilen: Niveau A1, A2, B1, B2, C1, C2.* Berlin, Zürich: Langenscheidt.

Raatz, Ulrich & Klein-Braley, Christine (2002): Introduction to language testing and to C-Tests. In Coleman, James A.; Grotjahn, Rüdiger & Raatz, Ulrich (Hrsg.): *University language testing and the C-test.* Bochum: AKS, 75–91.

Raible, Wolfgang (1994): Orality and Literacy. In Baurmann, Jürgen; Günther, Hartmut & Ludwig, Otto (Hrsg.): *Schrift und Schriftlichkeit = Writing and its use. Ein interdisziplinäres Handbuch internationaler Forschung = an interdisciplinary handbook of international research.* Berlin, New York: Walter de Gruyter, 1–17.

Redder, Angelika (Hrsg.) (1982): *Schulstunden 1. Transkripte.* Tübingen: Gunter Narr.

Redder, Angelika (2012): Rezeptive Sprachfähigkeit und Bildungssprache - Anforderungen in Unterrichtsmaterialien. In Doll, Jörg; Frank, Keno; Fickermann, Detlef & Schwippert, Knut (Hrsg.): *Schulbücher im Fokus. Nutzungen, Wirkungen und Evaluation.* Münster u.a: Waxmann, 83–99.

Rehbein, Jochen (1997): *Ein Analyse-Schema für fachliche Texte, die im DaZ-Unterricht verwendet werden.* Hamburg.

Reichertz, Jo & Englert, Carina Jasmin (2011): *Einführung in die qualitative Videoanalyse. Eine hermeneutisch-wissenssoziologische Fallanalyse.* Wiesbaden: VS Verlag für Sozialwissenschaften.

Reinders, Heinz (2005): *Qualitative Interviews mit Jugendlichen führen. Ein Leitfaden.* 1. Aufl. München: Oldenbourg.

Ricart Brede, Julia (2011): *Videobasierte Qualitätsanalyse vorschulischer Sprachfördersituationen.* Freiburg i.Br.: Fillibach.

Ricart Brede, Julia (2014): Beobachtung. In Settinieri, Julia; Demirkaya, Sevilen; Feldmeier, Alexis; Gültekin-Karakoç, Nazan & Riemer, Claudia (Hrsg.): *Empirische Forschungsmethoden für Deutsch als Fremd- und Zweitsprache. Eine Einführung.* Paderborn: Schöningh, 137–146.

Ricart Brede, Julia (i. Vorb.): Lernersprachliche Texte im Biologieunterricht. Eine Analyse von Versuchsprotokollen von Schülern mit Deutsch als Erst- und Zweitsprache. Habilitationsschrift.

Riebling, Linda (2013): Heuristik der Bildungssprache. In Gogolin, Ingrid; Lange, Imke; Michel, Ute & Reich, Hans H. (Hrsg.): *Herausforderung Bildungssprache. Und wie man sie meistert.* Münster: Waxmann, 106–153.

Riedel, Sabine (2004): Lernen in der zweiten Sprache. Aufgaben und Anforderungen beim Verstehen von Lehrbuchtexten des schulischen Fachunterricht. In Bonnet, Andreas & Breidbach, Stephan (Hrsg.): *Didaktiken im Dialog. Konzepte des Lehrens und Wege des Lernens im bilingualen Sachfachunterricht. Zweite Bremer Tagung Bilingualer Sachfachunterricht im Frühjahr 2003 an der Universität Bremen.* Frankfurt a.M.: Lang, 77–87.

Riemeier, Tanja; Jankowski, Marcel; Kersten, Bettina; Pach, Sabrina; Rabe, Isabel; Sundermeier, Stefan & Gropengießer, Harald (2010): Wo das Blut fließt. Schülervorstellungen zu Blut, Herz und Kreislauf beim Menschen. *Zeitschrift für Didaktik der Naturwissenschaften* 16: 77–93.

Riemer, Claudia (2010): Feldforschung. In Barkowski, Hans & Krumm, Hans-Jürgen (Hrsg.): *Fachlexikon Deutsch als Fremd- und Zweitsprache.* Tübingen, Basel: Francke, 82.

Roelcke, Thorsten (2010): *Fachsprachen.* 3. Aufl. Berlin: Erich Schmidt.

Röhner, Charlotte & Hövelbrinks, Britta (Hrsg.) (2013): *Fachbezogene Sprachförderung in Deutsch als Zweitsprache. Theoretische Konzepte und empirische Befunde zum Erwerb bildungssprachlicher Kompetenzen.* Weinheim: Beltz Juventa.

Rost-Roth, Martina (2013): Korrekturen und Feedback. In Ahrenholz, Bernt & Oomen-Welke, Ingelore (Hrsg.): *Deutsch als Fremdsprache.* Baltmannsweiler: Schneider Hohengehren, 275–286.

Roth, Gerhard (2003): *Aus Sicht des Gehirns.* 1. Aufl. Frankfurt a.M.: Suhrkamp.

Roth, Hans-Joachim; Neumann, Ursula & Gogolin, Ingrid (2007): *Bericht 2007 - Abschlussbericht über die italienisch-deutschen, portugiesisch-deutschen und spanisch-deutschen Modellklassen. Schulversuch bilinguale Grundschulklassen in Hamburg - wissenschaftliche Begleitung.* Unter Mitarbeit von Grevé, Annette & Klinger, Thorsten. Hamburg.

Runge, Anna (2013): Die Nutzung von (bildungssprachlichen) Verben in naturwissenschaftlichen Aufgabenstellungen bei SchülerInnen der Jgst. 4 und 5. In Redder, Angelika & Weinert, Sabine (Hrsg.): *Sprachförderung und Sprachdiagnostik. Interdisziplinäre Perspektiven.* Münster u.a: Waxmann, 152–173.

Sandfuchs, Uwe (2010): Schulbücher und Unterrichtsqualität – historische und aktuelle Reflexionen. In Fuchs, Eckhardt; Kahlert, Joachim & Sandfuchs, Uwe (Hrsg.): *Schulbuch konkret. Kontexte - Produktion - Unterricht.* Bad Heilbrunn: Klinkhardt, 11–24.

Sächsisches Staatsinstitut für Bildung und Schulentwicklung (2004/2009): *Lehrplan Mittelschule Biologie.*

Scherer, Carmen (2006): *Korpuslinguistik.* Heidelberg: Winter.

Schleppegrell, Mary (2004): *The language of schooling. A functional linguistics perspective.* Mahwah: Lawrence Erlbaum.

Schlobinski, Peter (2003): *Grammatikmodelle. Positionen und Perspektiven.* 1. Aufl. Wiesbaden: Westdeutscher Verlag.

Schmelter, Lars (2014): Gütekriterien. In Settinieri, Julia; Demirkaya, Sevilen; Feldmeier, Alexis; Gültekin-Karakoç, Nazan & Riemer, Claudia (Hrsg.): *Empirische Forschungsmethoden für Deutsch als Fremd- und Zweitsprache. Eine Einführung.* Paderborn: Schöningh, 33–56.

Schmidt, Christiane (2010): Auswertungstechniken für Leitfadeninterview In Friebertshäuser, Barbara; Langer, Antje & Prengel, Annedore (Hrsg.): *Handbuch qualitative Forschungsmethoden in der Erziehungswissenschaft.* 3., vollst. überarb. Aufl. Weinheim u.a: Juventa, 473–486.

Schmidt, Christiane (2012): Analyse von Leitfadeninterviews. In Flick, Uwe; von Kardorff, Ernst & Steinke, Ines (Hrsg.): *Qualitative Forschung. Ein Handbuch.* 9. Aufl. Reinbek bei Hamburg: Rowohlt Taschenbuch, 447–456.

Schmidt, Wilhelm (1969): Charakter und gesellschaftliche Bedeutung der Fachsprachen. *Zeitschrift für gutes Deutsch* 18 (1): 10–21.

Schmiemann, Philipp & Sandmann, Angela (2007): Entwicklung eines Kompetenzstrukturmodells zum Kompetenzbereich Fachwissen. In Bayrhuber, Horst; Harms, Ute; Krüger, Dirk; Sandmann, Angela; Unterbruner, Ulrike; Upmeier zu Belzen, Annette & Vogt, Helmut (Hrsg.): *Ausbildung und Professionalisierung von Lehrkräften. Abstract Internationale Tagung der Fachgruppe Biologiedidaktik im VBiO - Verband Biologie, Biowissenschaften & Biomedizin. 16.09. bis 20.09.2007 in Essen.* Kassel, 199–202.

Schramm, Karen (2014): Besondere Forschungsansätze: Videobasierte Unterrichtsforschung. In Settinieri, Julia; Demirkaya, Sevilen; Feldmeier, Alexis; Gültekin-Karakoç, Nazan & Riemer, Claudia (Hrsg.): *Empirische Forschungsmethoden für Deutsch als Fremd- und Zweitsprache. Eine Einführung.* Paderborn: Schöningh, 243–254.

Schramm, Karen & Aguado, Karin (2010): Videographie in den Fremdsprachendidaktiken. Ein Überblick. In Aguado, Karin; Schramm, Karen & Vollmer, Helmut Johannes (Hrsg.): *Fremdsprachliches Handeln beobachten, messen, evaluieren. Neue methodische Ansätze der Kompetenzforschung und der Videographie.* Frankfurt a.M., New York: Peter Lang, 185–214.

Schramm, Karen; Hardy, Ilonca; Saalbach, Henrik & Gadow, Anne (2013): Wissenschaftliches Begründen im Sachunterricht. In Becker-Mrotzek, Michael; Schramm, Karen; Thürmann, Eike & Vollmer, Helmut Johannes (Hrsg.): *Sprache im Fach. Sprachlichkeit und fachliches Lernen.* Münster: Waxmann, 295–314.

Schreuder, Robert (1976): *Een lijst van de Nederlandse bewegingswerkwoorden: Psychologisch Laboratorium, Katholieke Universiteit (Intern rapport, 76).*

Schröder, Jochen (1993): *Lexikon deutscher Verben der Fortbewegung.* Leipzig, New York: Langenscheidt.

Schroeder Christoph (2009): gehen, laufen, torkeln: Eine typologisch gegründete Hypothese für den Schriftspracherwerb in der Zweitsprache Deutsch mit Erstsprache Türkisch. In Schramm, Karen & Christoph, Schroeder (Hrsg.): *Empirische Zugänge zu Spracherwerb und Sprachförderung in Deutsch als Zweitsprache.* Münster u.a: Waxmann, 185–202.

Schulz von Thun, Friedemann; Göbel, Gerhild & Tausch, Reinhard (1973): Verbesserung der Verständlichkeit von Schulbuchtexten und Auswirkungen auf das Verständnis und Behalten verschiedener Schülergruppen. *Psychologie in Erziehung und Unterricht* 20: 223–234.

Seidel, Tina; Prenzel, Manfred & Kobarg, Mareike (Hrsg.) (2005a): *How to run a video study. Technical report of the IPN video study.* Münster u.a: Waxmann.

Seidel, Tina; Dalehefte, Inger Marie & Meyer, Lena (2005b): Standardized guidelines - How to collect videotapes. In Seidel, Tina; Prenzel, Manfred & Kobarg, Mareike (Hrsg.): *How to run a video study. Technical report of the IPN video study.* Münster u.a: Waxmann. 29-53.

Seidel, Tina & Shavelson, Richard J. (2007): Teaching Effectiveness Research in the Past Decade: The Role of Theory and Research Design in Disentangling Meta-Analysis Results. *Review of Educational Research* 77 (4): 454–499.

Seipel, Christian & Rieker, Peter (2003): *Integrative Sozialforschung. Konzepte und Methoden der qualitativen und quantitativen empirischen Forschung.* Weinheim: Juventa.

Selting, Margret; Auer, Peter; Barden, Birgit; Bergmann, Jörg; Couper-Kuhlen, Elizabeth; Günthner, Susanne; Meier, Christoph; Quasthoff, Uta M.; Schlobinski, Peter & Uhmann, Susanne (1998): Gesprächsanalytisches Transkriptionssystem (GAT). *Linguistische Berichte* 173: 21–122.

Selting, Margret; Auer, Peter; Barth-Weingarten, Dagmar; Bergmann, Jörg; Bermann, Pia; Birkner, Karin; Couper-Kuhlen, Elizabeth; Deppermann, Arnulf; Gilles, Peter; Günthner, Susanne; Hartung, Martin; Kern Friederike; Merztlufft, Christine; Meyer, Christian; Morek, Miriam; Oberzaucher, Frank; Peters, Jörg; Quasthoff, Uta M.; Schütte, Wilfried; Stukenbrock, Anja & Uhmann, Susanne (2009): Gesprächsanalytisches Transkriptionssystem 2 (GAT 2). *Gesprächsforschung - Online-Zeitschrift zur verbalen Interaktion* 10: 353–402.

Senatsverwaltung für Bildung, Jugend und Sport (Hrsg.) (2006): *Rahmenlehrplan für die Sekundarstufe I Biologie. Jahrgangsstufe 7-10. Hauptschule, Realschule, Gesamtschule, Gymnasium.* Berlin. http://www.berlin.de/imperia/md/content/sen-bildung/schulorganisation/lehrplaene/sek1_biologie.pdf (02.10.2017).

Sinclair, John & Coulthard, Malcolm (1975): *Towards an analysis of discourse: The English used by teachers and pupils.* Oxford, England: Oxford University Press.

Sinha, Chris & Kuteva, Tania (1995): Distributed Spatial Semantics. *Nordic Journal of Linguistics* 18 (2): 167–199.

Skala, Franz (1964): Der Tafelanschrieb im Unterricht der berufsbildenden Schulen. *Die Deutsche Berufs- und Fachschule* 60 (3): 199–207.

Söll, Ludwig (1985): Gesprochenes und geschriebenes Französisch. 3., überarb. Aufl. Berlin: Schmidt.

Speth, Hermann & Berner, Steffen (2011): *Theorie und Praxis des Wirtschaftslehreunterrichts. Eine Fachdidaktik.* 10. Aufl. Rinteln: Merkur.

Spitzmüller, Jürgen (2005): Spricht da jemand? Repräsentation und Konzeption in virtuellen Räumen. *SGPU* 9: 33–56.

Staatsinstitut für Schulqualität und Bildungsforschung München (o.J.): *Lehrplan Biologie* (Stand 2003).

Stahns, Ruven (2016): Bildungssprachliche Merkmale von Texten und Items. Zur Operationalisierung des Konstrukts „Bildungssprache". In: *Didaktik Deutsch* 41: 44–55.

Stanat, Petra (2003): Schulleistungen von Jugendlichen mit Migrationshintergrund: Differenzierung deskriptiver Befunde aus PISA und PISA-E. In Baumert, Jürgen; Artelt, Cordula; Klieme, Eckhard; Neubrand, Michael; Prenzel, Manfred; Schiefele, Ulrich; Schneider, Wolfgang; Tillmann, Klaus-Jürgen & Weiß, Manfred (Hrsg.): *PISA 2000. Ein differenzierter Blick auf die Länder der Bundesrepublik Deutschland; Zusammenfassung zentraler Befunde.* Opladen: Leske und Budrich, 243–260.

Starauschek, Erich (2003): Ergebnisse einer Schülerbefragung über Physikschulbücher. *Zeitschrift für Didaktik der Naturwissenschaften* 9: 135–146.

Starauschek, Erich (2006): Der Einfluss von Texkohäsion und gegenständlichen externen piktoralen Repräsentationen auf die Verständlichkeit von Texten zum Physiklernen. *Zeitschrift für Didaktik der Naturwissenschaften* 12: 127–152.

Statistisches Bundesamt (2011): *Bevölkerung mit Migrationshintergrund - Ergebnisse des Mikrozensus Fachserie 1, Reihe 2.2.* https://www.destatis.de/DE/Publikationen-/Thematisch/Bevoelkerung/MigrationIntegration/Migrationshintergrund2010220117-004.pdf?__blob=publicationFile (18.09.2017).

Stawinsky, Wieslaw (1984): Die Entwicklung von Erhebungsinstrumenten zur Erfassung der Prozesse und Wirkungen von Schülerübungen im Biologieunterricht. In Hedewig, Roland & Staeck, Lothar (Hrsg.): *Biologieunterricht in der Diskussion. Bericht über die Tagung der Sektion Fachdidaktik im Verbund Deutscher Biologen in Berlin, 3.10. - 8.10.1983 mit dem Thema: Empirische Forschungen und fächerübergreifende Inhalte des Biologieunterrichts.* Köln: Aulis Deubner.

Stein, Gerd (1991): Schulbücher in Lehrerbildung und pädagogischer Praxis. In Roth, Leo (Hrsg.): *Pädagogik. Handbuch für Studium und Praxis.* München: Ehrenwirth, 752–759.

Stein, Gerd (2003): Schulbücher in berufsfeldbezogener Lehrerbildung und pädagogischer Praxis. In Wiater, Werner (Hrsg.): *Schulbuchforschung in Europa - Bestandsaufnahme und Zukunftsperspektive.* Bad Heilbrunn: Klinkhardt, 23–32.

Steinmüller, Ulrich & Scharnhorst, Ulrich (1987): Sprache im Fachunterricht - Ein Beitrag zur Diskussion über Fachsprachen im Unterricht mit ausländischen Schülern. *Zielsprache Deutsch* 4: 3–12.

Stigler, James W. (1998): Video Surveys: New Data for the Improvement of Classroom Instruction. In Paris, Scott G. & Wellman, Henry M. (Hrsg.): *Global prospects for education. Development, culture, and schooling.* 1. Aufl. Washington, D.C: American Psychological Association.

Stutterheim, Christiane von (1997). *Einige Prinzipien des Textaufbaus: Empirische Untersuchungen zur Produktion mündlicher Texte.* Reihe Germanistische Linguistik 184. Niemeyer: Tübingen.

Stutterheim, Christiane von (1984): Temporality in learner varieties. A first report. *Linguistische Berichte* 82: 31–45.

Stutterheim, Christiane von (1986): *Temporalität in der Zweitsprache. Eine Untersuchung zum Erwerb des Deutschen durch türkische Gastarbeiter.* Zugl.: Berlin, Freie Universität, Dissertation, 1985. Berlin u.a: De Gruyter Mouton.

Stutterheim, Christiane von & Carroll, Mary (2013): Concept-oriented Approach to Second Language Acquisition. In Robinson, Peter (ed.): *The Routledge encyclopedia of second language acquisition.* 1. publ. London u.a: Routledge, 110–113.

Stutterheim, Christiane von & Klein, Wolfgang (1987): A Concept-Oriented Approach to Second Language Studies. In Wollman Pfaff, Carol (ed.): *First and second language acquisition processes (proceedings of the Second European-North American Workshop on Cross Linguistic Second Language Research, EUNAM II, held at Jagdschloss Göhrde, West Germany, August 22-28, 1982).* Boston, Mass.: Heinle & Heinle, 191–205.

Sumfleth, Elke & Pitton, Anja (1998): Sprachliche Kommunikation im Chemieunterricht. Schülervorstellung und ihre Bedeutung im Schulunterricht. *Zeitschrift für Didaktik der Naturwissenschaften* 4 (4): 3–12.

Tajmel, Tanja (2010a): DaZ-Förderung im naturwissenschaftlichen Fachunterricht. In Ahrenholz, Bernt (Hrsg.): *Fachunterricht und Deutsch als Zweitsprache.* 2., durchges. u. akt. Aufl. Tübingen: Gunter Narr, 167–184.

Tajmel, Tanja (2010b): Physikunterricht als Lernumgebung für Sprachlernen. In Knapp, Werner & Rösch, Heidi (Hrsg.): *Sprachliche Lernumgebungen gestalten.* Freiburg i.Br.: Fillibach, 139–153.

Talmy, Leonard (2000a): *Toward a Cognitive Semantics. Volume I: Concept Structuring System.* Cambridge (Mass.), London: the MIT Press.

Talmy, Leonard (2000b): *Toward a Cognitive Semantics. Volume II: Typology and Process in Concept Structuring.* Cambridge (Mass.), London: the MIT Press.

Thompson, Sandra A. (2003): Functional Linguistics - Overview. In Frawley, William J. (ed.): *International encyclopedia of linguistics, Band 2*. 2. Aufl. Oxford u.a.: Oxford University Press, 52–56.

TMBWK - Thüringer Kultusministerium (Hrsg.) (1999): *Lehrplan für die Regelschule Biologie. Erfurt*. http://www.schulportal-thueringen.de/web/guest/media/detail?tspi=1357 (*16.04.2014*).

Tophinke, Doris (2002): Lebensgeschichte und Sprache. Zum Konzept der Sprachbiografie aus linguistischer Sicht. *Bulletin VALS-ALSA (Vereinigung für angewandte Linguistik)* 76: 1–14.

Tschander, Ladina B. (1999): Bewegung und Bewegungsverben. In Jung, Bernhard & Wachsmuth, Ipke (Hrsg.): *KogWis 99. (Proceedings der 4. Fachtagung der Gesellschaft für Kognitionswissenschaft, Bielefeld, 28. September - 1. Oktober 1999)*. Sankt Augustin: Infix, 25–30.

Tulodziecki, Gerhard (1991): Medien in Unterricht und Erziehung. In Roth, Leo (Hrsg.): *Pädagogik. Handbuch für Studium und Praxis*. München: Ehrenwirth, 742–751.

Vanecek, Erich (1995): Zur Frage der Verständlichkeit und Lernbarkeit von Schulbüchern. In Olechowski, Richard (Hrsg.): *Schulbuchforschung*. Frankfurt a.M.: Lang, 195–215.

Vollers-Sauer, Elisabeth (2005): Metapher. In Glück, Helmut (Hrsg.): *Metzler Lexikon Sprache*. 2. akt. u. überarb. Aufl. Stuttgart u.a: Metzler, 388.

Vollmer, Helmut Johannes (2010): *Items for a description of linguistic competence in the language of schooling necessary for learning/ teaching science (at the end of compulsory education). An approach with reference points. Document prepared for the Policy Forum The right of learners to quality and equity in education – The role of linguistic and intercultural competences. Geneva, Switzerland*. http://www.google.de/url?sa=t&rct=j&q=-&esrc=s&source=web&cd=1&ved=0CDAQFjAA&url=http%3A%2F%2Fwww.coe.int%2Ft%2Fdg4%2Flinguistic%2FSource%2FSource2010_ForumGeneva%2F1-LIS-sciences2010-_EN.pdf&ei=dSo4U9SkOorWtAb_6IFY&usg=AFQjCNE7aa1AbNbb5Gw8JYoeEi5j3k58VA&bvm=bv.63808443,d.Yms (*02.10.2017*).

Vollmer, Helmut Johannes (2011): *Schulsprachliche Kompetenzen: Zentrale Diskursfunktionen*. Unveröffentlichtes Manuskript. Osnabrück.

Vollmer, Helmut Johannes & Thürmann, Eike (2010): Zur Sprachlichkeit des Fachlernens: Modellierung eines Referenzrahmens für Deutsch als Zweitsprache. In Ahrenholz, Bernt (Hrsg.): *Fachunterricht und Deutsch als Zweitsprache*. 2., durchges. u. akt. Aufl. Tübingen: Gunter Narr, 107–131.

Vollmer, Helmut Johannes & Thürmann, Eike (2013): Sprachbildung und Bildungssprache als Aufgabe aller Fächer der Regelschule. In Becker-Mrotzek, Michael; Schramm, Karen; Thürmann; Eike & Vollmer, Helmut Johannes (Hrsg.): *Sprache im Fach. Sprachlichkeit und fachliches Lernen*. Münster: Waxmann, 41–57.

Vollmer, Helmut Johannes; Thürmann, Eike; Arnold, Christof; Hammann, Marcus & Ohm, Udo (2008): *Elements of a Framework for Describing the Language of Schooling in Subject-Specific Contexts: A German Perspective*. Strasbourg.

Wahrig-Burfeind, Renate (2008): *Wahrig Großwörterbuch Deutsch als Fremdsprache*. [das neue Standardwerk, das speziell auf die Bedürfnisse von Deutschlernern ausgerichtet ist; mit rund 70000 Stichwörtern, Anwendungsbeispielen und Redewendungen sowie zahlreichen Informationen und Hilfestellungen zur kreativen Wort- und Satzbildung]. Berlin: Cornelsen.

Wälchli, Bernhard (2001): A typology of displacement (with special reference to Latvian). *Sprachtypologie und Universalienforschung* 54 (3): 298–323.

Wälchli, Bernhard & Zúñiga, Fernando (2006): Source-Goal (in)difference and the typology of motion events in the clause. *Sprachtypologie und Universalienforschung* 3: 284–303.

Watzlawick, Paul; Weakland, John H. & Fisch, Richard (1974): *Lösungen. Zur Theorie und Praxis menschlichen Wandels.* Bern, Wien u.a: Huber.

Weinbrenner, Peter (1995): Grundlagen und Methodenprobleme sozialwissenschaftlicher Schulbuchforschung. In Olechowski, Richard (Hrsg.): *Schulbuchforschung.* Frankfurt a.M.: Lang, 21–45.

Weinert, Franz E. (1989): Psychologische Orientierungen in der Pädagogik. In Röhrs, Hermann & Scheuerl, Hans (Hrsg.): *Richtungsstreit in der Erziehungswissenschaft und pädagogischen Verständigung. Wilhelm Flitner zur Vollendung seines 100. Lebensjahres am 20.8.1989 gewidmet.* Frankfurt a.M. u.a.: Lang, 203–214.

Weinert, Franz E. (Hrsg.) (2014): *Leistungsmessungen in Schulen.* 3. Aufl. Weinheim, Basel: Beltz.

Weißeno, Georg (1992): Das Tafelbild im Politikunterricht. Schwalbach: Wochenschau.

Welke, Klaus (2010): Strukturalismus In Barkowski, Hans & Krumm, Hans-Jürgen (Hrsg.): *Fachlexikon Deutsch als Fremd- und Zweitsprache.* Tübingen, Basel: Francke, 321–322.

Wellenreuther, Martin (2005): *Lehren und Lernen - aber wie? Empirisch-experimentelle Forschungen zum Lehren und Lernen im Unterricht.* 2., korr. u. überarb. Neuaufl. Baltmannsweiler: Schneider Hohengehren.

Wells, G (1993): Reevaluating the IRF sequence: A proposal for the articulation of theories of activity and discourse for the analysis of learning and teaching in the classroom. *Linguistics and Education*, 5(1), 1–37.

Wendt, Peter (2010): Schulbuchzulassung: Verfahrensänderungen oder Verzicht auf Zulassungsverfahren. In Fuchs, Eckhardt; Kahlert, Joachim & Sandfuchs, Uwe (Hrsg.): *Schulbuch konkret. Kontexte - Produktion - Unterricht.* Bad Heilbrunn: Klinkhardt, 83–96.

Wiater, Werner (2003a): Das Schulbuch als Gegenstand pädagogischer Forschung. In Wiater, Werner (Hrsg.): *Schulbuchforschung in Europa - Bestandsaufnahme und Zukunftsperspektive.* Bad Heilbrunn: Klinkhardt, 11–21.

Wiater, Werner (Hrsg.) (2003b): *Schulbuchforschung in Europa - Bestandsaufnahme und Zukunftsperspektive.* Bad Heilbrunn: Klinkhardt.

Wiater, Werner (2005): Lehrplan und Schulbuch – Reflexion über zwei Instrumente des Staates zur Steuerung des Bildungswesens In Matthes, Eva & Heinze, Carsten (Hrsg.): *Das Schulbuch zwischen Lehrplan und Unterrichtspraxis.* Bad Heilbrunn: Klinkhardt, 41–63.

Winterscheid, Jenny; Deppermann, Arnulf; Schmidt, Thomas & Schütte, Wilfried (03.09.2013): *Normalisierungskonventionen und Bedienungshinweise für die orthografische Normalisierung von Transkripten mit OrthoNormal.*

Winters-Ohle, Elmar; Seipp, Bettina & Ralle, Bernd (Hrsg.) (2012): *Lehrer für Schüler mit Migrationsgeschichte. Sprachliche Kompetenz im Kontext internationaler Konzepte der Lehrerbildung.* Münster u.a: Waxmann.

Winzer-Kiontke, Britta (2016): *,Gäbe es das Lehrwerk, würden wir es Ihnen empfehlen. …'* Routineformeln als Lehr- und Lerngegenstand. Eine Untersuchung zu Vorkommen und didaktischer Aufbereitung von Routineformeln in Lehrwerken für Deutsch als Fremd- und Zweitsprache.* München: Iudicium.

Wolff, Dieter (2010): Bilingualer Sachfachunterricht/ CLIL. In Hallet, Wolfgang & Königs, Frank G. (Hrsg.): *Handbuch Fremdsprachendidaktik,* 298-301. Seelze-Velber: Klett Kallmeyer.

Wolff, Stephan (2007): Dokumenten- und Aktenanalyse. In von Kardorff, Ernst; Steinke, Ines & Flick, Uwe (Hrsg.): *Qualitative Forschung. Ein Handbuch*. 5. Aufl. Reinbek bei Hamburg: Rowohlt Taschenbuch, 502–513.

Zahn, Daniela (2010): Eye tracking. In Barkowski, Hans & Krumm, Hans-Jürgen (Hrsg.): *Fachlexikon Deutsch als Fremd- und Zweitsprache*. Tübingen, Basel: Francke, 75.

Zlatev, Jordan (2007): Spatial Semantic. In Geeraerts, Dirk & Cuyckens, Hubert (Hrsg.): *The Oxford handbook of cognitive linguistic*. New York: Oxford University Press, 318–350.

Zlatev, Jordan & Yangklang, Peerapat (2004): A Thrid Way to Travel. The Place of Thai in Motion-Event Typology. In Strömqvist, Sven & Verhoeven, Ludo (Hrsg.): *Relating Events in Narrative. Volume 2 : typological and contextual perspective*. Mahwah: Lawrence Erlbaum, 159–190.

Anhang

Instrumente: Der sprachbiographische Fragebogen

Nachfolgend sind lediglich die Fragen des sprachbiographischen Fragebogens abgedruckt. Das Layout wurde angepasst und entspricht nicht dem Original.

Sprachbiografische Angaben

Fragen:
– Wie heißt du mit Nachnamen?
– Wie heißt du mit Vornamen?
– Wie alt bist du (Angabe in Jahren und Monaten)?
– Bist du ein Mädchen oder ein Junge?
– In welchem Land bist du geboren?
– In welchem Land ist dein Vater geboren?
– In welchem Land ist deine Mutter geboren?
– Welche Staatsangehörigkeit hast du (d.h. von welchem Land besitzt du einen Pass)?
– Seit wann bist du in Deutschland?
– Seit wann sprichst du Deutsch?
– Welche Sprachen lernst du in der Schule?
– Sprecht ihr zu Hause auch Deutsch?
– Welche Sprache(n) sprecht ihr zu Hause außer Deutsch?
– Welche Sprache sprichst du zu Hause meistens mit deiner Mutter?
– Welche Sprache sprichst du zu Hause meistens mit deinem Vater?
– Welche Sprache sprichst du zu Hause meistens mit deinen älteren Geschwistern?
– Welche Sprache sprichst du zu Hause meistens mit deinen jüngeren Geschwistern?
– Welche Sprache sprichst du meistens mit deinen Schulfreunden in den Pausen?
– Welche Sprache sprichst du meistens mit deinen besten Freunden nach der Schule?
– Trage in die Tabelle alle Sprachen ein, die du kannst (z.B. bei Sprache 1: Deutsch) und beantworte dazu die Fragen, indem du jeweils den am ehesten zutreffenden Smiley ankreuzt.
– Wie gut kannst du die Sprache schreiben?
– Wie gut kannst du die Sprache lesen?

https://doi.org/10.1515/9783110521917-365

–   Wie gut kannst du die Sprache sprechen?
–   Wie gut kannst du die Sprache verstehen?
–   Was ist deine Muttersprache?
–   Wenn deine Muttersprache nicht deutsch ist: Hast du Unterricht, in dem du
    in dieser Sprache unterrichtet wirst?
–   Nimmst du an DaZ-Förderunterricht teil?
–   Hast du außerhalb der Schule noch Sprachunterricht?
–   Bekommst du Nachhilfestunden nach der Schule?

Datenaufbereitung: Transkription

Transkriptionskonventionen (Interview)

Basistranskript GAT (nach Selting et al. 1998)

Sequenzielle Struktur/Verlaufsstruktur

[ ] [ ]	Überlappungen und Simultansprechen
=	schneller, unmittelbarer Anschluss neuer Turns oder Einheiten

Pausen

(.)	Mikropause
(-), (--), (---)	kurze, mittlere, längere Pausen von ca. 0.25 - 0.75 Sek.; bis ca. 1 Sek.
(2.0)	geschätzte Pause, bei mehr als ca. 1 Sek. Dauer
(2.85)	gemessene Pause (Angabe mit zwei Stellen hinter dem Punkt)

Sonstige segmentale Konventionen

und=äh	Verschleifungen innerhalb von Einheiten
:, ::, :::	Dehnung, Längung, je nach Dauer
äh, öh, etc.	Verzögerungssignale, sog. gefüllte Pausen
'	Abbruch durch Glottalverschluss

Lachen

so(h)o	Lachpartikeln beim Reden
haha hehe hihi	silbisches Lachen
((lacht))	Beschreibung des Lachens

Rezeptionssignale

hm,ja,nein,nee	einsilbige Signale
hm=hm, ja=a, nei=ein, nee=e	zweisilbige Signale
'hm'hm	mit Glottalverschlüssen, meistens verneinend

Akzentuierung

akZENT	Primär- bzw. Hauptakzent
ak!ZENT!	extra starker Akzent

Tonhöhenbewegung am Einheitenende

?	hoch steigend
,	mittel steigend
-	gleichbleibend
;	mittel fallend
.	tief fallend

Sonstige Konventionen

((hustet))	para- und außersprachliche Handlungen u. Ereignisse
<<hustend> >	sprachbegleitende para- und außersprachliche Handlungen und Ereignisse mit Reichweite
<<erstaunt> >	interpretierende Kommentare mit Reichweite
( )	unverständliche Passage je nach Länge
(solche)	vermuteter Wortlaut
al(s)o	vermuteter Laut oder Silbe
(solche/welche)	mögliche Alternativen
((...))	Auslassung im Transkript
→	Verweis auf im Text behandelte Transkriptzeile

Transkriptionskonventionen (Unterricht)

(Stand 20.07.2014, nach Selting et al. 2009)
*Kursiv: Erweiterungen/Anpassungen der GAT-2-Konventionen (Selting et al. 2009)
im Rahmen des Fach-DaZ-Projekts*

Sequenzielle Struktur/Verlaufsstruktur

[]	Überlappungen und Simultansprechen
[]	

Ein- und Ausatmen

°h / h°	Ein- bzw. Ausatmen von ca. 0.2-0.5 Sek. Dauer
°hh / hh°	Ein- bzw. Ausatmen von ca. 0.5-0.8 Sek. Dauer
°hhh / hhh°	Ein- bzw. Ausatmen von ca. 0.8-1.0 Sek. Dauer

Pausen

(-)	kurze geschätzte Pause von ca. 0.2-0.5 Sek. Dauer
(--)	mittlere geschätzte Pause v. ca. 0.5-0.8 Sek. Dauer
(---)	längere geschätzte Pause von ca. 0.8-1.0 Sek. Dauer
(0.5)	gemessene Pausen von ca. 0.5 bzw. 2.0 Sek. Dauer
(2.0)	(Angabe mit einer Stelle hinter dem Punkt)

Sonstige segmentale Konventionen

und_äh	Verschleifungen innerhalb von Einheiten
äh öh äm	Verzögerungssignale, sog. gefüllte Pausen

Lachen und Weinen

haha hehe hihi	silbisches Lachen
((lacht))((weint))	Beschreibung des Lachens
<<lachend> >	Lachpartikeln in der Rede, mit Reichweite

Rezeptionssignale

hm ja nein nee	einsilbige Signale
hm_hm ja_a, nei_ein nee_e	zweisilbige Signale

Sonstige Konventionen

((hustet))	para- und außersprachliche Handlungen u. Ereignisse
< nein <hustend> >	sprachbegleitende para- und außersprachliche Handlungen und Ereignisse mit Reichweite (nein wird hustend gesprochen)
( )	unverständliche Passage ohne weitere Angaben
(xxx), (xxx xxx)	ein bzw. zwei unverständliche Silben
(solche)	vermuteter Wortlaut
(also/alo) (solche/welche)	mögliche Alternativen
((unverständlich, ca. 3 Sek))	unverständliche Passage mit Angabe der Dauer
((...))	Auslassung im Transkript
→	Verweis auf im Text behandelte Transkriptzeile
: :: ::: (stri:: ng)	Dehnung, je nach Länge
Großbuchstaben STRINGteil	auffällige Betonung (von Wortteilen, Silben)
Großbuchstaben STRING	auffällige Betonung (von ganzen Wörtern)
↓ nach unten	auffälliges Senken der Stimme
↑ Pfeil nach oben	auffälliges Heben der Stimmen
!	Auffällige Emphase
°string°	leise gesprochen
[/]	Abbruch (gilt für Wort- und Satzabbrüche)

Zusammenziehungen

könnn gehn ((wie gehört))	Zusammenziehung innerhalb eines Wortes
gehts, kannste	Zusammenziehung von zwei Wörtern

Segmente

. (Punkt)	Segementgrenze (Äußerung)
, (Komma)	Grenze zwischen Segmentteilen

Achtung: Segmente werden syntaktisch bestimmt, nicht über Intonation. Bitte kennzeichnen Sie Satzgrenzen nicht mit ? oder !

Es wird ein Extratier für Kommentare angelegt. Beispiel:

S01:	Gib mir mal bitte das Buch.
Komm:	S01 zeigt auf das Buch seines Sitznachbarn.

Datenanalyse: Leitfaden-gestützte Interviews

Zusammenfassungen der Leitfaden-gestützten Interviews

Die Erstellung der Zusammenfassung stellte den ersten Schritt der Interview-analyse dar und verfolgte das Ziel, den Inhalt der Interviews verkürzt – aber dennoch so umfassend und „textnah" wie möglich wiederzugeben. Textnah bedeutet, dass nach Möglichkeit die Formulierungen der Interviewenden und Interviewten nicht bzw. nur leicht verändert bzw. angepasst werden (z.B. grammatikalisch). Da lediglich ausgewählte Aspekte der Interviews für die Ana-lyse berücksichtigt wurden, sind die Zusammenfassungen hier der Vollständig-keit halber abgedruckt, damit der Leser bei Bedarf einen umfassenderen Ein-blick in die Interviewverläufe und -themen erlangen kann. Die Zusammen-fassungen orientieren sich im Wortlaut stark an den Originalaussagen im Interview.

Zusammenfassung des Interviews mit 03081LE01

Beteiligte Personen:	03081LE01, I1 und I2 (zwei Interviewerinnen)
Aufnahmedauer:	24:10 Minuten
Kommentar	Aufnahme (nicht Interview) wurde kurzzeitig unterbrochen

Zu Beginn der Aufnahme erläutern die Interviewerinnen Probleme mit dem Audio-Aufnahmegerät. Daran anschließend bittet I1 die Lehrerin zur Erklärung, was sie in der Stunde gemacht hat und wie sie diese wahrgenommen hat. Auf die Rückfrage der Lehrerin, ob die letzte Stunde gemeint sind, antwortet I1 zu-stimmend, I2 bittet darum auch den Unterricht am Tag der Aufnahme des Inter-views zu berücksichtigen. 03081LE01 nennt die letzte Stunde die furchtbare Stunde und berichtet, dass sie die wesentlichen Fakten zur Ernährung noch einmal zusammenfassen wollte. Dazu hatte sie einen Zeitungsartikel mit Fragen verwendet. Aber es scheiterte ihrer Meinung daran, dass die SchülerInnen zu wenig Fragen gestellt haben zu unbekannten Begriffen wie Arteriosklerose. Ein großes Problem stellten zudem fehlende Mathematikkenntnisse der SchülerIn-nen bei der Errechnung des BMI und Idealgewichts nach Broca dar. Daher hat sie am Ende der Stunde noch ein paar Begriffe an der Tafel gesammelt zum Thema Ernährung und geordnet. Insgesamt ist sie ein bisschen „muffelig" gewesen, da einige SchülerInnen zu spät gekommen sind und sich dann die Lippen geschminkt haben. Sie hat mit den SchülerInnen dann auch im Anschluss an die Stunde besprochen, dass das so nicht geht. Die heutige Stunde hat ihr gut gefallen, die SchülerInnen waren recht aufmerksam und haben ihrer Meinung nach doch eine ganze Menge aus den Filmen für sich rausgenommen. Auch diejenigen, bei denen es nicht so angekommen ist, haben dann im Rest der Stunde den AHA-Effekt gehabt. Dies hat sie deutlich gesehen. Am Ende der Stunde wollte jeder was sagen.

I1 fragt danach, ob die SchülerInnen anders als sonst waren. Die Lehrerin verneint, ergänzt aber, dass sie in der letzten Stunde total angespannt gewesen ist, als sie gesehen hat, dass es nicht so ging, wie sie sich das gedacht hatte. Zwischendrin wäre sie am liebsten rausgegangen.

I1 fragt nach den Zielen der letzten Stunde. Ziel war 03081LE01 zufolge die Zusammenfassung zu Fragen wie: Was ist gesunde Ernährung? Was passiert im Körper? Bin ich wirklich zu dick? Auf die Frage, ob die SchülerInnen das ihrer Meinung nach mitgenommen haben, antwortet sie verneinend.

I1 fragt, ob sich das „furchtbar" (vgl. oben) auf alle SchülerInnen bezog. 03081LE01 erläutert, dass sie fand, dass 03081S11 verweigert hat. Im Nachhinein hatte sie das Gefühl, dass die Einzelnen zu wenig miteinander ins Gespräch gekommen sind, auch wenn sich die SchülerInnen laut I1 [Nachgespräch Unterricht] schon unterhalten haben. In der nächsten Woche will sie einen Test dazu schreiben, und dann wird sich rausstellen, was hängengeblieben ist. Es ist eine Zusammenfassungsstunde gewesen, da die SchülerInnen jetzt drei Wochen keinen Biologieunterricht gehabt haben.

I1 fragt, ob die Lehrerin Unterschiede bzw. Gemeinsamkeiten zwischen den SchülerInnen mit und ohne Migrationshintergrund beobachtet. 03081LE01 gibt an, in der Erledigung schriftlicher Arbeiten Unterschiede zu sehen, in der Mitarbeit sieht sie so große Unterschiede eigentlich nicht. Sie lässt oft laut Texte lesen und das geht eigentlich ganz gut. Es können teilweise die SchülerInnen mit Migrationshintergrund besser lesen. Auf Rückfrage von I1, um welche sprachlichen Schwierigkeiten es sich handelt, gibt die Lehrerin an, dass es grammatikalische sind. Manchmal fehlt ihnen auch ein Begriff, also dass sie sich das nicht vorstellen können, was man darunter versteht. In diesen Fällen gibt sie auch mal den Duden zum Nachschlagen aus, nicht wenn es sich um einen Fachbegriff handelt. Die SchülerInnen sind häufig ein bisschen sauer, weil sie es ihnen nicht einfach sagt. Die SchülerInnen können auch mal googlen, wenn der Computer an ist. Denn 03081L01 möchte auch, dass sie dahingehend auf das Elternhaus zurückwirken und man sich dort einen Duden anschafft, da man nicht nur nachschauen kann, wie etwas geschrieben wird, sondern auch eine Erklärung bzw. Umschreibung der Begriffe bekommt. I1 fragt nach, woran sie Nicht-Verstehen im Unterricht bemerkt. Sie merkt das an den ratlosen Blicken oder dass die SchülerInnen sich Hilfe suchend umschauen, melden oder den Nachbarn fragen. Das ist für sie so ein Zeichen, hinzugehen und nachzufragen.

I1 fragt nach, ob die Lehrerin Texte vorentlastet. 03081LE01 erklärt, dass sie manchmal die Bedeutung der Begriffe hinschreibt, aber häufiger geht es ihr darum, dass die SchülerInnen geschult werden, gezielt Fragen zu stellen zu Begriffen, die sie nicht verstehen, da für jeden ein anderer Begriff ein böhmisches Dorf ist und sie sich das dann gut selbst erklären können. Was sich aber durchzieht von Klasse sieben bis dreizehn ist der Umgang mit Fachtexten, der eigentlich geschult worden ist. 03081L01 erläutert den Umgang. Wenn sie dann fragt, welche Begriffe in dem Text nicht verstanden worden sind, kommt in den seltensten Fällen was. In der 13. Klasse geht es, da die SchülerInnen sie mittlerweile kennen und sie sonst selbst Begriffe erfragt und eine Antwort haben will. Sie möchte, dass die SchülerInnen dazu stehen und für sie ist es eine Hauptarbeit im Fachunterricht, dass man die SchülerInnen da zur Ehrlichkeit erzieht. Auch wir Erwachsene machen das manchmal. Wir hören irgendwelche Begriffe, was heißt denn das jetzt. Aber dann hat man ja den Ehrgeiz und guckt nach, was das bedeutet. Das ist bei den Schülern noch nicht ausgeprägt. I1 fragt nach Ursachen dafür. Die Lehrerin gibt Scham an – die Angst ausgelacht zu werden, zum Teil ist es Oberflächlichkeit, weil man darüber hinwegliest und gerade bei den Jüngeren fehlt die Neugier bzw. liegt es an der Interessenlosigkeit. I1 fragt nach den Unterschieden zwischen Jüngeren und Älteren. Die Älteren kennen sie schon länger und wissen, dass sie Begriffe speziell rauspickt und erklärt haben möchte. Dies ist auch eine Form der Bloßstellung. I1 fragt rückversichernd nach, ob das Interesse in der siebten Klasse nicht so groß ist. 03081LE01 gibt an, dass es in Biologie und Chemie doch schon da ist, aber dann abflacht. Als Beispiel gibt sie einen Wettbewerb der chemischen Industrie in der neunten Klasse an. Sie hatte den Aufgabenbogen ausgegeben und da kam nicht viel. Es ging um die Geschichte mit Natron und Zitronensäure und Wasser, dann sollte der Deckel einer Dose abgesprengt werden, aber es hat nach dem angegebenen Mischungsverhältnis nicht funktioniert. Nicht einer hat versucht, das Richtige herauszufinden. Da ist sie ein bisschen enttäuscht gewesen. Die Neugier, der Forscherdrang ist also nicht da bzw. noch nicht ausgeprägt.

I1 fragt nach der Rolle der Sprache in ihrem Unterricht. Sie spielt eine tragende Rolle, da vieles über Gespräche läuft, und das Wesentliche als Merksatz in den Hefter gebracht wird. Sie bemüht sich, wenn sie nicht gerade selbst Sprachschwierigkeiten hat, das Ganze mit der entsprechenden Fachsprache steigend von Klasse sieben nach dreizehn und wenn möglich auch grammatikalisch richtig darzustellen.

I2 fragt nach dem Schulbucheinsatz bzw. der Rolle des Schulbuchs. 03081LE01 gibt an, dass das Schulbuch ein wesentlicher Bestandteil des Unterrichts ist, weil in den Naturwissenschaften ja auch vieles über Anschauungsmaterial – Modelle, Versuche – erklärt wird, um möglichst viele Sinne anzusprechen. Das Schulbuch dient zur Festigung wird aber auch, wo es sich anbietet, zur Erarbeitung der Unterrichtsinhalte verwendet. Sie hofft, dass es von allen Kollegen intensiv genutzt wird. Weiterhin erläutert sie, für welches Buch man sich entschieden hat. Das Traurige ist ihrer Meinung nach aber, dass es kein Biobuch gibt, bei dem man sagt: das ist optimal, das ist es, was ich für den Unterricht benutzen kann. Sie können auch nicht in jedem Jahr ein anderes Buch verwenden, da die Schüler ja ihre Bücher selbst kaufen müssen.

Abbruch der Aufnahme

03081LE01 erläutert, dass die Texte ganz in Ordnung sind und sie es auch häufiger laut lesen lässt, damit sie hören kann, wie die SchülerInnen die Fachbegriffe aussprechen. Sie finden das äußerst lustig, wenn sie diese Begriffe wie Phenolphtalein nochmal nennen müssen.

I1 fragt, ob etwas nicht erfragt worden ist oder ob die Lehrerin noch etwas loswerden möchte und verweist auf weitere Schulbesuche. 03081LE01 hat nichts zu fragen/ergänzen. I1 fragt, ob die Lehrerin noch Fragen an die SchülerInnen habe. Die Lehrerin würde interessieren, wie diese den Fachunterricht im Allgemeinen so einschätzen. Die Interviewerinnen sind Außenstehende. Sie würde sich auch von den SchülerInnen einschätzen lassen aber wenn Außenstehende das fragen, ist das anders. Häufig kommt von den SchülerInnen der Wunsch nach mehr Schülerübungen. In einem Kurs mit 30 SchülerInnen muss man dann reduzieren auf Schülerdemonstrationsexperimente. Man hat den Überblick nicht. I1 reformuliert, dass die Frage an die Schüler wäre, was findest du gut am Biologieunterricht und was würdest du dir wünschen. 03081LE01 ergänzt „verbessern" und bestätigt.

Zusammenfassung des Schülerinterviews

Beteiligte Personen:	Die Schüler 03081S08 (männlich, kein Migrationshintergrund), 03081S16 (männlich, Migrationshintergrund), 03081S17 (männlich, kein Migrationshintergrund) und I2 (gleiche Interviewerin I2 wie im Interview mit 03081L01)
Aufnahmedauer:	13:30 Minuten

Zu Beginn des Gesprächs gibt die Interviewerin den Schülern Informationen zum Forschungsprojekt und informiert sie zur (anonymen) Verwendung der Aufnahmedaten. Dann bittet sie die Schüler, sich kurz vorzustellen (Name, ob die Schüler andere Sprachen außer Deutsch sprechen). 03081S17 spricht zu Hause auch Gebärdensprache mit seinen gehörlosen Eltern und hat einen kleinen Bruder. 03081S08 spricht zu Hause Deutsch und hat eine kleine Schwester zu Hause, sowie Geschwister zu denen er keinen Kontakt mehr hat. 03081S16 spricht zu Hause Deutsch, seine Mutter spricht Thailändisch, was er versteht aber nicht selbst sprechen kann. Er hat eine kleine Schwester und einen kleinen Bruder (Zwillinge) und eine ältere Schwester und einen älteren Bruder. Der Vater spricht nur Deutsch. 03081S16 ist in Thailand geboren und mit fünf Jahren nach Deutschland gekommen.

I2 bittet die Schüler darum, zu erzählen wie sie das Fach Biologie – auch im Vergleich zu anderen Fächern finden. Die Schüler berichten von ihren Lieblingsfächern. 03081S17 und 03081S?? geben als Lieblingsfächer Sport an, finden Biologie aber auch gut. 03081S?? gibt Biologie und Chemie als Lieblingsfächer an und auch er findet das Fach gut. Daran anschließend fragt I2 nach den Biologieunterrichtsthemen der letzten Zeit. Genannt werden: Körper und Verdauung, davor Insekten, davor Sexualkunde – in der siebten und achten Klasse. Jetzt ist das Thema „Verdauung" abgeschlossen und Blut soll begonnen werden.

I2 fragt nach dem Inhalt des Unterrichts (am Tag des Interviews): Wie das Zwerchfell funktioniert (03081S17). Auf Rückfrage, wie dieses funktioniert, erläutert 03081S17 das kurz. Auf die Frage, ob sie das schwer gefunden haben, gibt 03081S17 an, dass es am Anfang schwerer gewesen ist – durch welche Kraft die Luftballons aufgeblasen werden. 03081S?? fand es am Anfang schwer, weil er nicht erkennen konnte, was im Versuch dargestellt war. Ferner wird gefragt, wie die Schüler das anschließende Unterrichtsgespräch fanden. 03081S?? fand das Protokollieren schwieriger. Aber eigentlich war es wie normaler Unterricht (03081S??). I2 greift auf, dass manchmal der Unterricht schwieriger zu verstehen ist. 03081S17 begründet dies damit, dass die meisten reinrufen. I2 fragt nach, was die Schüler dann machen wenn es zu laut ist oder sie etwas nicht verstehen. 03081S17 berichtet, dass die Lehrerin eingreift, wenn es zu laut wird. 03081S?? gibt an, auf die nächste Antwort zu warten, um zu wissen was gemacht wird/ was Thema ist. I2 fragt nach, was sie machen, wenn die Erklärung nicht verstanden wird. Die Schüler geben an, sich zu melden. Die Lehrerin erklärt in diesem Fall noch einmal ausführlich. I2 fragt nach den MitschülerInnen. 03081S17 gibt an, dass die meisten den Biologieunterricht langweilig finden, wiederum andere seien übereifrig und rufen rein. 03081S?? sagt, dass er den Biologieunterricht spannend findet, weil er etwas lerne, aber andere finden ihn langweilig. I2 fragt, woran das seiner Meinung nach liegt. Er glaubt, dass sie es langweilig finden, weil die es nicht wissen und auch nicht wissen wollen. 03081S17 ergänzt, weil sie es nicht wissen wollen. I2 fragt nach, ob es auch daran liegen könne, dass sie es nicht verstehen. 03081S17 gibt an, dass dies sein kann, aber dass die 03081L01 alles deutlich macht und auch denjenigen eine Chance gibt, die sich nicht melden.

I2 sagt, dass ihre Fragen geklärt sind, und fragt, ob die Schüler noch Fragen faben. Das ist nicht der Fall. Sie weist auf weitere Schulbesuche und damit die Möglichkeit, Fragen noch zu stellen, hin und dankt für die Teilnahme am Gespräch.

Kategoriensystem für Interviewanalyse

Kategorienbezeichnung und -beschreibung	Falls vorhanden: Unterkategorienbezeichnung und -beschreibung	Ankerbeispiele
STICHPROBE Diese Kategorie enthält Angaben zur Person. Bei Jugendlichen betrifft dies z.B. Angaben zur Erstsprache, zu Geschwistern etc., bei LehrerInnen z.B. Angaben zu Studienfächern, zur Berufserfahrung in Jahren etc. Dabei können diese Informationen, müssen jedoch nicht, explizit erfragt worden sein. Es sollte sich jedoch stets um Selbstaussagen handeln, nur im Ausnahmefall um Aussagen Dritter.	Informationen zur Familie Diese Subkategorie enthält Angaben der SchülerInnen zu Eltern (Beruf, Geburtsland u.a.), zu Geschwistern (Anzahl, Geschlecht, Alter u.a.), Familienstruktur (getrennte Eltern, Stiefeltern) sowie Angaben LehrerInnen zum eigenen Familienstand, zu Kindern u.a.	03081S17: ich hab ja noch n kleinen brude:r, (03081S_I1: 31)
	(Familien)Sprache(n) Diese Subkategorie enthält Angaben der SchülerInnen zu Sprachen, die in der Familie gesprochen werden (Erst-, Fremd- und Zweitsprachen) - in der Schule, zu Hause und mit Freunden. Weiterhin enthält sie Angaben zur sprachlichen Sozialisation - hierunter ggf. auch Sprachkontaktdauer im Herkunftsland und Aufnahmeland u.ä. Die Subkategorie enthält weiterhin Angaben der LehrerInnen zu Erst-, Fremd- und Zweitsprachen.	03081S08: äh ich spreche zu hause NUR deutsch [(-) und] keine andere sprA:che; (03081S_I1: 35)
	Biographische Angaben Diese Subkategorie enthält im Wesentlichen alle	I1:hm_hm, bist du in deutschland ge-

Kategorienbezeichnung und -beschreibung	Falls vorhanden: Unterkategorienbezeichnung und -beschreibung	Ankerbeispiele
	nicht-sprachbezogenenen Angaben der Befragten wie z.B. Alter, Herkunftsland, Aufenthaltsstatus, (Freizeit-)Interessen und Selbsteinschätzung von Kompetenzen sowie bei LehrerInnen Angaben zu Studienfächern, Berufserfahrung, Fortbildungen im DaZ-Bereich etc.	BO:ren? oder, [in thail[/]] 03081S16: [in in] THAIland also in BANGkok; (03081S_I1: 40f.)
BIOLOGIE UND ANDERE FÄCHER Diese Kategorie beinhaltet Angaben zu Unterrichtsfächern im Allgemeinen (z.B. Frage nach Lieblingsfächern, z.B. Einschätzungen zum Interesse am Fach) mit Fokus auf Aussagen zum Biologieunterricht im Allgemeinen (d.h. nicht spezifisch für videographierte bzw. beobachtete Stunden)	Andere Fächer und Lieblingsfächer Diese Subkategorie enthält Hinweise zu Fächern, die nicht Biologie sind sowie ggf. zu Lieblingsfächern (kann auch auch Bio sein) und Begründungen für diese (ggf. doppelte Kodierung mit Biologie-Subkategorie).	03081S08: ja (--) SPORT ist (-) mein lieblingsfach. […] da bin ich gut drin. (03081S_I1: 67ff.)
	Fachunterricht Biologie Diese Subkategorie beinhaltet Hinweise zum Fach Biologie. Dabei ergeben sich die folgenden weiteren Unterkategorien: 1) Stör-/Erfolgsfaktoren - Merkmale, die dazu beitragen, dass Unterricht (nicht) funktioniert - sowohl Nennungen von SchülerInnen als auch LehrerInnen (z.B. fehlende Neugier von SchülerInnen, Lehrerin, die erklärt), es besteht die Möglichkeit noch zu spezifizieren in die Unterkategorie "Verstehen" (bezieht sich auf Aussagen zu Verständnisschwierigkeiten im Biolgieunterricht; ggf. wer was warum (nicht) verstehen könnte) 2) Einschätzung Biolgoie - Interesse am Fach, Einschätzungen im Hinblick darauf, ob das Fach als leicht oder schwer eingeschätzt wird etc.; Achtung: ggf. doppelte Kodierung mit "andere Fächer und Lieblingsfächer", ggf. auch "Verstehen", ggf. auch "videographierter Unterricht" 3) LehrerInnen - Aussagen der SchülerInnen zu BiologielehrerInnen sowie Selbstaussagen der LehrerInnen 4) Themen und Inhalte - Welche Themen werden bzw. wurden im regulären Biologieunterricht durchgenommen?	1) 03081S17: [03081S03] ähm DIE (-) ähm sind sehr ÜBEReifrig im biounterricht; also [ja] 03081S??:ja die wollen immer die BESten sein [und] [so und die die] RUfen rein; (03081S_I1: 192f.) 2) 03081S17: also ich find bio: (-) wirklich GUT; (03081S_I1: 54) 3) 03081S17: 03081L01 machts wirklich [DEUTlich] (03081S_I1: 213) 4) 03081S16: vorher hatten wir glaub isch insekten oder so; (03081S_I1: 96)
VIDEOGRAPHIERTER UNTERRICHT	Protokollerhebung Diese Subkategorie enthält Thematisierungen	03081L01: die HEUtige STUNde? das

Kategorienbezeichnung und -beschreibung	Falls vorhanden: Unterkategorienbezeichnung und -beschreibung	Ankerbeispiele
Diese Kategorie enthält Informationen zum videographierten Unterricht im weitesten Sinne. Dabei kann sowohl die Protokollerhebung thematisiert werden als auch die Inhalte des videographierten Unterrichts oder aber die Invasivität im Rahmen der Erhebung. Es geht jedoch nicht um nicht beobachteten Unterricht; beobachtet bedeutet in diesem Zusammenhang, dass es sich neben videographierten Unterricht auch um Unterricht, der teilnehmend ohne mediale Aufzeichnung beobachtet wurde, handeln kann.	der Protokollerhebung: fachliche (Rück-)Fragen, Beschreibung der Erhebung etc.	fand ICH ((weitere Person betritt den Raum, nimmt sich im Folgenden Kaffee, Geräusche hörbar)) fand ich SCHÖN. also das [/] das hat mir gut geFALLen. öhm (.) ich denke sie waren (.) recht AUFmerksam. (03081L01_I1: 40)
	Videographierte Stunden: Inhalte/ Einschätzungen Diese Subkategorie enthält Angaben zu den Inhalten von videographierten Einheiten (ggf. doppelte Kodierung mit Inhalte und Themen im Biologieunterricht), z.B. auch methodisch-didaktische Begründungen von LehrerInnen oder Hinweise von SchülerInnen zum Inhalt. Ein wichtiger Punkt ist die Darstellung von Unterrichtszielen und deren Erreichung: Welche Unterrichtsziele werden identifiziert und wie wird die Erreichung eingeschätzt? (erfolgt vornehmlich durch LehrerInnen)	03081LE01: also in der LETZten woche wollte ich nach drei wochen dann mal noch mal kurz die (-) WEsentlichen fakten so zu erNÄHRung das alles noch mal zusammenfassen; (03LE01_I1: 26)
	Invasivität Diese Subkategorie enthält Informationen dazu, ob bzw. inwiefern das Verhalten der LehrerInnen bzw. SchülerInnen sich aufgrund der Erhebungssituation (Anwesenheit der Kameras bzw. der Kamerapersonen) verändert hat.	I1: hm waren in den STUNden in denen wir jetzt da waren waren die schüler AN[ders] als sonst? --> 03081LE01: [nö.] (03081L01_I1: 48f.)

SPRACHE IM FACHUNTERRICHT
Diese Kategorie enthält Angaben zur Rolle der Sprache im Fachunterricht (z.B. zu Textarbeit), dabei werden explizite Thematisierung wie auch implizite, z.B. wenn von sprachlichen Übungen gesprochen wird kodiert. Aussagen können von LehrerInnen und SchülerInnen stammen

03081LE01: ne (---)is ne TRA:gende rolle, [...] die das GANze im unterricht hat. denn vieles LÄUft ja über gesprÄ:ch. (03081L01_I1: 240ff.)

Kategorienbezeich- nung und -be- schreibung	Falls vorhanden: Unterkategorienbezeichnung und -beschreibung	Ankerbeispiele
SCHULBUCH Diese Kategorie beinhaltet Angaben zu folgenden Fragen: Wie oft wird das Schulbuch zu welchen Zwecken eingesetzt? Weiterhin werden Einschätzungen zum verwendeten Schulbuch kodiert.		03081L01: das (.) TRAUrige an der sache. das ist das was mich so n bisschen traurig stimmt es gibt eigentlich (--) KEIN biobuch wo ich sagen würde das ist OPtimal für das gen[/] genau das is es ((klopft mit der Hand auf den Tisch)) was ich so für den unterricht benutzen kann. (03081L01_I1: 265)
DEUTSCH ALS ZWEITSPRACHE Die Kategorie enthält Thematisierungen der Schülergruppe bzw. von SchülerInnen mit Deutsch als Zweitsprache/ Migrationshintergrund - z.B. auch im Unterschied zu SchülerInnen mit Deutsch als Muttersprache.		03081LE01: (3) also (-) äh in der erLEdigung SCHRIFTlicher arbeiten- (-) DA seh ich [UN]terschiede. (03081L01_I1: 102)
INTERVIEW, FRAGEN DER INTERVIEWTENn Diese Kategorie enthält Angaben zur folgenden Frage: Gibt es eine Frage, die wir nicht gestellt haben oder die wir anderen nocht stellen sollten?		03081LE01: JA: mich würde mal interessieren wie die SCHÜler so den unterricht den FACHunterricht allgeMEIN EINschätzen (--) (03081L01_I1: 289)

Datenanalyse: SFI und MFI

Das Analysemanual stellte die Basis für alle Datensitzungen dar. Das hier abgedruckte Manual ist sowohl Grundlage als auch Ergebnis dieser Datensitzungen, da es jeweils im Analyseprozess angepasst bzw. erweitert wurde. Es dient an dieser Stelle vor allem der transparenten Dokumentation der Vorgehensweise bei der Analyse.

Erster Analyseschritt: Kodierhinweise für die Bestimmung von Einheiten/Ereignissen mit Bezug zum Bewegungskonzept im Thema Blut/Blutkreislauf

Ziel der Kodierung ist die Identifizierung von Bewegungsereignissen im MFI (Mündlicher fachlicher Input) und SFI (Schriftlicher fachlicher Input). Folgende Hinweise dienen als Richtlinien zur Bestimmung solcher Einheiten.

Das Bewegungskonzept: Bewegung wird im Sinne der Veränderung der Position, Lage oder Stellung (Langenscheidt, DaF 1998,162) von jemandem oder etwas, und nicht etwa im metaphorischen oder übertragenen Sinn wie in *Der Film hat mich bewegt*[1], verstanden. Mit Talmy (2000, Vol II, 25f.) werden allerdings zwei grundlegende Bewegungsereignisse unterschieden:

1. **Bewegung bzw. Lageänderung eines Objekts bzw. einer Figur,** i. d. R. relativ zu einem anderen Objekt (Referenzobjekt) bzw. einer anderen Figur → verkürzt bezeichnet als MOVE; z.B.: *Der Hund läuft zum Haus.* Dabei kann das Referenzobjekt auch impliziert sein.
2. **Verortung eines Objekts bzw. einer Figur** relativ zu einem anderen Objekt (einer anderen Figur) bzw. statische Beibehaltung eines Ortes durch ein Objekt relativ zu einem anderen Objekt → verkürzt bezeichnet BE$_{LOC}$; z.B.: *Der Hund ist im Haus.*

Fachinhalte: Der fachliche Untersuchungsgegenstand ist das Thema „Blut und Blutkreislauf". Untersucht werden solche Bewegungsereignisse, im Rahmen derer Blut oder Blutbestandteile sich im Sinne von MOVE oder BE$_{LOC}$ bewegen. Dies schließt folgende Aspekte ein:
- Blutübertragung/-transfusion
- Blutungen bzw. bluten
- Das Aufnehmen und Abgeben, und damit die Veränderung der Zusammensetzung des Blutes, da sich hier Blutbestandteile bewegen (also Stoff-/Gasaustausch)
- Bewegungen im Lymphsystem
- Blutgerinnung (als Bewegung von Blutbestandteilen)

Das Thema „Blutgruppen" und hierunter „Blutübertragung/-transfusion" wird im Sinne der MOVE-Bewegung kodiert, da sich das Blut tatsächlich bewegt. Bluten bzw. Blutungen werden im Sinne der MOVE-Bewegung verstanden und

---

[1] Hier mit der Bedeutung „**etw. bewegt j-n** etw. lässt in j-m Gefühle entstehen" (Langenscheidt, DaF 1998,162).

kodiert. Auch hier findet eine Bewegung statt, die allerdings gewissermaßen eine „besondere Form" der Blutbewegung ist. Für die Blutgerinnung sind v.a. chemische Prozesse verantwortlich. Im Zuge der Blutgerinnung bewegen sich allerdings Blutbestandteile hin zur Wunde, daher wird Blutgerinnung unter Bewegung berücksichtigt. Gleichzeitig bedingt die Blutgerinnung das Ende des Blutflusses aus der Wunde. Aufnehmen/Abgeben (Stoffwechselaustausch) wird als wesentliche Form der Bewegung – meist von Blutbestandteilen – ebenfalls im Sinne von MOVE-Bewegung kodiert. Nicht kodiert wird eine Thematisierung von Zustandsveränderung per se. MOVE-Bewegungen im Lymphsystem werden ebenfalls berücksichtigt und kodiert, hier im dem Sinne, dass gewissermaßen „Bestandteile" des Blutes sich bewegen. Nicht kodiert werden folgende fachlichen Aspekte des Themas:

– Diastole/Systole, da es sich hierbei lediglich um eine Art von „Messzeit-punkten" handelt, nicht um Bewegung

– Chemische Prozesse; hier ist jedoch die Abgrenzung z. T. schwierig, so dass im Einzelfall eine Entscheidung zu treffen ist. z. B. *Infolge von größeren Verletzungen zerfallen die Blutplättchen.*

– Blutdruck (hoher/niedriger)

Zu kodierende Einheiten: Kodiert werden verbale Aspekte der Kombination

---

Blut/ Blutkreislauf
+
Bewegung [MOVE + BE$_{LOC}$].

Verbale Bewegungsereignisse werden in Form von *Äußerungen* kodiert. Mit Hoffmann (2012, 57) werden darunter „kommunikativ selbstständige Einheiten, die aus einem Wort, einer Wortgruppe oder einem Satz aufgebaut sein können" verstanden. Folgend werden Hinweise mit Blick auf die unterschiedlichen Inputtypen gegeben.

SFI: Wenn es sich um Fließtext handelt, werden ganze Sätze kodiert, auch wenn nur ein Lexem, z. B. Transport – indirekt auf Blut verweisend, Bewegung enkodiert. Falls es sich nicht um Fließtext handelt, können auch Einzelwörter oder Wortgruppen kodiert werden. Beispiele dafür sind:

– *Venen leiten das Blut über den Vorhof in das Herz, Arterien führen das Blut über die Herzkammer aus dem Herzen hinaus.* ist als Bewegung (im Sinne von MOVE) zu kodieren.

– Folgende Äußerung würde nicht als Bewegung kodiert (weder MOVE noch BE$_{LOC}$): *In die Vorhöfe und die Herzkammern münden Blutgefäße.* Es handelt sich hierbei zwar um die Angabe von Lage in Relation zu anderem Objekt, aber nicht veränderbare Lage. Es ist keine Verortung, vielmehr eine Ortsbeschreibung.

MFI: Im MFI werden nach Möglichkeit satzwertige Einheiten kodiert; als Grundlage hierfür dienen die durch die Transkription segmentierten Einheiten. Von diesen kann allerdings ggf. auch abgewichen werden.

Fachlich-inhaltlicher Bezug bedeutet ferner, dass mit Blick auf den videographierten Unterricht organisatorische und soziale Aspekte nicht für die Kodierung berücksichtigt werden. Organisatorisch wären Gespräche über Klassenausflüge, sozial wären Ermahnungen der SchülerInnen zur Ruhe. Der Begriff Klassen- bzw. Plenumsbeitrag bezieht sich darauf, dass die Beiträge für den Großteil der anwesenden SchülerInnen hörbar sein sollten. „Geflüstertes" wird also nicht berücksichtigt. Ebenfalls nicht berücksichtigt werden Nebengespräche zwischen Lehrperson und einem Schüler oder zwischen einzelnen SchülerInnen. Berücksichtigt werden hingegen Aufgabenstellungen und Feedback, wenn ein Bezug zum Bewegungskonzept vorliegt auf relevante Äußerungen. Zusammengefasst wird alles kodiert, das mit der Intention geäußert wird von allen gehört werden zu sollen. Beispiele dafür sind:
- *Wo ist denn das Blut?* ist als Bewegungsereignis (im Sinne von BE$_{LOC}$) zu kodieren.
- *An die Lungenbläschen kommt das sauerstoffarme Blut und wird daraus angereichert?* ist als Bewegung (im Sinne von MOVE) zu kodieren.
- *Und ich hab euch dann reingezeichnet, von wo das Blut kommt.* ist als Bewegung (im Sinne von MOVE) zu kodieren.

Schüleräußerungen, Lehreräußerungen und Ko-Konstruktionen: Zum Teil gestaltet sich die Identifizierung von Äußerungen im MFI schwierig, da durch Ko-Konstruktionen eine Zuordnung zu einem Schüler oder der Lehrperson schwierig ist. Ein Beispiel dafür ist die von Ehlich/Rehbein (1986) als Lehrervortrag mit verteilten Rollen bezeichnete Form der Kommunikation im Unterricht, bei der die Lehrperson durch Regiefragen mit engem Antwortrahmen SchülerInnen diejenigen Informationen entlockt, die in ihren Vortrag passen (vgl. auch entsprechende Ausführungen im Theorieteil). In solchen Fällen wird wie folgt vorgegangen: Lehrerfragen werden als eigenständige Bewegungsproposition angesehen, ebenso Antworten von SchülerInnen auf solche Fragen. angefangene Äußerungen der Lehrperson oder anderer SchülerInnen, dann wird dies als Ko-Konstruktion bezeichnet und in einer entsprechenden Kategorie festgehalten. Beispiele dafür sind:

- <*wie HEIßT DAS denn wo_s [[gemeint ist das Blut]] jetzt hier rein geht.* ↑ <*fragend*>> wird als eine Bewegungsproposition kodiert, die Schülerreaktion darauf (*aortom*) wird als eine weitere Bewegungsproposition kodiert
- *03081S04 [un]d arterien [gleich] [/] 03081S03 führen das blut vom HERZ weg.* stellt eine Ko-Konstruktion dar, die als eine Bewegungsproposition analysiert wird

Weitere Hinweise: [ ] (im SFI)/**[[ ]]** (im MFI) z. B. bei Pronomina geben an, worauf diese verweisen (im vorhergehenden oder nachfolgenden Text) – Übernahme Originaleintrag, ggf. weitere Informationen, die keine Zitate sind nach Semikolon bzw. kursiv.

( ) (nur im SFI) Text, der nicht zur Proposition gehört (könnte ggf. weitere, eingeschlossene, Proposition sein), z.B. *Die Aufgabe der Blutgefäße besteht darin, das Blut (durch den menschlichen Körper zu transportieren und) durch Stoffe aus dem Blut an die Zellen abzugeben und aufzunehmen.* (es handelt sich um zwei Propositionen, Angabe in Klammern wird gesondert analysiert).

Die Textseiten enthalten keine vollständigen Texte mehr, sondern sind bereits reduziert um Textstellen, die eindeutig keine Bewegungsereignisse enkodieren. Grau markierte Textstellen stellen kodierte Bewegungsereignisse dar. Bei gelb markierten Textstellen handelt es sich um Zweifelsfälle. Bitte analysiere die gelb markierten (hier unterstrichenen)Textstellen. Ein Beispiel finden Sie in der nachstehenden Box.

Normalerweise ist Nasenbluten ungefährlich und die Blutung [Na-senbluten] kann leicht gestoppt werden [grau markiert].

Nur selten – wenn die Blutgerinnung [gelb markiert] gestört ist – kommt es zu starkem Blutverlust.

Unsicherheiten: Das Nachschlagen zum Thema Blut/ Blutkreislauf (fachlich-inhaltlich) ist möglich. Unsicherheiten und Fragen bitte festhalten (Kommentarfunktion in Word o.Ä.)

Zweiter Analyseschritt: Das Kategoriensystem und seine Anwendung

Das Kategoriensystem

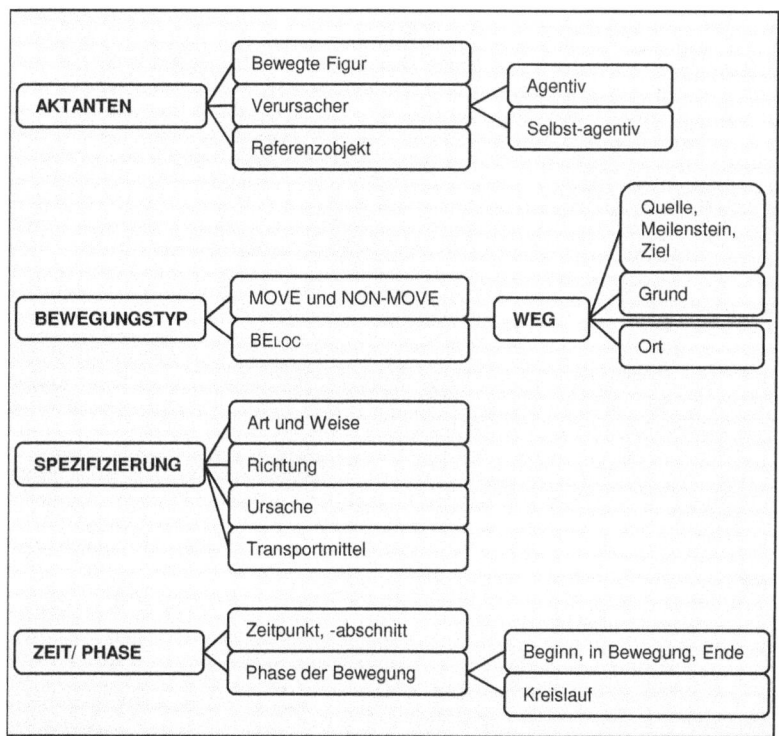

Beispiele für konkrete Kodierung von Einwortpropositionen

Im Folgenden werden Beispiele für die Kodierung von Einzelwörtern (i.d.R. Komposita), die häufiger in den Daten vorkommen, vorgestellt. Diese dienten als Grundlage für die Kodierung. Die Berücksichtigung dieser ergibt sich einerseits daraus, dass sie im Sinne des Konzeptes Bewegung enkodieren und für das Verständnis der fachlichen Inhalte wichtig ist, zu verstehen, dass sie eben dies tun.

Bewegungsproposition	Hinweise zur Kodierung
Blutgerinnung	– Bewegungsproposition – MOVE – Blut- = bewegte Figur (Blutgerinnung als Einheit kodieren; in Kommentar *Blut = bewegte Figur* festhalten) – –gerinnung = Art und Weise (Blutgerinnung als Einheit kodieren; in Kommentar *Gerinnung = Art und Weise* festhalten) – Phase = Ende der Bewegung – Achtung! Gerinnung drückt keine Ursache aus (ist vielmehr die Folge einer Verletzung
Bluttransfusion	– Bewegungsproposition – MOVE – Blut- = bewegte Figur (Bluttransfusion als Einheit kodieren; in Kommentar *Blut = bewegte Figur* festhalten) – –transfusion = Art und Weise (Bluttransfusion als Einheit kodieren; in Kommentar *Transfusion = Art und Weise* festhalten) – Phase = in Bewegung
Blutkreislauf → ähnlich: Lungenkreislauf, Körperkreislauf	Kodieren: – Bewegungsproposition – MOVE – Blut- = bewegte Figur (Blutkreislauf als Einheit kodieren; in Kommentar *Blut = bewegte Figur* festhalten) – Art und Weise = Kreislauf (Blutkreislauf als Einheit kodieren; in Kommentar Kreislauf = Art und Weise festhalten) – Richtung = Kreislauf? → in Kommentar als Frage festhalten – Phase = Kreislauf → Lungenkreislauf/ Körperkreislauf ☞ Grund = Lunge/Körper, keine bewegte Figur enkodiert, Lunge und Körper auch als Referenzobjekt kodieren
Gasaustausch: → ähnlich: Stoffaustausch, Abfallaustausch u.a.	– Bewegungsproposition – MOVE – Gas = bewegte Figur – Art und Weise = Austausch – Richtung = Austausch – Phase = in Bewegung → Stoff-/Abfallaustausch ☞ bewegte Figur = Stoff/Abfall

Index

https://doi.org/10.1515/9783110521917-385

CPSIA information can be obtained
at www.ICGtesting.com
Printed in the USA
LVHW092010111219
640185LV00002B/182/P